数据科学与大数据技术丛书

OPTIMIZATION METHOD
IN DATA SCIENCE

数据科学优化方法

孙怡帆◎编著

中国人民大学出版社
·北京·

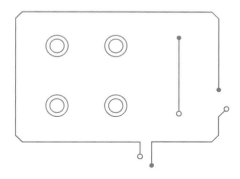

总　序

数据科学时代，大数据成为国家重要的基础性战略资源. 世界各国先后推出大数据发展战略：美国政府于 2012 年发布《大数据研究与发展倡议》，2016 年发布《联邦大数据研究与开发战略计划》，不断加强大数据的研发和应用发展布局；欧盟于 2014 年推出《数据驱动经济》战略，倡导成员国尽早实施大数据战略；日本等其他发达国家相继出台推动大数据研发和应用的政策. 在我国，党的十八届五中全会明确提出要实施"国家大数据战略"，国务院于 2015 年 8 月印发《促进大数据发展行动纲要》，全面推进大数据的发展与应用. 2019 年 11 月，《中共中央关于坚持和完善中国特色社会主义制度 推进国家治理体系和治理能力现代化若干重大问题的决定》将"数据"纳入生产要素，进一步奠定了数据作为基础生产资源的重要地位.

在大数据背景下，基于数据作出科学预测与决策的理念深入人心. 无论是推进政府数据开放共享，提升社会数据资源价值，培育数字经济新产业、新业态和新模式，支持农业、工业、交通、教育、安防、城市管理、公共资源交易等领域的数据开发利用，还是加强数据资源整合和安全保护，都离不开大数据理论的发展、大数据方法和技术的进步以及大数据在实际应用领域的扩展. 在学科发展上，大数据促进了统计学、计算机和实际领域问题的紧密结合，催生了数据科学学科的建立和发展.

为了系统培养社会急需的具备大数据处理及分析能力的高级复合型人才，2016 年教育部首次在本科专业目录中增设"数据科学与大数据技术". 截至 2020 年，开设数据科学与大数据技术本科专业的高校已突破 600 所. 在迅速增加的人才培养需求下，亟须梳理数据科学与大数据技术的知识体系，包括大数据处理和不确定性的数学刻画，使用并行式、分布式和能够处理大规模数据的数据科学编程语言和方法，面向数据科学的概率论与数理统计，机器学习与深度学习等各种基础模型和方法，以及在不同的大数据应用场景下生动的实践案例等.

为满足数据人才系统化培养的需要，中国人民大学统计学院联合兄弟院校，基于既往经验与当前探索组织编写了"数据科学与大数据技术丛书"，包括《数据科学概论》《数据科学概率基础》《数据科学统计基础》《Python 机器学习：原理与实践》《数据科学实践》《数据科学统计计算》《数据科学并行计算》《数据科学优化方法》《深度学习——基于 PyTorch 的实现》等. 该套教材努力把握数据科学的统计学与计算机基础，突出数据科学理论和方法的系统性，重视方法应用和实际案例，适用于数据科学专业的教学，也可作为数据科学从业者的参考书.

编委会

前　　言

数据科学作为一个交叉学科，日益受到越来越多的关注和重视. 优化方法在数据科学中扮演着至关重要的角色. 在数据科学中，我们时常会面对来自不同领域的实际问题，例如图像识别、自然语言处理、知识图谱构建等. 虽然这些问题的形式千差万别，但其中相当多的问题是通过定义一个损失函数，利用优化方法最小化损失函数的方式获得最优模型参数，从而完成模型构建的. 除此以外，优化方法还在特征选择、超参数调节、数据清洗和异常值处理等环节发挥着重要作用.

根据数据科学中常见的最优化问题的特点并结合作者自身的教学和科研实践，本书聚焦于非线性最优化问题，介绍此类问题最常用的优化方法，并且提供相关的理论介绍和实践指导，帮助读者深入理解和掌握这些优化方法的原理和应用. 在此基础上，本书特别对近几年在数据科学中受到广泛关注的一些新型优化方法进行介绍. 例如在第 4 章增加了随机梯度下降方法和小批量梯度下降方法，并对近几年在深度学习中常用的动量方法、Nesterov 加速梯度方法、Adam 方法等进行简要介绍. 正则化问题在数据科学中占据重要地位，本书在第 10～12 章专门讨论这一主题，介绍求解此类最优化问题常用的三种方法：近端方法、坐标下降方法以及交替方向乘子方法.

为了便于读者更好地理解各种方法，部分章的最后一节设有数值实验，运用本书中的重要方法，对一些典型的最优化问题进行数值计算. 虽然给出了数值结果，但我鼓励读者自己动手编写程序，通过设置不同的初始值和参数，观察算法的运行过程和结果，以加深对算法的理解.

本书的编写历时两年，在此过程中得到了很多人的帮助，在此向他们表达我深深的谢意. 首先我要特别向香港中文大学（深圳）的黄建华老师表示感谢，在决定编写本书时，他给了我坚定的鼓励和支持，并提供了很多非常好的参考资料. 感谢我的研究生王硕、韩玉豪、李子涵和于雪，他们为本书的撰写收集了很多素材并对书稿内容提出了许多意见和建议. 于雪同学还编写了程序，对数值实验中的问题进行了计算，并绘制了本书中的部分示意图. 还要感谢中国人民大学出版社的王伟娟编辑，正是她一直以来的鼓励和督促保证了本书初稿的完成. 最后，感谢我的家人，本书编写的最后阶段正值我孕晚期，由于身体原因只能卧床，正是家人无微不至的照顾使我得以顺利完成本书的编写. 谨以此书献给他们以及我亲爱的女儿豆豆.

尽管本书在编写过程中尽了最大努力避免出现错误，但由于水平有限，书中难免存在错误和不足，欢迎读者提出宝贵意见和建议.

目　录

第1章 导论

本章导读

我们的生活中存在大量最优化问题. 每个人都要考虑在一定时间内, 如何实现工作效率最大化. 投资者在确定投资项目时希望选择收益最大或风险最小的项目. 优化方法是一种重要的数学方法, 它的研究目标是寻求某些变量 (因素) 的值, 使得目标函数达到最优. 在某些情况下, 变量的取值可能受到限制或约束.

统计和机器学习与最优化有着极为紧密的关系. 事实上, 相当多的统计和机器学习方法的本质都是建立最优化模型, 通过优化方法对目标函数 (亦称损失函数) 进行优化, 从而训练出最佳模型. 统计和机器学习为最优化做出了贡献, 推动了优化方法的发展. 本书旨在介绍数据科学中常用的优化方法, 并在最后部分简要介绍在数据科学领域中占据重要地位的正则最优化问题及其常用的优化方法.

1.1 本书考虑的最优化问题

1.1.1 无约束最优化问题

无约束最优化问题是求一个函数的极值 (极小值或极大值), 即

$$\min f(\boldsymbol{x}) \tag{1.1}$$

其中, $\boldsymbol{x} \in \mathbb{R}^n$ 称为变量或参数, $f(\boldsymbol{x}) \in \mathbb{R}$ 称为目标函数. 该最优化问题的目的是找到一个能够使目标函数 $f(\boldsymbol{x})$ 达到极小的解 $\boldsymbol{x}^* \in \mathbb{R}^n$. $\boldsymbol{x}^*$ 称为问题(1.1)的最优解, $f(\boldsymbol{x}^*)$ 称为最优值.

很多实际问题需要求解目标函数 $f(\boldsymbol{x})$ 的极大值而非极小值. 由于求 $f(\boldsymbol{x})$ 极大值的问题

$$\max f(\boldsymbol{x})$$

可以转换成求 $-f(\boldsymbol{x})$ 极小值的问题

$$\min -f(\boldsymbol{x})$$

因此本书只考虑求目标函数极小值的问题.

▶ **例 1.1** 给定 m 个样本 $\{(\boldsymbol{t}_i, y_i)\}_{i=1}^m$，其中 $\boldsymbol{t}_i$ 表示第 i 个样本的特征，表示为一个列向量，$y_i \in \mathbb{R}$ 表示第 i 个样本的预测值. 我们希望从训练数据中学习一组参数 $\boldsymbol{x}$，使得 $\boldsymbol{t}_i^\mathsf{T}\boldsymbol{x}\,(i = 1, 2, \cdots, m)$ 尽可能拟合训练数据. 假设采用平方经验损失函数，我们通过求解下述优化模型来学习参数 $\boldsymbol{x}$:

$$\min_{\boldsymbol{x}} \frac{1}{m}\sum_{i=1}^{m}(\boldsymbol{t}_i^\mathsf{T}\boldsymbol{x} - y_i)^2 \tag{1.2}$$

损失函数 $\dfrac{1}{m}\displaystyle\sum_{i=1}^{m}(\boldsymbol{t}_i^\mathsf{T}\boldsymbol{x} - y_i)^2$ 越小，模型对训练数据拟合的效果越好. 因此，给定一个线性回归模型，我们可以通过优化找到一组好的参数 $\boldsymbol{x}$.

1.1.2 约束最优化问题

如果变量受到某些条件的限制，求函数极值问题就成为约束最优化问题

$$\begin{aligned} \min \quad & f(\boldsymbol{x}) \\ \text{s.t.} \quad & c_i(\boldsymbol{x}) = 0, \quad i \in \mathcal{E} \\ & c_i(\boldsymbol{x}) \geqslant 0, \quad i \in \mathcal{I} \end{aligned} \tag{1.3}$$

其中，s.t. 是 subject to 的缩写，意为“满足”“受约束”. $\boldsymbol{x} \in \mathbb{R}^n$ 为变量，$f(\boldsymbol{x}) \in \mathbb{R}$ 为目标函数，$c_i(\boldsymbol{x}) \in \mathbb{R}\ (i \in \mathcal{E} \cup \mathcal{I})$ 称为约束函数，其中 $c_i(\boldsymbol{x}) = 0$ 称为等式约束，$c_i(\boldsymbol{x}) \geqslant 0$ 称为不等式约束，$c_i(\boldsymbol{x})$ 均为光滑函数，$\mathcal{E}$ 和 $\mathcal{I}$ 分别是等式约束和不等式约束的指标集.

问题 (1.3) 是最优化问题的一般形式，其他形式的最优化问题均可以变换成此种形式. 例如，无约束最优化问题 (1.1) 等价于 $\mathcal{E} = \mathcal{I} = \varnothing$ 时的问题 (1.3)，约束 $c_i(\boldsymbol{x}) \leqslant 0$ 可以转换为 $-c_i(\boldsymbol{x}) \geqslant 0$.

▶ **例 1.2** 考虑约束最优化问题

$$\begin{aligned} \min \quad & (x_1 - 2)^2 + (x_2 - 2)^2 \\ \text{s.t.} \quad & \sqrt{2}x_1 + x_2 = 4 \\ & x_1^2 \leqslant x_2 \end{aligned} \tag{1.4}$$

定义下述量

$$\boldsymbol{x} = (x_1, x_2)^\mathsf{T}, f(\boldsymbol{x}) = (x_1 - 2)^2 + (x_2 - 2)^2$$
$$c_1(\boldsymbol{x}) = \sqrt{2}x_1 + x_2 - 4, c_2(\boldsymbol{x}) = x_2 - x_1^2, \mathcal{E} = \{1\}, \mathcal{I} = \{2\}$$

则问题(1.4)可转化为问题(1.3)的形式.

接下来举一个机器学习中约束最优化问题的例子.

▶ **例 1.3** 矩阵填充问题广泛应用于机器学习和信号处理领域，该问题可以写成如下约束最优化问题形式:

$$
\begin{aligned}
\min \quad & \|\boldsymbol{X}\|_{\star} \\
\text{s.t.} \quad & X_{ij} = D_{ij}, \quad \forall (i,j) \in \Omega
\end{aligned}
\tag{1.5}
$$

其中，$\boldsymbol{X} \in \mathbb{R}^{m\times n}$，$\|\cdot\|_{\star}$ 表示矩阵的核范数，即矩阵特征值的和，Ω 表示矩阵所有被观测到的元素的位置的集合. 由此，我们可以通过求解约束最优化问题(1.5)找到一个满足观测约束且低秩的矩阵.

1.1.3　正则最优化问题

为了提高模型或预测结果的可解释性，越来越多的统计和机器学习问题写成如下正则最优化问题形式：

$$
\min f(\boldsymbol{x}) + \gamma h(\boldsymbol{x}) \tag{1.6}
$$

其中，$f: \mathbb{R}^n \to \mathbb{R}$ 是一个光滑函数，$h: \mathbb{R}^n \to \mathbb{R}$ 是正则项，通常为一个非光滑函数，$\gamma > 0$ 是正则化参数.

在监督学习中，f 通常对应于一个经验损失函数，常用的损失函数包括用于回归的平方损失函数，二分类问题的逻辑斯蒂 (Logistic) 损失函数，以及多分类问题的交叉熵损失函数. 正则项 $h(\boldsymbol{x})$ 的常见例子包括 l_1 正则项 $h(\boldsymbol{x}) = \|\boldsymbol{x}\|_1$ 和 l_2 正则项 $h(\boldsymbol{x}) = \|\boldsymbol{x}\|_2$.

▶ **例 1.4**　l_1 正则化线性回归 (亦称 Lasso 回归) 是机器学习领域最简单且常用的正则最优化问题. 具体地，该正则最优化问题在无约束最优化问题(1.2)的基础上增加了一个 l_1 正则项：

$$
\min \frac{1}{m}\sum_{i=1}^{m}(\boldsymbol{t}_i^{\mathsf{T}}\boldsymbol{x} - y_i)^2 + \gamma\|\boldsymbol{x}\|_1 \tag{1.7}
$$

由于 $\|\cdot\|_1$ 可以将参数 $\boldsymbol{x}$ 的部分分量“压缩”到 0，即稀疏化，因此，我们可以通过求解正则最优化问题(1.7)找到一个能较好地拟合数据且相对稀疏的参数 $\boldsymbol{x}$.

1.2　优化方法的特点和要求

现实生活中遇到的大量最优化问题，除极个别例子外，一般不太可能给出问题最优解的解析表达式. 因此，求最优化问题的解时一般采用迭代方法，其基本思想为：给定最优解的一个初始估计，优化方法会产生一个逐步改善的估计序列直到满足收敛准则. 不同的优化方法采用不同的迭代策略. 绝大多数迭代策略会用到目标函数值、约束条件以及目标函数的一阶导数甚至二阶导数的信息. 一些优化方法只需要当前迭代点的局部信息，而另一些优化方法则需要累积已有的迭代信息. 一种好的优化方法无论采用何种迭代策略，使用什么信息，都应该具备下述三个性质：

- 稳健性. 在任意一个合理初始值条件下，都应该能在一大类问题而非个别问题上表现良好.

- 有效性. 使用尽量少的计算时间，占用尽量少的计算空间.
- 精确性. 应该是数值稳定的，即求出的解不会对数据误差或计算过程中的舍入误差高度敏感.

现实中，上述三个性质可能是相互矛盾的. 例如，一种非常稳健的方法可能需要较长的计算时间，一种快速收敛的方法在计算过程中可能需要占用较多的计算空间，尤其对于大规模最优化问题. 收敛速度与计算空间、稳健性与收敛速度之间的平衡是数值最优化的核心问题. 在实践中，使用者需要根据自己的需求去选择方法，甚至需要针对问题的特点，自行设计方法。这就要求我们对于每种方法的特征、优缺点及基本数学原理有透彻的理解. 因此，本书将对重要的优化方法的设计思想、计算步骤及理论性质，例如收敛性、收敛速度等，进行详细介绍.

1.3 本书主要内容

本书介绍非线性最优化问题及方法，分为三部分. 第一部分 (第 1~7 章) 讨论无约束最优化问题的基本理论及基本方法，其中第 2~3 章讨论无约束优化方法的基本概念及基本结构，第 4~7 章讨论无约束最优化问题的四类求解方法. 第二部分 (第 8~9 章) 讨论约束最优化问题的最优性条件及求解方法. 第三部分 (第 10~12 章) 讨论正则最优化问题及其三类求解方法.

第2章 无约束优化方法基础

本章导读

本章将分析无约束最优化问题(1.1)，介绍其最优性条件、求解此类问题的方法框架及收敛准则.

2.1 最优性条件

2.1.1 全局最优解与局部最优解

无约束最优化问题(1.1)的最优解分为全局最优解和局部最优解，其定义如下：

定义 2.1 全局最优解

若对任意 $\boldsymbol{x} \in \mathbb{R}^n$，有 $f(\boldsymbol{x}^*) \leqslant f(\boldsymbol{x})$，则称 $\boldsymbol{x}^*$ 为问题(1.1)的全局最优解. ♣

定义 2.2 局部最优解

若存在 $\boldsymbol{x}^*$ 的一个邻域 $\mathcal{N}(\boldsymbol{x}^*) = \{\boldsymbol{x} \in \mathbb{R}^n \mid \|\boldsymbol{x} - \boldsymbol{x}^*\| \leqslant \delta\}$，使得对任意 $\boldsymbol{x} \in \mathcal{N}(\boldsymbol{x}^*)$，有 $f(\boldsymbol{x}^*) \leqslant f(\boldsymbol{x})$，则称 $\boldsymbol{x}^*$ 为问题(1.1)的局部最优解.
其中，$\delta > 0$，是一个小的正数；范数 $\|\cdot\|$ 可以是任意向量范数，如无特别说明，一般指 2 范数

$$\|\boldsymbol{x}\| = \sqrt{\sum_{i=1}^{n} x_i^2}$$

♣

上面定义的局部最优解也称为弱局部最优解. 与之对应的为严格局部最优解 (亦称为强局部最优解)，其定义如下：

定义 2.3　严格局部最优解

若存在 $\boldsymbol{x}^*$ 的一个邻域 $\mathcal{N}(\boldsymbol{x}^*)$，使得对任意 $\boldsymbol{x} \in \mathcal{N}(\boldsymbol{x}^*)$，$\boldsymbol{x} \neq \boldsymbol{x}^*$，有 $f(\boldsymbol{x}^*) < f(\boldsymbol{x})$，则称 $\boldsymbol{x}^*$ 为问题(1.1)的严格局部最优解. ♣

相较于弱局部最优解，严格局部最优解能够在其邻域内达到绝对最优. 此外，还有一种特殊的局部最优解：孤立局部最优解，其定义如下：

定义 2.4　孤立局部最优解

若存在 $\boldsymbol{x}^*$ 的一个邻域 $\mathcal{N}(\boldsymbol{x}^*)$，在该邻域内有且仅有 $\boldsymbol{x}^*$ 这一个局部最优解，则称 $\boldsymbol{x}^*$ 为问题(1.1)的孤立局部最优解. ♣

由定义不难看出，孤立局部最优解一定是严格局部最优解，而严格局部最优解却未必是孤立局部最优解. 例如，考虑目标函数 $f(x) = x^4 \sin(1/x) + 3x^4$，$f(0) = 0$. 如图2.1所示，此时问题(1.1)有严格局部最优解 $x^* = 0$，但它附近还有无穷个不同的局部最优解 x_j，且 $x_j \to 0$，$j \to \infty$，所以，$x^* = 0$ 并不是孤立局部最优解.

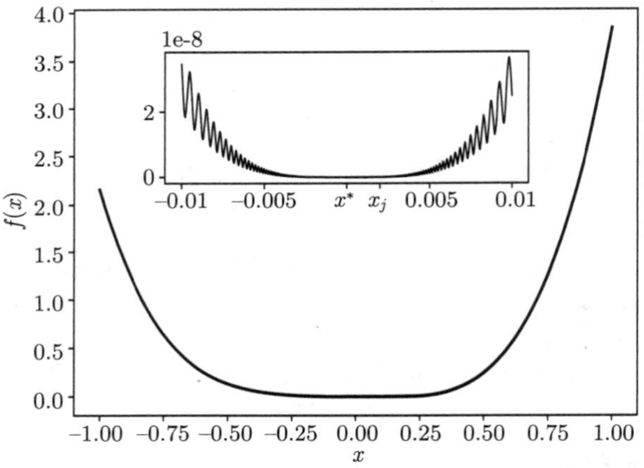

图 2.1　问题 (1.1) 的局部最优解

图2.2给出了一个全局最优解和局部最优解的例子. 在该图中，x_1 是问题的全局最优解，x_2 和 x_3 是局部最优解，其中 x_2 是严格局部最优解，同时也是孤立局部最优解，而 x_3 是非严格局部最优解. 类似图2.2所示的目标函数，现实中很多最优化问题都有多个局部最优解. 而优化方法在迭代过程中常常会陷入局部最优解，因此求全局最优解通常是一个极为困难的问题. 本书介绍的方法一般只能用于确定最优化问题的局部最优解，有关确定全局最优解的优化方法属于最优化研究的另一个重要领域——全局最优化. 如果最优化问题(1.1)的目标函数是凸函数，则问题的每个局部最优解都是全局最优解. 关于这一点，我们将在 2.1.2 小节中给出证明.

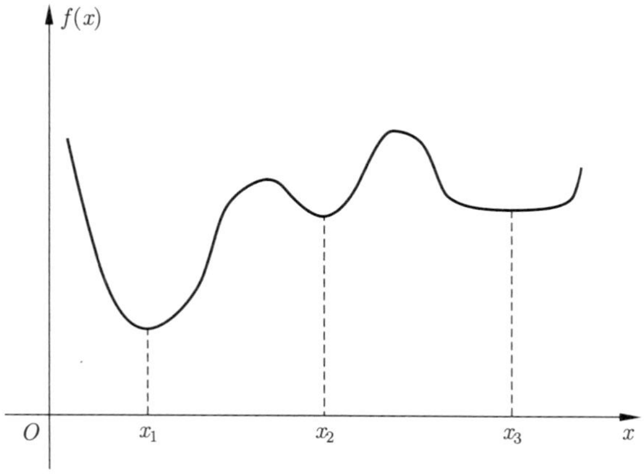

图 2.2　某无约束最优化问题的最优解

2.1.2　最优性条件

根据局部最优解的定义，可以通过计算目标函数 f 在 $\boldsymbol{x}^*$ 邻域内所有点上的取值情况，判断 $\boldsymbol{x}^*$ 是否为局部最优解. 当函数 f 二阶连续可微时，可以借助目标函数在 $\boldsymbol{x}^*$ 处的梯度 $\nabla f(\boldsymbol{x}^*)$ 以及 Hesse 矩阵 $\nabla^2 f(\boldsymbol{x}^*)$ 判断 $\boldsymbol{x}^*$ 是否为局部最优解. 下面给出 $\boldsymbol{x}^*$ 是局部最优解的一阶必要条件，注意这里并未要求目标函数 f 为凸函数.

定理 2.1　一阶必要条件

若 $\boldsymbol{x}^*$ 为问题(1.1)的局部最优解，且目标函数 f 在 $\boldsymbol{x}^*$ 的一个开邻域内连续可微，则 $\nabla f(\boldsymbol{x}^*) = 0$.

证明　用反证法. 假设 $\nabla f(\boldsymbol{x}^*) \neq \boldsymbol{0}$. 定义向量 $\boldsymbol{p} = -\nabla f(\boldsymbol{x}^*)$，于是 $\boldsymbol{p}^\mathsf{T}\nabla f(\boldsymbol{x}^*) = -\|\nabla f(\boldsymbol{x}^*)\|^2 < 0$. 由于 ∇f 在 $\boldsymbol{x}^*$ 的一个开邻域内连续，故存在常数 $T > 0$，使得

$$\boldsymbol{p}^\mathsf{T}\nabla f(\boldsymbol{x}^* + t\boldsymbol{p}) < 0, \quad \forall\, t \in [0, T]$$

由中值定理知，对任意 $\bar{t} \in (0, T]$，存在 $t \in (0, \bar{t})$，使得

$$f(\boldsymbol{x}^* + \bar{t}\boldsymbol{p}) = f(\boldsymbol{x}^*) + \bar{t}\boldsymbol{p}^\mathsf{T}\nabla f(\boldsymbol{x}^* + t\boldsymbol{p})$$

因此 $f(\boldsymbol{x}^* + \bar{t}\boldsymbol{p}) < f(\boldsymbol{x}^*), \forall\, \bar{t} \in (0, T]$. 这与局部最优解的定义矛盾，于是假设错误，由此推出 $\nabla f(\boldsymbol{x}^*) = 0$.

我们称满足 $\nabla f(\boldsymbol{x}^*) = \boldsymbol{0}$ 的点 $\boldsymbol{x}^*$ 为稳定点. 根据定理 2.1，问题(1.1)的任何一个局部最优解一定是目标函数 f 的稳定点，但反之不一定成立. 例如，问题 $\min f(x) = x^3$ $(x \in \mathbb{R})$ 在 $x = 0$ 处有 $f'(x) = 0$，即 $x = 0$ 是稳定点，但 $x = 0$ 显然不是该问题的局部最优解. 这个例子同时说明 $\nabla f(\boldsymbol{x}^*) = \boldsymbol{0}$ 并非局部最优解的充分条件.

定理 2.2　二阶必要条件

若 $\boldsymbol{x}^*$ 为问题(1.1)的局部最优解，$\nabla^2 f$ 在 $\boldsymbol{x}^*$ 的一个开邻域内存在且连续，则 $\nabla f(\boldsymbol{x}^*) = \boldsymbol{0}$，且 $\nabla^2 f(\boldsymbol{x}^*)$ 半正定.

证明 由定理2.1可知 $\nabla f(\boldsymbol{x}^*) = \boldsymbol{0}$，接下来，用反证法证明 $\nabla^2 f(\boldsymbol{x}^*)$ 半正定. 假设 $\nabla^2 f(\boldsymbol{x}^*)$ 不是半正定，于是可以找到一个向量 $\boldsymbol{p}$，使得 $\boldsymbol{p}^{\mathsf{T}}\nabla^2 f(\boldsymbol{x}^*)\boldsymbol{p} < 0$. 因为 $\nabla^2 f$ 在 $\boldsymbol{x}^*$ 的一个开邻域内连续，故存在常数 $T > 0$，对任意 $t \in [0, T]$，都有 $\boldsymbol{p}^{\mathsf{T}}\nabla^2 f(\boldsymbol{x}^* + t\boldsymbol{p})\boldsymbol{p} < 0$. 由 $f(\boldsymbol{x})$ 在 $\boldsymbol{x}^*$ 处的泰勒展式及定理2.1知，对任意 $\bar{t} \in (0, T]$，存在 $t \in (0, \bar{t})$，使得

$$f(\boldsymbol{x}^* + \bar{t}\boldsymbol{p}) = f(\boldsymbol{x}^*) + \frac{1}{2}\bar{t}^2\boldsymbol{p}^{\mathsf{T}}\nabla^2 f(\boldsymbol{x}^* + t\boldsymbol{p})\boldsymbol{p} < f(\boldsymbol{x}^*)$$

这与 $\boldsymbol{x}^*$ 是 $f(\boldsymbol{x})$ 的局部最优解矛盾，所以假设不成立，由此推出 $\nabla^2 f(\boldsymbol{x}^*)$ 半正定.

需要注意二阶必要条件并不充分，即一个点 $\boldsymbol{x}^*$ 满足二阶必要条件，但它可能不是问题(1.1)的最优解. 例如，问题 $\min f(x) \equiv x^3$ 在点 $x = 0$ 处有 $f'(x) = 0$，$f''(x) = 0$，但 $x = 0$ 不是该问题的最优解.

接下来，我们给出 $\boldsymbol{x}^*$ 为问题(1.1)严格局部最优解的二阶充分条件.

定理 2.3 二阶充分条件

设 $\nabla^2 f$ 在 $\boldsymbol{x}^*$ 的一个开邻域内连续，若 $\nabla f(\boldsymbol{x}^*) = \boldsymbol{0}$，$\nabla^2 f(\boldsymbol{x}^*)$ 正定，则 $\boldsymbol{x}^*$ 为问题(1.1)的严格局部最优解. ♡

证明 由于 $\nabla^2 f$ 在点 $\boldsymbol{x}^*$ 处连续且正定，故可选择 $r > 0$，使得对于任意 $\boldsymbol{x} \in \mathcal{D} = \{\boldsymbol{x} | \|\boldsymbol{x} - \boldsymbol{x}^*\| < r\}$，均有 $\nabla^2 f(\boldsymbol{x})$ 是正定的. 对于任意满足 $\|\boldsymbol{p}\| < r$ 的非零向量 $\boldsymbol{p}$，显然有 $\boldsymbol{x}^* + \boldsymbol{p} \in \mathcal{D}$，由泰勒展式及 $\nabla f(\boldsymbol{x}^*) = \boldsymbol{0}$，有

$$\begin{aligned} f(\boldsymbol{x}^* + \boldsymbol{p}) &= f(\boldsymbol{x}^*) + \boldsymbol{p}^{\mathsf{T}}\nabla f(\boldsymbol{x}^*) + \frac{1}{2}\boldsymbol{p}^{\mathsf{T}}\nabla^2 f(\boldsymbol{z})\boldsymbol{p} \\ &= f(\boldsymbol{x}^*) + \frac{1}{2}\boldsymbol{p}^{\mathsf{T}}\nabla^2 f(\boldsymbol{z})\boldsymbol{p} \end{aligned}$$

其中，$\boldsymbol{z} = \boldsymbol{x}^* + t\boldsymbol{p}$，$t \in (0, 1)$. 因为 $\boldsymbol{z} \in \mathcal{D}$，故 $\boldsymbol{p}^{\mathsf{T}}\nabla^2 f(\boldsymbol{z})\boldsymbol{p} > 0$，因此 $f(\boldsymbol{x}^* + \boldsymbol{p}) > f(\boldsymbol{x}^*)$，即 $\boldsymbol{x}^*$ 是 $f(x)$ 的严格局部最优解.

二阶充分条件不是必要条件，即一个严格局部最优解 $\boldsymbol{x}^*$ 可能并不满足充分条件. 例如，问题 $\min\limits_{x \in \mathbb{R}} f(x) = x^4$，$x^* = 0$ 是该问题的严格局部最优解，但 $\nabla^2 f(x^*) = 0$，故不满足充分条件.

在 2.1.1 节我们已提到，当目标函数 $f(\boldsymbol{x})$ 为凸函数时，局部最优解就是全局最优解，下面给出该命题的证明过程.

定理 2.4

设 $f(\boldsymbol{x})$ 是凸函数，则问题(1.1)的局部最优解 $\boldsymbol{x}^*$ 也是全局最优解；若 $f(\boldsymbol{x})$ 还是可微函数，则任何稳定点 $\boldsymbol{x}^*$ 都是问题(1.1)的全局最优解. ♡

证明 先用反证法证明第一部分. 假设 x^* 是问题(1.1)的局部最优解，但非全局最优解. 于是，我们可以找到一个点 $z \in \mathbb{R}$ 满足 $f(z) < f(x^*)$. 令 x 为 x^* 与 z 的线性组合，即

$$x = \lambda z + (1 - \lambda)x^*, \quad \lambda \in (0, 1] \tag{2.1}$$

由函数 $f(x)$ 的凸性，有

$$f(x) \leqslant \lambda f(z) + (1-\lambda) f(x^*) < f(x^*)$$

因为 x^* 的任一邻域 $\mathcal{N}$ 都包含式(2.1)所表示的线段的一部分，故总存在点 $x \in \mathcal{N}$ 使得 $f(x) < f(x^*)$. 这与 x^* 为局部最优解矛盾，所以假设不成立，故 x^* 是问题(1.1)的全局最优解.

接下来证明第二部分. 再次使用反证法，假设 x^* 不是全局最优解，类似于前面的过程，我们可以找到 $z \in \mathbb{R}$ 满足 $f(z) < f(x^*)$. 由函数 $f(x)$ 的凸性，有

$$\begin{aligned}
\nabla f(x^*)^{\mathsf{T}}(z - x^*) &= \left.\frac{\mathrm{d} f(x^* + \lambda(z - x^*))}{\mathrm{d}\lambda}\right|_{\lambda=0} \\
&= \lim_{\lambda \to 0^+} \frac{f(x^* + \lambda(z - x^*)) - f(x^*)}{\lambda} \\
&\leqslant \lim_{\lambda \to 0^+} \frac{\lambda f(z) + (1-\lambda) f(x^*) - f(x^*)}{\lambda} \\
&= f(z) - f(x^*) < 0
\end{aligned}$$

可知 $\nabla f(x^*) \neq 0$，这与 x^* 为稳定点矛盾，所以假设不成立，故 x^* 是问题(1.1)的全局最优解.

本书关注的目标函数大多为光滑函数. 对于非光滑甚至非连续的目标函数，一般情况下很难找到它的最优解. 如果目标函数是由几段光滑的曲线连接而成，不同曲线之间并不连续，则可以通过最小化目标函数在各光滑曲线上的取值，获得最优解. 如果目标函数处处连续，仅在个别点不可微，则在这些不可微点，可以根据次梯度判定其是否为最优解，感兴趣的读者可以查阅相关文献进一步了解相关内容.

▶ **例 2.1**　考虑问题

$$\min f(\boldsymbol{x}) = \frac{3}{2} x_1^2 + x_2^2 + \frac{3}{2} x_1 x_2 - x_1 - 2x_2$$

证明 $\boldsymbol{x}^* = \left(-\dfrac{4}{15}, \dfrac{6}{5}\right)^{\mathsf{T}}$ 为该问题的全局最优解.

证明：在 $\boldsymbol{x}^* = \left(-\dfrac{4}{15}, \dfrac{6}{5}\right)^{\mathsf{T}}$ 处，$\nabla f(\boldsymbol{x}^*) = (0, 0)^{\mathsf{T}}$，$\nabla^2 f(\boldsymbol{x}^*) = \begin{bmatrix} 3 & 3/2 \\ 3/2 & 2 \end{bmatrix}$ 正定，因此 $\boldsymbol{x}^*$ 是问题的局部最优解. 因为函数 $f(\boldsymbol{x})$ 是凸函数，故 $\boldsymbol{x}^*$ 是该问题的全局最优解.

2.2 方法框架

在后面章节中，我们将介绍无约束最优化问题的一些具体求解方法. 所有这些方法均需要使用者提供初始点 $\boldsymbol{x}_0$，以便进行迭代. 随着迭代的进行，我们可以得到一个有限或无限的迭代序列 $\{\boldsymbol{x}_k\}_0^{\infty}$. 当满足给定的某个终止准则时，或者表明 $\boldsymbol{x}_k$ 已满足我们要求的最优解近似精度，或者表明方法已无法进一步改善迭代点时，迭代结束.

无约束优化方法的基本结构如下：

算法 2.1 无约束优化方法的基本结构

1. 给定初始点 $\boldsymbol{x}_0$，$k := 0$.
2. 若在点 $\boldsymbol{x}_k$ 处满足终止准则，则停止迭代，输出有关信息.
3. 确定一个改善 $\boldsymbol{x}_k$ 的修正量 $\boldsymbol{s}_k$.
4. 得到最优解的一个新估计 $\boldsymbol{x}_{k+1} := \boldsymbol{x}_k + \boldsymbol{s}_k$，$k := k+1$，转至步骤 2.

上述结构涉及初始点的选取、迭代终止准则以及最重要也是最关键的修正量 s_k 的确定. 下面对这些内容分别进行简单介绍.

初始点的选取依赖于方法的收敛性，我们将在 2.3 节详细介绍方法的收敛性和收敛速度.

迭代终止准则在不同的优化方法中也是不同的. 根据最优性的一阶必要条件，我们可用

$$\|\nabla f(\boldsymbol{x}_k)\| \leqslant \varepsilon \tag{2.2}$$

作为终止准则，其中，ε 是给定的精度要求. 准则式(2.2)存在一定的局限性，它依赖于目标函数在最优解邻域内的性质. 图2.3给出了一个例子，目标函数为 f，点 x_1^* 和 x_2^* 是问题的两个局部最优解，点 $\tilde{x}_1$ 和 $\tilde{x}_2$ 分别在 x_1^* 和 x_2^* 的邻域内. 从图 2.3 中可以看出，虽然点 $\tilde{x}_1$ 离 x_1^* 还有一段距离，但由于目标函数 f 在这个邻域内较为平坦，在点 $\tilde{x}_1$ 处的梯度 (即导数) 值已经很小，故迭代容易停止. 而对于点 $\tilde{x}_2$，虽然它已相当接近最优解 x_2^*，但由于目标函数 f 在这个邻域内比较陡峭，在点 $\tilde{x}_2$ 处的梯度值依然较大，从而迭代难以停止.

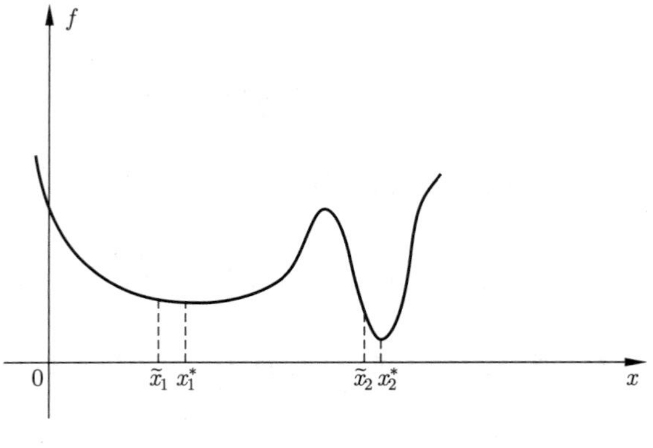

图 2.3 局部最优解邻域内的性质

一个理想的终止准则是

$$\|\boldsymbol{x}_k - \boldsymbol{x}^*\| \leqslant \varepsilon$$

但由于 $\boldsymbol{x}^*$ 未知，这样的准则并不具有任何实用价值. 实际应用中常用的终止准则有

$$\|\boldsymbol{x}_{k+1} - \boldsymbol{x}_k\| \leqslant \varepsilon \tag{2.3}$$

和

$$|f(\boldsymbol{x}_{k+1}) - f(\boldsymbol{x}_k)| \leqslant \varepsilon \tag{2.4}$$

需要特别注意的是，满足准则式(2.3)或式(2.4)只能说明算法目前的迭代过程对迭代点或迭代点处目标函数值的改善已经很小，并不能保证 $\|\boldsymbol{x}_k - \boldsymbol{x}^*\|$ 或 $|f(\boldsymbol{x}_k) - f(\boldsymbol{x}^*)|$ 也足够小.

有些方法为确保所得结果是最优解的理想估计，往往会同时采用上述两个终止准则. 例如，在一些情况下，虽然 $\|\boldsymbol{x}_{k+1}-\boldsymbol{x}_k\|$ 很小，但 $|f(\boldsymbol{x}_{k+1})-f(\boldsymbol{x}_k)|$ 却依然很大，说明 $\boldsymbol{x}_k$ 远离最优解 $\boldsymbol{x}^*$，这时单独使用准则式(2.3)是不合适的. 在另一些情况下，虽然 $|f(\boldsymbol{x}_{k+1})-f(\boldsymbol{x}_k)|$ 很小，但 $\|\boldsymbol{x}_{k+1}-\boldsymbol{x}_k\|$ 很大，说明 $\boldsymbol{x}_k$ 远离最优解 $\boldsymbol{x}^*$，这时单独使用准则式(2.4)也是不合适的. 为此，我们可以同时采用这两个准则. 具体地，当 $\|\boldsymbol{x}_k\| > \varepsilon$ 和 $|f(\boldsymbol{x}_k)| > \varepsilon$ 时，采用

$$\frac{\|\boldsymbol{x}_{k+1}-\boldsymbol{x}_k\|}{\|\boldsymbol{x}_k\|} \leqslant \varepsilon, \quad \frac{\|f(\boldsymbol{x}_{k+1})-f(\boldsymbol{x}_k)\|}{\|f(\boldsymbol{x}_k)\|} \leqslant \varepsilon$$

否则采用

$$\|\boldsymbol{x}_{k+1}-\boldsymbol{x}_k\| \leqslant \varepsilon, \quad |f(\boldsymbol{x}_{k+1})-f(\boldsymbol{x}_k)| \leqslant \varepsilon$$

在完成第 k 步迭代后，优化方法需要根据目标函数 $f(\boldsymbol{x})$ 在当前迭代点 $\boldsymbol{x}_k$ 处的取值，甚至包括前面所有迭代点 $\boldsymbol{x}_0, \boldsymbol{x}_1, \cdots, \boldsymbol{x}_{k-1}$ 处的信息来计算修正量 $\boldsymbol{s}_k$，进而确定下一步的迭代点 $\boldsymbol{x}_{k+1}$. 修正量 $\boldsymbol{s}_k$ 的确定是优化方法中最关键和最主要的工作，主要有两类策略：线搜索方法和信赖域方法.

2.2.1　线搜索方法

在线搜索方法中，修正量 $\boldsymbol{s}_k = \alpha_k\boldsymbol{d}_k$，其中 $\boldsymbol{d}_k$ 是搜索方向，$\alpha_k > 0$ 是沿 $\boldsymbol{d}_k$ 的步长. 线搜索方法是先确定搜索方向 $\boldsymbol{d}_k$，再沿 $\boldsymbol{d}_k$ 确定步长 α_k，使得目标函数值在 $\boldsymbol{d}_k$ 处达到最小，即求解如下一维优化问题：

$$\min_{\alpha>0} f(\boldsymbol{x}_k + \alpha\boldsymbol{d}_k)$$

通过求解上述问题，可以得到精确步长 α_k. 一般地，精确步长的计算需要很大的计算量，而我们仅需要目标函数值沿着当前搜索方向有充分下降即可，因此可以采用既简单又高效的方法求出一个非精确步长. 关于这一点我们将在第 3 章进行详细讨论.

线搜索方法选取搜索方向 $\boldsymbol{d}_k$ 的一个重要准则是这一方向能够使目标函数值下降. 设 $\boldsymbol{x}_k$ 是经 k 步迭代后得到的迭代点，$\boldsymbol{d}_k$ 是搜索方向，α_k 是步长，第 $k+1$ 个迭代点便是

$$\boldsymbol{x}_{k+1} = \boldsymbol{x}_k + \alpha_k\boldsymbol{d}_k$$

满足 $f(\boldsymbol{x}_{k+1}) < f(\boldsymbol{x}_k)$.

满足什么条件的搜索方向是在点 $\boldsymbol{x}_k$ 处使 $f(\boldsymbol{x}_k)$ 下降的方向，即 $f(\boldsymbol{x}_{k+1}) < f(\boldsymbol{x}_k)$ 呢？根据泰勒定理，有

$$f(\boldsymbol{x}_k + \alpha\boldsymbol{d}_k) = f(\boldsymbol{x}_k) + \alpha\nabla f(\boldsymbol{x}_k)^{\mathsf{T}}\boldsymbol{d}_k + O(\alpha^2)$$

当 $\boldsymbol{d}_k$ 与 $\nabla f(\boldsymbol{x}_k)$ 的夹角 θ_k 大于 $\frac{\pi}{2}$ 时，有

$$\nabla f(\boldsymbol{x}_k)^\mathsf{T}\boldsymbol{d}_k = \|\nabla f(\boldsymbol{x}_k)\|\|\boldsymbol{d}_k\|\cos\theta_k < 0 \tag{2.5}$$

由此，对于充分小的步长 $\alpha_k > 0$，有 $f(\boldsymbol{x}_{k+1}) < f(\boldsymbol{x}_k)$. 我们称满足式(2.5)的搜索方向 $\boldsymbol{d}_k$ 为 $f(\boldsymbol{x})$ 在 $\boldsymbol{x}_k$ 点的下降方向. 常用的下降方向包括负梯度方向、牛顿方向、拟牛顿方向、共轭梯度方向等，由此产生各种各样的优化方法，我们将在第 4~7 章依次介绍每一种方法.

线搜索方法的基本结构如下：

算法 2.2　线搜索方法的基本结构

1. 给定初始点 $\boldsymbol{x}_0$，$k := 0$.
2. 若在点 $\boldsymbol{x}_k$ 处满足终止准则，则停止迭代，输出有关信息.
3. 确定 $f(\boldsymbol{x})$ 在点 $\boldsymbol{x}_k$ 处的下降方向 $\boldsymbol{d}_k$.
4. 确定步长 α_k，使 $f(\boldsymbol{x}_k + \alpha_k\boldsymbol{d}_k)$ 较之 $f(\boldsymbol{x}_k)$ 有一定的下降.
5. $\boldsymbol{x}_{k+1} := \boldsymbol{x}_k + \alpha_k\boldsymbol{d}_k$，$k = k+1$，转至步骤 2.

图2.4展示了线搜索方法的迭代过程. 目标函数为 $f(\boldsymbol{x}) = x_1^2/3 + x_2^2$，该问题的最优解为原点 $\boldsymbol{x}^* = (0,0)$，最优值为 0. 从给定初始点 $\boldsymbol{x}_0$ 开始迭代，首先确定搜索方向，然后沿着搜索方向移动一定的步长. 当达到新的迭代点 $\boldsymbol{x}_1$ 后，重新计算下一步的搜索方向和步长. 如此重复进行，直至满足终止准则.

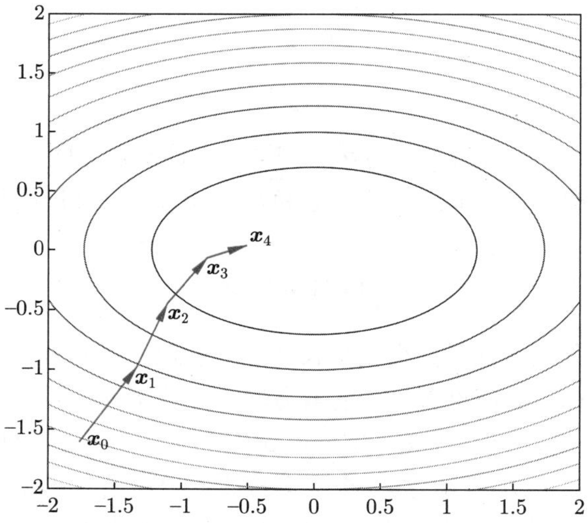

图 2.4　线搜索方法的迭代过程

2.2.2　信赖域方法

现在，我们介绍计算修正量 $\boldsymbol{s}_k$ 的另一种策略——信赖域方法. 线搜索方法是先在点 $\boldsymbol{x}_k$ 处求得下降方向 $\boldsymbol{d}_k$，再沿 $\boldsymbol{d}_k$ 确定步长 α_k；而信赖域方法是先限定步长的范围，再同时确

定下降方向 $\boldsymbol{d}_k$ 和步长 α_k. 本书所涉及的优化方法大多采用线搜索方法，下面简要介绍信赖域方法的思想和基本步骤.

在当前迭代点 $\boldsymbol{x}_k$，信赖域方法构造目标函数的一个近似模型 m_k，该模型在点 $\boldsymbol{x}_k$ 附近的取值与目标函数 $f(\boldsymbol{x})$ 相近. 考虑到当 $\boldsymbol{x}$ 距离 $\boldsymbol{x}_k$ 较远时，m_k 可能不再是目标函数 $f(\boldsymbol{x})$ 的一个好的近似，故定义一个包含 $\boldsymbol{x}_k$ 的邻域 $\mathcal{N}_k$

$$\mathcal{N}_k = \{\boldsymbol{x} \in \mathbb{R}^n | \|\boldsymbol{x} - \boldsymbol{x}_k\| \leqslant \Delta_k\}$$

假设在这个邻域内，模型 m_k 是 $f(\boldsymbol{x})$ 的一个合适的近似，称该邻域 $\mathcal{N}_k$ 为信赖域，Δ_k 为信赖域半径. 信赖域方法通过在信赖域内求解子问题

$$\begin{aligned} \min \quad & m_k(\boldsymbol{s}) \\ \text{s.t.} \quad & \|\boldsymbol{s}\| \leqslant \Delta_k \end{aligned} \tag{2.6}$$

得到近似极小点 $\boldsymbol{s}_k$，并取 $\boldsymbol{x}_{k+1} = \boldsymbol{x}_k + \boldsymbol{s}_k$. 其中 $\|\boldsymbol{s}_k\| \leqslant \Delta_k$. 在实际应用中，信赖域方法通常将近似模型 m_k 设为二次函数形式

$$m_k(\boldsymbol{s}) = f(\boldsymbol{x}_k) + \nabla f(\boldsymbol{x}_k)^{\mathsf{T}} \boldsymbol{s} + \frac{1}{2} \boldsymbol{s}^{\mathsf{T}} \boldsymbol{B}_k \boldsymbol{s} \tag{2.7}$$

其中，矩阵 $\boldsymbol{B}_k$ 是一个对称矩阵，它是 Hesse 矩阵 $\nabla^2 f(\boldsymbol{x}_k)$ 或其近似矩阵.

在每一步迭代时，我们需提前设置信赖域的大小 (即 Δ_k)，然后在该信赖域内求解 $\boldsymbol{s}$. 如果 Δ_k 太小，则导致步长过短，从而影响算法的收敛速度；如果 Δ_k 过大，就无法保证 $m_k(\boldsymbol{s})$ 是 $f(\boldsymbol{x}_k + \boldsymbol{s})$ 的好的近似函数，直接求解子问题(2.6)，可能会出现 $m_k(\boldsymbol{s})$ 的极小点与目标函数 $f(\boldsymbol{x}_k + \boldsymbol{s})$ 的极小点相距甚远的情况. 因此，需要每步迭代时都在点 $\boldsymbol{x}_k$ 处选择一个合适的 Δ_k.

我们根据模型函数 m_k 对目标函数 $f(\boldsymbol{x})$ 的近似程度来调整信赖域半径 Δ_k. 假设在点 $\boldsymbol{x}_k$ 处，在半径 Δ_k 的信赖域内最小化子问题(2.6)得到 $\boldsymbol{s}_k$. 设目标函数 $f(\boldsymbol{x})$ 的下降量

$$\Delta f(\boldsymbol{x}) = f(\boldsymbol{x}_k) - f(\boldsymbol{x}_k + \boldsymbol{s}_k)$$

为实际下降量，模型函数 m_k 的下降量

$$\Delta m_k = m_k(\mathbf{0}) - m_k(\boldsymbol{s}_k)$$

为预测下降量. 注意这里 $m_k(\mathbf{0}) = f(\boldsymbol{x}_k)$. 定义两种下降量的比值

$$\rho_k = \frac{\Delta f(\boldsymbol{x})}{\Delta m_k} = \frac{f(\boldsymbol{x}_k) - f(\boldsymbol{x}_k + \boldsymbol{s}_k)}{m_k(\mathbf{0}) - m_k(\boldsymbol{s}_k)} \tag{2.8}$$

ρ_k 的大小反映了 $m_k(\boldsymbol{s}_k)$ 近似 $f(\boldsymbol{x}_k + \boldsymbol{s}_k)$ 的程度. 当 ρ_k 接近于 1 时，表明 $m_k(\boldsymbol{s}_k)$ 近似 $f(\boldsymbol{x}_k + \boldsymbol{s}_k)$ 的程度好，下一步迭代可适当增大 Δ_k；如果 $\rho_k > 0$ 但不接近于 1，则保持 Δ_k 不变；如果 ρ_k 为接近于 0 的正数，则表明 $m_k(\boldsymbol{s}_k)$ 近似 $f(\boldsymbol{x}_k + \boldsymbol{s}_k)$ 的程度不好，下一步迭代应减小 Δ_k. 因为 s_k 是子问题(2.6)的解，故 $\delta m_k > 0$. 当 $\rho_k \leqslant 0$ 时，表明 $f(\boldsymbol{x}_k + \boldsymbol{s}_k) \geqslant f(\boldsymbol{x}_k)$，即目标函数值出现了上升，故 $\boldsymbol{x}_k + \boldsymbol{s}_k$ 不应作为下一步的迭代点，这时只能减小信赖域半径 Δ_k，重新求解子问题(2.6). 信赖域方法的基本结构如下：

算法 2.3 信赖域方法的基本结构

1. 给定初始点 $\boldsymbol{x}_0$，初始信赖域半径 Δ_0，$k := 0$.
2. 若满足终止准则，则停止迭代，输出有关信息.
3. (近似) 求解子问题(2.6)得到 $\boldsymbol{s}_k$.
4. 计算 ρ_k. 若 $\rho_k > 0$，则 $\boldsymbol{x}_{k+1} := \boldsymbol{x}_k + \boldsymbol{s}_k$；否则 $\boldsymbol{x}_{k+1} := \boldsymbol{x}_k$.
5. 修正信赖域半径: 若 $\rho_k < \dfrac{1}{4}$，则缩小信赖域半径，$\Delta_{k+1} := \dfrac{1}{4}\Delta_k$；若 $\rho_k > \dfrac{3}{4}$ 且 $\|\boldsymbol{s}_k\| = \Delta_k$，则适当增大信赖域半径，$\Delta_{k+1} := \min\{2\Delta_k, \bar{\Delta}\}$；否则 $\Delta_{k+1} := \Delta_k$.
6. 更新近似模型，$k := k+1$，转至步骤 2.

该方法对其中的 1/4、3/4 等常数不敏感，Δ_0 可取为 1 或 $\dfrac{1}{10}\|\nabla f(\boldsymbol{x}_0)\|$.

线搜索方法和信赖域方法都是求解无约束最优化问题的数值方法，两者有明显区别. 线搜索方法首先确定搜索方向 $\boldsymbol{d}_k$，然后沿着该方向确定合适的步长 α_k. 信赖域方法是首先在当前迭代点 $\boldsymbol{x}_k$ 处定义一个邻域，在该邻域内通过最小化目标函数的一个近似模型获得搜索方向和步长，搜索方向和步长同时被确定. 如果信赖域过大，则缩小信赖域，搜索方向和步长会同时改变. 图2.5展示了线搜索方法和信赖域方法的搜索过程，其中优化变量 $\boldsymbol{x} \in \mathbb{R}^2$，近似模型 m_k 是根据当前迭代点 $\boldsymbol{x}_k$ 处目标函数的信息 (或结合前面迭代过程中产生的信息) 得到的二次函数. 从图中可以看出，在同一个迭代点处，两种方法产生了不同的搜索方向，其中信赖域方法产生的搜索方向使目标函数值出现更大程度的下降.

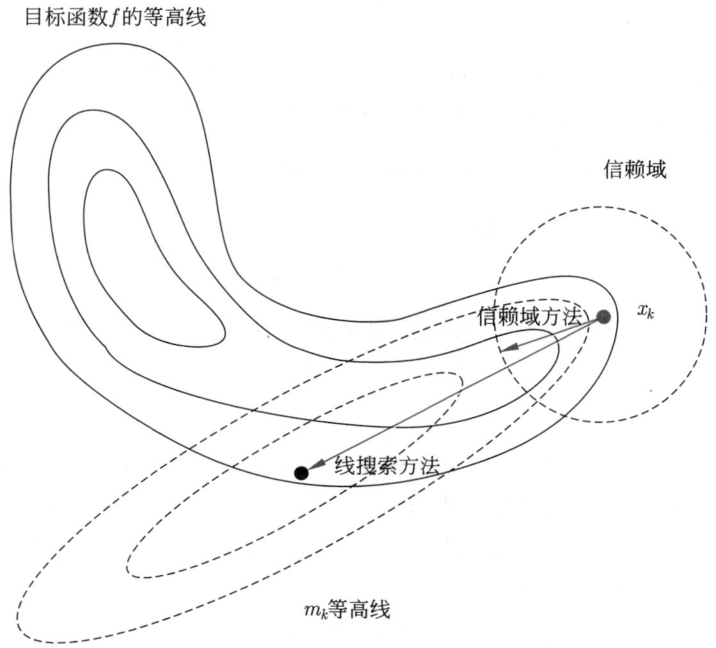

图 2.5 线搜索方法和信赖域方法的搜索过程

2.3 收敛准则

2.3.1 收敛性

对迭代方法而言，其收敛性是最为重要的理论问题之一，在此基础上，收敛速度的快慢是评价方法优劣的一个重要标准.

如果方法产生的迭代序列 $\{\boldsymbol{x}_k\}$ 在某种范数 $\|\cdot\|$ 意义下满足

$$\lim_{k\to\infty}\|\boldsymbol{x}_k-\boldsymbol{x}^*\|=0$$

则称这个算法是收敛的. 进一步，如果对于任意给定的初始点，方法都能够收敛，则称该方法为全局收敛. 有些方法，例如牛顿方法，只有当初始点充分接近最优解时才能够收敛，这样的方法称为局部收敛. 因此，对于全局收敛方法，初始点的选择可以没有任何限制，而对于局部收敛方法，则需要在最优解附近选取初始点，这样才能保证方法收敛，由于最优解是未知的，选择一个好的初始点也是一个难题. 在实际应用中，我们可根据经验或者其他先验信息来确定初始点.

2.3.2 收敛速度

收敛速度是评价一个方法优劣的重要指标. 下面，我们将介绍几种不同类型的收敛速度. 设方法产生的迭代序列 $\{\boldsymbol{x}_k\}$ 收敛到 $\boldsymbol{x}^*$.

定义 2.5　Q-线性收敛

若存在常数 $r\in(0,1)$，使得对于所有足够大的 k，有

$$\frac{\|\boldsymbol{x}_{k+1}-\boldsymbol{x}^*\|}{\|\boldsymbol{x}_k-\boldsymbol{x}^*\|}\leqslant r$$

则称该方法是 Q-线性收敛的. ♣

Q-线性收敛意味着当迭代充分多步后，每迭代一步，迭代点 $\boldsymbol{x}_k$ 与 x^* 的距离都会较原距离有所缩减. 例如，序列 $\{0.2^k\}$ Q-线性收敛到 0. 这里的 Q 是英文单词 quotient(商) 的首字母.

定义 2.6　Q-次线性收敛

若

$$\lim_{k\to\infty}\frac{\|\boldsymbol{x}_{k+1}-\boldsymbol{x}^*\|}{\|\boldsymbol{x}_k-\boldsymbol{x}^*\|}=1$$

则称该算法是 Q-次线性收敛的. ♣

例如，序列 $\{1/k\}$ Q-次线性收敛到 0.

定义 2.7 Q-超线性收敛

若

$$\lim_{k\to\infty}\frac{\|\boldsymbol{x}_{k+1}-\boldsymbol{x}^*\|}{\|\boldsymbol{x}_k-\boldsymbol{x}^*\|}=0$$

则称该方法是 Q-超线性收敛的. ♣

例如，序列 $\{2+k^{-k}\}$ Q-超线性收敛到 2.

定义 2.8 Q-平方收敛

若存在正数 M，对于足够大的 k，有

$$\frac{\|\boldsymbol{x}_{k+1}-\boldsymbol{x}^*\|}{\|\boldsymbol{x}_k-\boldsymbol{x}^*\|^2}\leqslant M$$

则称该方法是 Q-平方收敛的. ♣

例如，序列 $\{1+(0.3)^{2^k}\}$ Q-平方收敛到 1. Q-平方收敛也称为 Q-二阶收敛.

显然，任何一个 Q-平方收敛序列也是 Q-超线性收敛的，任何一个 Q-超线性收敛序列也是 Q-线性收敛的，Q-线性收敛快于 Q-次线性收敛. 一般来说，具有 Q-超线性收敛速度和 Q-平方收敛速度的方法的收敛速度是较快的. 为了简便，我们提到收敛速度时常会略去 Q，直接称收敛速度为线性、次线性、超线性、二阶等.

▶ **例 2.2** 假设有两种具有不同收敛速度的方法. 当迭代次数 k 充分大时，方法一产生的迭代序列 $\{\boldsymbol{x}_k\}$ 具有线性收敛速度，满足

$$\frac{\|\boldsymbol{x}_{k+1}-\boldsymbol{x}^*\|}{\|\boldsymbol{x}_k-\boldsymbol{x}^*\|}\approx\frac{1}{3}$$

方法二产生的迭代序列 $\{\boldsymbol{x}_k\}$ 具有平方收敛速度，满足

$$\frac{\|\boldsymbol{x}_{k+1}-\boldsymbol{x}^*\|}{\|\boldsymbol{x}_k-\boldsymbol{x}^*\|^2}\approx\frac{1}{3}$$

假设在当前迭代点 $\boldsymbol{x}_k$ 处，两种方法均满足 $\|\boldsymbol{x}_k-\boldsymbol{x}^*\|\leqslant 0.01$. 问：若要达到 $\|\boldsymbol{x}_k-\boldsymbol{x}^*\|\leqslant 10^{-8}$ 的精度，方法一和方法二各需进行多少次迭代？

解：根据线性收敛定义，由 $\|\boldsymbol{x}_{k+n}-\boldsymbol{x}^*\|\approx\left(\frac{1}{3}\right)^n\|\boldsymbol{x}_k-\boldsymbol{x}^*\|\leqslant\left(\frac{1}{3}\right)^n\times 0.01\leqslant 10^{-8}$，得到 $n\geqslant 12.58$，故方法一需要进行 13 次迭代. 类似地，由平方收敛的定义，可知方法二只需进行 2 次迭代即可达到要求的精度.

本节给出了收敛性和收敛速度的概念，然而，我们必须认识到，收敛性和收敛速度均是理论结果，一种方法有好的理论收敛性和收敛速度，并不能保证有好的实际运算结果. 考虑到舍入误差会对计算过程产生影响，我们应该在理论分析的基础上，对方法进行数值实验.

第 2 章习题

1. 证明所有孤立局部最优解都是严格局部最优解.

2. 计算 Rosenbrock 函数

$$f(\boldsymbol{x})=100\left(x_2-x_1^2\right)^2+\left(1-x_1\right)^2$$

的梯度 $\nabla f(\boldsymbol{x})$ 和 Hesse 矩阵 $\nabla^2 f(\boldsymbol{x})$，并证明 $\boldsymbol{x}^*=(1,1)^{\mathrm{T}}$ 为该函数的唯一局部极小点，且 $\nabla^2 f\left(\boldsymbol{x}^*\right)$ 正定.

3. 考虑最优化问题

$$\min f(\boldsymbol{x}) \equiv\left(x_1-x_2\right)^4+x_1^2-x_2^2-2 x_1+2 x_2+1$$

找出所有满足一阶必要条件的局部极小点，并判断它们是否满足二阶必要条件.

4. 证明序列 $\{1/k\}$ 次线性收敛到 0.

5. 证明下列序列的收敛速度:

(1) $\left\{3^{-k}\right\}$ 线性收敛;

(2) $\left\{k^{-k}\right\}$ 超线性收敛;

(3) $\left\{a^{2^k}\right\}(0<a<1)$ 二阶收敛.

6. 考虑最优化问题

$$\min f(x) \equiv x^2-\frac{x^3}{3}$$

假设我们采用迭代方法 $x_{k+1}=x_k-\alpha f^{\prime}\left(x_k\right)$，固定步长 α 为 $1/2$，初始点 $x_0=1$. 证明该方法收敛到目标函数的局部极小点，并给出收敛速度.

7. 假设序列 $\left\{\boldsymbol{x}_k\right\}$ 收敛到 $\boldsymbol{x}^*$. 证明不存在 $p<1$，使得

$$\lim _{k \rightarrow \infty} \frac{\left\|\boldsymbol{x}_{k+1}-\boldsymbol{x}^*\right\|}{\left\|\boldsymbol{x}_k-\boldsymbol{x}^*\right\|^p}>0$$

8. 给定序列 $\left\{\boldsymbol{x}_k\right\}$

$$\boldsymbol{x}_k=\begin{cases}\left(\dfrac{1}{4}\right)^{2^k}, & k\text{为偶数} \\ \dfrac{\boldsymbol{x}_{k-1}}{k}, & k\text{为奇数}\end{cases}$$

请问该序列是否线性收敛? 超线性收敛? 平方收敛?

第3章 线搜索方法

本章导读

线搜索方法是求解无约束最优化问题的常用方法，其基本思想是在每次迭代时，先依据当前信息求得迭代方向 $\boldsymbol{d}_k$，然后沿 $\boldsymbol{d}_k$ 确定步长 $\alpha_k > 0$. 线搜索方法的优劣与搜索方向和步长的选取密切相关. 一般要求迭代方向 $\boldsymbol{d}_k$ 是一个下降方向，即目标函数值沿着方向 $\boldsymbol{d}_k$ 有所下降，表达成数学形式为 $\nabla f(\boldsymbol{x}_k)^\mathsf{T}\boldsymbol{d}_k < 0$. 关于下降方向的选取，我们会在本书第 4~7 章进行详细讨论. 在本章中，我们讨论如何基于当前迭代点 $\boldsymbol{x}_k$ 和迭代方向 $\boldsymbol{d}_k$ 确定步长 α_k，以及步长需满足的一些基本准则.

线搜索方法通过精确线搜索和非精确线搜索两种方法确定步长. 3.1节介绍几种常用的精确线搜索方法，3.2节介绍精确线搜索方法的收敛性，3.3节和3.4节介绍非精确线搜索方法及其收敛性.

3.1 精确线搜索方法

在迭代点 $\boldsymbol{x}_k$，当迭代方向 $\boldsymbol{d}_k$ 已知时，一个很自然的想法是使目标函数 $f(\boldsymbol{x})$ 沿方向 $\boldsymbol{d}_k$ 达到极小，即

$$f(\boldsymbol{x}_k + \alpha_k \boldsymbol{d}_k) = \min_{\alpha>0} \psi(\alpha) \equiv f(\boldsymbol{x}_k + \alpha \boldsymbol{d}_k) \tag{3.1}$$

这样的线搜索方法称为精确线搜索，所得到的 α_k 称为精确步长因子. 显然，α_k 满足

$$\nabla f(\boldsymbol{x}_k + \alpha_k \boldsymbol{d}_k)^\mathsf{T}\boldsymbol{d}_k = 0$$

这一条件对一些无约束优化方法在有限步终止起着关键作用.

在很多情况下，问题(3.1)没有解析解，需要通过迭代方法求数值解. 精确线搜索方法一般分成两个阶段：第一个阶段确定包含精确步长的初始搜索区间；第二个阶段采用某种分割或插值技术缩小这个区间，直至区间长度达到给定精度.

3.1.1 确定初始搜索区间

进退法是一种简单且常用的确定初始搜索区间的方法，其基本思想是从一个点出发，按一定步长，试图确定目标函数呈现“高-低-高”的形状. 具体地，给定初始点 $\alpha_0 > 0$ 和初始步长 $h_0 > 0$，若

$$\psi(\alpha_0 + h_0) \leqslant \psi(\alpha_0)$$

则下一步从 $\alpha_1 = \alpha_0 + h_0$ 出发，加大步长，继续向前搜索，直到目标函数上升为止. 若

$$\psi(\alpha_0 + h_0) > \psi(\alpha_0)$$

则下一步仍以 α_0 为出发点，沿反方向搜索，直到目标函数上升为止. 无论是向前搜索还是向后搜索，最后可得 $a \leqslant c \leqslant b$，使得

$$\psi(c) \leqslant \psi(b), \quad \psi(c) \leqslant \psi(a)$$

进退法的迭代步骤如下：

算法 3.1　进退法求初始搜索区间的迭代步骤

1. 给定初始点 $\alpha_0 \geqslant 0$，初始步长 $h_0 > 0$，加倍系数 $t > 1$，$i := 0$.
2. 比较目标函数值. 令 $\alpha_{i+1} := \alpha_i + h_i$，若 $\psi(\alpha_{i+1}) < \psi(\alpha_i)$，则转至步骤 3，否则转至步骤 4.
3. 加大搜索步长. 令 $h_{i+1} := h_i$，$\alpha := \alpha_i$，$\alpha_i := \alpha_{i+1}$，$i := i+1$，转至步骤 2.
4. 反向搜索. 若 $i = 0$，则转换搜索方向，令 $h_i := -h_i$，$\alpha := \alpha_{i+1}$，转至步骤 2；否则停止迭代，令

$$a = \min\{\alpha, \alpha_{i+1}\}, \quad b = \max\{\alpha, \alpha_{i+1}\}$$

输出 $[a, b]$.

利用 $\psi(\alpha)$ 的导数，也可以类似地确定初始搜索区间. 我们知道，在包含真实极小点 α^* 的区间 $[a, b]$ 端点处，$\psi'(a) \leqslant 0$，$\psi'(b) \geqslant 0$，给定步长 $h \geqslant 0$，取初始点 $\alpha_0 \geqslant 0$. 若 $\psi'(\alpha_0) \leqslant 0$，则取 $\alpha_1 = \alpha_0 + h$，若 $\psi'(\alpha_0) \geqslant 0$，则取 $\alpha_1 = \alpha_0 - h$，其余过程与上述方法类似.

常用的精确线搜索方法包括分割方法和插值方法. 下面我们首先介绍几种典型的分割方法，包括二分法、黄金分割法和 Fibonacci 法，然后介绍插值方法.

3.1.2 分割方法

二分法、黄金分割法和 Fibonacci 法都是分割方法，不同之处在于区间的分割方式. 这些方法均要求目标函数是单峰函数. 单峰函数的定义如下：

定义 3.1 单峰函数

设函数 $\psi(\alpha): \mathbb{R} \to \mathbb{R}$，$[a, b] \in \mathbb{R}$. 若存在 $\alpha^* \in [a, b]$，使 $\psi(\alpha)$ 在 $[a, \alpha^*]$ 上单调下降，在 $[\alpha^*, b]$ 上单调上升，则称 $\psi(\alpha)$ 是区间 $[a, b]$ 上的单峰函数，$[a, b]$ 称为 $\psi(\alpha)$ 的单峰区间. ♣

如图3.1所示，单峰函数是具有“高-低-高”形状的函数，此类函数存在唯一的局部极小点. 在众多问题中，我们所面对的目标函数不可能都是单峰函数. 针对这种情况，可以把所考虑的区间划分为若干个小区间，在每个小区间上函数是单峰的. 这样，在每个小区间上求极小点，然后选取其中的最小点，从而得到最终步长.

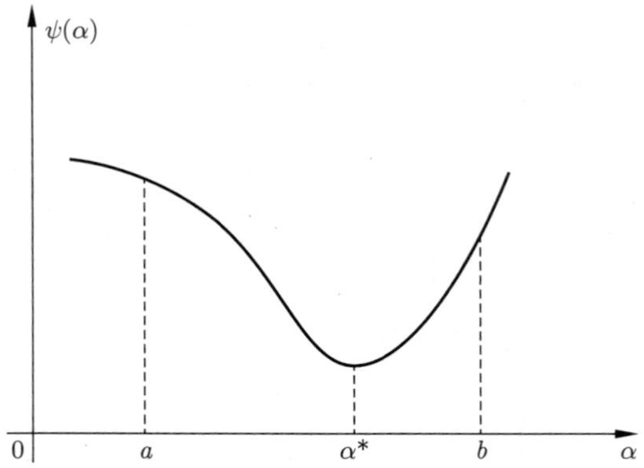

图 3.1　单峰函数

3.1.2.1　二分法

二分法是一种最简单的分割方法，其基本思想是通过计算目标函数在区间端点的导数值来不断将区间一分为二，直至区间长度足够小、区间中的点均接近极小点为止. 由于二分法每次搜索时将搜索区间长度缩短一半，故收敛速度也是线性的，收敛比为 1/2. 若要求最后的区间长度不超过 ε，则迭代次数 n 需满足

$$n \geqslant \frac{\lg[\epsilon/(b_0 - a_0)]}{\lg(0.5)}$$

二分法的计算步骤如下：

算法 3.2　二分法的计算步骤

1. 给定初始区间 $[a_0, b_0]$，$\varepsilon > 0$，$i := 0$.
2. $\gamma_i = \dfrac{a_i + b_i}{2}$，计算 $\psi'(\gamma_i)$.
3. 若 $\psi'(\gamma_i) = 0$，γ_i 是最优解，停止迭代; 若 $\psi'(\gamma_i) < 0$，则 $a_{i+1} := \gamma_i$，$b_{i+1} := b_i$，转至步骤 4; 若 $\psi'(\gamma_i) > 0$，则 $a_{i+1} := a_i$，$b_{i+1} := \gamma_i$，转至步骤 4.
4. 如果 $b_{i+1} - a_{i+1} \leqslant \varepsilon$，则停止迭代，输出 γ_i；否则 $i := i + 1$，转至步骤 2.

二分法用到了 $\psi(\alpha)$ 的一阶导数值，后面将要介绍的黄金分割法和 Fibonacci 法没有用到任何导数信息，只根据 $\psi(\alpha)$ 的大小对区间进行压缩.

3.1.2.2　黄金分割法

二分法根据 $\psi(\alpha)$ 在区间端点的导数值将搜索区间缩短一半，而黄金分割法则是在初

始区间 $[a, b]$ 上选取两个对称点 λ 和 $\mu\,(\lambda < \mu)$，通过比较 $\psi(\lambda)$ 和 $\psi(\mu)$ 的大小决定要删除的区间：若 $\psi(\lambda) \leqslant \psi(\mu)$，则删除右半区间 $(\mu, b]$；否则，删除左半区间 $[a, \lambda)$. 剩余区间作为下一步迭代的新区间，新区间的长度为原区间长度的 0.618 倍，故该方法称为黄金分割法，又名 0.618 法. 新区间包含原区间两个对称点中的一个，这样，我们只需再选一个对称点，比较这两个新对称点处的目标函数值. 重复这个过程，最后确定极小点 α^*.

设 $\psi(\alpha)$ 是区间 $[a, b]$ 上的单峰函数. 令 $[a_0, b_0] = [a, b]$，设区间 $[a_0, b_0]$ 经 i 次缩短后变为 $[a_i, b_i]$. 在 $[a_i, b_i]$ 中选两个试探点 λ_i 和 μ_i $(\lambda_i < \mu_i)$，这两个点需满足以下条件

$$b_i - \lambda_i = \mu_i - a_i = \gamma(b_i - a_i) \tag{3.2}$$

第一个等号表明 λ_i 和 μ_i 为区间 $[a_i, b_i]$ 上的两个对称点，第二个等号表明新区间为原区间长度的 γ 倍. 由此可得

$$\lambda_i = a_i + (1 - \gamma)(b_i - a_i) \tag{3.3}$$

$$\mu_i = a_i + \gamma(b_i - a_i) \tag{3.4}$$

计算 $\psi(\alpha)$ 在两个对称点的值：

若 $\psi(\lambda_i) \leqslant \psi(\mu_i)$，则 $\alpha^* \in [a_i, \mu_i]$，取新区间 $[a_{i+1}, b_{i+1}] = [a_i, \mu_i]$；

若 $\psi(\lambda_i) > \psi(\mu_i)$，则 $\alpha^* \in [\lambda_i, b_i]$，取新区间 $[a_{i+1}, b_{i+1}] = [\lambda_i, b_i]$.

下一步迭代时选取的两个新对称点为 λ_{i+1} 和 $\mu_{i+1}(\lambda_{i+1} < \mu_{i+1})$. 假设所选区间 $[a_{i+1}, b_{i+1}]$ 是 $[a_i, \mu_i]$，如图3.2所示.

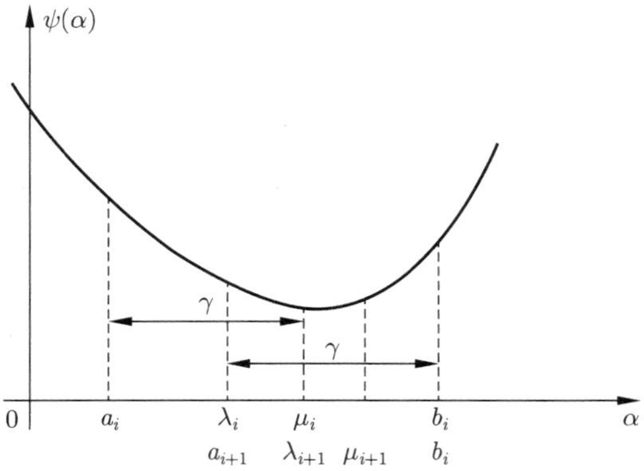

图 3.2　黄金分割法一步迭代

由式(3.4)，有

$$\begin{aligned}
\mu_{i+1} &= a_{i+1} + \gamma(b_{i+1} - a_{i+1}) \\
&= a_i + \gamma(\mu_i - a_i) \\
&= a_i + \gamma[a_i + \gamma(b_i - a_i) - a_i] \\
&= a_i + \gamma^2(b_i - a_i)
\end{aligned}$$

对比上一步试探点 λ_i 的表达式(3.3)，若令

$$\gamma^2 = (1-\gamma)$$

则

$$\mu_{i+1} = a_i + (1-\gamma)(b_i - a_i) = \lambda_i$$

这样，新的试探点 μ_{i+1} 就无须再计算了，只须取 λ_i 即可，故在这步迭代中只须计算一个试探点，即只要计算

$$\lambda_{i+1} = a_{i+1} + (1-\gamma)(b_{i+1} - a_{i+1})$$

类似地，若上一步所选区间是 $[\lambda_i, b_i]$，我们可以得到

$$\lambda_{i+1} = \mu_i$$

$$\mu_{i+1} = a_{i+1} + \gamma(b_{i+1} - a_{i+1})$$

然后比较 $\psi(\lambda_{i+1})$ 和 $\psi(\mu_{i+1})$. 重复上述过程，直到 $b_i - a_i$ 小于给定精度.

最后还需确定区间缩短率 γ. 解方程 $\gamma^2 = (1-\gamma)$. 由于 $\gamma > 0$，可得

$$\gamma = \frac{\sqrt{5}-1}{2} \approx 0.618$$

即新区间的长度为原区间长度的 0.618 倍.

若要求最后的区间长度不超过 ε，即

$$b_n - a_n \leqslant \varepsilon$$

则由

$$b_n - a_n = (0.618)^n (b_0 - a_0)$$

可知迭代次数 n 应满足

$$n \geqslant \frac{\lg[\varepsilon/(b_0 - a_0)]}{\lg(0.618)} \tag{3.5}$$

下面给出黄金分割法的计算步骤:

算法 3.3　黄金分割法的计算步骤

1. 给定初始区间 $[a_0, b_0]$，$\varepsilon > 0$，$i := 0$.
2. 计算两个试探点 λ_i，μ_i:

$$\lambda_i := a_i + 0.382(b_i - a_i)$$

$$\mu_i := a_i + 0.618(b_i - a_i)$$

计算 $\psi(\lambda_i)$，$\psi(\mu_i)$. 若 $\psi(\lambda_i) \leqslant \psi(\mu_i)$，则转至步骤 3，否则转至步骤 4.

3. 若 $\mu_i - a_i \leqslant \varepsilon$，则停止迭代，输出 λ_i；否则

$$a_{i+1} := a_i, b_{i+1} := \mu_i, \mu_{i+1} = \lambda_i$$

$$\psi(\mu_{i+1}) := \psi(\lambda_i), \lambda_{i+1} = a_{i+1} + 0.382(b_{i+1} - a_{i+1})$$

计算 $\psi(\lambda_{k+1})$，转至步骤 5.

算法 3.3 (续)

4. 若 $b_i - \lambda_i \leqslant \varepsilon$，则停止迭代，输出 μ_i；否则

$$a_{i+1} := \lambda_i, b_{i+1} := b_i, \lambda_{i+1} := \mu_i$$
$$\psi(\lambda_{i+1}) := \psi(\mu_i), \mu_{i+1} = a_{i+1} + 0.618(b_{i+1} - a_{i+1})$$

计算 $\psi(\mu_{i+1})$，转至步骤 5.

5. $i := i + 1$，转至步骤 2.

▶ **例 3.1** 用黄金分割法求如下函数在 $[0,1]$ 上的极小点，最后的区间长度 $\varepsilon \leqslant 0.2$.

$$\psi(\alpha) = 3\alpha^3 + 2\alpha^2 - 10\alpha + 2$$

解：已知 $[a_0, b_0] = [0, 1]$，$\varepsilon \leqslant 0.2$. 由式 (3.5) 可以解得 $n \geqslant 4$，即进行 4 次迭代后，区间长度就不超过 ε. 具体迭代过程如下.

第一次迭代：

$$\lambda_0 = a_0 + 0.382(b_0 - a_0) = 0.382$$

$$\mu_0 = a_0 + 0.618(b_0 - a_0) = 0.618$$

计算

$$\psi(\lambda_0) = 3\lambda_0^3 + 2\lambda_0^2 - 10\lambda_0 + 2 \approx -1.360\,9$$

$$\psi(\mu_0) = 3\mu_0^3 + 2\mu_0^2 - 10\mu_0 + 2 \approx -2.708\,1$$

因为 $\psi(\lambda_0) > \psi(\mu_0)$，$b_0 - \lambda_0 = 0.618 > \varepsilon$，故令 $a_1 = \lambda_0 = 0.382$，$b_1 = b_0 = 1$，更新区间为 $[a_1, b_1] = [0.382, 1]$.

第二次迭代：

$$\lambda_1 = \mu_0 = 0.618$$

$$\mu_1 = a_1 + 0.618(b_1 - a_1) \approx 0.763\,9$$

计算

$$\psi(\lambda_1) = \psi(\mu_0) = -2.708\,1$$

$$\psi(\mu_1) = 3\mu_1^3 + 2\mu_1^2 - 10\mu_1 + 2 \approx -3.134\,6$$

因为 $\psi(\lambda_1) > \psi(\mu_1)$，$b_1 - \lambda_1 = 0.382 > \varepsilon$，故令 $a_2 = \lambda_1 = 0.618$，$b_2 = b_1 = 1$，更新区间为 $[a_2, b_2] = [0.618, 1]$.

第三次迭代：

$$\lambda_2 = \mu_1 = 0.763\,9$$

$$\mu_2 = a_2 + 0.618(b_2 - a_2) \approx 0.854\,1$$

计算

$$\psi(\lambda_2) = \psi(\mu_1) = -3.134\,6$$

$$\psi(\mu_2) = 3\mu_2^3 + 2\mu_2^2 - 10\mu_2 + 2 \approx -3.212\,9$$

因为 $\psi(\lambda_2) > \psi(\mu_2)$, $b_2 - \lambda_2 = 0.236\,1 > \varepsilon$, 故令 $a_3 = \lambda_2 = 0.763\,9$, $b_3 = b_2 = 1$, 更新区间为 $[a_3, b_3] = [0.763\,9, 1]$.

第四次迭代:

$$\lambda_3 = \mu_2 = 0.854\,1$$

$$\mu_3 = a_3 + 0.618(b_3 - a_3) \approx 0.909\,8$$

计算

$$\psi(\lambda_3) = \psi(\mu_2) = -3.212\,9$$

$$\psi(\mu_3) = 3\mu_3^3 + 2\mu_3^2 - 10\mu_3 + 2 \approx -3.183\,3$$

因为 $\psi(\lambda_3) < \psi(\mu_3)$, $\mu_3 - a_3 = 0.145\,9 < \varepsilon$, 停止迭代. 最终区间为 $[0.763\,9, 0.909\,8]$, 将 $\lambda_3 = 0.854\,1$ 作为函数 $\psi(\alpha)$ 在 $[0, 1]$ 上极小点的近似估计.

3.1.2.3 Fibonacci 法

Fibonacci 法与黄金分割法类似, 主要区别在于搜索区间的缩短率不再采用黄金分割数, 而是 Fibonacci 数列. 此外, 对于给定的最后区间长度, Fibonacci 法需预先确定迭代次数.

Fibonacci 数列 $\{F_i\}$ 满足下述等式:

$$F_0 = F_1 = 1$$

$$F_{i+1} = F_i + F_{i-1}, \quad i = 1, 2, \cdots$$

新搜索区间与原搜索区间的长度具有以下关系:

$$b_{i+1} - a_{i+1} = \frac{F_{n-i}}{F_{n-i+1}}(b_i - a_i) \tag{3.6}$$

其中, n 是迭代次数. 要求经过 n 次迭代后, 最后的区间长度不超过 ε, 即

$$b_n - a_n \leqslant \varepsilon$$

因为

$$\begin{aligned} b_n - a_n &= \frac{F_1}{F_2}(b_{n-1} - a_{n-1}) \\ &= \frac{F_1}{F_2} \cdot \frac{F_2}{F_3} \cdot \cdots \cdot \frac{F_{n-1}}{F_n} \cdot \frac{F_n}{F_{n+1}}(b_0 - a_0) \\ &= \frac{1}{F_{n+1}}(b_0 - a_0) \end{aligned}$$

所以

$$\frac{1}{F_{n+1}}(b_0 - a_0) \leqslant \varepsilon$$

从而

$$F_{n+1} \geqslant \frac{b_0 - a_0}{\varepsilon} \tag{3.7}$$

对于最后的区间长度 ε，由式(3.7)预先计算出 F_{n+1}，再根据 F_{n+1} 确定迭代次数 n.

然而，如果一直按照 Fibonacci 数列进行区间压缩，当进行到第 n 步迭代时，方法就会出现一定的问题. 由式(3.6)可知，第 n 步的区间缩短率为

$$\gamma = \frac{F_1}{F_2} = \frac{1}{2}$$

这意味着在第 n 步选取的两个试探点恰好在区间中点重合，导致无法对区间进一步压缩. 为解决这一问题，我们给原压缩率 γ 增加一个较小的正数 $\delta\,(\delta > 0)$，这样得到的新试探点略微向区间中点的左侧或右侧偏移，而上一步选择的试探点则位置保持不变[1]. 然后，通过比较 $\psi(\mu_n)$ 和 $\psi(\lambda_n)$ 的大小进行区间压缩. 新区间长度可能是上一步区间长度的 $1/2$，也可能是上一步区间长度的 $(1/2 + \delta)$ 倍. 下面考虑第 n 步得到的区间长度为上一步区间长度的 $(1/2 + \delta)$ 倍时所需要的最大迭代次数. 具体地，

$$\begin{aligned}
b_n - a_n &= \left(\frac{F_1}{F_2} + \delta\right)(b_{n-1} - a_{n-1}) \\
&= \left(\frac{F_1}{F_2} + \delta\right) \cdot \frac{F_2}{F_3} \cdot \cdots \cdot \frac{F_{n-1}}{F_n} \cdot \frac{F_n}{F_{n+1}}(b_0 - a_0) \\
&= \frac{1 + 2\delta}{F_{n+1}}(b_0 - a_0)
\end{aligned}$$

进一步有

$$F_{n+1} \geqslant \frac{(1 + 2\delta)(b_0 - a_0)}{\delta} \tag{3.8}$$

对于给定的 δ 以及最后区间长度 ε，可以通过上式提前确定最大迭代次数，然后按照黄金分割法不断选取试探点，压缩区间，直至达到最大迭代次数，此时区间长度不超过 ε.

可以证明

$$\lim_{k\to\infty} \frac{F_{k-1}}{F_k} = \frac{\sqrt{5} - 1}{2} \approx 0.618$$

这表明，当 $n \to \infty$ 时，Fibonacci 法与黄金分割法的区间缩短率相同. Fibonacci 法是求解一维极小化问题的最优分割方法，而黄金分割法是近似最优. 证明过程请参阅相关文献[1]. 虽然 Fibonacci 法更加高效，但黄金分割法的区间缩短率固定，计算简单，因而应用更加广泛.

▶ **例 3.2** 用 Fibonacci 法求函数

$$\psi(\alpha) = 3\alpha^3 + 2\alpha^2 - 10\alpha + 2$$

在 $[0,1]$ 上的极小点，最后的区间长度 $\varepsilon \leqslant 0.2$.

解：已知 $[a_0, b_0] = [0, 1]$，$\varepsilon = 0.2$. 由式(3.8)可知方法所需的最大迭代次数 n 满足

$$F_{n+1} \geqslant \frac{(1+2\delta)(b_0 - a_0)}{\varepsilon} = \frac{1+2\delta}{0.2}$$

当 $\delta \leqslant 0.3$ 时，进行 $n = 4$ 次迭代后，区间长度就缩小到 ε.

第一次迭代：

$$\lambda_1 = a_0 + \frac{F_{n-1}}{F_{n+1}}(b_0 - a_0) = 0 + \frac{F_3}{F_5} \cdot 1 = \frac{3}{8}$$

$$\mu_1 = a_0 + \frac{F_n}{F_{n+1}}(b_0 - a_0) = 0 + \frac{F_4}{F_5} \cdot 1 = \frac{5}{8}$$

计算

$$\psi(\lambda_1) = 3\lambda_1^3 + 2\lambda_1^2 - 10\lambda_1 + 2 \approx -1.310\,5$$

$$\psi(\mu_1) = 3\mu_1^3 + 2\mu_1^2 - 10\mu_1 + 2 \approx -2.736\,3$$

因为 $\psi(\lambda_1) > \psi(\mu_1)$，$b_0 - \lambda_1 = 5/8 > \varepsilon$，故令 $a_1 = \lambda_1 = 3/8$，$b_1 = b_0 = 1$，更新区间为 $[a_1, b_1] = [3/8, 1]$.

第二次迭代：

$$\lambda_2 = \mu_1 = \frac{5}{8}$$

$$\mu_2 = a_1 + \frac{F_{n-1}}{F_n}(b_1 - a_1) = \frac{3}{4}$$

计算

$$\psi(\lambda_2) = \psi(\mu_1) = -2.736\,3$$

$$\psi(\mu_2) = 3\mu_2^3 + 2\mu_2^2 - 10\mu_2 + 2 \approx -3.109\,4$$

因为 $\psi(\lambda_2) > \psi(\mu_2)$，$b_1 - \lambda_2 = 3/8 > \varepsilon$，故令 $a_2 = \lambda_2 = 5/8$，$b_2 = b_1 = 1$，更新区间为 $[a_2, b_2] = [5/8, 1]$.

第三次迭代：

$$\lambda_3 = \mu_2 = \frac{3}{4}$$

$$\mu_3 = a_2 + \frac{F_{n-2}}{F_{n-1}}(b_2 - a_2) = \frac{7}{8}$$

计算

$$\psi(\lambda_3) = \psi(\mu_2) = -3.109\,4$$

$$\psi(\mu_3) = 3\mu_3^3 + 2\mu_3^2 - 10\mu_3 + 2 \approx -3.209\,0$$

因为 $\psi(\lambda_3) > \psi(\mu_3)$，$b_2 - \lambda_3 = 1/4 > \varepsilon$，令 $a_3 = \lambda_3 = 3/4$，$b_3 = b_2 = 1$，更新区间为 $[a_3, b_3] = [3/4, 1]$.

第四次迭代：令 $\delta = 0.05$

$$\lambda_4 = \mu_3 = \frac{7}{8}$$

$$\mu_4 = a_3 + \left(\frac{F_{n-3}}{F_{n-2}} + \delta\right)(b_3 - a_3) = 0.887\,5$$

计算

$$\psi(\lambda_4) = \psi(\mu_3) = -3.209\,0$$

$$\psi(\mu_4) = 3\mu_4^3 + 2\mu_4^2 - 10\mu_4 + 2 \approx -3.202\,6$$

因为 $\psi(\lambda_4) < \psi(\mu_4)$, $\mu_4 - a_3 < \varepsilon$, 故停止迭代. 最后区间为 $[0.75, 0.887\,5]$, 将 $\lambda_4 = 7/8$ 作为函数 $\psi(\alpha)$ 在 $[0,1]$ 上极小点的近似估计.

3.1.3　插值方法

插值方法是另一种重要的线搜索方法，其基本思想是利用函数在区间内某些点的已知信息，不断地构造低次 (通常不超过三次) 插值多项式来近似目标函数，并逐步用插值多项式的极小点来逼近 $\psi(\alpha)$ 的极小点. 由于插值多项式的极小点容易求得，从而可用其逼近 $\psi(\alpha)$ 的极小点. 下面给出 m 次插值多项式的定义.

定义 3.2　m 次插值多项式

设函数 $\psi(\alpha)$ 在区间 $[a,b]$ 上有定义，已知 $\psi(\alpha)$ 在 $m+1$ 个不同点 $a \leqslant \alpha_0 < \alpha_1 < \cdots < \alpha_m \leqslant b$ 处函数值分别为 $\psi(\alpha_i)(i = 0, 1, \cdots, m)$. 若存在一个次数为 m 的多项式 $q(\alpha)$，满足

$$q(\alpha_i) = \psi(\alpha_i), \quad i = 0, 1, \cdots, m \tag{3.9}$$

则称 $q(\alpha)$ 为 $\psi(\alpha)$ 的 m 次插值多项式，$\psi(\alpha)$ 称为被插函数，式(3.9)称为插值条件，$\alpha_0, \alpha_1, \cdots, \alpha_m$ 称为插值点. ♣

满足条件式(3.9)的插值方法的几何意义就是找一条通过平面上 $m+1$ 个点 $\{(\alpha_i, \psi(\alpha_i))\}_{i=0}^m$ 的曲线. 当 $m+1$ 个插值点互不相同时，满足条件式(3.9)的次数不超过 m 的多项式存在且唯一. 这里的插值条件式(3.9)利用的是插值点的函数值，事实上，利用插值点的导数信息也可建立插值条件. 不同的插值条件可以得到不同的插值多项式. 本部分首先介绍几种常用的二次插值法，包括一点二次插值法、两点二次插值法和三点二次插值法，然后简要介绍三次插值法.

3.1.3.1 一点二次插值法

我们先介绍一点二次插值法. 设在一个插值点，已知函数值为 $\psi(\alpha_1)$、一阶导数值为 $\psi^{'}(\alpha_1)$ 和二阶导数值为 $\psi^{''}(\alpha_1)$. 利用 $\psi(\alpha_1)$、$\psi^{'}(\alpha_1)$ 和 $\psi^{''}(\alpha_1)$ 构造二次插值多项式

$$q(\alpha) = a\alpha^2 + b\alpha + c$$

并要求满足插值条件

$$\begin{aligned} q(\alpha_1) &= a\alpha_1^2 + b\alpha_1 + c = \psi(\alpha_1) \\ q^{'}(\alpha_1) &= 2a\alpha_1 + b = \psi^{'}(\alpha_1) \\ q^{''}(\alpha_1) &= 2a = \psi^{''}(\alpha_1) \end{aligned}$$

解上述方程组，得

$$a = \frac{\psi^{''}(\alpha_1)}{2}, \quad b = \psi^{'}(\alpha_1) - \psi^{''}(\alpha_1)\alpha_1$$

则二次多项式 $q(\alpha)$ 的极小点为

$$\bar{\alpha} = -\frac{b}{2a} = \alpha_1 - \frac{\psi^{'}(\alpha_1)}{\psi^{''}(\alpha_1)}$$

由此，我们得到一点二次插值法 (又称牛顿方法) 的迭代公式

$$\alpha_{i+1} = \alpha_i - \frac{\psi^{'}(\alpha_i)}{\psi^{''}(\alpha_i)} \tag{3.10}$$

按式(3.10)不断迭代，当满足终止准则时，就可得到目标函数 $\psi(\alpha)$ 的极小点的近似估计. 值得注意的是，若对区间内任意 α，有 $\psi^{''}(\alpha) > 0$，则一点二次插值法会收敛到极小点；反之，该方法可能会失效. 接下来，通过一个例子进一步说明如何通过一点二次插值法求解函数极小点.

▶ **例 3.3** 用一点二次插值法求函数

$$\psi(\alpha) = -\sin(\alpha - 1) + \alpha^2$$

的近似极小点. 取插值点 $\alpha_0 = 0.5$，当 $|\alpha_{i+1} - \alpha_i| \leqslant \varepsilon$ 时停止迭代，其中 $\varepsilon = 10^{-5}$.

解：已知初始点 $\alpha_0 = 0.5$，计算函数 ψ 的一阶和二阶导数

$$\begin{aligned} \psi^{'}(x) &= -\cos(x - 1) + 2x \\ \psi^{''}(x) &= \sin(x - 1) + 2 \end{aligned}$$

第一次迭代：

$$\alpha_1 = \alpha_0 - \frac{\psi^{'}(\alpha_0)}{\psi^{''}(\alpha_0)} = 0.419\,5$$

第二次迭代：

$$\alpha_2 = \alpha_1 - \frac{\psi^{'}(\alpha_1)}{\psi^{''}(\alpha_1)} = 0.417\,6$$

第三次迭代：

$$\alpha_3 = \alpha_2 - \frac{\psi'(\alpha_2)}{\psi''(\alpha_2)} = 0.417\,6$$

由于 $|\alpha_3 - \alpha_2| \leqslant \varepsilon$，故停止迭代. 此时，$\psi'(\alpha_3) = 4.808\,4 \times 10^{-13} \approx 0$，$\psi''(\alpha_3) = 1.449\,9 > 0$，因此 $\alpha_3 = 0.417\,6$ 为函数 $\psi(\alpha)$ 的一个近似极小点.

最后介绍一点二次插值法的收敛性和收敛速度.

定理 3.1

设 $\psi(\alpha): \mathbb{R} \to \mathbb{R}$ 是二阶连续可微函数，α^* 满足 $\psi'(\alpha^*) = 0$，$\psi''(\alpha^*) \neq 0$，则当初始点 α_0 充分接近 α^* 时，一点二次插值法的迭代公式(3.10) 产生的序列 $\{\alpha_i\}$ 收敛到 α^*，其收敛速度为二阶. ♡

该定理表明一点二次插值法具有局部二阶收敛速度. 有关该定理的证明请参阅相关文献[2].

3.1.3.2　两点二次插值法

方法 1

设已知两个插值点 α_1 和 α_2 处的函数值 $\psi(\alpha_1)$ 与 $\psi(\alpha_2)$，以及其中一个插值点的一阶导数值 $\psi'(\alpha_1)$ 或 $\psi'(\alpha_2)$，由此构造二次插值多项式

$$q(\alpha) = a\alpha^2 + b\alpha + c$$

要求其满足插值条件

$$q(\alpha_1) = a\alpha_1^2 + b\alpha_1 + c = \psi(\alpha_1)$$

$$q(\alpha_2) = a\alpha_2^2 + b\alpha_2 + c = \psi(\alpha_2)$$

$$q'(\alpha_1) = 2a\alpha_1 + b = \psi'(\alpha_1)$$

解上述方程组，得

$$a = \frac{\psi(\alpha_1) - \psi(\alpha_2) - \psi'(\alpha_1)(\alpha_1 - \alpha_2)}{-(\alpha_1 - \alpha_2)^2}$$

$$b = \psi'(\alpha_1) + 2 \cdot \frac{\psi(\alpha_1) - \psi(\alpha_2) - \psi'(\alpha_1)(\alpha_1 - \alpha_2)}{(\alpha_1 - \alpha_2)^2}\alpha_1$$

由此可得，多项式 $q(\alpha)$ 的极小点为

$$\bar{\alpha} = -\frac{b}{2a} = \alpha_1 - \frac{\alpha_1 - \alpha_2}{2\left[\psi'(\alpha_1) - \dfrac{\psi(\alpha_1) - \psi(\alpha_2)}{\alpha_1 - \alpha_2}\right]}\psi'(\alpha_1)$$

于是，得到如下迭代公式

$$\alpha_{i+1} = \alpha_i - \frac{\alpha_i - \alpha_{i-1}}{2[\psi'(\alpha_i) - \dfrac{\psi(\alpha_i) - \psi(\alpha_{i-1})}{\alpha_i - \alpha_{i-1}}]}\psi'(\alpha_i) \tag{3.11}$$

按式(3.11)不断迭代，当满足终止准则时，就可得到目标函数 $\psi(\alpha)$ 的极小点的近似估计.

方法 2

设已知两个插值点 α_1 和 α_2 处的一阶导数值 $\psi'(\alpha_1)$ 与 $\psi'(\alpha_2)$，以及其中一个插值点的函数值 $\psi(\alpha_1)$ 或 $\psi(\alpha_2)$，由此构造二次插值多项式

$$q(\alpha) = a\alpha^2 + b\alpha + c$$

要求其满足插值条件

$$q(\alpha_1) = a\alpha_1^2 + b\alpha_1 + c = \psi(\alpha_1)$$

$$q'(\alpha_1) = 2a\alpha_1 + b = \psi'(\alpha_1)$$

$$q'(\alpha_2) = 2a\alpha_2 + b = \psi'(\alpha_2)$$

解上述方程组，得

$$a = \frac{\psi'(\alpha_1) - \psi'(\alpha_2)}{2(\alpha_1 - \alpha_2)}$$

$$b = \psi'(\alpha_1) - \alpha_1 \cdot \frac{\psi'(\alpha_1) - \psi'(\alpha_2)}{\alpha_1 - \alpha_2}$$

由此可得，多项式 $q(\alpha)$ 的极小点为

$$\bar{\alpha} = -\frac{b}{2a} = \alpha_1 - \frac{\alpha_1 - \alpha_2}{\psi'(\alpha_1) - \psi'(\alpha_2)}\psi'(\alpha_1) \tag{3.12}$$

于是，得到如下迭代公式：

$$\alpha_{i+1} = \alpha_i - \frac{\alpha_i - \alpha_{i-1}}{\psi'(\alpha_i) - \psi'(\alpha_{i-1})}\psi'(\alpha_i) \tag{3.13}$$

迭代公式(3.13)又称为割线公式，故该方法又称为割线法.

最后介绍两点二次插值法的收敛性和收敛速度.

定理 3.2

设 $\psi(\alpha): \mathbb{R} \to \mathbb{R}$ 是三阶连续可微函数，α^* 满足 $\psi'(\alpha^*) = 0$，$\psi''(\alpha^*) \neq 0$，则由式(3.13) 迭代产生的序列 $\{\alpha_i\}$ 收敛到 α^*，其收敛速度为 $\dfrac{1+\sqrt{5}}{2} \approx 1.618$. 类似地，由式(3.11)迭代产生的序列的收敛速度也约为 1.618. ♡

该定理表明两点二次插值法具有超线性收敛速度. 有关该定理的证明过程请参阅相关文献[2].

3.1.3.3　三点二次插值法

设已知三个插值点 α_1，α_2，α_3，满足

$$\alpha_1 < \alpha_2 < \alpha_3$$

$$\psi(\alpha_1) > \psi(\alpha_2) < \psi(\alpha_3)$$

利用三点处的函数值 $\psi(\alpha_1)$，$\psi(\alpha_2)$，$\psi(\alpha_3)$ 构造二次插值多项式

$$q(\alpha) = a\alpha^2 + b\alpha + c$$

要求其满足插值条件

$$q(\alpha_1) = a\alpha_1^2 + b\alpha_1 + c = \psi(\alpha_1)$$

$$q(\alpha_2) = a\alpha_2^2 + b\alpha_2 + c = \psi(\alpha_2)$$

$$q(\alpha_3) = a\alpha_3^2 + b\alpha_3 + c = \psi(\alpha_3)$$

解上述方程组，得

$$a = -\frac{(\alpha_2-\alpha_3)\psi(\alpha_1) + (\alpha_3-\alpha_1)\psi(\alpha_2) + (\alpha_1-\alpha_2)\psi(\alpha_3)}{(\alpha_1-\alpha_2)(\alpha_2-\alpha_3)(\alpha_3-\alpha_1)}$$

$$b = \frac{(\alpha_2^2-\alpha_3^2)\psi(\alpha_1) + (\alpha_3^2-\alpha_1^2)\psi(\alpha_2) + (\alpha_1^2-\alpha_2^2)\psi(\alpha_3)}{(\alpha_1-\alpha_2)(\alpha_2-\alpha_3)(\alpha_3-\alpha_1)}$$

由此可得，多项式 $q(\alpha)$ 的极小点为

$$\bar{\alpha} = -\frac{b}{2a} = \frac{1}{2}\cdot\frac{(\alpha_2^2-\alpha_3^2)\psi(\alpha_1) + (\alpha_3^2-\alpha_1^2)\psi(\alpha_2) + (\alpha_1^2-\alpha_2^2)\psi(\alpha_3)}{(\alpha_2-\alpha_3)\psi(\alpha_1) + (\alpha_3-\alpha_1)\psi(\alpha_2) + (\alpha_1-\alpha_2)\psi(\alpha_3)} \tag{3.14}$$

求得 $\bar{\alpha}$ 和 $\psi(\bar{\alpha})$ 后，如果当 $|\psi(\alpha_2)| \geqslant \varepsilon_2$ 时，

$$|\psi(\alpha_2) - \psi(\bar{\alpha})| \leqslant \varepsilon_1\psi(\alpha_2)$$

或者当 $|\psi(\alpha_2)| < \varepsilon_2$ 时，

$$|\psi(\alpha_2) - \psi(\bar{\alpha})| \leqslant \varepsilon_1$$

则认为终止准则满足. 如果 $\psi(\bar{\alpha}) < \psi(\alpha_2)$，则极小点估计为 $\bar{\alpha}$，否则为 α_2. 通常取 $\varepsilon_1 = 10^{-3}$，$\varepsilon_2 = 10^{-5}$.

若终止准则不满足，则需要利用 $\bar{\alpha}$ 提供的信息，从 α_1，α_2，α_3 和 $\bar{\alpha}$ 中选出三个相邻的点，将原来的搜索区间缩小，然后重复上述过程，直到满足终止准则. 下面给出三点二次插值法的计算步骤.

算法 3.4　三点二次插值法的计算步骤

1. 给定插值点 α_1，α_2，α_3 $(\alpha_1 < \alpha_2 < \alpha_3)$ 及函数值 $\psi(\alpha_1)$，$\psi(\alpha_2)$，$\psi(\alpha_3)$ $(\psi(\alpha_1) > \psi(\alpha_2) < \psi(\alpha_3))$，$\varepsilon_1$，$\varepsilon_2$.
2. 由式(3.14)计算 $\bar{\alpha}$.
3. 比较 α_2 和 $\bar{\alpha}$ 的大小. 若 $\alpha_2 > \bar{\alpha}$，则转至步骤 4；否则转至步骤 5.

算法 3.4 （续）

4. 若 $\psi(\alpha_2) < \psi(\bar{\alpha})$，则 $\alpha_1 := \bar{\alpha}, \psi(\alpha_1) := \psi(\bar{\alpha})$, 转至步骤 6；否则

$$\alpha_3 := \alpha_2, \alpha_2 := \bar{\alpha}, \psi(\alpha_3) := \psi(\alpha_2), \psi(\alpha_2) := \psi(\bar{\alpha}),$$

转至步骤 6.

5. 若 $\psi(\alpha_2) < \psi(\bar{\alpha})$，则 $\alpha_3 := \bar{\alpha}, \psi(\alpha_3) := \psi(\bar{\alpha})$，转至步骤 6；否则

$$\alpha_1 := \alpha_2, \alpha_2 := \bar{\alpha}, \psi(\alpha_1) := \psi(\alpha_2), \psi(\alpha_2) := \psi(\bar{\alpha}),$$

转至步骤 6.

6. 若满足终止准则，则停止迭代；否则转至步骤 2，在新的搜索区间上按式(3.14)计算二次插值多项式的极小点 $\bar{\alpha}$.

最后介绍三点二次插值法的收敛性和收敛速度.

定理 3.3

设 $\psi(\alpha): \mathbb{R} \to \mathbb{R}$ 是四阶连续可微函数，$\psi'(\alpha^*) = 0$，$\psi''(\alpha^*) \neq 0$，则由三点二次插值法式 (3.14) 迭代产生的序列 $\{\alpha_i\}$ 收敛到 α^*，其收敛速度约为 1.32.

该定理表明三点二次插值法具有超线性收敛速度. 有关该定理的证明过程请参阅相关文献[2].

3.1.3.4 三次插值法

一些情况下，二次多项式无法很好地近似 $\psi(\alpha)$，此时应该采用三次插值法. 接下来简要介绍两点三次插值法.

类似于两点二次插值法，利用 α_{i-1}，α_i，$\psi(\alpha_{i-1})$，$\psi'(\alpha_{i-1})$，$\psi(\alpha_i)$，$\psi'(\alpha_i)$ 构造三次多项式，求这个三次多项式的极小点可得如下迭代公式：

$$\alpha_{i+1} = \alpha_i - (\alpha_i - \alpha_{i-1})\left[\frac{\psi'(\alpha_i) + v_2 - v_1}{\psi'(\alpha_i) - \psi'(\alpha_{i-1}) + 2v_2}\right]$$

其中，

$$v_1 = \psi'(\alpha_{i-1}) + \psi'(\alpha_i) - 3\frac{\psi(\alpha_{i-1}) - \psi(\alpha_i)}{\alpha_{i-1} - \alpha_i}, \quad v_2 = \sqrt{v_1^2 - \psi'(\alpha_{i-1})\psi'(\alpha_i)}$$

可以证明，在一定条件下两点三次插值法具有二阶收敛速度.

3.2 精确线搜索方法的收敛性

在精确线搜索方法中，步长 α_k 通过求解 $\min\limits_{\alpha\geqslant 0} f(\boldsymbol{x}_k + \alpha \boldsymbol{d}_k)$ 得到，通常会选取 α_k 使得

$$\alpha_k = \min_{\alpha\geqslant 0}\{\alpha | \nabla f(\boldsymbol{x} + \alpha \boldsymbol{d}_k)^{\mathsf{T}} \boldsymbol{d}_k = 0\}$$

3.1 节介绍的分割方法和插值方法都是精确线搜索方法. 本节讨论精确线搜索方法的

收敛性. 首先给出精确线搜索方法中目标函数单步迭代减少量的下界，然后给出方法的收敛性.

负梯度方向 $-\nabla f(\boldsymbol{x}_k)$ 和迭代方向 $\boldsymbol{d}_k$ 的夹角记为 θ_k，则

$$\cos\theta_k = \frac{-\nabla f(\boldsymbol{x}_k)^{\mathsf{T}}\boldsymbol{d}_k}{\|\nabla f(\boldsymbol{x}_k)\|\|\boldsymbol{d}_k\|}$$

定理 3.4

设 $\boldsymbol{d}_k$ 是下降方向，α_k 是精确线搜索的步长因子，若存在常数 $M>0$，对所有 $\alpha>0$，都有

$$\|\nabla^2 f(\boldsymbol{x}_k+\alpha\boldsymbol{d}_k)\| \leqslant M$$

则

$$f(\boldsymbol{x}_k)-f(\boldsymbol{x}_k+\alpha_k\boldsymbol{d}_k) \geqslant \frac{1}{2M}\|\nabla f(\boldsymbol{x}_k)\|^2\cos\theta_k$$

♡

证明　由泰勒定理和假设可知对于任意 $\alpha>0$，存在 $0<\eta<1$ 使得

$$\begin{aligned} f(\boldsymbol{x}_k+\alpha\boldsymbol{d}_k) &= f(\boldsymbol{x}_k)+\alpha\nabla f(\boldsymbol{x}_k)^{\mathsf{T}}\boldsymbol{d}_k+\frac{1}{2}\alpha^2\boldsymbol{d}_k^{\mathsf{T}}\nabla f(\boldsymbol{x}_k+\eta\alpha\boldsymbol{d}_k)\boldsymbol{d}_k \\ &\leqslant f(\boldsymbol{x}_k)+\alpha\nabla f(\boldsymbol{x}_k)^{\mathsf{T}}\boldsymbol{d}_k+\frac{1}{2}\alpha^2 M\|\boldsymbol{d}_k\|^2 \end{aligned}$$

令

$$\bar{\alpha} = -\frac{\nabla f(\boldsymbol{x}_k)^{\mathsf{T}}\boldsymbol{d}_k}{M\|\boldsymbol{d}_k\|^2}$$

可以得到

$$f(\boldsymbol{x}_k+\bar{\alpha}\boldsymbol{p}_k) \leqslant f(\boldsymbol{x}_k)+\bar{\alpha}\nabla f(\boldsymbol{x}_k)^{\mathsf{T}}\boldsymbol{d}_k+\frac{1}{2}\bar{\alpha}^2 M\|\boldsymbol{d}_k\|^2$$

由于 α_k 是精确线搜索的步长，故有

$$\begin{aligned} f(\boldsymbol{x}_k)-f(\boldsymbol{x}_k+\alpha_k\boldsymbol{d}_k) &\geqslant f(\boldsymbol{x}_k)-f(\boldsymbol{x}_k+\bar{\alpha}\boldsymbol{d}_k) \\ &\geqslant -\bar{\alpha}\nabla f(\boldsymbol{x}_k)^{\mathsf{T}}\boldsymbol{d}_k-\frac{1}{2}\bar{\alpha}^2 M\|\boldsymbol{d}_k\|^2 \\ &= \frac{[\nabla f(\boldsymbol{x}_k)^{\mathsf{T}}\boldsymbol{d}_k]^2}{2M\|\boldsymbol{d}_k\|^2} \\ &= \frac{1}{2M}\|\nabla f(\boldsymbol{x}_k)\|^2\cos\theta_k \end{aligned}$$

定理 3.5

设在水平集 $L=\{\boldsymbol{x}\in\mathbb{R}^n | f(\boldsymbol{x})\leqslant f(\boldsymbol{x}_0)\}$ 上，$f(\boldsymbol{x})$ 有下界，$\nabla f(\boldsymbol{x}_k)$ 存在且一致连续. 若迭代方向 $\boldsymbol{d}_k$ 与 $-\nabla f(\boldsymbol{x}_k)$ 之间的夹角 θ_k 一致有界，即存在 $\mu>0$，使得

$$0\leqslant\theta_k\leqslant\frac{\pi}{2}-\mu,\quad \forall k$$

则对某个有限 k 有 $\nabla f(\boldsymbol{x}_k)=\mathbf{0}$，或者 $\lim\limits_{k\to\infty}\|\nabla f(\boldsymbol{x}_k)\|=0$. ♡

证明 假设对所有 k，$\nabla f(\boldsymbol{x}_k)\neq\mathbf{0}$. 下面用反证法证明 $\lim\limits_{k\to\infty}\|\nabla f(\boldsymbol{x}_k)\|=0$. 假设 $\lim\limits_{k\to\infty}\|\nabla f(\boldsymbol{x}_k)\|\neq 0$，则存在 $\varepsilon>0$ 和一个子序列 $\{\nabla f(\boldsymbol{x}_k)\}_{k\in\mathcal{K}}$，使得

$$\|\nabla f(\boldsymbol{x}_k)\|\geqslant\varepsilon,\quad k\in\mathcal{K}$$

从而

$$-\frac{\nabla f(\boldsymbol{x}_k)^{\mathsf{T}}\boldsymbol{d}_k}{\|\boldsymbol{d}_k)\|}=\|\nabla f(\boldsymbol{x}_k)\|\cos\theta_k\geqslant\varepsilon\sin\mu=\varepsilon_1 \tag{3.15}$$

由中值定理和柯西-施瓦茨 (Cauchy-Schwarz) 不等式，可得

$$\begin{aligned}f(\boldsymbol{x}_k+\alpha\boldsymbol{d}_k)&=f(\boldsymbol{x}_k)+\alpha\nabla f(\boldsymbol{\xi}_k)^{\mathsf{T}}\boldsymbol{d}_k\\&=f(\boldsymbol{x}_k)+\alpha\nabla f(\boldsymbol{x}_k)^{\mathsf{T}}\boldsymbol{d}_k+\alpha[\nabla f(\boldsymbol{\xi}_k)-\nabla f(\boldsymbol{x}_k)]^{\mathsf{T}}\boldsymbol{d}_k\\&\leqslant f(\boldsymbol{x}_k)+\alpha\|\boldsymbol{d}_k\|\left[\frac{\nabla f(\boldsymbol{x}_k)^{\mathsf{T}}\boldsymbol{d}_k}{\|\boldsymbol{d}_k\|}+\|\nabla f(\boldsymbol{\xi}_k)-\nabla f(\boldsymbol{x}_k)\|\right]\end{aligned} \tag{3.16}$$

其中，$\boldsymbol{\xi}_k$ 在 $\boldsymbol{x}_k$ 和 $\boldsymbol{x}_k+\alpha\boldsymbol{d}_k$ 之间.

因为 $\nabla f(\boldsymbol{x})$ 在水平集 L 上一致连续，故存在 δ，使得当 $0\leqslant\alpha\|\boldsymbol{d}_k\|\leqslant\delta$ 时，

$$\|\nabla f(\boldsymbol{\xi}_k)-\nabla f(\boldsymbol{x}_k)\|\leqslant\frac{1}{2}\varepsilon_1$$

令 $\alpha=\dfrac{\delta}{\|\boldsymbol{d}_k\|}$，由式(3.16)可得

$$\begin{aligned}f(\boldsymbol{x}_k+\delta\frac{\boldsymbol{d}_k}{\|\boldsymbol{d}_k\|})&\leqslant f(\boldsymbol{x}_k)+\delta\left(\frac{\nabla f(\boldsymbol{x}_k)^{\mathsf{T}}\boldsymbol{d}_k}{\|\boldsymbol{d}_k\|}+\frac{1}{2}\varepsilon_1\right)\\&\leqslant f(\boldsymbol{x}_k)-\frac{1}{2}\delta\varepsilon_1\end{aligned}$$

其中，第二个不等式是由式(3.15)得到的. 由于 α_k 为精确线搜索的步长，故有

$$f(\boldsymbol{x}_{k+1})=f(\boldsymbol{x}_k+\alpha_k\boldsymbol{d}_k)\leqslant f\left(\boldsymbol{x}_k+\delta\frac{\boldsymbol{d}_k}{\|\boldsymbol{d}_k\|}\right)\leqslant f(\boldsymbol{x}_k)-\frac{1}{2}\delta\varepsilon_1$$

因此

$$f(\boldsymbol{x}_k)-f(\boldsymbol{x}_{k+1})\geqslant\frac{\delta}{2}\varepsilon_1 \tag{3.17}$$

由假设知 $\{f(\boldsymbol{x}_k)\}$ 有下界，又因为 $\{f(\boldsymbol{x}_k)\}$ 单调下降，故有

$$\lim_{k\to\infty}f(\boldsymbol{x}_k)-f(\boldsymbol{x}_{k+1})=0 \tag{3.18}$$

这与式(3.17)矛盾，从而有 $\lim\limits_{k\to\infty}\|\nabla f(\boldsymbol{x}_k)\|=0$，定理得证.

3.3 非精确线搜索方法

由于精确线搜索要求精确或几乎精确的步长因子，当问题规模非常大或目标函数 $f(\boldsymbol{x})$ 非常复杂时，精确线搜索的计算量很大. 这就迫使我们思考精确线搜索在实际应用中的必要性. 实际上，在方法迭代初期，迭代点离最优解尚远，此时是没有必要做高精度线搜索的，过分追求线搜索的精度反而会降低整个方法的效率. 相对于精确线搜索方法，非精确线搜索方法的要求较为宽松，因而更加实用高效. 本节介绍非精确线搜索的几个常用准则及方法.

3.3.1 Armijo 准则

一个非常直观的非精确线搜索准则是使目标函数在迭代后充分下降，即满足

$$f(\boldsymbol{x}_k+\alpha \boldsymbol{d}_k) \leqslant f(\boldsymbol{x}_k)+\alpha\rho_1\nabla f(\boldsymbol{x}_k)^\top \boldsymbol{d}_k \tag{3.19}$$

其中，$0<\rho_1<1$，一般地，可取为 10^{-3} 或更小的值. 不等式(3.19)称为充分下降条件，又称 Armijo 准则. 令 $\psi(\alpha)=f(\boldsymbol{x}_k+\alpha\boldsymbol{d}_k)$. 如图3.3所示，不等式(3.19)右边为 α 的线性函数 $\psi(0)+\alpha\rho_1\nabla f(\boldsymbol{x}_k)^\top\boldsymbol{d}_k$，在图中用虚线表示. 当 α 接近 0 时，不等式成立，此时 $\psi(\alpha)$ 位于虚线下方. 在图3.3中，满足 Armijo 准则的步长区间为 $[0,a]$ 和 $[b,c]$.

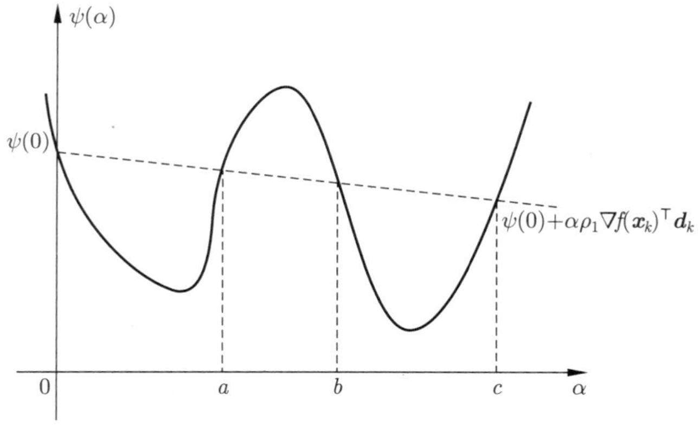

图 3.3　满足 Armijo 准则的区间

在实际应用中，一般利用插值方法求近似满足 Armijo 准则的步长，计算步骤如下：

算法 3.5　Armijo 非精确线搜索方法的计算步骤

1. 给定初始搜索区间 $[0,\alpha_{\max}]$，取 $\rho_1\in(0,1)$，$\alpha\in(0,\alpha_{\max}]$.
2. 计算 $\psi(0)=f(\boldsymbol{x}_k)$，$\psi'(0)=\nabla f(\boldsymbol{x}_k)^\top\boldsymbol{d}_k$.
3. 计算 $\psi(\alpha)=f(\boldsymbol{x}_k+\alpha\boldsymbol{d}_k)$. 若 $\psi(\alpha)\leqslant\psi(0)+\alpha\rho_1\psi'(0)$，则停止迭代，输出步长 $\alpha_k=\alpha$；否则由二次插值公式(3.12)求近似极小点 $\bar{\alpha}$

$$\bar{\alpha}=-\frac{\alpha^2\psi'(0)}{2[\psi(\alpha)-\psi(0)-\psi'(0)\alpha]}$$

4. $\alpha:=\bar{\alpha}$，转至步骤 2.

3.3.2　Wolfe 准则

由图3.3可知，当 α 非常小时，Armijo 准则一定成立. 为避免步长 α 取得过小，降低方法效率，引入第二个不等式，即曲率条件

$$\nabla f(\boldsymbol{x}_k+\alpha\boldsymbol{d}_k)^\top\boldsymbol{d}_k \geqslant \rho_2\nabla f(\boldsymbol{x}_k)^\top\boldsymbol{d}_k,\quad \rho_2\in(\rho_1,1) \tag{3.20}$$

即

$$\psi'(\alpha_k)\geqslant\rho_2\psi'(0)$$

曲率条件要求 $\psi'(\alpha)$ 不小于 $\psi'(0)$ 的 ρ_2 倍. 这个要求是合理的，因为一方面，如果 $\psi'(\alpha)$ 远小于 0，表明沿当前迭代方向目标函数可以继续下降；另一方面，如果 $\psi'(\alpha)$ 略小于 0 或大于 0，表明沿当前迭代方向目标函数不会再继续下降，故停止向前搜索. 图3.4展示了曲率条件. 对于牛顿方法和拟牛顿方法，ρ_2 通常为 0.9；对于非线性共轭梯度方法，ρ_2 通常为 0.1.

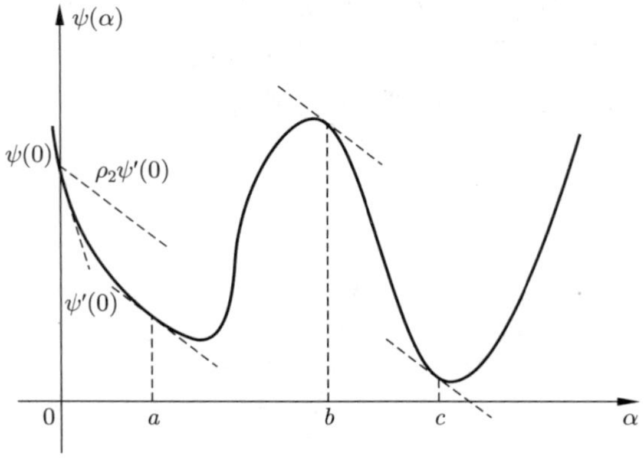

图 3.4　曲率条件

充分下降条件和曲率条件一起构成了 Wolfe 准则.

$$\begin{aligned}f(\boldsymbol{x}_k+\alpha\boldsymbol{d}_k)&\leqslant f(\boldsymbol{x}_k)+\alpha\rho_1\nabla f(\boldsymbol{x}_k)^\top\boldsymbol{d}_k\\ \nabla f(\boldsymbol{x}_k+\alpha\boldsymbol{d}_k)^\top\boldsymbol{d}_k&\geqslant\rho_2\nabla f(\boldsymbol{x}_k)^\top\boldsymbol{d}_k\end{aligned} \tag{3.21}$$

其中，$0<\rho_1<\rho_2<1$. 在图3.5中，满足 Wolfe 准则的 α 的区间为 $[a,b]$ 和 $[c,d]$.

曲率条件式(3.20)的不足之处在于，即使 $\rho_2=0$，也无法保证满足准则的点接近精确线搜索的结果. 例如，在图3.5中，区间 $[a,b]$ 内的点均满足 Wolfe 准则，但该区间与真实极小点，即精确线搜索结果，相距甚远. 为了使步长在 $\psi(\alpha)$ 局部极小点的邻域内，人们对曲率条件式(3.20)进行了修改，提出了强 Wolfe 准则.

$$f(\boldsymbol{x}_k+\alpha\boldsymbol{d}_k)\leqslant f(\boldsymbol{x}_k)+\alpha\rho_1\nabla f(\boldsymbol{x}_k)^\top\boldsymbol{d}_k \tag{3.22}$$

$$|\nabla f(\boldsymbol{x}_k+\alpha\boldsymbol{d}_k)^\top\boldsymbol{d}_k|\leqslant\rho_2|\nabla f(\boldsymbol{x}_k)^\top\boldsymbol{d}_k| \tag{3.23}$$

其中，$0<\rho_1<\rho_2<1$. 与 Wolfe 准则不同，强 Wolfe 准则不允许 $\psi'(\alpha)$ 远大于 0，从而排

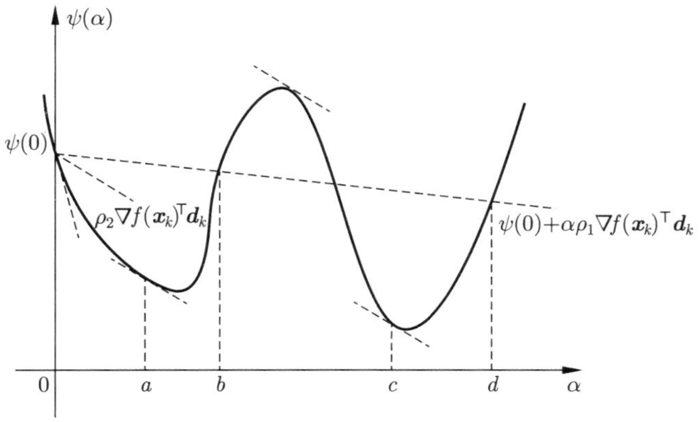

图 3.5　满足 Wolfe 准则的区间

除了一些远离 $\psi(\alpha)$ 局部极小点的步长. 此外，当 $\rho_2\to 0$ 时，式(3.23)的极限就是精确线搜索条件. 一般地，ρ_2 取得越小，满足强 Wolfe 准则的 α 越接近精确线搜索结果，但工作量也越大. 通常取 $\rho_1=0.1$，$\rho_2\in[0.6,0.8]$.

下面给出 Wolfe 非精确线搜索方法的计算步骤.

算法 3.6　Wolfe 非精确线搜索方法的计算步骤

1. 给定初始搜索区间 $[a,b]=[0,\alpha_{\max}]$，取 $0<\rho_1<\rho_2<1$，$\alpha\in(0,\alpha_{\max}]$.
2. 计算 $\psi(a)=f(\boldsymbol{x}_k)$，$\psi'(a)=\nabla f(\boldsymbol{x}_k)^\top\boldsymbol{d}_k$.
3. 计算 $\psi(\alpha)=f(\boldsymbol{x}_k+\alpha\boldsymbol{d}_k)$. 若 $\psi(\alpha)\leqslant\psi(a)+\alpha\rho_1\psi'(a)$，转至步骤 4；否则由二次插值公式(3.11)计算近似极小点 $\bar{\alpha}$

$$\bar{\alpha}=a-\frac{a-\alpha}{2\left[\psi'(a)-\dfrac{\psi(a)-\psi(\alpha)}{a-\alpha}\right]}\psi'(a)$$

令 $b:=\alpha,\alpha:=\bar{\alpha}$，转至步骤 3.

4. 计算 $\psi'(\alpha)=\nabla f(\boldsymbol{x}_k+\alpha\boldsymbol{d}_k)^\top\boldsymbol{d}_k$. 若 $\psi'(\alpha)\geqslant\rho_2\psi'(a)$，则停止迭代，输出步长 $\alpha_k=\alpha$；否则用二次插值公式(3.13)计算近似极小点 $\bar{\alpha}$

$$\bar{\alpha}=\alpha-\frac{\alpha-a}{\psi'(\alpha)-\psi'(a)}\psi'(\alpha)$$

令 $a:=\alpha,\psi(a):=\psi(\alpha),\psi'(a):=\psi'(\alpha),\alpha:=\bar{\alpha}$，转至步骤 3.

下面的定理 3.6 表明，对于任意一个光滑且有下界的函数 $f(x)$，步长一定满足 Wolfe 准则和强 Wolfe 准则.

定理 3.6

设 $f:\mathbb{R}^n\to\mathbb{R}$ 是连续可微函数，$\boldsymbol{d}_k$ 是 f 在 $\boldsymbol{x}_k$ 处的一个下降方向，且 $f(\boldsymbol{x}_k+\alpha\boldsymbol{d}_k)$ 在 $\alpha>0$ 时有下界. 若 ρ_1，ρ_2 满足 $0<\rho_1<\rho_2<1$，则一定存在 α 的一个区间，在该区间内所有步长均满足 Wolfe 准则和强 Wolfe 准则. ♡

证明 由假设可知对所有 $\alpha > 0$，$\psi(\alpha)$ 有下界. 因为 $0 < \rho_1 < 1$，故线性函数 $l(\alpha) = f(\boldsymbol{x}_k) + \alpha\rho_1\nabla f(\boldsymbol{x}_k)^\top\boldsymbol{d}_k$ 关于 α 无下界，因此，$l(\alpha)$ 与 $\psi(\alpha)$ 至少存在一个交点. 令 α' 表示交点对应的最小步长，于是

$$f(\boldsymbol{x}_k + \alpha'\boldsymbol{d}_k) = f(\boldsymbol{x}_k) + \alpha'\rho_1\nabla f(\boldsymbol{x}_k)^\top\boldsymbol{d}_k \tag{3.24}$$

显然，所有 $\tilde{\alpha} \in (0, \alpha']$ 均满足充分下降条件

$$f(\boldsymbol{x}_k + \tilde{\alpha}\boldsymbol{d}_k) \leqslant f(\boldsymbol{x}_k) + \tilde{\alpha}\rho_1\nabla f(\boldsymbol{x}_k)^\top\boldsymbol{d}_k$$

由中值定理知存在 $\alpha'' \in (0, \alpha')$，满足

$$f(\boldsymbol{x}_k + \alpha'\boldsymbol{d}_k) - f(\boldsymbol{x}_k) = \alpha'\nabla f(\boldsymbol{x}_k + \alpha''\boldsymbol{d}_k)^\top\boldsymbol{d}_k \tag{3.25}$$

结合式(3.24)、式(3.25)以及 $\rho_1 < \rho_2$，$\nabla f(\boldsymbol{x}_k)^\top\boldsymbol{d}_k < 0$，可得

$$\nabla f(\boldsymbol{x}_k + \alpha''\boldsymbol{d}_k)^\top\boldsymbol{d}_k = \rho_1\nabla f(\boldsymbol{x}_k)^\top\boldsymbol{d}_k > \rho_2\nabla f(\boldsymbol{x}_k)^\top\boldsymbol{d}_k \tag{3.26}$$

因此，步长 α'' 满足 Wolfe 准则，且式(3.20)中不等号严格成立. 于是，由 $f(x)$ 的光滑性假设，一定存在 α'' 的某个邻域，该邻域内所有步长均满足 Wolfe 准则. 因为式(3.26)不等号左端项是负的，故在该领域内，强 Wolfe 准则也成立.

3.3.3 Goldstein 准则

类似于 Wolfe 准则，Goldstein 准则也可以保证步长 α 既可以实现目标函数充分下降，同时又不会取得过小. Goldstein 准则为

$$f(\boldsymbol{x}_k + \alpha\boldsymbol{d}_k) \leqslant f(\boldsymbol{x}_k) + \rho\alpha\nabla f(\boldsymbol{x}_k)^\top\boldsymbol{d}_k \tag{3.27}$$

$$f(\boldsymbol{x}_k + \alpha\boldsymbol{d}_k) \geqslant f(\boldsymbol{x}_k) + (1-\rho)\alpha\nabla f(\boldsymbol{x}_k)^\top\boldsymbol{d}_k \tag{3.28}$$

其中，$0 < \rho < \dfrac{1}{2}$. 式(3.27)为充分下降条件，式(3.28)保证了步长 α 不会取得太小. 如图3.6所示，满足 Goldstein 准则的步长区间为 $[a, b]$、$[c, d]$ 和 $[e, f]$.

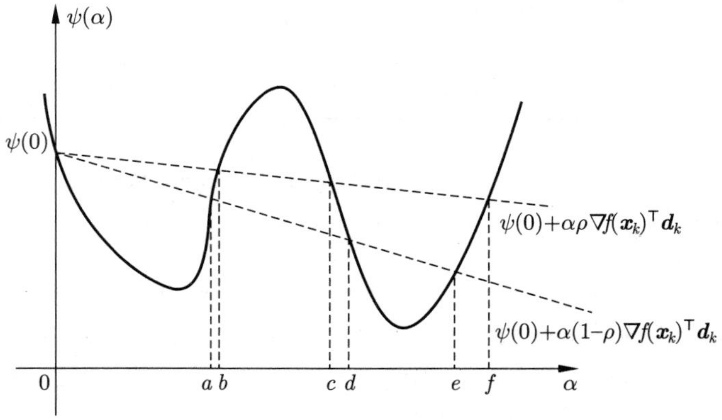

图 3.6 满足 Goldstein 准则的区间

Goldstein 非精确线搜索方法的计算步骤如下：

算法 3.7 Goldstein 非精确线搜索方法的计算步骤

1. 给定初始搜索区间 $[a,b]=[0,\alpha_{\max}]$，取 $\rho\in\left(0,\frac{1}{2}\right)$，$t>1$，$\alpha\in(0,\alpha_{\max}]$.
2. 计算 $\psi(a)=f(\boldsymbol{x}_k)$，$\psi'(a)=\nabla f(\boldsymbol{x}_k)^{\mathsf T}\boldsymbol{d}_k$.
3. 计算 $\psi(\alpha)=f(\boldsymbol{x}_k+\alpha\boldsymbol{d}_k)$. 若 $\psi(\alpha)\leqslant\psi(0)+\rho\alpha\psi'(0)$，则转至步骤 4；否则 $b:=\alpha$，$\alpha:=(a+b)/2$，转至步骤 3.
4. 若 $\psi(\alpha)\geqslant\psi(0)+(1-\rho)\alpha\psi'(0)$，则停止迭代，输出 $\alpha_k=\alpha$；否则

$$a:=\alpha,\alpha:=\begin{cases}(a+b)/2, & b<\alpha_{\max}\\ t\alpha, & b\geqslant\alpha_{\max}\end{cases},$$ 转至步骤 3.

相较于 Wolfe 准则，Goldstein 准则的一个缺点是式(3.28)可能把 $\psi(\alpha)$ 的极小点排除在可接受区间之外. 但两者也有许多共同之处，并且两个准则的收敛性质非常相似. Goldstein 准则常用于牛顿方法，但不适用于拟牛顿方法，而 Wolfe 准则在拟牛顿方法中起重要作用.

3.3.4 后退法

我们已经知道仅使用充分下降条件可能会出现很小的步长，从而增加计算量，因此需要添加额外条件以避免步长取得过小. 如果合适地选取候选步长，就可以只用充分下降条件，这种方法称为后退法，也称为回溯直线搜索法. 后退法的计算步骤如下：

算法 3.8 后退法的计算步骤

1. 取 $\alpha>0$，$\rho\in(0,1)$，$0<l<u<1$.
2. 计算 $\psi(0)=f(\boldsymbol{x}_k)$，$\psi'(0)=\nabla f(\boldsymbol{x}_k)^{\mathsf T}\boldsymbol{d}_k$.
3. 计算 $\psi(\alpha)=f(\boldsymbol{x}_k+\alpha\boldsymbol{d}_k)$. 若 $\psi(\alpha)\leqslant\psi(0)+\rho\alpha\psi'(0)$，则停止迭代，输出 $\alpha_k=\alpha$；否则转至步骤 4.
4. 令 $\alpha:=\tau\alpha$，其中 $\tau\in[l,u]$，转至步骤 3.

在牛顿方法和拟牛顿方法中，初始步长通常取为 1，在其他方法 (例如共轭梯度方法) 中可能取不同的值. 随着步长不断缩小，最终会得到满足充分下降条件的步长. 需要注意的是，参数 τ 可以在每步迭代时取不同的值，只要保证在每步迭代中，τ 均属于预设的区间 $[l,u]$. 后退法非常适合牛顿方法，但不太适合拟牛顿方法和共轭梯度方法.

3.4 非精确线搜索方法的收敛性

本节讨论非精确线搜索方法的收敛性. 首先以 Wolfe 准则为例，给出非精确线搜索方法在单步迭代中目标函数减少量的下界. 用 θ_k 表示负梯度方向 $-\nabla f(\boldsymbol{x}_k)$ 和迭代方向 $\boldsymbol{d}_k$ 的夹角.

引理 3.1

设 $f:\mathbb{R}^n\to\mathbb{R}$ 是连续可微函数，梯度 ∇f 满足 Lipschitz 连续条件，即存在常数 $M>0$，使得

$$\|\nabla f(\boldsymbol{x})-\nabla f(\boldsymbol{y})\|\leqslant M\|\boldsymbol{x}-\boldsymbol{y}\| \tag{3.29}$$

$\boldsymbol{d}_k$ 为 f 在 $\boldsymbol{x}_k$ 处的一个下降方向，若 $f(\boldsymbol{x}_k+\alpha\boldsymbol{d}_k)$ 在 $\alpha>0$ 时有下界，则对满足 Wolfe 准则的任何 $\alpha_k>0$ 都有

$$f(\boldsymbol{x}_k)-f(\boldsymbol{x}_k+\alpha_k\boldsymbol{d}_k)\geqslant\frac{\rho_1(1-\rho_2)}{M}\|\nabla f(\boldsymbol{x}_k)\|^2\cos^2\theta_k \tag{3.30}$$

证明 由 Lipschitz 连续条件得

$$[\nabla f(\boldsymbol{x}_k+\alpha_k\boldsymbol{d}_k)-\nabla f(\boldsymbol{x}_k)]^{\mathsf{T}}\boldsymbol{d}_k\leqslant\alpha_k M\|\boldsymbol{d}_k\|^2$$

结合 Wolfe 准则的第二个不等式 (曲率条件)，可得

$$(\rho_2-1)\nabla f(\boldsymbol{x}_k)^{\mathsf{T}}\boldsymbol{d}_k\leqslant[\nabla f(\boldsymbol{x}_k+\alpha_k\boldsymbol{d}_k)-\nabla f(\boldsymbol{x}_k)]^{\mathsf{T}}\boldsymbol{d}_k\leqslant\alpha_k M\|\boldsymbol{d}_k\|^2$$

即

$$\begin{aligned}\alpha_k\|\boldsymbol{d}_k\| &\geqslant \frac{1-\rho_2}{M\|\boldsymbol{d}_k\|}\|\nabla f(\boldsymbol{x}_k)\|\|\boldsymbol{d}_k\|\cos\theta_k\\ &= \frac{1-\rho_2}{M}\|\nabla f(\boldsymbol{x}_k)\|\cos\theta_k\end{aligned} \tag{3.31}$$

利用 Wolfe 准则的第一个不等式 (充分下降条件) 和式(3.31)，有

$$\begin{aligned}f(\boldsymbol{x}_k)-f(\boldsymbol{x}_k+\alpha_k\boldsymbol{d}_k)&\geqslant-\rho_1\alpha_k\nabla f(\boldsymbol{x}_k)^{\mathsf{T}}\boldsymbol{d}_k\\ &=\rho_1\alpha_k\|\|\nabla f(\boldsymbol{x}_k)\|\boldsymbol{d}_k\|\cos\theta_k\\ &\geqslant\frac{\rho_1(1-\rho_2)}{M}\|\nabla f(\boldsymbol{x}_k)\|^2\cos^2\theta_k\end{aligned}$$

定理 3.7 给出了采用 Wolfe 准则的非精确线搜索方法的收敛性.

定理 3.7

设 $f:\mathbb{R}^n\to\mathbb{R}$ 连续可微，有下界，$\nabla f(\boldsymbol{x})$ 满足 Lipschitz 连续条件，即存在常数 $M>0$，使得 $\|\nabla f(\boldsymbol{x})-\nabla f(\boldsymbol{y})\|\leqslant M\|\boldsymbol{x}-\boldsymbol{y}\|$. 设非精确线搜索方法采用 Wolfe 准则，则

$$\lim_{k\to\infty}\|\nabla f(\boldsymbol{x}_k)\|\cos\theta_k=0$$

若迭代方向 $\boldsymbol{d}_k$ 与 $-\nabla f(\boldsymbol{x}_k)$ 之间的夹角 θ_k 一致有界，即存在 $\mu>0$，使得

$$0\leqslant\theta_k\leqslant\frac{\pi}{2}-\mu,\quad\forall k$$

则

$$\lim_{k\to\infty}\|\nabla f(\boldsymbol{x}_k)\|=0 \tag{3.32}$$

证明 由引理3.1，有

$$f(\boldsymbol{x}_k + \alpha_k \boldsymbol{d}_k) \leqslant f(\boldsymbol{x}_k) - \frac{\rho_1(1-\rho_2)}{M}\|\nabla f(\boldsymbol{x}_k)\|^2 \cos^2\theta_k$$

对上式从 $0, 1, \cdots, k$ 进行累加求和，可得

$$f(\boldsymbol{x}_k + \alpha_k \boldsymbol{d}_k) \leqslant f(\boldsymbol{x}_0) - \sum_{j=0}^{k}\frac{\rho_1(1-\rho_2)}{M}\|\nabla f(\boldsymbol{x}_j)\|^2 \cos^2\theta_j \tag{3.33}$$

由于 f 有下界，因此可知对任意 $k > 0$，$f(\boldsymbol{x}_0) - f(\boldsymbol{x}_k + \alpha_k \boldsymbol{d}_k)$ 均小于某个正常数. 于是，对式(3.33)关于 k 取极限，得到

$$\sum_{k=0}^{\infty}\|\nabla f(\boldsymbol{x}_k)\|^2 \cos^2\theta_k < \infty$$

因此

$$\lim_{k\to\infty}\|\nabla f(\boldsymbol{x}_k)\|\cos\theta_k = 0 \tag{3.34}$$

若夹角一致有界，则存在一个正数 δ 使得

$$\cos\theta_k = \frac{-\nabla f(\boldsymbol{x}_k)^{\mathsf{T}}\boldsymbol{d}_k}{\|\nabla f(\boldsymbol{x}_k)\|\|\boldsymbol{d}_k\|} \geqslant \delta > 0, \quad \forall k$$

结合式(3.34)，可得

$$\lim_{k\to\infty}\|\nabla f(\boldsymbol{x}_k)\| = 0$$

该定理表明，只要迭代方向没有太接近梯度的正交方向，就可以保证采用 Wolfe 准则的非精确线搜索方法的全局收敛性. 对于强 Wolfe 准则和 Goldstein 准则，可以得到类似结论. 定理 3.7 对目标函数及其梯度的要求较为宽松，在大多数实际问题中都可以得到满足.

第 3 章习题

1. 用 0.618 法求 $\psi(\alpha) = 1 - \alpha\mathrm{e}^{-\alpha^2}$ 的极小点，取初始搜索区间为 $[0, 1]$，最后的区间长度 $\varepsilon \leqslant 0.1$.
2. 分别用 0.618 法和 Fibonacci 法求 $\psi(\alpha) = \mathrm{e}^{-\alpha} + \mathrm{e}^{\alpha}$ 的极小点，取初始搜索区间为 $[-1, 1]$，最后的区间长度 $\varepsilon \leqslant 0.5$.
3. 用三点二次插值法求 $\psi(\alpha) = 1 - \alpha\mathrm{e}^{-\alpha^2}$ 的极小点，取初始搜索区间为 $[0, 1]$.
4. 已知 $\psi(\alpha_i), \psi'(\alpha_i)\ (i = 1, 2)$ 的值，试构造满足 $\psi(\alpha_i) = q(\alpha_i)$，$\psi'(\alpha_i) = q'(\alpha_i)\ (i = 1, 2)$ 的两点三次插值多项式 $q(\alpha)$，并求出其极小点.
5. 试求出正定二次函数 $f(\boldsymbol{x}) = \dfrac{1}{2}\boldsymbol{x}^{\mathsf{T}}\boldsymbol{Q}\boldsymbol{x} + b^{\mathsf{T}}\boldsymbol{x}$ 在点 $\boldsymbol{x}_k$ 处沿下降方向 $\boldsymbol{d}_k$ 的精确线搜索步长 α_k.
6. 设 $\psi(\alpha) = -2\alpha^3 + 21\alpha^2 - 60\alpha + 50$，取初始搜索区间为 $[0, \infty)$，初始迭代点 $\alpha_0 = 0.5$，$\rho_1 = 0.1$，$\rho_2 = 0.8$. 试用 Wolfe 非精确线搜索方法极小化 $\psi(\alpha)$.
7. 若 $0 < \rho_2 < \rho_1 < 1$，举例说明可能不存在满足 Wolfe 准则的步长.

8. 证明: 若 $\rho < 1/2$，那么正定二次函数的精确线搜索步长满足 Goldstein 准则.

9. 函数 $f(x) = x^2 + 4\cos x$，$x \in \mathbb{R}$，取初始搜索区间为 $[1, 2]$.

(1) 请画出 $f(x)$ 在区间 $[1, 2]$ 上的图像.

(2) 请用 Goldstein 非精确线搜索方法确定目标函数极小点 x^*，最后的区间长度 $\varepsilon \leqslant 0.2$，并给出中间计算过程.

(3) 请用 Fibonacci 法确定目标函数极小点 x^*，最后的区间长度 $\varepsilon \leqslant 0.05$ ，并给出中间计算过程.

10. 设 $f : \mathbb{R}^n \to \mathbb{R}$ 连续可微，有下界，$\nabla f(\boldsymbol{x})$ 在水平集 $\mathcal{L} = \{\boldsymbol{x} : f(\boldsymbol{x}) \leqslant f(\boldsymbol{x}_0)\}$ 上一致连续. 迭代方向 $\boldsymbol{d}_k$ 与 $-\nabla f(\boldsymbol{x}_k)$ 之间的夹角 θ_k 一致有界，即存在 $\mu > 0$，使得

$$0 \leqslant \theta_k \leqslant \frac{\pi}{2} - \mu, \quad \forall k$$

则

$$\lim_{k\to\infty} \|\nabla f(\boldsymbol{x}_k)\| = 0$$

若非精确线搜索方法采用 Glodstein 准则，证明：存在某个 k，或者使得 $\nabla f(\boldsymbol{x}_k) = 0$，或者 $\lim\limits_{k\to\infty} \|\nabla f(\boldsymbol{x}_k)\| = 0$.

第4章 负梯度方法

本章导读

从本章开始介绍求解无约束最优化问题的优化方法，包括方法的思想、计算步骤、性质、数值实验等. 本章介绍最基本的优化方法——负梯度方法，包括梯度下降方法、最速下降方法以及梯度下降方法的变体和改进. 这类方法仅需利用目标函数的一阶导数信息，是目前深度学习领域最常用的优化方法.

4.1 梯度下降方法

梯度下降 (gradient descent，GD) 方法以目标函数在当前迭代点 $\boldsymbol{x}_k$ 处的负梯度为迭代方向，即令 $\boldsymbol{d}_k = -\nabla f(\boldsymbol{x}_k)$，因为在所有迭代方向中，负梯度方向是使目标函数下降最快的方向. 由泰勒定理可知，对任意迭代方向 $\boldsymbol{d}_k$ 和步长 α 均有

$$f(\boldsymbol{x}_k + \alpha \boldsymbol{d}_k) = f(\boldsymbol{x}_k) + \alpha \nabla f(\boldsymbol{x}_k)^\mathsf{T} \boldsymbol{d}_k + o(\|\alpha \boldsymbol{d}_k\|)$$

显然，若 $\boldsymbol{d}_k$ 满足 $\nabla f(\boldsymbol{x}_k)^\mathsf{T} \boldsymbol{d}_k < 0$，则 $f(\boldsymbol{x}_k + \alpha \boldsymbol{d}_k) < f(\boldsymbol{x}_k)$，故 $\boldsymbol{d}_k$ 是下降方向. 给定步长 α 后，$\nabla f(\boldsymbol{x}_k)^\mathsf{T} \boldsymbol{d}_k$ 的值越小，目标函数 $f(\boldsymbol{x})$ 在 $\boldsymbol{x}_k$ 处下降的量越大. 由 Cauchy-Schwarz 不等式

$$|\nabla f(\boldsymbol{x}_k)^\mathsf{T} \boldsymbol{d}_k| \leqslant \|\nabla f(\boldsymbol{x}_k)\| \|\boldsymbol{d}_k\|$$

可知，当且仅当 $\boldsymbol{d}_k \propto -\nabla f(\boldsymbol{x}_k)$ 时，$\nabla f(\boldsymbol{x}_k)^\mathsf{T} \boldsymbol{d}_k$ 最小，等于 $-\|\nabla f(\boldsymbol{x}_k)\| \|\boldsymbol{d}_k\|$. 由此可见，负梯度方向 $-\nabla f(\boldsymbol{x}_k)$ 就是目标函数在点 $\boldsymbol{x}_k$ 处下降最快的方向.

梯度下降方法的计算步骤如下：

算法 4.1 梯度下降方法的计算步骤

1. 给定初始点 $\boldsymbol{x}_0 \in \mathbb{R}^n$，$k := 0$.
2. 若满足终止准则，则停止迭代.
3. 计算 $\boldsymbol{d}_k = -\nabla f(\boldsymbol{x}_k)$.
4. 由精确或非精确线搜索方法确定步长 α_k.
5. $\boldsymbol{x}_{k+1} := \boldsymbol{x}_k + \alpha_k \boldsymbol{d}_k$，$k := k+1$，转至步骤 2.

图4.1展示了梯度下降方法极小化一个二维目标函数得到的迭代点轨迹，其中 x_1, x_2 为优化变量，$f(x_1, x_2)$ 为目标函数. 我们希望找到一个好的 (x_1, x_2) 使 $f(x_1, x_2)$ 达到最小，真实的极小点为 (x_1^*, x_2^*). 梯度下降方法的整个迭代过程类似于下山，假如我们从山上的某个位置出发，由于不知道下山的路，只能根据直觉摸索前进. 在前进过程中，每到达一个位置，我们都会求解当前位置的梯度，然后沿着梯度的负方向，也就是当前最陡峭方向前进一小段. 如此往复，我们就这样一步步前进，直到觉得已经到达山脚. 由于我们仅掌握梯度这个局部信息，并不清楚整座山的走势，因此可能并未走到山脚，而是到了山的某个局部低处，例如 (x_1^1, x_2^1). 这个实例表明，虽然梯度下降方法选取的迭代方向是当前下降最快的方向，但由于"当前最优"未必是"全局最优"，因此梯度下降方法并不能保证找到目标函数的全局最优解.

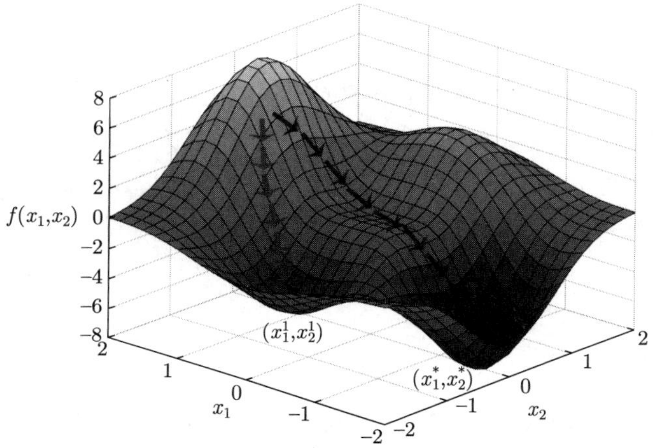

图 4.1　梯度下降方法产生的迭代点轨迹

下面介绍梯度下降方法在凸函数和非凸函数下的收敛性和收敛速度. 在介绍收敛性之前，先介绍 β 光滑函数两个重要的性质，光滑函数的定义详见附录 A.2.4.

引理 4.1　β 光滑函数的性质 1

设 f 是一个 β 光滑函数，则对任意两点 $\boldsymbol{x}$, $\boldsymbol{y}$，有

$$|f(\boldsymbol{x}) - f(\boldsymbol{y}) - \nabla f(\boldsymbol{y})^{\mathsf{T}}(\boldsymbol{x} - \boldsymbol{y})| \leqslant \frac{\beta}{2}\|\boldsymbol{x} - \boldsymbol{y}\|^2$$

♡

引理 4.1 的证明留作习题.

引理 4.2　β 光滑函数的性质 2

设 f 是一个 β 光滑的凸函数，则对任意两点 $\boldsymbol{x}$, $\boldsymbol{y}$，有

$$f(\boldsymbol{x}) - f(\boldsymbol{y}) \leqslant \nabla f(\boldsymbol{x})^{\mathsf{T}}(\boldsymbol{x} - \boldsymbol{y}) - \frac{1}{2\beta}\|\nabla f(\boldsymbol{x}) - \nabla f(\boldsymbol{y})\|^2$$

♡

引理 4.2 的证明留作习题.

定理 4.1

设 f 是一个 β 光滑的凸函数，若步长 $\alpha \leqslant 1/\beta$，则梯度下降方法的迭代序列 $\{\boldsymbol{x}_k\}$ 满足

$$\|\boldsymbol{x}_{k+1} - \boldsymbol{x}^*\|^2 \leqslant \|\boldsymbol{x}_k - \boldsymbol{x}^*\|^2$$

♡

证明

$$\begin{aligned}\|\boldsymbol{x}_{k+1} - \boldsymbol{x}^*\|^2 &= \|\boldsymbol{x}_k - \alpha_k \nabla f(\boldsymbol{x}_k) - \boldsymbol{x}^*\|^2 \\ &= \|\boldsymbol{x}_k - \boldsymbol{x}^*\|^2 - 2\alpha_k \nabla f(\boldsymbol{x}_k)^{\mathsf{T}}(\boldsymbol{x}_k - \boldsymbol{x}^*) + \alpha_k^2 \|\nabla f(\boldsymbol{x}_k)\|^2\end{aligned}$$

由 β 光滑函数的性质 2(引理 4.2)，有

$$f(\boldsymbol{x}_k) - f(\boldsymbol{x}^*) \leqslant \nabla f(\boldsymbol{x}_k)^{\mathsf{T}}(\boldsymbol{x}_k - \boldsymbol{x}^*) - \frac{\|\nabla f(\boldsymbol{x}_k)\|^2}{2\beta}$$

因为 $f(\boldsymbol{x}_k) - f(\boldsymbol{x}^*) \geqslant 0$，于是

$$-\nabla f(\boldsymbol{x}_k)^{\mathsf{T}}(\boldsymbol{x}_k - \boldsymbol{x}^*) \leqslant -\frac{\|\nabla f(\boldsymbol{x}_k)\|^2}{2\beta}$$

故

$$\begin{aligned}\|\boldsymbol{x}_{k+1} - \boldsymbol{x}^*\|^2 &\leqslant \|\boldsymbol{x}_k - \boldsymbol{x}^*\|^2 - \frac{\alpha_k}{\beta}\|\nabla f(\boldsymbol{x}_k)\|^2 + \alpha_k^2 \|\nabla f(\boldsymbol{x}_k)\|^2 \\ &= \|\boldsymbol{x}_k - \boldsymbol{x}^*\|^2 - \alpha_k(\frac{1}{\beta} - \alpha_k)\|\nabla f(\boldsymbol{x}_k)\|^2\end{aligned}$$

因此，当 $\alpha_k \leqslant 1/\beta$，$\|\boldsymbol{x}_{k+1} - \boldsymbol{x}^*\|^2 \leqslant \|\boldsymbol{x}_k - \boldsymbol{x}^*\|^2$.

下面介绍目标函数为光滑凸函数时梯度下降方法的收敛性和收敛速度.

定理 4.2

设 f 是一个 β 光滑的凸函数，若步长 $\alpha_k \leqslant 1/\beta$，$\forall k$，则梯度下降方法的迭代序列 $\{\boldsymbol{x}_k\}$ 满足

$$f(\boldsymbol{x}_k) - f(\boldsymbol{x}^*) \leqslant \frac{\|\boldsymbol{x}_0 - \boldsymbol{x}^*\|^2}{\sum\limits_{j=0}^{k-1} \alpha_j (1 - \dfrac{\beta\alpha_j}{2})}$$

♡

证明　梯度下降方法的第 j 步做如下更新

$$\boldsymbol{x}_{j+1} = \boldsymbol{x}_j - \alpha_j \nabla f(\boldsymbol{x}_j)$$

由 β 光滑函数的性质 1(引理 4.1)，有

$$\begin{aligned}f(\boldsymbol{x}_{j+1}) - f(\boldsymbol{x}_j) &\leqslant \nabla f(\boldsymbol{x}_j)^{\mathsf{T}}(\boldsymbol{x}_{j+1} - \boldsymbol{x}_j) + \frac{\beta}{2}\|\boldsymbol{x}_{j+1} - \boldsymbol{x}_j\|^2 \\ &= -\alpha_j \|\nabla f(\boldsymbol{x}_j)\|^2 + \frac{\beta\alpha_j^2}{2}\|\nabla f(\boldsymbol{x}_j)\|^2 \\ &= -\alpha_j(1 - \frac{\beta\alpha_j}{2})\|\nabla f(\boldsymbol{x}_j)\|^2\end{aligned}$$

令 $\eta_j = f(\boldsymbol{x}_j) - f(\boldsymbol{x}^*)$, $\eta_{j+1} = f(\boldsymbol{x}_{j+1}) - f(\boldsymbol{x}^*)$，代入上式得

$$\eta_{j+1} \leqslant \eta_j - \alpha_j(1 - \frac{\beta\alpha_j}{2})\|\nabla f(\boldsymbol{x}_j)\|^2 \tag{4.1}$$

由凸函数性质和 Cauchy-Schwarz 不等式，有

$$f(\boldsymbol{x}_j) - f(\boldsymbol{x}^*) \leqslant \nabla f(\boldsymbol{x}_j)^{\mathsf{T}}(\boldsymbol{x}_j - \boldsymbol{x}^*) \leqslant \|\|\nabla f(\boldsymbol{x}_j)\|\boldsymbol{x}_j - \boldsymbol{x}^*\|$$

于是

$$\frac{\eta_j}{\|\boldsymbol{x}_j - \boldsymbol{x}^*\|} \leqslant \|\nabla f(\boldsymbol{x}_j)\|$$

将上式代入式(4.1)，可得

$$\eta_{j+1} \leqslant \eta_j - \frac{\alpha_j(1 - \frac{\beta\alpha_j}{2})\eta_j^2}{\|\boldsymbol{x}_j - \boldsymbol{x}^*\|^2}$$

由定理4.1可知 $\|\boldsymbol{x}_0 - \boldsymbol{x}^*\| \geqslant \|\boldsymbol{x}_j - \boldsymbol{x}^*\|$，代入上式，可得

$$\eta_{j+1} \leqslant \eta_j - \frac{\alpha_j(1 - \frac{\beta\alpha_j}{2})\eta_j^2}{\|\boldsymbol{x}_0 - \boldsymbol{x}^*\|^2}$$

上式两边同时除以 $\eta_{j+1}\eta_j$，可得

$$\frac{1}{\eta_j} \leqslant \frac{1}{\eta_{j+1}} - \frac{\alpha_j(1 - \frac{\beta\alpha_j}{2})\eta_j}{\|\boldsymbol{x}_0 - \boldsymbol{x}^*\|^2\eta_{j+1}}$$

由定理4.1可知 $\eta_{j+1} \leqslant \eta_j$，于是 $\frac{\eta_j}{\eta_{j+1}} \geqslant 1$，因此

$$\frac{1}{\eta_{j+1}} - \frac{1}{\eta_j} \geqslant \frac{\alpha_j(1 - \frac{\beta\alpha_j}{2})\eta_j}{\|\boldsymbol{x}_0 - \boldsymbol{x}^*\|^2\eta_{j+1}} \geqslant \frac{\alpha_j(1 - \frac{\beta\alpha_j}{2})}{\|\boldsymbol{x}_0 - \boldsymbol{x}^*\|^2} \tag{4.2}$$

从 $j = 0$ 加到 $j = k - 1$，可得

$$\frac{1}{\eta_k} - \frac{1}{\eta_0} \geqslant \frac{\sum\limits_{j=0}^{k-1}\alpha_j(1 - \frac{\beta\alpha_j}{2})}{\|\boldsymbol{x}_0 - \boldsymbol{x}^*\|^2}$$

由于 $\eta_0 > 0$，因此

$$\frac{1}{\eta_k} \geqslant \frac{\sum\limits_{j=0}^{k-1}\alpha_j(1 - \frac{\beta\alpha_j}{2})}{\|\boldsymbol{x}_0 - \boldsymbol{x}^*\|^2}$$

即

$$f(\boldsymbol{x}_k) - f(\boldsymbol{x}^*) \leqslant \frac{\|\boldsymbol{x}_0 - \boldsymbol{x}^*\|^2}{\sum\limits_{j=0}^{k-1}\alpha_j(1 - \frac{\beta\alpha_j}{2})}$$

由定理 4.2，可以很自然地得到如下推论.

推论 4.1

设 f 是一个 β 光滑的凸函数，若步长 $\alpha_k = 1/\beta$，$\forall k$，则梯度下降方法的迭代序列 $\{\boldsymbol{x}_k\}$ 满足

$$f(\boldsymbol{x}_k) - f(\boldsymbol{x}^*) \leqslant \frac{2\beta\|\boldsymbol{x}_0 - \boldsymbol{x}^*\|^2}{k}$$

♡

梯度下降方法具有 $O(1/k)$ 的次线性收敛速度. 推论 4.1 说明当步长取为固定值 $1/\beta$ 时，对于光滑凸函数，梯度下降方法只需要 $O(1/\varepsilon)$ 次迭代就能找到一个 ε 精度的近似最优解 $\boldsymbol{x}$，使得 $f(\boldsymbol{x}) - f(\boldsymbol{x}^*) \leqslant \varepsilon$.

当目标函数是 β 光滑、μ 强凸函数时 (强凸函数的定义详见附录 A.3)，梯度下降方法具有 $O((1-\mu/\beta)^k)$ 的线性收敛速度.[3]

$$f(\boldsymbol{x}_k) - f(\boldsymbol{x}^*) \leqslant O\left(\left(1 - \frac{\mu}{\beta}\right)^k\right)$$

即梯度下降方法只需要 $O(\beta/\mu \log(1/\varepsilon))$ 次迭代就可以得到一个 ε 精度的近似最优解.

最后介绍当目标函数为光滑的非凸函数时，梯度下降方法的收敛性和收敛速度.

定理 4.3

设 f 是一个 β 光滑的非凸函数时，若步长 $\alpha_k = 1/\beta$，$\forall k$，则梯度下降方法的迭代序列 $\{\boldsymbol{x}_k\}$ 满足

$$\min_{0\leqslant j\leqslant k} \|\nabla f(\boldsymbol{x}_j)\|^2 \leqslant \frac{2\beta}{k}[f(\boldsymbol{x}_0) - f(\boldsymbol{x}^*)]$$

♡

梯度下降方法具有 $O(\sqrt{1/k})$ 的次线性收敛速度.

证明 梯度下降方法第 j 步做如下更新

$$\boldsymbol{x}_{j+1} = \boldsymbol{x}_j - \alpha_j \nabla f(\boldsymbol{x}_j)$$

由 β 光滑函数的性质 1(引理 4.1)，有

$$\begin{aligned}
f(\boldsymbol{x}_{j+1}) - f(\boldsymbol{x}_j) &\leqslant \nabla f(\boldsymbol{x}_j)^{\mathsf{T}}(\boldsymbol{x}_{j+1} - \boldsymbol{x}_j) + \frac{\beta}{2}\|\boldsymbol{x}_{j+1} - \boldsymbol{x}_j\|^2 \\
&= -\alpha_j\|\nabla f(\boldsymbol{x}_j)\|^2 + \frac{\beta\alpha_j^2}{2}\|\nabla f(\boldsymbol{x}_j)\|^2 \\
&= -\frac{1}{2\beta}\|\nabla f(\boldsymbol{x}_j)\|^2
\end{aligned}$$

从 $j=0$ 加到 $j=k-1$，可得

$$f(\boldsymbol{x}_k) - f(\boldsymbol{x}_0) \leqslant -\frac{1}{2\beta}\sum_{j=0}^{k-1}\|\nabla f(\boldsymbol{x}_j)\|^2$$

因此

$$\min_{0\leqslant j\leqslant k} \|\nabla f(\boldsymbol{x}_j)\|^2 \leqslant \frac{1}{k}\sum_{j=0}^{k-1}\|\nabla f(\boldsymbol{x}_j)\|^2 \leqslant \frac{2\beta}{k}[f(\boldsymbol{x}_0) - f(\boldsymbol{x}^*)]$$

定理 4.3 说明当步长取为固定值 $1/\beta$ 时，对于光滑非凸函数，梯度下降方法需要 $O(1/\varepsilon^2)$ 次迭代得到一个 ε 精度的近似最优解.

4.2 最速下降方法

最速下降 (steepest descent，SD) 方法是负梯度方法的一种具体实现，以负梯度方向为迭代方向，采用精确线搜索确定步长. 该方法的计算步骤如下：

算法 4.2 最速下降方法的计算步骤

1. 给定初始点 $\boldsymbol{x}_0 \in \mathbb{R}^n$，$k := 0$.
2. 若满足停止准则，则停止迭代.
3. 计算 $\boldsymbol{d}_k = -\nabla f(\boldsymbol{x}_k)$.
4. 采用精确线搜索求步长 α_k.
5. $\boldsymbol{x}_{k+1} := \boldsymbol{x}_k + \alpha_k \boldsymbol{d}_k$，$k := k+1$，转至步骤 2.

图4.2给出了最速下降方法的一个典型迭代过程中的迭代点轨迹. 可以看出，迭代点轨迹呈锯齿形. 事实上，由于精确线搜索满足 $\nabla f(\boldsymbol{x}_{k+1})^{\mathsf{T}} \boldsymbol{d}_k = 0$，则

$$\nabla f(\boldsymbol{x}_{k+1})^{\mathsf{T}} \nabla f(\boldsymbol{x}_k) = \boldsymbol{d}_{k+1}^{\mathsf{T}} \boldsymbol{d}_k = 0$$

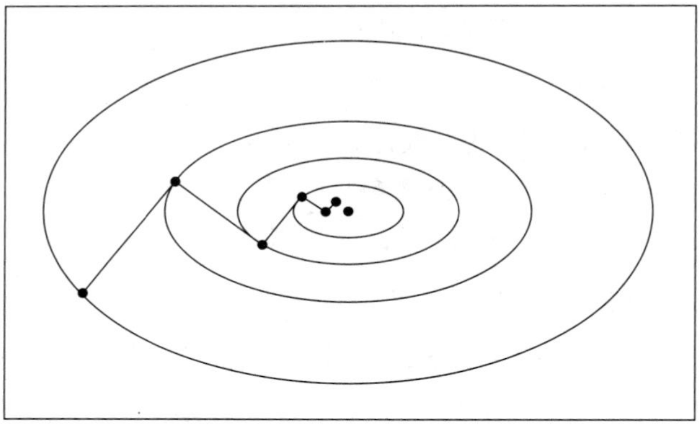

图 4.2 最速下降方法产生的迭代点轨迹

这表明最速下降方法中相邻两次的迭代方向是相互正交的，于是产生了锯齿形的迭代点轨迹.

▶ **例 4.1** 用最速下降方法求解最优化问题

$$\min f(x_1, x_2) \equiv x_1 + \frac{1}{2}x_2 + \frac{1}{2}x_1^2 + x_2^2 + 3$$

取初始点 $\boldsymbol{x}_0 = (0,0)^{\mathsf{T}}$，终止准则为 $\|\boldsymbol{g}_{+\infty}\| < 10^{-15}$.

解：令 $\boldsymbol{x} = (x_1, x_2)^{\mathsf{T}}$，将目标函数写成 $f(\boldsymbol{x}) = \dfrac{1}{2}\boldsymbol{x}^{\mathsf{T}} \boldsymbol{G} \boldsymbol{x} + \boldsymbol{b}^{\mathsf{T}} \boldsymbol{x} + c$ 的形式，其中

$$G=\begin{pmatrix}1 & 0\\ 0 & 2\end{pmatrix}, b=\begin{pmatrix}1\\ \frac{1}{2}\end{pmatrix}, c=3$$

第一次迭代:

取初始点 $\boldsymbol{x}_0=(0,0)^{\mathsf{T}}$，则 $\boldsymbol{d}_0=-\nabla f(\boldsymbol{x}_0)=(-1,-1/2)^{\mathsf{T}}$，计算步长 $\alpha_0=\arg\min\limits_{\alpha} f(\boldsymbol{x}_0+\alpha\boldsymbol{d}_0)=5/6$. 有

$$\boldsymbol{x}_1=\boldsymbol{x}_0+\alpha_0\boldsymbol{d}_0=\left(-\frac{5}{6},-\frac{5}{12}\right)^{\mathsf{T}}$$

第二次迭代:

$\boldsymbol{d}_1=-\nabla f(\boldsymbol{x}_1)=(-1/6,1/3)^{\mathsf{T}}$，计算步长 $\alpha_1=\arg\min\limits_{\alpha} f(\boldsymbol{x}_1+\alpha\boldsymbol{d}_1)=5/9$. 有

$$\boldsymbol{x}_2=\boldsymbol{x}_1+\alpha_1\boldsymbol{d}_1=\left(-\frac{25}{27},-\frac{25}{108}\right)^{\mathsf{T}}$$

第三次迭代:

$\boldsymbol{d}_2=-\nabla f(\boldsymbol{x}_2)=(-2/27,-1/27)^{\mathsf{T}}$，计算步长 $\alpha_2=\arg\min\limits_{\alpha} f(\boldsymbol{x}_2+\alpha\boldsymbol{d}_2)=5/6$. 有

$$\boldsymbol{x}_3=\boldsymbol{x}_2+\alpha_2\boldsymbol{d}_2=\left(-\frac{80}{81},-\frac{85}{324}\right)^{\mathsf{T}}$$

依此类推，最终得到用最速下降方法求解该问题的迭代点信息，如表 4.1 所示.

表 4.1　初始点为 $x_0=(0,0)^{\mathsf{T}}$ 时，由最速下降法得到的迭代点信息

k	$\boldsymbol{x}_k^{\mathsf{T}}$	$\boldsymbol{d}_k^{\mathsf{T}}$	α_k	$\Vert\boldsymbol{g}_k\Vert_\infty$
0	(0, 0)	(−1, −0.5)	0.833 3	1
1	(−0.833 3, −0.416 7)	(−0.166 7, 0.333 3)	0.555 6	0.333 3
2	(−0.925 9, −0.231 5)	(−0.074 1, −0.037 0)	0.833 3	0.074 1
3	(−0.987 7, −0.262 3)	(−0.012 3, 0.024 7)	0.555 6	0.024 7
⋮	⋮	⋮	⋮	⋮
26	(−1.000 0, −0.250 0)	(−2.0214e-15, −1.0107e-15)	0.833 3	2.0214e-15
27	(−1.000 0, −0.250 0)	(−3.369 0e-16, 6.7381e-16)	0.555 6	6.7381e-16

下面介绍最速下降方法的收敛性和收敛速度. 3.2 节介绍了精确线搜索方法的收敛性. 对于最速下降方法，$\boldsymbol{d}_k=-\nabla f(\boldsymbol{x}_k)$，故 $\theta_k=0$，满足定理 3.5 的夹角条件. 因此，由定理 3.5 可知最速下降方法具有全局收敛性.

定理 4.4

设在水平集 $L=\{\boldsymbol{x}\in\mathbb{R}^n \mid f(\boldsymbol{x})\leqslant f(\boldsymbol{x}_0)\}$ 上，$f(\boldsymbol{x})$ 有下界，$\nabla f(\boldsymbol{x}_k)$ 存在且一致连续，则最速下降方法产生的序列 $\{\boldsymbol{x}_k\}$ 对某个 k 有 $\nabla f(\boldsymbol{x}_k)=0$，或者 $\lim\limits_{k\to\infty}\Vert\nabla f(\boldsymbol{x}_k)\Vert=0$. ♡

证明 参见定理 3.5 的证明.

定理 4.5 表明对于 Hesse 矩阵有界的目标函数，最速下降方法也具有全局收敛性.

定理 4.5

设 $f:\mathbb{R}^n\to\mathbb{R}$ 是二阶连续可微函数，且 $\|\nabla^2 f(\boldsymbol{x})\|\leqslant M$，其中 M 是某个正常数，则对任意给定的初始点 $\boldsymbol{x}_0$，最速下降方法或有限步内终止，或 $\lim\limits_{k\to\infty} f(\boldsymbol{x}_k)=-\infty$，或 $\lim\limits_{k\to\infty}\|\nabla f(\boldsymbol{x}_k)\|=0$. ♡

证明 考虑最速下降方法无限迭代的情形. 由定理 3.4，有

$$f(\boldsymbol{x}_j)-f(\boldsymbol{x}_{j+1})\geqslant\frac{1}{2M}\|\nabla^2 f(\boldsymbol{x}_j)\|^2$$

从 $j=0$ 加到 $j=k-1$，可得

$$f(\boldsymbol{x}_0)-f(\boldsymbol{x}_k)\geqslant\frac{1}{2M}\sum_{j=0}^{k-1}\|\nabla^2 f(\boldsymbol{x}_j)\|^2$$

两边关于 k 取极限，可得 $\lim\limits_{k\to\infty} f(\boldsymbol{x}_k)=-\infty$，或者 $\lim\limits_{k\to\infty}\|\nabla f(\boldsymbol{x}_k)\|=0$，定理 4.5 得证.

最速下降方法具有全局收敛性，对初始点没有特别的要求. 但由于迭代方向仅利用了目标函数的局部性质，从整个迭代过程来看，这一方法的收敛速度并不快. 当目标函数的等高线接近一个球时，最速下降方法收敛较快，而当目标函数的等高线接近一个扁长的椭圆时，最速下降方法开始几步下降较快，后面会呈现出锯齿形的迭代点轨迹，下降十分缓慢.

▶ **例 4.2** 设目标函数为

$$f(x_1,x_2)=x_1^2+x_2^2$$

其真实极小点为 $\boldsymbol{x}^*=(0,0)^{\mathrm{T}}$. 如图4.3(a) 所示，从任意初始点 $\boldsymbol{x}_0\in\mathbb{R}^2$ 出发，均只需进行一次迭代就可到达极小点 $\boldsymbol{x}^*$.

但当目标函数为

$$f(x_1,x_2)=\frac{1}{10}x_1^2+x_2^2$$

时，如图4.3(b) 所示，最速下降方法的迭代轨迹不断在狭窄的谷底循环往复，呈现锯齿形，迭代效率较低.

为了更好地刻画最速下降方法的收敛速度，先考虑一种简单情形：目标函数为正定二次函数. 下面先讨论正定二次函数下最速下降方法的收敛速度，然后把结果推广到一般目标函数中.

(1) 正定二次函数.

设目标函数为正定二次函数

$$f(\boldsymbol{x})=\frac{1}{2}\boldsymbol{x}^{\mathrm{T}}\boldsymbol{Q}\boldsymbol{x}-\boldsymbol{x}^{\mathrm{T}}\boldsymbol{b} \tag{4.3}$$

其中，$\boldsymbol{Q}\in\mathbb{R}^{n\times n}$ 是对称正定矩阵，令 $\boldsymbol{Q}$ 的特征根为 $0<\lambda_1\leqslant\lambda_2\leqslant\cdots\leqslant\lambda_n$. 目标函数梯

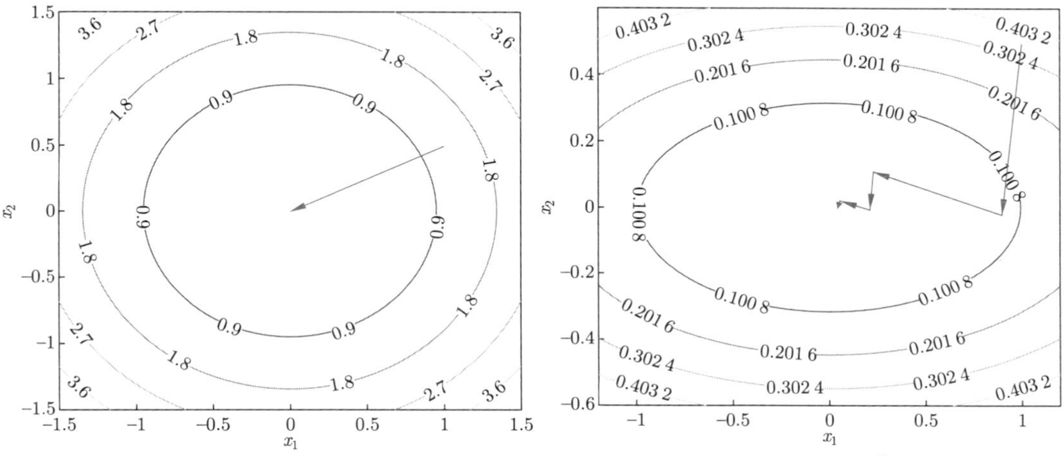

(a) $f(x_1,x_2)=x_1^2+x_2^2$　　(b) $f(x_1,x_2)=0.1x_1^2+x_2$

图 4.3　对不同目标函数采用最速下降法得到的迭代点轨迹

度 $\nabla f(\boldsymbol{x}) = \boldsymbol{Q}\boldsymbol{x} - \boldsymbol{b}$，它的唯一极小点 $\boldsymbol{x}^*$ 是线性方程组

$$\boldsymbol{Q}\boldsymbol{x}^* = \boldsymbol{b}$$

的解.

最速下降方法的迭代公式为

$$\boldsymbol{x}_{k+1} = \boldsymbol{x}_k - \alpha_k \nabla f(\boldsymbol{x}_k)$$

其中，$\alpha_k = \arg\min\limits_{\alpha>0} f(\boldsymbol{x}_k - \alpha\nabla f(\boldsymbol{x}_k))$

当目标函数是正定二次函数(4.3)时，可以求出步长 α_k 的解析表达式. 具体地，

$$\begin{aligned} f(\boldsymbol{x}_k - \alpha\nabla f(\boldsymbol{x}_k)) &= \frac{1}{2}[\boldsymbol{x}_k - \alpha\nabla f(\boldsymbol{x}_k)]^\top \boldsymbol{Q}[\boldsymbol{x}_k - \alpha\nabla f(\boldsymbol{x}_k)] - [\boldsymbol{x}_k - \alpha\nabla f(\boldsymbol{x}_k)]^\top \boldsymbol{b} \\ &= \frac{1}{2}\nabla f(\boldsymbol{x}_k)^\top \boldsymbol{Q}\nabla f(\boldsymbol{x}_k)\alpha^2 - \nabla f(\boldsymbol{x}_k)^\top \nabla f(\boldsymbol{x}_k)\alpha + f(\boldsymbol{x}_k) \end{aligned}$$

关于 α 求导等于 0，得到最速下降方法的步长

$$\alpha_k = \frac{\nabla f(\boldsymbol{x}_k)^\top \nabla f(\boldsymbol{x}_k)}{\nabla f(\boldsymbol{x}_k)^\top \boldsymbol{Q}\nabla f(\boldsymbol{x}_k)}$$

由此得到最速下降方法的迭代公式

$$\boldsymbol{x}_{k+1} = \boldsymbol{x}_k - \frac{\nabla f(\boldsymbol{x}_k)^\top \nabla f(\boldsymbol{x}_k)}{\nabla f(\boldsymbol{x}_k)^\top \boldsymbol{Q}\nabla f(\boldsymbol{x}_k)} \nabla f(\boldsymbol{x}_k) \tag{4.4}$$

为了度量收敛速度，引入 Q 度量意义下的范数.

定义 4.1　Q 度量意义下的范数

设 $\boldsymbol{Q} \in \mathbb{R}^{n\times n}$ 是对称正定矩阵，$\boldsymbol{u} \in \mathbb{R}^n$，则 $\boldsymbol{u}$ 在 Q 度量意义下的范数 $\|\boldsymbol{u}\|_Q^2$ 定义为

$$\|\boldsymbol{u}\|_Q^2 = \boldsymbol{u}^\top \boldsymbol{Q}\boldsymbol{u}$$

♣

由上述定义，有

$$\frac{1}{2}\|\boldsymbol{x}-\boldsymbol{x}^*\|_Q^2 = f(\boldsymbol{x}) - f(\boldsymbol{x}^*) \tag{4.5}$$

式 (4.5) 说明，在 Q 度量意义下，$\boldsymbol{x}$ 的误差等价于它的目标函数值 $f(\boldsymbol{x})$ 的误差.

为了建立最速下降方法的收敛速度，先引入两个引理.

引理 4.3

$$\|\boldsymbol{x}_{k+1}-\boldsymbol{x}^*\|_Q^2 = \left\{1 - \frac{(\nabla f(\boldsymbol{x}_k)^\top \nabla f(\boldsymbol{x}_k))^2}{[\nabla f(\boldsymbol{x}_k)^\top \boldsymbol{Q} \nabla f(\boldsymbol{x}_k)][\nabla f(\boldsymbol{x}_k)^\top \boldsymbol{Q}^{-1} \nabla f(\boldsymbol{x}_k)]}\right\} \|\boldsymbol{x}_k-\boldsymbol{x}^*\|_Q^2$$

♡

证明 由式(4.4)可得

$$f(\boldsymbol{x}_{k+1}) = f(\boldsymbol{x}_k) - \frac{1}{2}\frac{(\nabla f(\boldsymbol{x}_k)^\top \nabla f(\boldsymbol{x}_k))^2}{\nabla f(\boldsymbol{x}_k)^\top \boldsymbol{Q} \nabla f(\boldsymbol{x}_k)}$$

从而

$$\begin{aligned}
\frac{\|\boldsymbol{x}_{k+1}-\boldsymbol{x}^*\|_Q^2}{\|\boldsymbol{x}_k-\boldsymbol{x}^*\|_Q^2} &= \frac{f(\boldsymbol{x}_{k+1}) - f(\boldsymbol{x}^*)}{f(\boldsymbol{x}_k) - f(\boldsymbol{x}^*)} \\
&= \frac{f(\boldsymbol{x}_k) - \dfrac{1}{2}\dfrac{\left[\nabla f(\boldsymbol{x}_k)^\top \nabla f(\boldsymbol{x}_k)\right]^2}{\nabla f(\boldsymbol{x}_k)^\top \boldsymbol{Q} \nabla f(\boldsymbol{x}_k)} - f(\boldsymbol{x}^*)}{f(\boldsymbol{x}_k) - f(\boldsymbol{x}^*)} \\
&= 1 - \frac{\dfrac{1}{2}\dfrac{(\nabla f(\boldsymbol{x}_k)^\top \nabla f(\boldsymbol{x}_k))^2}{\nabla f(\boldsymbol{x}_k)^\top \boldsymbol{Q} \nabla f(\boldsymbol{x}_k)}}{\dfrac{1}{2}\boldsymbol{x}_k^\top \boldsymbol{Q}\boldsymbol{x}_k - \boldsymbol{x}_k^\top \boldsymbol{b} + \dfrac{1}{2}\boldsymbol{b}^\top \boldsymbol{Q}^{-1}\boldsymbol{b}} \\
&= 1 - \frac{\dfrac{(\nabla f(\boldsymbol{x}_k)^\top \nabla f(\boldsymbol{x}_k))^2}{\nabla f(\boldsymbol{x}_k)^\top \boldsymbol{Q} \nabla f(\boldsymbol{x}_k)}}{(\boldsymbol{Q}\boldsymbol{x}_k - \boldsymbol{b})^\top \boldsymbol{Q}^{-1}(\boldsymbol{Q}\boldsymbol{x}_k - \boldsymbol{b})} \\
&= 1 - \frac{(\nabla f(\boldsymbol{x}_k)^\top \nabla f(\boldsymbol{x}_k))^2}{(\nabla f(\boldsymbol{x}_k)^\top \boldsymbol{Q} \nabla f(\boldsymbol{x}_k))(\nabla f(\boldsymbol{x}_k)^\top \boldsymbol{Q}^{-1} \nabla f(\boldsymbol{x}_k))}
\end{aligned}$$

$$\|\boldsymbol{x}_{k+1}-\boldsymbol{x}^*\|_Q^2 = \left\{1 - \frac{(\nabla f(\boldsymbol{x}_k)^\top \nabla f(\boldsymbol{x}_k))^2}{[\nabla f(\boldsymbol{x}_k)^\top \boldsymbol{Q} \nabla f(\boldsymbol{x}_k)][\nabla f(\boldsymbol{x}_k)^\top \boldsymbol{Q}^{-1} \nabla f(\boldsymbol{x}_k)]}\right\} \|\boldsymbol{x}_k-\boldsymbol{x}^*\|_Q^2$$

引理 4.4 Kantorovich 不等式

设 $\boldsymbol{Q} \in \mathbb{R}^{n\times n}$ 是对称正定矩阵，任给 $\boldsymbol{x} \in \mathbb{R}^n\backslash\{\boldsymbol{0}\}$，有

$$\frac{(\boldsymbol{x}^\top \boldsymbol{x})^\top}{(\boldsymbol{x}^\top \boldsymbol{Q}\boldsymbol{x})(\boldsymbol{x}^\top \boldsymbol{Q}^{-1}\boldsymbol{x})} \geqslant \frac{4\lambda_1\lambda_n}{(\lambda_1+\lambda_n)^2}$$

其中，λ_1 和 λ_n 分别是矩阵 $\boldsymbol{Q}$ 的最小特征根和最大特征根.

♡

引理 4.4 的证明过程请参阅相关文献[4].

定理 4.6 给出了最速下降方法在 Q 范数度量意义下的收敛速度.

定理 4.6

设目标函数 $f(\boldsymbol{x})$ 是正定二次函数(4.3)，最速下降方法产生的迭代序列 $\{\boldsymbol{x}_k\}$ 满足

$$\frac{\|\boldsymbol{x}_{k+1}-\boldsymbol{x}^*\|_Q^2}{\|\boldsymbol{x}_k-\boldsymbol{x}^*\|_Q^2} \leqslant \left(\frac{\lambda_n-\lambda_1}{\lambda_n+\lambda_1}\right)^2$$

♡

证明　由引理4.3和引理4.4，可得

$$\begin{aligned}\frac{\|\boldsymbol{x}_{k+1}-\boldsymbol{x}^*\|_Q^2}{\|\boldsymbol{x}_k-\boldsymbol{x}^*\|_Q^2} &= 1-\frac{\left[\nabla f(\boldsymbol{x}_k)^\mathsf{T}\nabla f(\boldsymbol{x}_k)\right]^2}{\left[\nabla f(\boldsymbol{x}_k)^\mathsf{T}\boldsymbol{Q}\nabla f(\boldsymbol{x}_k)\right]\left[\nabla f(\boldsymbol{x}_k)^\mathsf{T}\boldsymbol{Q}^{-1}\nabla f(\boldsymbol{x}_k)\right]}\\ &\leqslant 1-\frac{4\lambda_1\lambda_n}{(\lambda_1+\lambda_n)^2}\\ &= \left(\frac{\lambda_n-\lambda_1}{\lambda_n+\lambda_1}\right)^2\end{aligned}$$

定理 4.6 表明最速下降方法的收敛速度是线性的.

定义

$$r=\frac{\lambda_n(\boldsymbol{Q})}{\lambda_1(\boldsymbol{Q})}=\|\boldsymbol{Q}\|\|\boldsymbol{Q}^{-1}\|$$

为矩阵 $\boldsymbol{Q}$ 的条件数. 于是，有

$$\left(\frac{\lambda_n-\lambda_1}{\lambda_n+\lambda_1}\right)^2=\left(\frac{r-1}{r+1}\right)^2\triangleq\mu$$

由此可见最速下降方法的收敛速度仅依赖于矩阵 $\boldsymbol{Q}$ 的条件数. 当 $\boldsymbol{Q}$ 的条件数接近于 1 时，μ 接近于 0，最速下降方法的收敛速度接近于超线性收敛速度；$\boldsymbol{Q}$ 的条件数越大，μ 越接近于 1，该方法的收敛速度越慢. 这就从理论上解释了例 4.2 的结果.

(2) 一般目标函数.

对于一般目标函数，最速下降方法具有与正定二次函数类似的收敛速度.

定理 4.7

设 $f:\mathbb{R}^n\to\mathbb{R}$ 是二阶连续可微函数，最速下降方法产生的迭代序列 $\{\boldsymbol{x}_k\}$ 收敛到 $\boldsymbol{x}^*$，且 $\nabla^2 f(\boldsymbol{x}^*)$ 对称正定，则对于充分大的 k，有

$$f(\boldsymbol{x}_{k+1})-f(\boldsymbol{x}^*)\leqslant r^2[f(\boldsymbol{x}_k)-f(\boldsymbol{x}^*)]$$

其中，$r\in\left(\dfrac{\lambda_n-\lambda_1}{\lambda_n+\lambda_1},1\right)$，$\lambda_1\leqslant\lambda_2\leqslant\cdots\leqslant\lambda_n$ 是 $\nabla^2 f(\boldsymbol{x}^*)$ 的特征根.

♡

该定理表明对于一般目标函数，最速下降方法的收敛速度依赖于收敛点 $\boldsymbol{x}^*$ 处 Hesse 矩阵的条件数: 条件数越大，收敛速度越慢.

定理 4.8 给出了对于光滑的强凸函数 f，最速下降方法的收敛速度.

定理 4.8

设 $f:\mathbb{R}^n \to \mathbb{R}$ 是 M 光滑、m 强凸函数，则最速下降方法产生的迭代序列 $\{\boldsymbol{x}_k\}$ 满足

$$f(\boldsymbol{x}_{k+1}) - f(\boldsymbol{x}^*) \leqslant \left(1 - \frac{m}{M}\right)[f(\boldsymbol{x}_k) - f(\boldsymbol{x}^*)]$$

因此，

$$f(\boldsymbol{x}_k) - f(\boldsymbol{x}^*) \leqslant \left(1 - \frac{m}{M}\right)^k [f(\boldsymbol{x}_0) - f(\boldsymbol{x}^*)]$$

♡

证明 由于 f 是一个 M 光滑函数，故

$$f(\boldsymbol{x}_k - \alpha\nabla f(\boldsymbol{x}_k)) \leqslant f(\boldsymbol{x}_k) - \alpha\nabla f(\boldsymbol{x}_k)^{\mathsf{T}}\nabla f(\boldsymbol{x}_k) + \frac{M\alpha^2}{2}\nabla f(\boldsymbol{x}_k)^{\mathsf{T}}\nabla f(\boldsymbol{x}_k), \quad \forall\alpha$$

两边同时关于 α 求极小值，左边的极小值为 $f(\boldsymbol{x}_{k+1})$，右边的极小值在 $\alpha = \dfrac{1}{M}$ 处取得. 因此

$$f(\boldsymbol{x}_{k+1}) \leqslant f(\boldsymbol{x}_k) - \frac{1}{2M}\nabla f(\boldsymbol{x}_k)^{\mathsf{T}}\nabla f(\boldsymbol{x}_k)$$

两边同时减去 $f(\boldsymbol{x}^*)$，可得

$$f(\boldsymbol{x}_{k+1}) - f(\boldsymbol{x}^*) \leqslant f(\boldsymbol{x}_k) - f(\boldsymbol{x}^*) - \frac{1}{2M}\nabla f(\boldsymbol{x}_k)^{\mathsf{T}}\nabla f(\boldsymbol{x}_k) \tag{4.6}$$

由于 f 是一个 m 强凸函数，因此有

$$f(\boldsymbol{x}) \geqslant f(\boldsymbol{x}_k) + \nabla f(\boldsymbol{x}_k)^{\mathsf{T}}(\boldsymbol{x} - \boldsymbol{x}_k) + \frac{m}{2}\|\boldsymbol{x} - \boldsymbol{x}_k\|^2, \quad \forall\alpha$$

两边同时关于 $\boldsymbol{x}$ 求极小值，可得

$$f(\boldsymbol{x}^*) \geqslant f(\boldsymbol{x}_k) - \frac{1}{2m}\nabla f(\boldsymbol{x}_k)^{\mathsf{T}}\nabla f(\boldsymbol{x}_k)$$

从而

$$-\nabla f(\boldsymbol{x}_k)^{\mathsf{T}}\nabla f(\boldsymbol{x}_k) \leqslant 2m\,[f(\boldsymbol{x}^*) - f(\boldsymbol{x}_k)] \tag{4.7}$$

将式(4.7)代入式(4.6)，可得

$$f(\boldsymbol{x}_{k+1}) - f(\boldsymbol{x}^*) \leqslant \left(1 - \frac{m}{M}\right)[f(\boldsymbol{x}_k) - f(\boldsymbol{x}^*)]$$

重复应用上述不等式，可得

$$f(\boldsymbol{x}_k) - f(\boldsymbol{x}^*) \leqslant \left(1 - \frac{m}{M}\right)^k [f(\boldsymbol{x}_0) - f(\boldsymbol{x}^*)]$$

定理 4.8 表明对于 M 光滑、m 强凸的目标函数，最速下降方法具有 $O\left((1 - m/M)^k\right)$ 的线性收敛速度，即最速下降方法只需要 $O\left((M/m)\lg(1/\varepsilon)\right)$ 次迭代就可以得到一个 ε 精度的近似最优解.

4.3 梯度下降方法的变体

很多统计学问题和机器学习问题的本质都是求解如下优化问题：

$$\min_{\boldsymbol{x}} f(\boldsymbol{x}) \equiv \frac{1}{m}\sum_{i=1}^{m} f_i(\boldsymbol{x}) \tag{4.8}$$

其中，m 是样本量 (即子函数的个数).

对于式(4.8)，获取目标函数的全梯度可能需要很大的计算量，尤其当 m 非常大时. 当 m 为无穷时，计算全梯度甚至是不可能的. 取而代之的一种方法是使用一个或几个随机子函数的梯度来估计目标函数的全梯度. 这类求解式(4.8)的方法称为随机方法. 在实际应用中，此类方法往往要比确定性的梯度下降方法快得多. 本节将介绍其中两种最重要的方法：随机梯度下降方法和小批量梯度下降方法. 4.2 节介绍的最速下降方法也称为批量梯度下降方法.

4.3.1　随机梯度下降方法

随机梯度下降 (stochastic gradient descent，SGD) 方法的原理和批量梯度下降方法类似，区别在于随机梯度下降方法在每步迭代时只用到单个子函数的梯度信息. 随机梯度下降方法的第 k 步迭代公式如下：

$$\boldsymbol{x}_{k+1} = \boldsymbol{x}_k - \alpha_k \nabla f_i(\boldsymbol{x}_k)$$

其中，$1 \leqslant i \leqslant m$. 由于批量梯度下降方法在每步迭代前需要重新计算很多相似子函数的梯度，因此对于大型数据集，产生了大量的冗余计算. 而随机梯度下降方法通过一次只用一个子函数来消除冗余. 因此，相比批量梯度下降方法，随机梯度下降方法要快得多. 然而，由于随机梯度下降方法每步迭代仅使用一个子函数而非真实的目标函数，导致目标函数通常不再随迭代单调下降，而会出现剧烈震荡，如图4.4所示. 批量梯度下降方法会收敛到目标函数的局部极小点. 相较于批量梯度下降方法，随机梯度下降方法带来的目标函数值的波动有可能会使迭代点收敛到新的且更好的局部极小点. 已有理论表明当逐步减小步长时，随机梯度下降方法具有与批量梯度下降方法类似的收敛性，在期望意义下会收敛到凸函数的全局极小点和非凸函数的局部极小点，但收敛速度有所减慢.

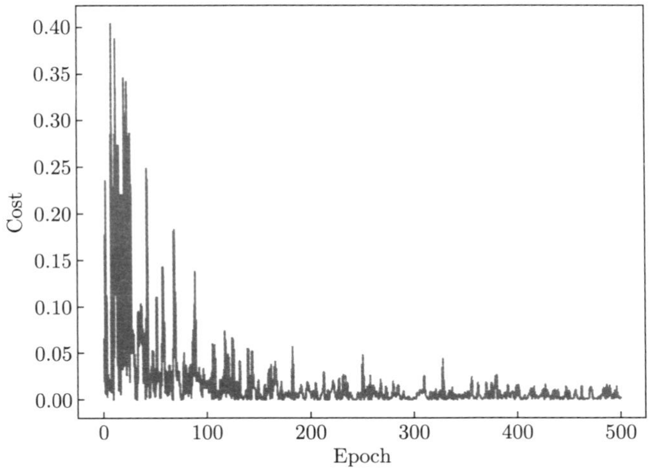

图 4.4　随机梯度下降方法下目标函数值的变化过程

随机梯度下降方法的计算步骤如下：

算法 4.3 随机梯度下降方法的计算步骤

1. 给定初始点 $\boldsymbol{x}_0$，步长 α，$k := 0$.
2. 若满足终止准则，则停止迭代.
3. 随机选择一个子函数 f_i，计算 $\boldsymbol{x}_{k+1} = \boldsymbol{x}_k - \alpha\nabla f_i(\boldsymbol{x}_k)$.
4. $k := k+1$，转至步骤 2.

在实际应用中，为了保证每个子函数都被使用，可以在每次迭代前对所有子函数进行随机重排，之后依次使用每一个子函数进行变量更新.

4.3.2 小批量梯度下降方法

在面对大规模数据时，批量梯度下降方法的计算量过大，随机梯度下降方法的计算量虽然明显减少，但每次迭代只使用一个子函数，迭代方向变化很大，降低了收敛速度. 小批量梯度下降 (mini-batch gradient descent) 方法结合了这两种方法的优点.

小批量梯度下降方法是批量梯度下降方法和随机梯度下降方法的折中. 每次迭代时，选取部分子函数计算梯度并进行变量更新. 小批量梯度下降方法一方面减少了迭代方向上的波动，带来更加稳定的收敛；另一方面能充分利用数值计算中的矩阵优化方法计算小批量梯度，比批量梯度下降方法更加高效. 批量规模通常在 50~256 之间. 小批量梯度下降方法是深度学习领域最常用的优化算法.

小批量梯度下降方法的计算步骤如下：

算法 4.4 小批量梯度下降方法的计算步骤

1. 给定初始点 $\boldsymbol{x}_0$，步长 α，批量规模 l，$k := 0$.
2. 若满足终止准则，则停止迭代.
3. 随机选择 l 个子函数 $f_{k_1}, f_{k_2}, \cdots, f_{k_l}$，计算 $\boldsymbol{x}_{k+1} = \boldsymbol{x}_k - \dfrac{\alpha}{l}\sum\limits_{i=1}^{l}\nabla f_{k_i}(\boldsymbol{x}_{k_i})$.
4. $k := k+1$，转至步骤 2.

最后，我们对批量梯度下降方法、随机梯度下降方法和小批量梯度下降方法的优点和不足进行总结，如表 4.2 所示.

表 4.2 三种梯度下降方法的优点和不足

方法	优点和不足
批量梯度下降方法	优点：每次迭代使用所有子函数，可利用矩阵实现并行. 不足：在样本量很大时，迭代速度慢.
随机梯度下降方法	优点：每次迭代仅使用一个子函数，计算量小. 不足：迭代方向变化大，不能很快收敛到局部最优解.
小批量梯度下降方法	优点：每次迭代使用一些子函数，可以减少收敛所需要的迭代次数，同时可以使最终结果更加接近批量梯度下降方法. 不足：批量规模选取不当可能带来问题.

图4.5显示了三种梯度下降方法的迭代点轨迹. 与小批量梯度下降方法相比，随机梯度下降方法的迭代方向变化较大.

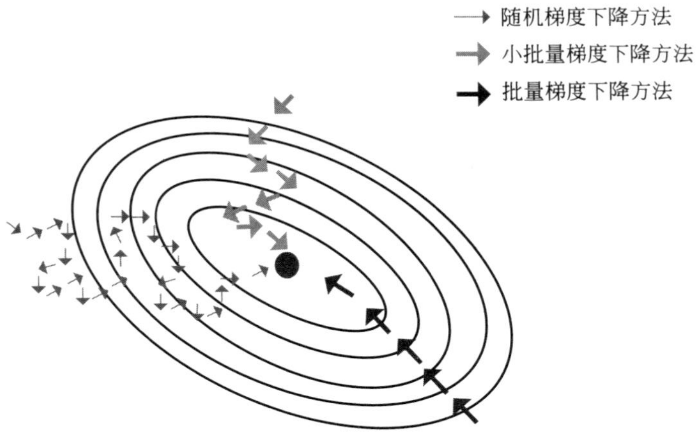

图 4.5　三种梯度下降方法的迭代轨迹点比较

虽然小批量梯度下降方法兼具批量梯度下降方法和随机梯度下降方法的优点，但在实际应用中仍面临诸多挑战[5]：

- 选择合适的步长较为困难. 步长太小会导致收敛非常缓慢，而步长太大则会阻碍收敛并可能导致目标函数在极小点附近震荡甚至发散.
- 步长调整机制[6] 尝试通过例如退火等方式在迭代过程中调整步长，即根据某个预设的机制或当前后两步迭代中目标函数变化小于某个阈值时减小步长. 然而，这些机制和阈值需要预先给定，因此无法适应数据集自身的特征.
- 更新变量的所有分量均使用同一个步长. 对于非常稀疏且不同分量具有不同频数的数据，我们可能并不想让所有分量更新到相同程度，只是想让较少出现的分量进行更多更新.
- 优化神经网络模型的高度非凸目标函数的一大挑战是避免陷入其众多的局部极小点. 事实上，有研究[7] 认为主要的困难并非来自局部极小点，而是来自鞍点，即在一些方向上是函数的极大点，而在另一些方向上则是函数的极小点. 这些鞍点周围的目标函数值通常较为相近，即所有方向上梯度均接近 0，从而导致梯度下降类方法的迭代点一旦到达某个鞍点附近就很容易陷进去，难以逃脱.

4.4　梯度下降方法的改进

针对经典梯度下降方法在深度学习领域面临的诸多挑战，学者们对梯度下降方法进行了改进，提出了一系列新的梯度下降方法.

4.4.1 动量方法

目标函数的局部极小点附近经常出现一个维度比另一个维度陡峭很多的"沟壑"，梯度下降方法在这些沟壑的斜坡上反复震荡，使得朝着局部最优解的前进极为缓慢，如图4.6所示.

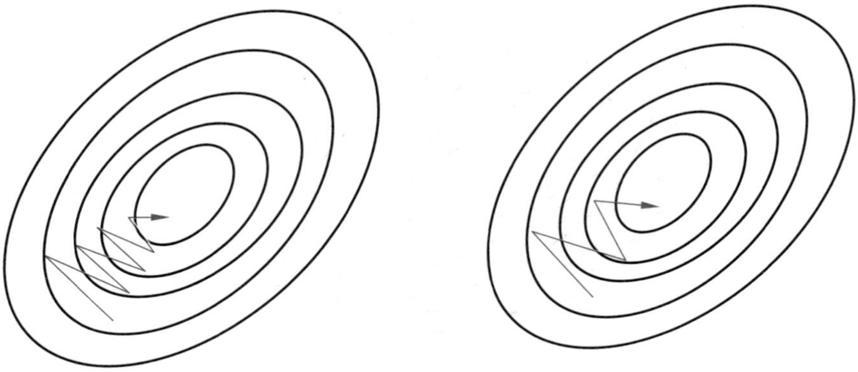

(a) 梯度下降方法　　(b) 动量方法

图 4.6 梯度下降方法和动量方法的迭代点轨迹比较

动量 (momentum) 方法是一种加速的梯度下降方法. 在梯度下降方法中，计算 $\boldsymbol{x}_{k+1}$ 时，只依赖 $\boldsymbol{x}_k$ 的值及目标函数在 $\boldsymbol{x}_k$ 处的梯度. 与梯度下降方法不同，动量方法在计算 $\boldsymbol{x}_{k+1}$ 时，需要同时依赖 $\boldsymbol{x}_k$ 和 $\boldsymbol{x}_{k-1}$ 的信息. 动量方法每次迭代执行下述操作:

$$\boldsymbol{x}_{k+1} = \boldsymbol{x}_k - \alpha \nabla f(\boldsymbol{x}_k) + \gamma(\boldsymbol{x}_k - \boldsymbol{x}_{k-1})$$

其中，$\boldsymbol{x}_k - \boldsymbol{x}_{k-1}$ 一般称为动量，动量参数 γ 通常取为 0.9. 动量方法在梯度下降方法的基础上，增加了一个从 $\boldsymbol{x}_{k-1}$ 到 $\boldsymbol{x}_k$ 方向的动量. 动量的作用在于参考上一步的迭代方向. 若目标函数在 $\boldsymbol{x}_k$ 处的负梯度方向与上一步迭代方向相同，那么就放大第 k 步的步长；若二者方向不同，那么上一步的迭代方向便对当前点的梯度方向起到了修正作用，如图4.6所示. 直观上理解，动量方法在一定程度上减轻了梯度下降方法在迭代方向上的震荡，从而加速了迭代点向最优解方向的移动.

当目标函数是 β 光滑、μ 强凸函数，并且二阶连续可微时，动量方法具有 $O\left((1-\mu/\beta)^k\right)$ 的线性收敛速度[8]

$$f(\boldsymbol{x}_k) - f(\boldsymbol{x}^*) \leqslant O\left(\left(1 - \frac{\mu}{\beta}\right)^k\right)$$

即动量方法只需要进行 $O(\sqrt{\beta/\mu}\log(1/\varepsilon)$ 次迭代就可以得到一个 ε 精度的近似最优解，而梯度下降方法则需要进行 $O(\beta/\mu\log(1/\varepsilon))$ 次迭代. 当 β/μ 较大时，动量方法的收敛速度明显快于梯度下降方法.

当目标函数是 β 光滑的一般凸函数时，动量方法与梯度下降方法具有相同的 $O(1/k)$ 次线性收敛速度[9]，目前尚不清楚 $O(1/k)$ 的次线性收敛速度是否不可提高.

4.4.2　Nesterov 加速梯度方法

虽然动量方法在极小化光滑强凸目标函数时具有比梯度下降方法更快的收敛速度，但它需要更强的假设来保证收敛，即目标函数是二阶连续可微的. 另外，当极小化光滑一般凸目标函数时，动量方法与梯度下降方法具有相同的收敛速度，并未在收敛速度上有所提升. 为此，本小节介绍一种新的加速梯度下降方法——Nesterov 加速梯度方法 (以下简称加速梯度方法).

类似于动量方法，加速梯度方法同样在梯度下降方法的基础上引入了动量的概念. 不同之处在于，加速梯度方法首先在当前迭代点 $\boldsymbol{x}_k$ 处增加一个动量，生成一个辅助变量 $\boldsymbol{v}_k$，然后在 $\boldsymbol{x}_k$ 处执行一步梯度下降. 加速梯度方法每次迭代执行如下操作:

$$\boldsymbol{v}_k = \boldsymbol{x}_k + \gamma(\boldsymbol{x}_k - \boldsymbol{x}_{k-1})$$

$$\boldsymbol{x}_{k+1} = \boldsymbol{v}_k - \alpha_k \nabla f(\boldsymbol{v}_k)$$

其中，动量参数 γ 通常取为 0.9.

对于光滑强凸目标函数，加速梯度方法和动量方法具有相同的收敛速度. 但不同于动量方法，加速梯度方法不需要目标函数二阶连续可微的假设. 对于光滑一般凸目标函数，加速梯度方法具有 $O\left(\dfrac{1}{k^2}\right)$ 的次线性收敛速度:

$$f(\boldsymbol{x}_k) - f(\boldsymbol{x}^*) \leqslant O\left(\frac{1}{k^2}\right)$$

即加速梯度方法只需要 $O\left(\sqrt{\dfrac{1}{\varepsilon}}\right)$ 次迭代就能找到一个精度为 ε 的近似最优解. 由此看出，对于一般凸目标函数，加速梯度方法的收敛速度明显快于梯度下降方法和动量方法. 事实上，理论上已证明加速梯度方法是最快的一阶优化方法[3]，因此我们无法找到比加速梯度方法更快的一阶优化算法.

动量方法和加速梯度方法通过调整迭代方向实现了对经典梯度下降方法的加速，接下来介绍几种对步长进行自适应调节的梯度下降方法.

4.4.3　Adagrad 方法

Adagrad 是一种自动调节步长的梯度下降方法[10]，其原理是根据优化变量的各个分量调节其对应的步长，使累积变化大的分量的步长较小，累积变化小的分量的步长较大. 因此，不同于梯度下降方法，Adagrad 方法在每步迭代时对优化变量的不同分量使用不同的步长. 该方法同样可以改善梯度下降方法中常出现的震荡现象，大大提升了梯度下降方法的稳健性[11].

Adagrad 方法基于累积梯度值更新优化变量的每个分量的步长. Adagrad 方法的迭代公式为

$$\boldsymbol{s}_k = \boldsymbol{s}_{k-1} + \nabla f(\boldsymbol{x}_k) \odot \nabla f(\boldsymbol{x}_k), \quad \boldsymbol{x}_{k+1} = \boldsymbol{x}_k - \frac{\alpha}{\sqrt{\boldsymbol{s}_k + \varepsilon}} \nabla f(\boldsymbol{x}_k) \odot \nabla f(\boldsymbol{x}_k)$$

其中，$\odot$ 表示两个向量对应元素相乘. ε 是一个平滑项，以避免出现分母为 0 的情况，通常取为 $O(10^{-8})$. α 通常取为 0.01. 研究发现，如果不取平方根，算法的表现会很差[5].

Adagrad 方法的主要优点在于可以在迭代过程中自适应调节步长. 刚开始迭代时，迭代点离最优解很远，步长较大. 当迭代点接近最优解时，步长不断减小，以避免错过最优解.

Adagrad 方法的主要不足在于它在分母中累积了梯度平方和. 因为每次加入的项都是正数，故随着迭代的进行，分母会不断变大，导致步长不断减小，并最终趋于 0. 对于目标函数是二次函数的简单最优化问题，Adagrad 方法通常表现良好. 然而，在训练神经网络模型时，由于步长衰减的太快，以至于在达到最优解前，Adagrad 方法几乎停止迭代.

4.4.4 RMSprop 方法

RMSprop 方法是杰夫 • 欣顿 (Geoff Hinton) 提出的一种自适应调节步长的梯度下降方法①，该方法旨在解决 Adagrad 方法中步长随迭代的进行而单调下降的问题，其原理是将 Adagrad 方法中的累积梯度平方和改为梯度平方和的指数移动平均，即

$$\boldsymbol{s}_k = \gamma \boldsymbol{s}_{k-1} + (1-\gamma)\nabla f(\boldsymbol{x}_k) \odot \nabla f(\boldsymbol{x}_k)$$

RMSprop 方法的迭代公式为

$$\boldsymbol{x}_{k+1} = \boldsymbol{x}_k - \frac{\alpha}{\sqrt{\boldsymbol{s}_k + \varepsilon}} \odot \nabla f(\boldsymbol{x}_k)$$

其中，α 通常取为 0.001，ε 取为 $O(10^{-8})$. 不同于 Adagrad 方法，RMSprop 方法在迭代过程中，每个分量的步长并非一直在衰减，而是既可能减小，也可能增大.

4.4.5 Adam 方法

自适应矩估计 (adaptive moment estimation，Adam) 方法[12] 可以看作动量方法和 RMSprop 方法的结合. 该方法基于动量机制确定迭代方向，采用 RMSprop 方法自适应调节步长.

Adam 方法一方面类似于动量方法，计算梯度 $\nabla f(\boldsymbol{x}_k)$ 的指数加权平均

$$\boldsymbol{v}_k = \beta_1 \boldsymbol{v}_{k-1} + (1-\beta_1)\nabla f(\boldsymbol{x}_k) \tag{4.9}$$

另一方面，类似于 RMSprop 法，计算梯度 $\boldsymbol{g}_k^2$ 的指数加权平均

$$\boldsymbol{s}_k = \beta_2 \boldsymbol{s}_{k-1} + (1-\beta_2)\nabla f(\boldsymbol{x}_k) \odot \nabla f(\boldsymbol{x}_k)$$

其中，$\boldsymbol{v}_k$ 和 $\boldsymbol{s}_k$ 可以看作梯度一阶矩和二阶矩的估计. β_1 和 β_2 分别为两个移动平均的衰减率，通常取 $\beta_1 = 0.9$，$\beta_2 = 0.999$. $\boldsymbol{v}_{-1} = \boldsymbol{s}_{-1} = 0$.

由式(4.9)有

---

① http://www.cs.toronto.edu/~tijmen/csc321/slides/lecture_slides_lec6.pdf.

$$
\begin{aligned}
\boldsymbol{v}_k &= \beta_1\boldsymbol{v}_{k-1} + (1-\beta_1)\nabla f(\boldsymbol{x}_k) \\
&= \beta_1[\beta_1\boldsymbol{v}_{k-2} + (1-\beta_1)\nabla f(\boldsymbol{x}_{k-1})] + (1-\beta_1)\nabla f(\boldsymbol{x}_k) \\
&= \cdots \\
&= (1-\beta_1)\sum_{i=0}^{k}\beta_1^{k-i}\nabla f(\boldsymbol{x}_i)
\end{aligned}
$$

于是，历史梯度的权重和为 $(1-\beta_1)\sum_{i=0}^{k}\beta_1^{k-i} = 1-\beta_1^{k+1}$，由此导致迭代初期，历史梯度的权重和较小，例如 $\boldsymbol{v}_1 = (1-\beta_1)\boldsymbol{g}_0 = 0.1\boldsymbol{g}_0$.

为了纠正这一偏误，需要对 $\boldsymbol{v}_k$ 和 $\boldsymbol{s}_k$ 进行修正. 令

$$
\hat{\boldsymbol{v}}_k = \frac{\boldsymbol{v}_k}{1-\beta_1^{k+1}}
$$

$$
\hat{\boldsymbol{s}}_k = \frac{\boldsymbol{s}_k}{1-\beta_2^{k+1}}
$$

最后得到 Adam 方法的迭代公式

$$
\boldsymbol{x}_{k+1} = \boldsymbol{x}_k - \frac{\alpha}{\sqrt{\hat{\boldsymbol{s}}_k}+\varepsilon}\odot\hat{\boldsymbol{v}}_k
$$

其中，$\varepsilon = 10^{-8}$. 关于 Adam 方法的收敛性和收敛速度，感兴趣的读者可参阅文献[12]。

4.5 数值实验

4.5.1　最速下降方法

本小节通过数值实验展示最速下降方法的有效性. 迭代步长满足 Armijo 准则. 迭代的终止准则为 $\|\nabla f(\boldsymbol{x}_k)\|_\infty \leqslant 10^{-7}$，最大迭代次数为 1 000.

问题 1

$$
\min f(\boldsymbol{x}) \equiv -\mathrm{e}^{-\frac{x_1^2+x_2^2}{2}}
$$

函数 $f(\boldsymbol{x})$ 的全局最优解为 $\boldsymbol{x}^* = (0,0)^\mathsf{T}$，最优值为 $f(\boldsymbol{x}^*) = -1$. 对该问题. 初始点为 $\boldsymbol{x}_0 = (-1/2,-1/2)^\mathsf{T}$. 表4.3给出了用最速下降方法求解该问题得到的迭代点信息. 图4.7给出了用最速下降方法得到的迭代点轨迹.

表 4.3　最速下降方法求解问题 1 得到的迭代点信息

k	$\boldsymbol{x}_k^\mathsf{T}$	$f(\boldsymbol{x}_k)$	$\|\nabla f(\boldsymbol{x}_k)\|_\infty$
0	$(-0.500\,0, -0.500\,0)$	$-0.778\,8$	0.389 4
1	$(-0.110\,6, -0.110\,6)$	$-0.987\,8$	0.109 3
2	$(-0.001\,3, -0.001\,3)$	$-1.000\,0$	0.001 3
3	(−2.4310-09, −2.4310e-09)	$-1.000\,0$	2.4310e-09

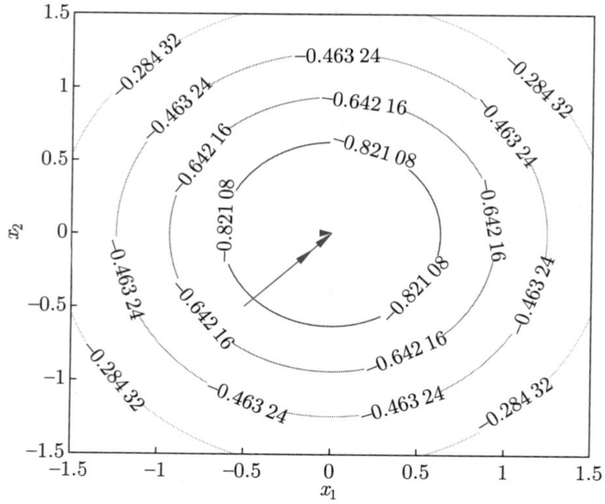

图 4.7　最速下降方法求解问题 1 得到的迭代点轨迹

问题 2

$$\min f(\boldsymbol{x}) \equiv \sum_{i=1}^{10} (\mathrm{e}^{-\frac{i}{10}x_1} - 5\mathrm{e}^{-\frac{i}{10}x_2} - \mathrm{e}^{-\frac{i}{10}} + 5\mathrm{e}^{-i})^2$$

函数 $f(\boldsymbol{x})$ 的全局最优解为 $\boldsymbol{x}^* = (1,10)^\mathsf{T}$，最优值为 $f(\boldsymbol{x}^*) = 0$. 初始点为 $\boldsymbol{x}_0 = (5,5)^\mathsf{T}$. 表4.4给出了用最速下降方法求解该问题得到的部分迭代点信息. 图4.8给出了最速下降方法得到的迭代点轨迹.

表 4.4　最速下降方法求解问题 2 得到的部分迭代点信息

k	$\boldsymbol{x}_k^\mathsf{T}$	$f(\boldsymbol{x}_k)$	$\lVert\nabla f(\boldsymbol{x}_k)\rVert_\infty$
0	(5.000 0, 5.000 0)	10.358 2	4.492 0
1	(4.101 6, 9.492 0)	1.895 4	0.486 3
2	(3.615 3, 9.924 6)	1.493 1	0.520 8
3	(3.094 4, 10.223 7)	1.133 6	0.571 8
⋮	⋮	⋮	⋮
107	(1.000 0, 10.000 0)	4.9010e-12	1.0118e-06
108	(1.000 0, 10.000 0)	3.9232e-12	9.0525e-07

问题 3

$$\min f(\boldsymbol{x}) \equiv 100(x_2 - x_1^2)^2 + (x_1 - 1)^2$$

函数 $f(\boldsymbol{x})$ 的全局最优解为 $\boldsymbol{x}^* = (1,1)^\mathsf{T}$，最优值为 $f(\boldsymbol{x}^*) = 0$. 对于该问题，初始点为 $\boldsymbol{x}_0 = (0,0)^\mathsf{T}$. 表4.5给出了用最速下降方法求解该问题得到的部分迭代点信息. 图4.9给出了用最速下降方法得到的迭代点轨迹.

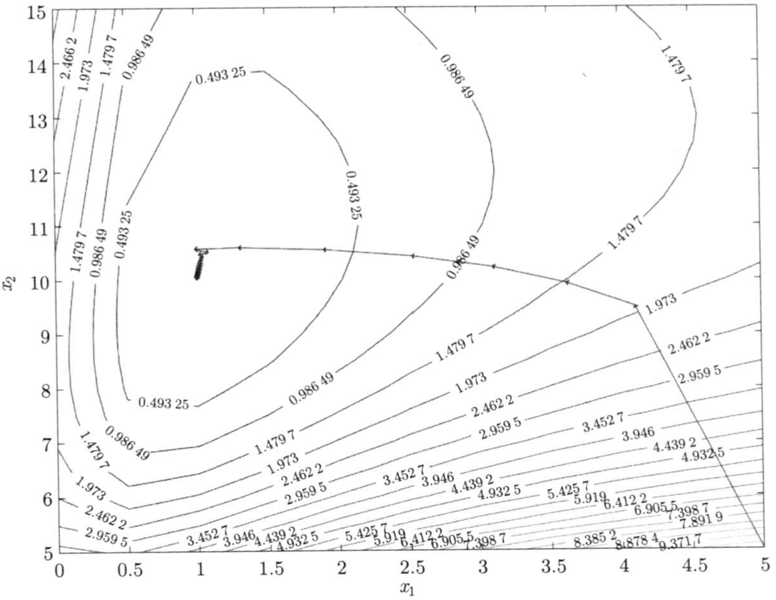

图 4.8　最速下降方法求解问题 2 得到的迭代点轨迹

表 4.5　最速下降方法求解问题 3 得到的部分迭代点信息

k	$\boldsymbol{x}_k^\top$	$f(\boldsymbol{x}_k)$	$\\|\nabla f(\boldsymbol{x}_k)\\|_\infty$
0	(0.000 0, 0.000 0)	1.000 0	2.000 0
1	(0.002 5, 0.000 0)	0.995 0	1.995 0
2	(0.005 0, 1.5518e-0 6)	0.990 1	1.990 0
3	(0.007 5, 7.3704e-06)	0.985 1	1.984 9
⋮	⋮	⋮	⋮
999	(0.992 1, 0.984 2)	6.2473e-05	1.0426e-02
100 0	(0.992 1, 0.984 3)	6.2369e-05	9.0687e-03

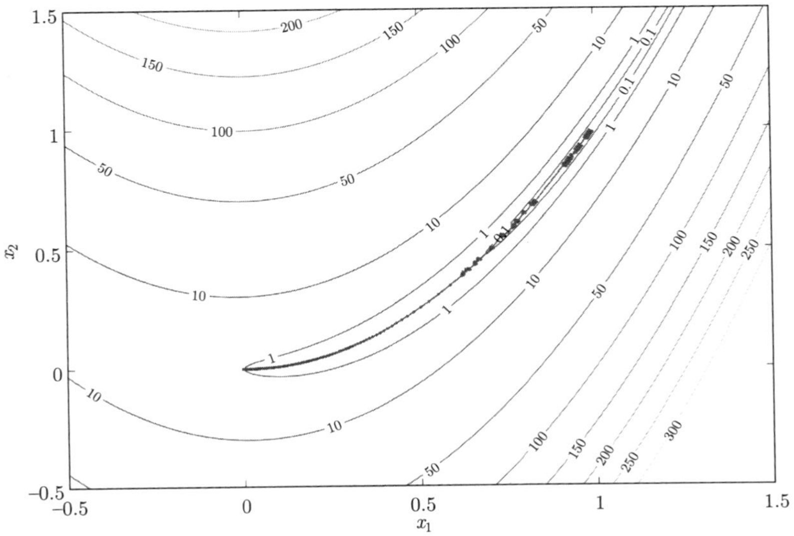

图 4.9　最速下降方法求解问题 3 得到的迭代点轨迹

问题 4

$$\min f(\boldsymbol{x}) \equiv \left(x_2 - \frac{51x_1^2}{40\pi^2} + \frac{5x_1}{\pi} - 6\right)^2 + 10\left(1 - \frac{1}{8\pi}\right)\cos x_1 \cos x_2 \ln(x_1^2 + x_2^2 + 1) + 10$$

函数 $f(\boldsymbol{x})$ 的全局最优解为 $\boldsymbol{x}^* = (-3.172\,1, 12.585\,7)^\mathsf{T}$，最优值为 $f(\boldsymbol{x}^*) = 0$. 初始迭代点为 $\boldsymbol{x}_0 = (-2.5, 12.5)^\mathsf{T}$. 表4.6给出了用最速下降方法求解该问题得到的部分迭代点信息. 图4.10给出了最速下降方法得到的迭代点轨迹.

表 4.6　最速下降方法求解问题 4 得到的部分迭代点信息

k	$\boldsymbol{x}_k^\mathsf{T}$	$f(\boldsymbol{x}_k)$	$\\|\nabla f(\boldsymbol{x}_k)\\|_\infty$
0	(−2.500 0, 12.500 0)	−26.184 9	37.128 4
1	(−2.873 5, 12.503 5)	−36.470 8	17.321 6
2	(−3.311 6, 12.570 3)	−38.588 5	8.546 1
3	(−3.164 3, 12.595 2)	−39.191 2	0.524 4
⋮	⋮	⋮	⋮
8	(−3.172 1, 12.585 7)	−39.195 7	6.4320e-06
9	(−3.172 1, 12.585 7)	−39.195 7	5.6775e-07

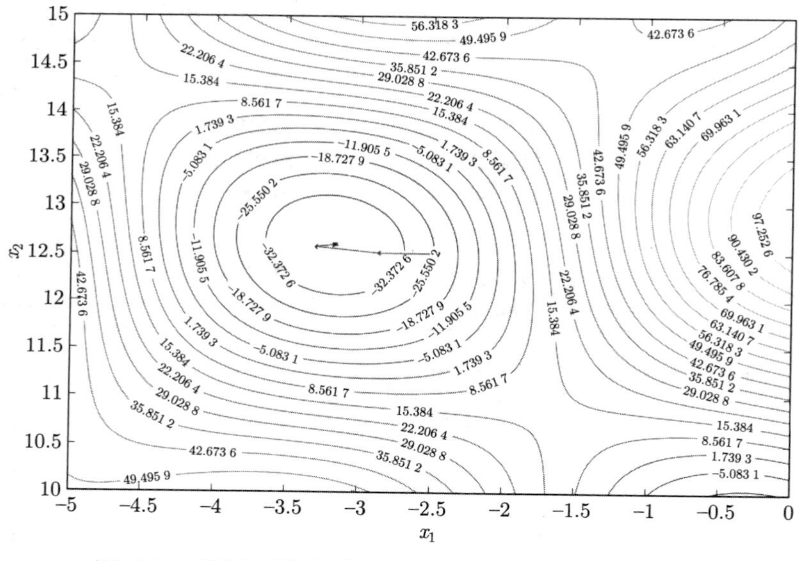

图 4.10　最速下降方法求解问题 4 得到的迭代点轨迹

从上述结果可以看出最速下降方法在问题 1 和问题 4 中收敛较快，在问题 2 中收敛较慢，而对于问题 3 则在 1 000 步内无法收敛.

4.5.2　梯度下降方法的改进

本小节通过数值实验比较梯度下降方法的几种改进方法，包括小批量梯度下降方法、动量方法、加速梯度方法、Adagrad 方法、RMSprop 方法和 Adam 方法.

实验设置　以 CIFAR-10 [13] 数据集为例，使用 LeNet-5 卷积神经网络结构，采用 PyTorch 深度学习框架. 损失函数选用交叉熵损失函数，为避免过拟合，增加了一个调节参数为 10^{-5} 的 L_2 正则项. 由于样本量较大，所有方法均采用小批量梯度下降，其中批量大小为 16. 网络模型的初始权重均使用默认初始值，即从 $[-1,1]$ 的均匀分布中进行抽样来初始化权重. 初始步长为 0.001，共迭代 100 轮.

图4.11给出了 6 种方法的损失函数值和分类准确率随迭代轮次的变化过程.

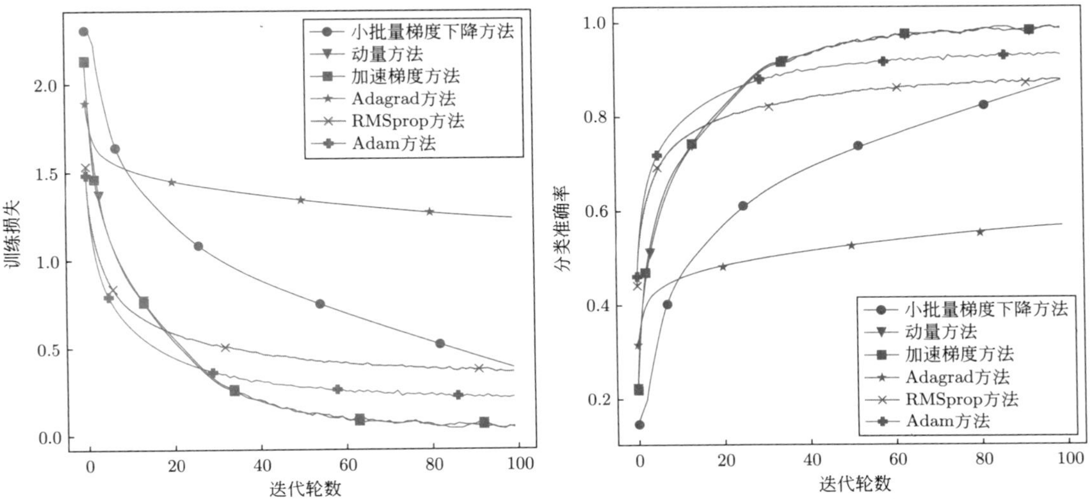

(a) 损失函数　(b) 分类准确率

图 4.11　6 种梯度下降方法的比较

从图4.11中可以得到如下结论：

- 与小批量梯度下降方法相比，几种改进方法在训练初期都有更快的收敛速度.
- 动量方法、加速梯度方法和 Adam 方法的收敛速度很快，表明基于动量来修正迭代方向确实有助于跳出局部极小点和鞍点，从而加快收敛.
- Adagrad 方法在训练了大约 10 轮之后收敛速度变得非常慢，表明累积历史梯度的平方确实会导致后续迭代难以进行.
- RMSprop 方法在迭代初期比未使用历史梯度平方的方法收敛快，但由于控制了步长，在迭代后期的收敛速度要慢于动量方法和加速梯度方法.

需要注意的是，由于本次实验的数据集和网络模型相对简单，因此小批量梯度下降方法比 Adam 方法具有更强的泛化能力，Adagrad 方法和 RMSprop 方法对优化变量不同分量赋予不同步长的独特优势等并没有充分体现出来.

第 4 章习题

1. 证明 β 光滑函数的性质 1.

2. 证明 β 光滑函数的性质 2.

3. 用最速下降方法求解最优化问题

$$\min f(\boldsymbol{x}) \equiv x_1^2 + 2x_2^2 + 4x_1 + 4x_2$$

初始点 $\boldsymbol{x}_0 = (0,0)^\mathsf{T}$. 试证明

$$\boldsymbol{x}_{k+1} = \left(\frac{2}{3^k} - 2, \left(-\frac{1}{3}\right)^k - 1\right)^\mathsf{T}$$

4. 设目标函数 $f:\mathbb{R}\to\mathbb{R}$ 三阶连续可微，有唯一的极小点 x^*，使用固定步长的梯度下降方法求解极小点

$$x_{k+1} = x_k - \alpha f'(x_k)$$

假设 $f''g(x^*) \neq 0$，$\alpha = \dfrac{1}{f''(x^*)}$，方法能收敛到 x^*，试证明方法的收敛阶数至少为 2.

5. 目标函数 $f(\boldsymbol{x}) = \|\boldsymbol{a}\boldsymbol{x} - \boldsymbol{b}\|^2$，其中 $\boldsymbol{a}$, $\boldsymbol{b}$ 为 n 维向量，且 $\boldsymbol{a} \neq \boldsymbol{0}$. 利用梯度下降方法求解目标函数 f 的极小点，迭代公式为

$$\boldsymbol{x}_{k+1} = \boldsymbol{x}_k - \alpha\nabla f(\boldsymbol{x}_k)$$

试确定步长 α 的最大取值范围，保证从任意初始点 $\boldsymbol{x}_0$ 出发，该方法都能收敛到函数的极小点 $\boldsymbol{x}^*$.

6. 对于最优化问题

$$\min f(\boldsymbol{x}) \equiv 10x_1^2 + x_2^2$$

选初始点为 $(0.1,1)^\mathsf{T}$，试讨论最速下降方法的收敛速度.

7. 考虑正定二次函数 $f(\boldsymbol{x}) = \dfrac{1}{2}\boldsymbol{x}^\mathsf{T}\boldsymbol{Q}\boldsymbol{x} - \boldsymbol{b}^\mathsf{T}\boldsymbol{x}$，$\boldsymbol{Q}$ 为 $n\times n$ 实对称正定矩阵. 假设采用最速下降方法，初始点 $\boldsymbol{x}_0 \neq \boldsymbol{Q}^{-1}\boldsymbol{b}$. 证明当且仅当 $\boldsymbol{x}_0$ 为 $\boldsymbol{Q}$ 的特征向量 (例如 $\nabla f(\boldsymbol{x}_0) = \boldsymbol{Q}\boldsymbol{x}_0 - \boldsymbol{b}$) 时，最速下降方法进行一步迭代后收敛，即 $\boldsymbol{x}_1 = \boldsymbol{Q}^{-1}\boldsymbol{b}$.

8. 设 $f:\mathbb{R}^n\to\mathbb{R}$ 是连续可微函数，应用下述迭代公式求目标函数的极小点

$$\boldsymbol{x}_{k+1} = \boldsymbol{x}_k + \alpha_k\boldsymbol{d}_k$$

其中，$\boldsymbol{d}_1, \boldsymbol{d}_2, \cdots$ 是给定的 n 维向量，用精确线搜索方法确定步长 α_k，试证明对于任意 k，向量 $\boldsymbol{x}_{k+1} - \boldsymbol{x}_k$ 正交于 $\nabla f(\boldsymbol{x}_{k+1})$.

9. 任选一种编程语言实现随机梯度下降方法及 4.4 节中介绍的改进方法，请给出模型和方法的设置细节，比较方法在 MNIST 和 CIFAR-10 两个数据集上的迭代过程、收敛速度及分类效果.

第5章 牛顿方法

本章导读

牛顿 (Newton) 方法又称为牛顿-拉弗森 (Newton-Raphson) 方法，它是英国著名科学家艾萨克 · 牛顿 (Isaac Newton) 于 17 世纪提出的一种在实数域和复数域上近似求解方程的方法. 该方法通过函数 $f(x)$ 的泰勒展式来寻找方程 $f(x) = 0$ 的根. 后来，牛顿方法被成功推广到最优化领域，成为求解无约束最优化问题的重要方法之一.

5.1 节先简要介绍牛顿方法在求解方程中的应用，然后引出求解无约束最优化问题的基本牛顿方法. 针对基本牛顿方法存在的一些缺陷，5.2 节介绍基本牛顿方法的三种改进方法. 5.3 节将牛顿方法应用于一类特殊最优化问题——非线性最小二乘问题.

5.1 基本牛顿方法

本节首先简要介绍牛顿方法在求解方程中的应用. 由于求函数的极值可以转化为求梯度的零点，故接下来介绍求解无约束最优化问题的基本牛顿方法.

5.1.1 用牛顿方法求解方程

由于绝大多数方程不存在求根公式，求精确根非常困难，甚至不可解，因此寻找方程的近似根就显得特别重要. 牛顿方法通过对函数 $f(\boldsymbol{x})$ 进行泰勒展开来寻找方程 $f(\boldsymbol{x}) = 0$ 的根. 牛顿方法是求方程根的重要方法之一，其最大的优点是在方程 $f(\boldsymbol{x}) = 0$ 的单根附近能达到平方收敛.

首先，我们从几何角度展示切线是对曲线的线性逼近这一基本事实. 图5.1给出了一个一元函数 $f(x)$，点 A 是函数 $f(x)$ 上的一个切点，经过点 A 的直线为函数 $f(x)$ 在点 A 的切线. 因为切线是一条直线，故过点 A 的切线被认为是对 $f(x)$ 的线性逼近. 变量 x 离点 A 越近，逼近效果越好，即切线与曲线之间的差异越小.

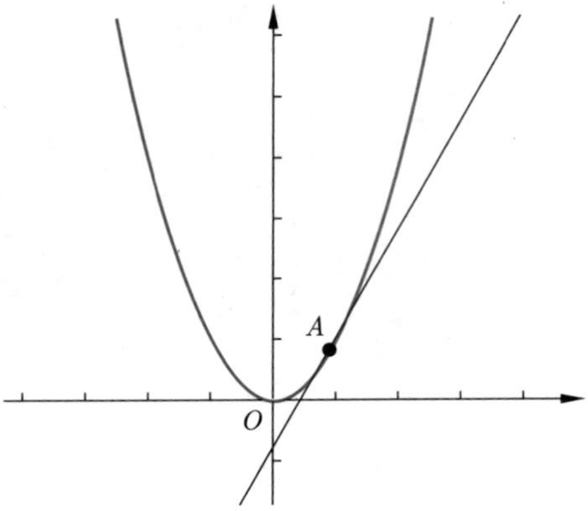

图 5.1　切线是对曲线的线性逼近

其次，我们可以从几何角度阐述牛顿方法求解方程的过程．仍以一元函数为例．如图5.2所示，曲线为待求根函数，A、B、C 是曲线上的三个点，穿过 A、B、C 三点的直线分别是曲线在对应点上的切线．使用牛顿方法求解方程的基本步骤如下：

第一步：由于切线是切点附近曲线的近似，故应该在函数零点 (即方程根) 附近寻找初始点，由于不知道函数零点的位置，因此只能随机选取初始点，例如点 A.

第二步：过点 A 作曲线的切线，切线和横轴的交点与函数零点间还有一定的距离.

第三步：从这个切线与横轴的交点出发，作一条垂线，和曲线相交于点 B，重复第二步. 可以看到，相比点 A，点 B 更接近函数零点.

第四步：经过多次迭代，切线同横轴的交点会越来越接近函数零点.

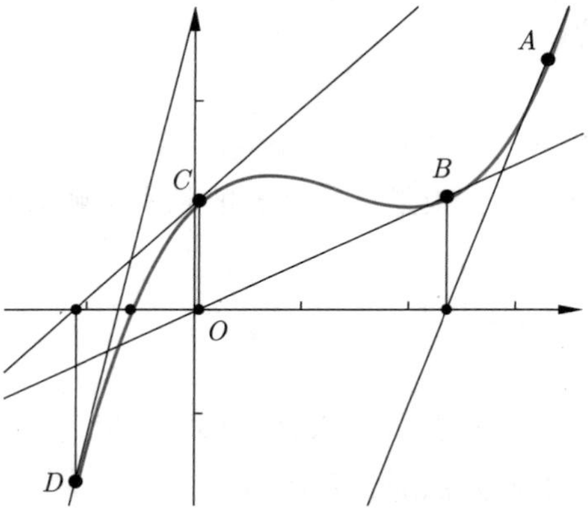

图 5.2　牛顿方法求解方程的基本步骤

接下来给出牛顿方法求根的迭代公式.

首先，选择方程 $f(x)=0$ 的根 x^* 附近的点 x_0. 然后，把 $f(x)$ 在点 x_0 某邻域内进行泰勒展开

$$f(x)=f(x_0)+f'(x_0)(x-x_0)+O((x-x_0)^2)$$

取其线性部分 (即泰勒展式的前两项)，并令其等于 0，即

$$f(x_0) + f'(x_0)(x - x_0) = 0$$

以此作为方程 $f(x) = 0$ 的近似方程. 若 $f'(x_0) \neq 0$，则其解为 $x_1 = x_0 - \dfrac{f(x_0)}{f'(x_0)}$. 由此，得到牛顿方法求解方程的迭代公式

$$x_{n+1} = x_n - \frac{f(x_n)}{f'(x_n)}$$

需要注意的是，牛顿方法求解方程并非总是收敛的. 例如，对于函数 $f(x) = x^{1/3}$，无论如何选取初始点，迭代点都会离零点越来越远. 另外，已经证明，如果函数 $f(x)$ 是连续的，并且待求的零点是孤立的，那么在零点周围存在一个邻域，只要初始点位于这个邻域内，牛顿方法必定收敛. 由此可见，牛顿方法求解方程具有局部收敛性而非全局收敛性.

5.1.2　基本牛顿方法

在本小节，我们将牛顿方法拓展到最优化领域，介绍一类重要的无约束优化方法——基本牛顿方法.

由于求一个目标函数 $f(\boldsymbol{x})$ 的极小 (或极大) 值问题可以转化为求其梯度函数 $\nabla f(\boldsymbol{x})$ 的零点问题，这样就可以把无约束最优化问题视为方程组 $\nabla f(\boldsymbol{x}) = \boldsymbol{0}$ 的求根问题. 因此，牛顿方法求解最优化问题的过程与 5.1.1 节介绍的求方程根的过程极为相似.

设目标函数 $f(\boldsymbol{x})$ 二阶连续可微，当前迭代点为 $\boldsymbol{x}_k$. 为了求解方程组 $\nabla f(\boldsymbol{x}) = \boldsymbol{0}$，将 $f(\boldsymbol{x})$ 在点 $\boldsymbol{x}_k$ 处进行二次泰勒展开

$$f(\boldsymbol{x}_k + \boldsymbol{d}) \approx q_k(\boldsymbol{d}) \equiv f(\boldsymbol{x}_k) + \nabla f(\boldsymbol{x}_k)^{\mathrm{T}}\boldsymbol{d} + \frac{1}{2}\boldsymbol{d}^{\mathrm{T}}\nabla^2 f(\boldsymbol{x}_k)\boldsymbol{d}$$

其中，$\boldsymbol{d} = \boldsymbol{x} - \boldsymbol{x}_k$，$q_k(\boldsymbol{d})$ 为 $f(\boldsymbol{x})$ 在 $\boldsymbol{x}_k$ 领域内的二次近似. 将上式右边极小化，即令

$$\nabla q_k(\boldsymbol{d}) = \nabla f(\boldsymbol{x}_k) + \nabla^2 f(\boldsymbol{x}_k)\boldsymbol{d} = \boldsymbol{0}$$

若 $\nabla^2 f(\boldsymbol{x}_k)$ 正定，则

$$\boldsymbol{d}_k = -\nabla^2 f(\boldsymbol{x}_k)^{-1}\nabla f(\boldsymbol{x}_k) \tag{5.1}$$

为方程组 $\nabla q_k(\boldsymbol{d}) = \boldsymbol{0}$ 的唯一解. 我们称式(5.1)表示的方向为牛顿方向. 以牛顿方向作为迭代方向的优化方法称为牛顿方法，其迭代公式为

$$\boldsymbol{x}_{k+1} = \boldsymbol{x}_k - \alpha_k \nabla^2 f(\boldsymbol{x}_k)^{-1}\nabla f(\boldsymbol{x}_k)$$

基本牛顿方法指步长 $\alpha_k = 1$ 的牛顿方法. 基本牛顿方法的计算步骤如下：

算法 5.1　基本牛顿方法的计算步骤

1. 给定初始点 $\boldsymbol{x}_0 \in \mathbb{R}^n$，$k := 0$.
2. 若满足终止准则，则停止迭代.
3. 解方程组 $\nabla^2 f(\boldsymbol{x}_k)\boldsymbol{d} = -\nabla f(\boldsymbol{x}_k)$ 得 $\boldsymbol{d}_k$.
4. $\boldsymbol{x}_{k+1} := \boldsymbol{x}_k + \boldsymbol{d}_k$，$k := k + 1$，转至步骤 2.

在基本牛顿方法中，因为 $\nabla f(\boldsymbol{x}_k)^{\mathrm{T}}\boldsymbol{d}_k = -\nabla f(\boldsymbol{x}_k)^{\mathrm{T}}\nabla^2 f(\boldsymbol{x}_k)^{-1}\nabla f(\boldsymbol{x}_k)$，故只要 $\nabla^2 f(\boldsymbol{x}_k)$ 正定，就有 $\nabla f(\boldsymbol{x}_k)^{\mathrm{T}}\boldsymbol{d}_k < 0$. 由此可见，牛顿方向 $\boldsymbol{d}_k$ 是下降方向. 当目标函数 $f(\boldsymbol{x})$ 是正定二次函数时，基本牛顿方法只需迭代一次即可得到最优解. 对于一般非正定二次函数，基本牛顿方法并不能保证经过有限次迭代可以得到最优解，但如果初始点 $\boldsymbol{x}_0$ 充分接近极小点，基本牛顿方法的收敛速度一般明显快于负梯度方法. 定理 5.1 是基本牛顿方法的收敛性定理.

定理 5.1　基本牛顿方法的收敛性

设 $f(\boldsymbol{x})$ 是二阶连续可微函数，$f(\boldsymbol{x})$ 的 Hesse 矩阵 $\nabla^2 f(\boldsymbol{x})$ 满足 Lipschitz 条件，即存在 $\beta > 0$，对任意 $\boldsymbol{x}$，$\boldsymbol{y} \in \mathbb{R}^n$，有

$$\|\nabla^2 f(\boldsymbol{x}) - \nabla^2 f(\boldsymbol{y})\| \leqslant \beta\|\boldsymbol{x} - \boldsymbol{y}\|$$

若初始点 $\boldsymbol{x}_0$ 充分接近 $f(\boldsymbol{x})$ 的局部极小点 $\boldsymbol{x}^*$，且 $\|\nabla^2 f(\boldsymbol{x}^*)\|$ 正定，则

(1) 迭代序列 $\{\boldsymbol{x}_k\}$ 收敛到 $\boldsymbol{x}^*$;

(2) 迭代序列 $\{\boldsymbol{x}_k\}$ 具有二阶收敛速度;

(3) 梯度范数序列 $\{\|\nabla f(\boldsymbol{x}_k)\|\}$ 以二阶速度收敛到 0. ♡

$\nabla^2 f(\boldsymbol{x})$ 满足 Lipschitz 条件表明在初始点远离极小点 $\boldsymbol{x}^*$ 时，Hesse 矩阵 $\nabla^2 f(\boldsymbol{x})$ 不会变化太快. 又由最优性二阶必要条件可知，在极小点 $\boldsymbol{x}^*$ 处，$\nabla^2 f(\boldsymbol{x}^*)$ 是正定的. 综合这两点可得，若初始点 $\boldsymbol{x}_0$ 充分接近 $\boldsymbol{x}^*$，则 $\nabla^2 f(\boldsymbol{x}_0)$ 也是正定的.

证明　令 $\boldsymbol{g}(\boldsymbol{x}) = \nabla f(\boldsymbol{x})$，$\boldsymbol{g}_k = \nabla f(\boldsymbol{x}_k)$，$\boldsymbol{G}(\boldsymbol{x}) = \nabla^2 f(\boldsymbol{x})$，$\boldsymbol{G}_k = \nabla^2 f(\boldsymbol{x}_k)$. 因为 $\boldsymbol{g}(\boldsymbol{x})$ 是向量函数，我们首先证明 $\boldsymbol{g}(\boldsymbol{x})$ 在 $\boldsymbol{x}_k$ 处的泰勒展式为

$$\boldsymbol{g}(\boldsymbol{x}_k + \boldsymbol{d}) = \boldsymbol{g}_k + \boldsymbol{G}_k\boldsymbol{d} + O(\|\boldsymbol{d}\|^2) \tag{5.2}$$

其中，$\boldsymbol{d} = \boldsymbol{x} - \boldsymbol{x}_k$.

设 $g(\boldsymbol{x})$ 的分量为 $[g(\boldsymbol{x})]_i$，Hesse 矩阵 $\boldsymbol{G}(\boldsymbol{x})$ 的元素为 $G_{ij}(\boldsymbol{x})$. $[g(\boldsymbol{x})]_i$ 在点 $\boldsymbol{x}_k$ 的泰勒展式为

$$g_i(\boldsymbol{x}_k + \boldsymbol{d}) = g_i(\boldsymbol{x}_k) + \sum_{j=0}^{n} G_{ij}(\boldsymbol{x}_k + \theta_i\boldsymbol{d})[d]_j, \quad \theta_i \in (0,1)$$

其中，$[d]_j$ 为 $\boldsymbol{d}$ 的分量，从而有

$$g_i(\boldsymbol{x}_k + \boldsymbol{d}) - g_i(\boldsymbol{x}_k) - \sum_{j=1}^{n} G_{ij}(\boldsymbol{x}_k)[d]_j = \sum_{j=1}^{n}(G_{ij}(\boldsymbol{x}_k + \theta_i\boldsymbol{d}) - G_{ij}(\boldsymbol{x}_k))[d]_j$$

由矩阵 $\boldsymbol{G}(\boldsymbol{x})$ 满足 Lipschitz 条件可知，存在 $\beta > 0$，对任意 $\boldsymbol{x}$ 和 $\boldsymbol{y}$，有

$$|G_{ij}(\boldsymbol{x}) - G_{ij}(\boldsymbol{y})| \leqslant \beta\,\|\boldsymbol{x} - \boldsymbol{y}\|$$

又因为 $\|\theta_i\boldsymbol{d}\| \leqslant \|\boldsymbol{d}\|$，$|[d]_j| \leqslant \|\boldsymbol{d}\|$，则

$$\left|g_i\left(\boldsymbol{x}_k + \boldsymbol{d}\right) - g_i\left(\boldsymbol{x}_k\right) - \sum_{j=1}^{n} G_{ij}\left(\boldsymbol{x}_k\right)[d]_j\right| \leqslant \beta n\|\boldsymbol{d}\|^2$$

$$g_i\left(\boldsymbol{x}_k + \boldsymbol{d}\right) = g_i\left(\boldsymbol{x}_k\right) + \sum_{j=1}^{n} G_{ij}\left(\boldsymbol{x}_k\right)[d]_j + O\left(\|\boldsymbol{d}\|^2\right)$$

即 $\boldsymbol{g}(\boldsymbol{x}_k+\boldsymbol{d})$ 在点 $\boldsymbol{x}_k$ 的泰勒展式(5.2)成立.

若取 $\boldsymbol{d}=-\boldsymbol{h}_k\boldsymbol{x}^*-\boldsymbol{x}_k$，式(5.2)可写为

$$\boldsymbol{g}(\boldsymbol{x}^*)=\boldsymbol{g}_k-\boldsymbol{G}_k\boldsymbol{h}_k+O\left(\|\boldsymbol{h}_k\|^2\right)=\mathbf{0} \tag{5.3}$$

由 $\boldsymbol{G}(\boldsymbol{x})$ 的连续性可知，存在 $\boldsymbol{x}^*$ 的一个邻域 $\Delta=\{\boldsymbol{x}\in\mathbb{R}^n \mid \|\boldsymbol{x}-\boldsymbol{x}^*\|\leqslant\delta\}$，当 $\boldsymbol{x}_k\in\Delta$ 时，$\boldsymbol{G}_k$ 正定，$\boldsymbol{G}_k^{-1}$ 有上界，故第 k 次迭代存在. 将式(5.3)两边乘以 $\boldsymbol{G}_k^{-1}$，得

$$\begin{aligned}\boldsymbol{G}_k^{-1}\boldsymbol{g}_k-\boldsymbol{h}_k+O\left(\|\boldsymbol{h}_k\|^2\right)&=-\boldsymbol{d}_k-\boldsymbol{h}_k+O\left(\|\boldsymbol{h}_k\|^2\right)\\&=-\boldsymbol{h}_{k+1}+O\left(\|\boldsymbol{h}_k\|^2\right)\\&=\mathbf{0}\end{aligned} \tag{5.4}$$

由此可知存在 $\gamma>0$，使得

$$\|\boldsymbol{h}_{k+1}\|\leqslant\gamma\|\boldsymbol{h}_k\|^2$$

下面证明 $\boldsymbol{x}_{k+1}$ 也满足 $\|\boldsymbol{x}_{k+1}-\boldsymbol{x}^*\|\leqslant\delta$. 由式(5.4)，有

$$\|\boldsymbol{h}_{k+1}\|\leqslant\gamma\|\boldsymbol{h}_k\|^2\leqslant\gamma\delta\|\boldsymbol{h}_k\|$$

$\boldsymbol{x}_k$ 充分接近 $\boldsymbol{x}^*$ 时可以保证 $\gamma\delta<1$，故

$$\|\boldsymbol{x}_{k+1}-\boldsymbol{x}^*\|=\|\boldsymbol{h}_{k+1}\|<\|\boldsymbol{h}_k\|\leqslant\delta$$

即 $\boldsymbol{x}_{k+1}$ 也在邻域 Δ 中，第 $k+1$ 次迭代有意义. 由数学归纳法可得，基本牛顿方法对所有 k 有定义，且 $\|\boldsymbol{h}_{k+1}\|\leqslant(\gamma\delta)^{k+1}\|\boldsymbol{h}_0\|$，故当 $k\to\infty$ 时，$\|\boldsymbol{h}_k\|\to 0$，基本牛顿方法收敛. 由式(5.4)可知方法二阶收敛. (3) 的证明留作习题.

定理 5.1 说明基本牛顿方法具有局部收敛性，即只有当初始迭代点 $\boldsymbol{x}_0$ 充分接近 $\boldsymbol{x}^*$ 时，基本牛顿方法的收敛性才得以保证. 由此可见，基本牛顿方法的收敛性依赖于初始点 $\boldsymbol{x}^*$ 的选择. 当初始点充分接近极小点时，迭代序列收敛到极小点，且收敛速度明显快于负梯度方法，否则可能出现迭代序列收敛到鞍点或极大点的情形，或者在迭代过程中出现 Hesse 矩阵奇异或病态的情形，导致无法求出牛顿方向，迭代失败，如例 5.1 所示.

▶ **例 5.1** 考虑最优化问题

$$\min\ f(\boldsymbol{x})=2x_1^2+x_2^2-x_1x_2^2 \tag{5.5}$$

从不同初始点出发，用基本牛顿方法求解该问题.

解：$f(\boldsymbol{x})$ 的梯度和 Hesse 矩阵分别为

$$\boldsymbol{g}(\boldsymbol{x})=(4x_1-x_2^2,2x_2-2x_1x_2)^{\mathsf{T}},\quad \boldsymbol{G}(\boldsymbol{x})=\begin{pmatrix}4&-2x_2\\-2x_2&2-2x_1\end{pmatrix}$$

$f(\boldsymbol{x})$ 有三个稳定点：极小点 $\boldsymbol{x}^*=(0,0)^{\mathsf{T}}$，鞍点 $\boldsymbol{x}^{(1)}=(1,2)^{\mathsf{T}}$ 和 $\boldsymbol{x}^{(2)}=(1,-2)^{\mathsf{T}}$. 在这三个点的 Hesse 矩阵分别为

$$\boldsymbol{G}(\boldsymbol{x}^*)=\begin{pmatrix}4&0\\0&2\end{pmatrix},\quad \boldsymbol{G}(\boldsymbol{x}^{(1)})=\begin{pmatrix}4&-4\\-4&0\end{pmatrix},\quad \boldsymbol{G}(\boldsymbol{x}^{(2)})=\begin{pmatrix}4&4\\4&0\end{pmatrix}$$

下面从不同的初始点出发，考察基本牛顿方法的迭代情况.

(1) 初始点 $\boldsymbol{x}_0=(0.1,0.1)^{\mathsf{T}}$. 由基本牛顿方法得到的迭代点 $\{\boldsymbol{x}_{(k)}\}$ 轨迹见图5.3(a)，结果表明 $\{\boldsymbol{x}^{(k)}\}$ 收敛到了极小点 $\boldsymbol{x}^*=(0,0)^{\mathsf{T}}$.

(2) 初始点 $\boldsymbol{x}_0=(1,0.5)^{\mathsf{T}}$. 由基本牛顿方法得到的迭代点 $\{\boldsymbol{x}^{(k)}\}$ 轨迹见图5.3(b)，结果表明 $\{\boldsymbol{x}^{(k)}\}$ 收敛到了鞍点 $\boldsymbol{x}^{(1)}=(1,2)^{\mathsf{T}}$.

(3) 初始点 $\boldsymbol{x}_0=(1,0)^{\mathsf{T}}$. 此时 Hesse 矩阵 $\boldsymbol{G}(\boldsymbol{x}_{(0)})$ 奇异，基本牛顿方法失败.

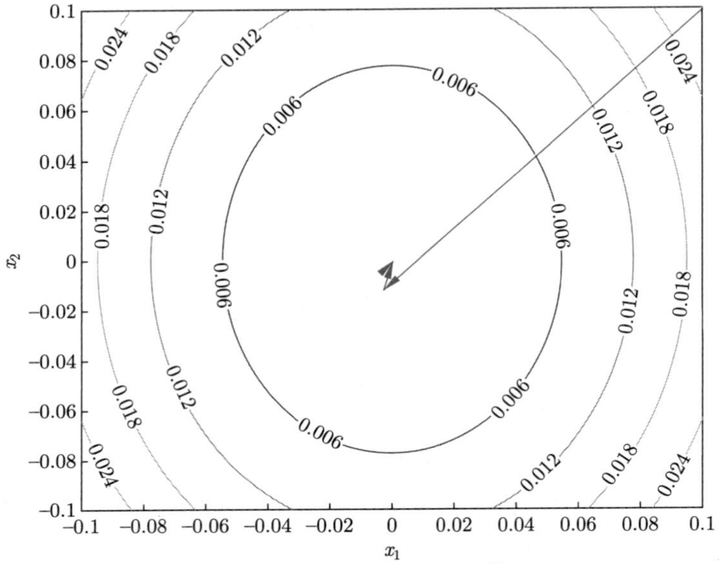

(a) 初始点为(0.1,0.1)$^{\top}$

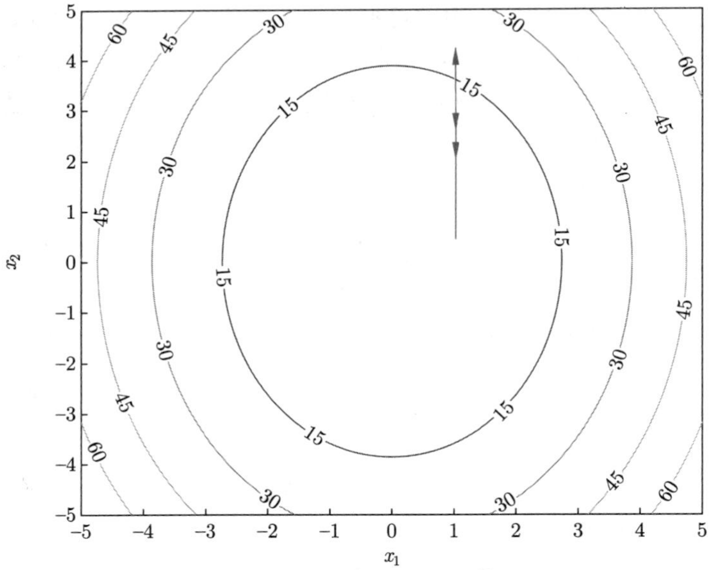

(b) 初始点为(1,0.5)$^{\top}$

图 5.3　基本牛顿方法得到的迭代点轨迹

基本牛顿方法成功的关键在于利用了 Hesse 矩阵提供的曲率信息，使其选择的迭代路径比负梯度方法更加贴近真实的最优下降路径，如图5.4所示. 但基本牛顿方法每一步迭代需要计算 $n(n-1)/2$ 个二阶偏导数，而负梯度方法则只需计算 n 个一阶偏导数，因此，对于大规模最优化问题，基本牛顿方法的计算量和存储量要显著大于负梯度方法. 在实际应用中，基本牛顿方法通常用于解决中小型优化问题. 深度学习领域涉及的优化问题规模通常较大，考虑到计算量和存储量，目前普遍使用的优化方法仍以负梯度方法及其改进方法为主.

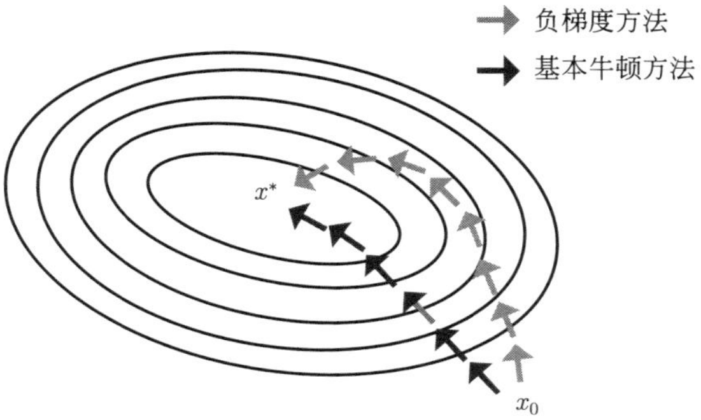

图 5.4 基本牛顿方法和负梯度方法的迭代路径比较

最后，我们总结基本牛顿方法的优缺点.

基本牛顿方法的优点有:

(1) 当选取的初始迭代点 $\boldsymbol{x}_0$ 充分接近目标函数的极小点 $\boldsymbol{x}^*$ 时，该方法以二阶收敛速度收敛.

(2) 该方法具有二次终止性，即当目标函数为正定二次函数时，选取任意初始点，该方法均能在有限次 (只需一次) 迭代中达到目标函数极小点.

基本牛顿方法的缺点有:

(1) 当 $\boldsymbol{x}_0$ 没有充分接近极小点 $\boldsymbol{x}^*$ 时，Hesse 矩阵 $\nabla^2 f(\boldsymbol{x}_k)$ 可能会出现不正定或奇异的情形，使 $\{\boldsymbol{x}_k\}$ 无法收敛到 $\boldsymbol{x}^*$，或使迭代无法继续进行.

(2) 每一步迭代需要计算 $n \times n$ 维矩阵 $\nabla^2 f(\boldsymbol{x}_k)$，工作量大，且一些目标函数的 Hesse 矩阵较难计算，甚至不好求出.

(3) 每步迭代需要计算 Hesse 矩阵的逆，计算量为 $O(n^3)$，对于大规模最优化问题，工作量较大.

5.2 基本牛顿方法的改进

针对基本牛顿方法的一些缺点，本节介绍基本牛顿方法的改进方法，包括阻尼牛顿方法、混合方法和 LM 方法.

5.2.1 阻尼牛顿方法

基本牛顿方法最突出的优点是收敛速度快，但需要初始点足够“接近”极小点，否则可能导致方法不收敛. 为了改善基本牛顿方法的收敛性，在基本牛顿方法中引入步长因子，得到

$$\boldsymbol{x}_{k+1} = \boldsymbol{x}_k + \alpha_k \boldsymbol{d}_k$$

其中，$\boldsymbol{d}_k = -\nabla^2 f(\boldsymbol{x}_k)^{-1} \nabla f(\boldsymbol{x}_k)$，步长因子 α_k 由线搜索方法确定. 该方法称为阻尼牛顿方法. 阻尼牛顿方法的计算步骤如下：

算法 5.2　阻尼牛顿方法的计算步骤

1. 给定初始点 $\boldsymbol{x}_0 \in \mathbb{R}^n$，$k := 0$.
2. 若满足终止准则，则停止迭代.
3. 解方程组 $\nabla^2 f(\boldsymbol{x}_k)\boldsymbol{d} = -\nabla f(\boldsymbol{x}_k)$ 得 $\boldsymbol{d}_k$.
4. 线搜索方法求步长 α_k.
5. $\boldsymbol{x}_{k+1} := \boldsymbol{x}_k + \alpha_k \boldsymbol{d}_k$，$k := k+1$，转至步骤 2.

下面证明对于严格凸函数，采用精确线搜索或非精确线搜索的阻尼牛顿方法具有全局收敛性.

定理 5.2

设 $f(\boldsymbol{x})$ 二阶连续可微，且对任意 $\boldsymbol{x}_0 \in \mathbb{R}^n$，存在常数 $\beta > 0$，使得 $f(\boldsymbol{x})$ 在水平集 $L(\boldsymbol{x}_0) = \{\boldsymbol{x} | f(\boldsymbol{x}) \leqslant f(\boldsymbol{x}_0)\}$ 上满足

$$\boldsymbol{u}^{\mathrm{T}} \nabla^2 f(\boldsymbol{x}) \boldsymbol{u} \geqslant \beta \|\boldsymbol{u}\|^2, \quad \boldsymbol{u} \in \mathbb{R}^n, \boldsymbol{x} \in L(\boldsymbol{x}_0) \tag{5.6}$$

则在精确线搜索条件下，阻尼牛顿方法产生的迭代序列 $\{\boldsymbol{x}_k\}$ 满足下列二者之一：

(1) 当 $\{\boldsymbol{x}_k\}$ 是有限点列时，其最后一个点为 $f(\boldsymbol{x})$ 的极小点；

(2) 当 $\{\boldsymbol{x}_k\}$ 是无穷点列时，$\{\boldsymbol{x}_k\}$ 收敛到 $f(\boldsymbol{x})$ 的唯一极小点 $\boldsymbol{x}^*$. ♡

证明　令 $\boldsymbol{g}(\boldsymbol{x}) = \nabla f(\boldsymbol{x})$，$\boldsymbol{g}_k = \nabla f(\boldsymbol{x}_k)$，$\boldsymbol{G}(\boldsymbol{x}) = \nabla^2 f(\boldsymbol{x})$，$\boldsymbol{G}_k = \nabla^2 f(\boldsymbol{x}_k)$. 显然，只需证明当 $\{\boldsymbol{x}_k\}$ 是无穷点列时，$\{\boldsymbol{x}_k\}$ 收敛到 $f(\boldsymbol{x})$ 的唯一极小点 $\boldsymbol{x}^*$. 首先，证明水平集 $L(\boldsymbol{x}_0)$ 是有界闭凸集.

(1) $L(\boldsymbol{x}_0)$ 是凸集.

设 $\boldsymbol{x}_1, \boldsymbol{x}_2 \in L(\boldsymbol{x}_0)$，则

$$f(\boldsymbol{x}_1) \leqslant f(\boldsymbol{x}_0), \quad f(\boldsymbol{x}_2) \leqslant f(\boldsymbol{x}_0)$$

任给 $\boldsymbol{x} = \lambda \boldsymbol{x}_1 + (1-\lambda)\boldsymbol{x}_2$，$\lambda \in [0,1]$，由于 $f(\boldsymbol{x})$ 是凸函数，故

$$f(\boldsymbol{x}) = f(\lambda \boldsymbol{x}_1 + (1-\lambda)\boldsymbol{x}_2) \leqslant \lambda f(\boldsymbol{x}_1) + (1-\lambda) f(\boldsymbol{x}_2) \leqslant f(\boldsymbol{x}_0)$$

因此，$\boldsymbol{x} \in L(\boldsymbol{x}_0)$，从而 $L(\boldsymbol{x}_0)$ 是凸集.

(2) $L(\boldsymbol{x}_0)$ 是闭集.

设存在序列 $\{\boldsymbol{x}_k\} \subset L(\boldsymbol{x}_0)$，$\lim\limits_{k\to\infty} \boldsymbol{x}_k = \boldsymbol{x}^*$. 由 $f(\boldsymbol{x})$ 的连续性，有

$$\lim_{k\to\infty} f(\boldsymbol{x}_k) = f(\boldsymbol{x}^*) \leqslant f(\boldsymbol{x}_0)$$

从而 $\boldsymbol{x}^* \in L(\boldsymbol{x}_0)$，表明 $L(\boldsymbol{x}_0)$ 是闭集.

(3) $L(\boldsymbol{x}_0)$ 是有界的.

任给 $\boldsymbol{x}, \boldsymbol{y} \in L(\boldsymbol{x}_0)$，由泰勒定理，有

$$f(\boldsymbol{y}) = f(\boldsymbol{x}) + g(\boldsymbol{x})^{\mathsf{T}}(\boldsymbol{y}-\boldsymbol{x}) + \frac{1}{2}(\boldsymbol{y}-\boldsymbol{x})^{\mathsf{T}}\boldsymbol{G}(\xi)(\boldsymbol{y}-\boldsymbol{x})$$

其中，$\boldsymbol{\xi} = \boldsymbol{x} + \alpha(\boldsymbol{y}-\boldsymbol{x}) \in L(\boldsymbol{x}_0)$. 由式(5.6)，可得

$$f(\boldsymbol{y}) \geqslant f(\boldsymbol{x}) + g(\boldsymbol{x})^{\mathsf{T}}(\boldsymbol{y}-\boldsymbol{x}) + \frac{1}{2}\beta\|\boldsymbol{y}-\boldsymbol{x}\|^2$$

因此，对任意 $\boldsymbol{y} \in L(\boldsymbol{x}_0)$，$\boldsymbol{y} \neq \boldsymbol{x}_0$，有

$$\begin{aligned} f(\boldsymbol{y}) - f(\boldsymbol{x}_0) &\geqslant g(\boldsymbol{x}_0)^{\mathsf{T}}(\boldsymbol{y}-\boldsymbol{x}_0) + \frac{1}{2}\beta\|\boldsymbol{y}-\boldsymbol{x}_0\|^2 \\ &\geqslant -\|g(\boldsymbol{x}_0)\|\|\boldsymbol{y}-\boldsymbol{x}_0\| + \frac{1}{2}\beta\|\boldsymbol{y}-\boldsymbol{x}_0\|^2 \end{aligned}$$

由于 $f(\boldsymbol{y}) \leqslant f(\boldsymbol{x}_0)$，故上式两边同时除以 $\|\boldsymbol{y}-\boldsymbol{x}_0\|$，得

$$\|\boldsymbol{y}-\boldsymbol{x}_0\| \leqslant \frac{2}{\beta}\|g(\boldsymbol{x}_0)\|$$

因此，$L(\boldsymbol{x}_0)$ 是有界的.

由于 $\{f(\boldsymbol{x}_k)\}$ 单调下降，可知 $\{\boldsymbol{x}_k\} \subset L(\boldsymbol{x}_0)$，故 $\{\boldsymbol{x}_k\}$ 是有界点列. 因为 $L(\boldsymbol{x}_0)$ 是闭集，于是存在 $\bar{\boldsymbol{x}} \in L(\boldsymbol{x}_0)$ 和子列 $\{\boldsymbol{x}_k\}$，$k \in \mathcal{K}$，使得 $\boldsymbol{x}_k \to \bar{\boldsymbol{x}}, k \in \mathcal{K}$. 为了简便，设该子列即为 $\{\boldsymbol{x}_k\}$. 又因为 $\{f(\boldsymbol{x}_k)\}$ 单调下降且有下界，故 $f(\boldsymbol{x}_k) \to f(\bar{\boldsymbol{x}})$.

由于 $\boldsymbol{G}(\boldsymbol{x})$ 的连续性及 $L(\boldsymbol{x}_0)$ 是有界闭凸集，故存在常数 $\gamma > \beta > 0$ 使得

$$\boldsymbol{G}(\boldsymbol{x}) \leqslant \gamma, \quad \forall \boldsymbol{x} \in L(\boldsymbol{x}_0)$$

于是，

$$\begin{aligned} \frac{\pi}{2} - \theta_k \geqslant \sin\left(\frac{\pi}{2} - \theta_k\right) = \cos\theta_k &= \frac{-\boldsymbol{d}_k^{\mathsf{T}}\boldsymbol{g}_k}{\|\boldsymbol{d}_k\|\|\boldsymbol{g}_k\|} \\ &= \frac{\boldsymbol{d}_k^{\mathsf{T}}\boldsymbol{G}_k\boldsymbol{d}_k}{\|\boldsymbol{d}_k\|\|\boldsymbol{G}_k\boldsymbol{d}_k\|} \\ &\geqslant \frac{\beta}{\gamma} \end{aligned}$$

即 $\theta_k \leqslant \pi/2 - \beta/\gamma$. 由定理 3.5 知，$\boldsymbol{g}_k \to 0$，又因为 $f(\boldsymbol{x})$ 为 $\mathbb{R}^n$ 上的严格凸函数，故其稳定点为唯一全局极小点，因此定理结论成立.

由于定理 3.5 对 Wolfe 和 Goldstein 非精确线搜索方法均成立，故采用这些线搜索方法，阻尼牛顿方法对严格凸函数的全局收敛性亦存在.

定理 5.3

设 $f(\boldsymbol{x})$ 二阶连续可微，且对任意 $\boldsymbol{x}_0 \in \mathbb{R}^n$，存在常数 $\beta > 0$，使得 $f(\boldsymbol{x})$ 在水平集 $L(\boldsymbol{x}_0) = \{\boldsymbol{x} | f(\boldsymbol{x}) \leqslant f(\boldsymbol{x}_0)\}$ 上满足

$$\boldsymbol{u}^{\mathsf{T}} \nabla^2 f(\boldsymbol{x}) \boldsymbol{u} \geqslant \beta \|\boldsymbol{u}\|^2, \quad \boldsymbol{u} \in \mathbb{R}^n, \boldsymbol{x} \in L(\boldsymbol{x}_0) \tag{5.7}$$

则在 Wolfe 或 Goldstein 非精确线搜索条件下，阻尼牛顿方法产生的迭代序列 $\{\boldsymbol{x}_k\}$ 满足下列二者之一：

(1) 当 $\{\boldsymbol{x}_k\}$ 是有穷点列时，其最后一个点为 $f(\boldsymbol{x})$ 的极小点；

(2) 当 $\{\boldsymbol{x}_k\}$ 是无穷点列时，$\{\boldsymbol{x}_k\}$ 收敛到 $f(\boldsymbol{x})$ 的唯一极小点 $\boldsymbol{x}^*$.

♡

5.2.2 混合方法

定理 5.1 和定理 5.2 表明当目标函数的 Hesse 矩阵 $\nabla^2 f(\boldsymbol{x})$ 正定时，阻尼牛顿方法是收敛的. 但当初始点远离局部极小点时，某个迭代点 $\boldsymbol{x}_k$ 处的 Hesse 矩阵 $\nabla^2 f(\boldsymbol{x}_k)$ 可能不正定，甚至奇异，所产生的迭代方向 $\boldsymbol{d}_k$ 可能不是下降方向，从而导致迭代无法继续进行. 为了克服上述缺点，人们提出了混合方法，此方法混合基本牛顿方法与其他方法使得迭代可以继续.

针对 Hesse 矩阵不正定或奇异的问题，可以考虑将基本牛顿方法与负梯度方法相混合，使得当基本牛顿方法无法迭代时，采用负梯度方法以使迭代继续. 具体地，当 Hesse 矩阵 $\nabla^2 f(\boldsymbol{x}_k)$ 正定时，该方法采用牛顿方向 $\boldsymbol{d}_k = -\nabla^2 f(\boldsymbol{x}_k)^{-1} \nabla f(\boldsymbol{x}_k)$；当 Hesse 矩阵 $\nabla^2 f(\boldsymbol{x}_k)$ 不正定但可逆时，则取 $\boldsymbol{d}_k = \nabla^2 f(\boldsymbol{x}_k)^{-1} \nabla f(\boldsymbol{x}_k)$；但当 Hesse 矩阵 $\nabla^2 f(\boldsymbol{x}_k)$ 奇异或 $\nabla f(\boldsymbol{x}_k)$ 与 $\boldsymbol{d}_k$ 几乎正交时，采用负梯度方向 $\boldsymbol{d}_k = -\nabla f(\boldsymbol{x}_k)$.

下面给出混合方法的计算步骤.

算法 5.3 混合方法的计算步骤

1. 给定初始点 $\boldsymbol{x}_0 \in \mathbb{R}^n$，$\varepsilon_1 > 0$，$\varepsilon_2 > 0$，$k := 0$.
2. 若满足终止准则，则停止迭代.
3. 若 $\nabla^2 f(\boldsymbol{x}_k)$ 非奇异，则 $\boldsymbol{d}_k = -\nabla^2 f(\boldsymbol{x}_k)^{-1} \nabla f(\boldsymbol{x}_k)$；否则，转至步骤 6.
4. 若 $\nabla f(\boldsymbol{x}_k)^{\mathsf{T}} \boldsymbol{d}_k > \varepsilon_1 \|\nabla f(\boldsymbol{x}_k)\| \|\boldsymbol{d}_k\|$，则 $\boldsymbol{d}_k := -\boldsymbol{d}_k$，转至步骤 7.
5. 若 $\left|\nabla f(\boldsymbol{x}_k)^{\mathsf{T}} \boldsymbol{d}_k\right| \leqslant \varepsilon_2 \|\nabla f(\boldsymbol{x}_k)\| \|\boldsymbol{d}_k\|$，转至步骤 6；否则，转至步骤 7.
6. $\boldsymbol{d}_k := -\nabla f(\boldsymbol{x}_k)$.
7. 利用线搜索方法求 α_k，$\boldsymbol{x}_{k+1} := \boldsymbol{x}_k + \alpha_k \boldsymbol{d}_k$，$k := k+1$，转至步骤 2.

混合方法的优点在于通过将基本牛顿方法和负梯度方法混合使用的方式确保迭代可以继续进行. 缺点在于，若迭代过程中连续多步使用负梯度方向，收敛速度会趋于负梯度方法的收敛速度.

5.2.3 LM 方法

如果 Hesse 矩阵不正定或奇异，那么牛顿方向 $\boldsymbol{d}_k = -\nabla^2 f(\boldsymbol{x}_k)^{-1} \nabla f(\boldsymbol{x}_k)$ 可能不是下

降方向或无法求出. LM (Levenberg-Marquardt) 方法能够解决这一问题，保证每次产生的迭代方向是下降方向. LM 方法采用的迭代方向为

$$\boldsymbol{d}_k = -(\nabla^2 f(\boldsymbol{x}_k) + \mu_k \boldsymbol{I})^{-1} \nabla f(\boldsymbol{x}_k) \tag{5.8}$$

其中，$\mu_k \geqslant 0$，$\boldsymbol{I}$ 是单位阵. 显然，只要 μ_k 足够大，就可以保证 $\nabla^2 f(\boldsymbol{x}_k) + \mu_k \boldsymbol{I}$ 是正定的，从而保证迭代方向式(5.8)是下降方向. 在此基础上，仿照阻尼牛顿方法，引入一个步长因子 α_k，可得迭代公式

$$\boldsymbol{x}_{k+1} = \boldsymbol{x}_k - \alpha_k (\nabla^2 f(\boldsymbol{x}_k) + \mu_k \boldsymbol{I})^{-1} \nabla f(\boldsymbol{x}_k)$$

这样，就可以保证 LM 方法的下降特性了.

当 μ_k 较小时，LM 方法的迭代方向式(5.8)偏向于牛顿方向，随着 μ 增大，迭代方向式(5.8)则逐渐偏向于负梯度方向. 在实际应用中，一开始可以为 μ_k 设置一个较小的值，然后逐渐增大，例如 $\mu_{k+1} := 2\mu_k$，直到出现下降特性 (即 $f(\boldsymbol{x}_{k+1}) < f(\boldsymbol{x}_k)$) 时为止.

▶ **例 5.2** 从不同初始点出发，用 LM 方法求解问题(5.5)，采用 Wolfe 非精确线搜索准则确定步长.

解: 考虑与问题(5.5)相同的初始点，采用 LM 方法得到的迭代点轨迹见图5.5.

(1) 初始点 $\boldsymbol{x}_0 = (0.1, 0.1)^\top$. 由 LM 方法得到的迭代点 $\{\boldsymbol{x}_k\}$ 轨迹见图5.5(a)，结果表明 $\{\boldsymbol{x}_k\}$ 收敛到了极小点 $\boldsymbol{x}^* = (0, 0)^\top$. 由于采用了线搜索，函数值 $f(\boldsymbol{x}_{(k)})$ 单调下降.

(2) 初始点 $\boldsymbol{x}_0 = (1, 0.5)^\top$. 此时初始点接近鞍点，由基本牛顿方法得到的迭代点 $\{\boldsymbol{x}^{(k)}\}$ 收敛到鞍点 $\boldsymbol{x}^{(1)} = (1, 2)^\top$，而 LM 方法得到的迭代点 $\{\boldsymbol{x}^{(k)}\}$ 仍可以收敛到极小点 $\boldsymbol{x}^* = (0, 0)^\top$，见图5.5(b).

(3) 初始点 $\boldsymbol{x}_0 = (1, 0)^\top$. 虽然 Hesse 矩阵 $\boldsymbol{G}(\boldsymbol{x}_0)$ 奇异，但 LM 方法得到的迭代点 $\{\boldsymbol{x}_k\}$ 仍可以收敛到极小点 $\boldsymbol{x}^* = (0, 0)^\top$，见图5.5(c). 结果表明对于初始 Hesse 矩阵不正定的情况，LM 方法可以很好地处理. 因此，LM 方法比牛顿方法更有效.

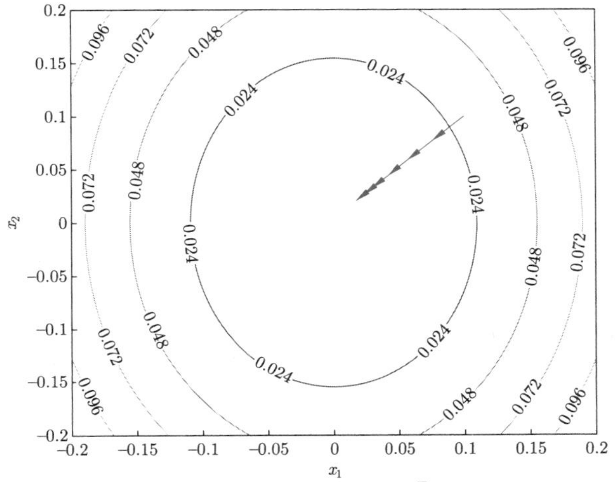

(a) 初始点为$(0.1,0.1)^\top$

图 5.5　LM 方法得到的迭代点轨迹

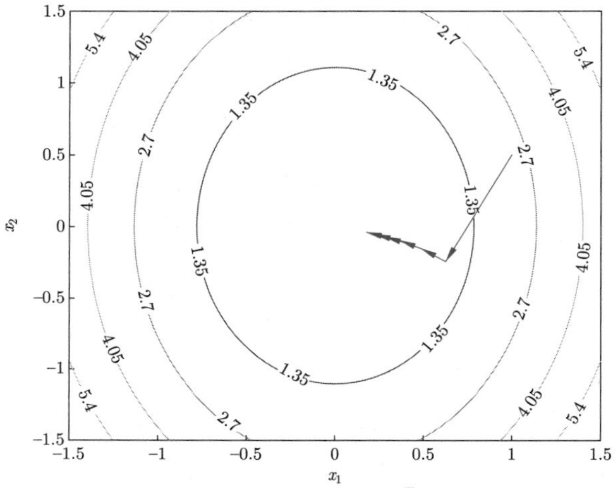

(b) 初始点为$(1,0.5)^\top$

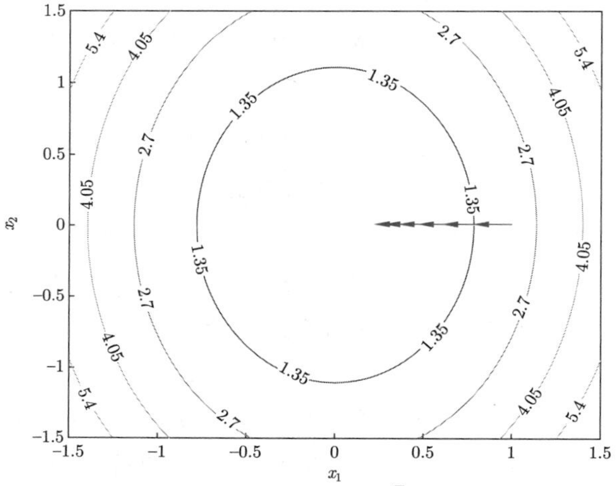

(c) 初始点为$(1,0)^\top$

图 5.5　(续)

5.3 牛顿方法在非线性最小二乘问题中的应用

本节考虑一类特殊的无约束最优化问题，并尝试用牛顿方法求解. 最优化问题的定义如下

$$\min f(\boldsymbol{x}) \equiv \frac{1}{2}\sum_{i=1}^{m} r_i^2(\boldsymbol{x}) = \frac{1}{2}\boldsymbol{r}(\boldsymbol{x})^\top \boldsymbol{r}(\boldsymbol{x}), \quad m \geqslant n \tag{5.9}$$

其中，$\boldsymbol{r}(\boldsymbol{x}) = (r_1(\boldsymbol{x}), r_2(\boldsymbol{x}), \cdots, r_m(\boldsymbol{x}))^\top$，$r_i(\boldsymbol{x})(i = 1, 2, \cdots, m)$ 称为剩余函数. 若 $r_i(\boldsymbol{x})$ 是 $\boldsymbol{x}$ 的线性函数，则式(5.9)称为线性最小二乘问题；若至少有一个 $r_i(\boldsymbol{x})$ 是非线性函数，则式(5.9)称为非线性最小二乘问题.

最小二乘问题主要来自数据拟合问题. 给定 m 组观测值 $\{(\boldsymbol{t}_i, y_i)\}_{i=1}^m$ 和一个函数模型 $f(\boldsymbol{x}, \boldsymbol{t})$，其中 $\boldsymbol{x} \in \mathbb{R}^n$. 通过为 $\boldsymbol{x}$ 选择合适的值，使得 $f(\boldsymbol{x}, \boldsymbol{t})$ 在 2 范数意义下尽可能好地拟

合观测数据，即要求 $\boldsymbol{x}$ 是最优化问题

$$\min \frac{1}{2}\sum_{i=1}^{m}[f(\boldsymbol{x},\boldsymbol{t}_i)-y_i]^2=\frac{1}{2}\sum_{i=1}^{m}r_i^2(\boldsymbol{x})$$

的解. 上述问题即为标准最小二乘问题.

最小二乘问题的另一个典型应用是求解方程组

$$r_i(\boldsymbol{x})=0,\quad i=1,2,\cdots,m \tag{5.10}$$

当 $m>n$ 时，方程组(5.10)称为超定方程组；当 $m=n$ 时，方程组(5.10)称为适定方程组；当 $m<n$ 时，方程组(5.10)称为欠定方程组.

如果 $\boldsymbol{r}(\boldsymbol{x})$ 二阶连续可微，则 $f(\boldsymbol{x})$ 的梯度为

$$\nabla f(\boldsymbol{x})=\sum_{i=1}^{m}r_i(\boldsymbol{x})\nabla r_i(\boldsymbol{x})$$

设 $\boldsymbol{J}(\boldsymbol{x})$ 是 $\boldsymbol{r}(\boldsymbol{x})$ 的 Jacobi 矩阵

$$\boldsymbol{J}(\boldsymbol{x})=(\nabla r_1(\boldsymbol{x}),\nabla r_2(\boldsymbol{x}),\cdots,\nabla r_m(\boldsymbol{x}))^{\mathsf{T}}=\begin{pmatrix}\dfrac{\partial r_1(\boldsymbol{x})}{\partial x_1(\boldsymbol{x})} & \dfrac{\partial r_1(\boldsymbol{x})}{\partial x_2(\boldsymbol{x})} & \cdots & \dfrac{\partial r_1(\boldsymbol{x})}{\partial x_n(\boldsymbol{x})}\\ \dfrac{\partial r_2(\boldsymbol{x})}{\partial x_1(\boldsymbol{x})} & \dfrac{\partial r_2(\boldsymbol{x})}{\partial x_2(\boldsymbol{x})} & \cdots & \dfrac{\partial r_2(\boldsymbol{x})}{\partial x_n(\boldsymbol{x})}\\ \vdots & \vdots & & \vdots\\ \dfrac{\partial r_m(\boldsymbol{x})}{\partial x_1(\boldsymbol{x})} & \dfrac{\partial r_m(\boldsymbol{x})}{\partial x_2(\boldsymbol{x})} & \cdots & \dfrac{\partial r_m(\boldsymbol{x})}{\partial x_n(\boldsymbol{x})}\end{pmatrix}$$

则

$$\nabla f(\boldsymbol{x})=\boldsymbol{J}(\boldsymbol{x})^{\mathsf{T}}\boldsymbol{r}(\boldsymbol{x})$$

$f(\boldsymbol{x})$ 的 Hesse 矩阵为

$$\begin{aligned}\nabla^2 f(\boldsymbol{x})&=\sum_{i=1}^{m}\nabla r_i(\boldsymbol{x})\nabla r_i(\boldsymbol{x})^{\mathsf{T}}+\sum_{i=1}^{m}r_i(\boldsymbol{x})\nabla^2 r_i(\boldsymbol{x})\\&=\boldsymbol{J}(\boldsymbol{x})^{\mathsf{T}}\boldsymbol{J}(\boldsymbol{x})+\boldsymbol{S}(\boldsymbol{x})\end{aligned}$$

其中，$\boldsymbol{S}(\boldsymbol{x})=\sum\limits_{i=1}^{m}r_i(\boldsymbol{x})\nabla^2 r_i(\boldsymbol{x})$

由此可得牛顿方法的迭代公式

$$\boldsymbol{x}_{k+1}=\boldsymbol{x}_k-\alpha_k(\boldsymbol{J}(\boldsymbol{x}_k)^{\mathsf{T}}\boldsymbol{J}(\boldsymbol{x}_k)+\boldsymbol{S}(\boldsymbol{x}_k))^{-1}\boldsymbol{J}(\boldsymbol{x}_k)^{\mathsf{T}}\boldsymbol{r}(\boldsymbol{x}_k)$$

对于最小二乘问题，牛顿方法的缺点是每次迭代都需要求 $\boldsymbol{S}(\boldsymbol{x}_k)$，即 m 个 $n\times n$ 的 Hesse 矩阵 $\nabla^2 r_i(\boldsymbol{x})$，当 n 较大时，计算负担过重. 解决这个问题的最简单方法是直接忽略 $\boldsymbol{S}(\boldsymbol{x}_k)$. 此时，牛顿方法就变成了所谓的高斯-牛顿方法，其迭代公式为

$$\boldsymbol{x}_{k+1}=\boldsymbol{x}_k-(\boldsymbol{J}(\boldsymbol{x}_k)^{\mathsf{T}}\boldsymbol{J}(\boldsymbol{x}_k))^{-1}\boldsymbol{J}(\boldsymbol{x}_k)^{\mathsf{T}}\boldsymbol{r}(\boldsymbol{x}_k)$$

高斯-牛顿方法的计算步骤如下:

算法 5.4 高斯-牛顿方法的计算步骤

1. 给定初始点 $\boldsymbol{x}_0 \in \mathbb{R}^n$, $k := 0$.
2. 若满足终止准则, 则停止迭代.
3. 计算 $\boldsymbol{d}_k = -(\boldsymbol{J}(\boldsymbol{x}_k)^\top \boldsymbol{J}(\boldsymbol{x}_k))^{-1} \boldsymbol{J}(\boldsymbol{x}_k)^\top \boldsymbol{r}(\boldsymbol{x}_k)$.
4. 利用线搜索方法求 α_k.
5. $\boldsymbol{x}_{k+1} := \boldsymbol{x}_k + \alpha_k \boldsymbol{d}_k$, $k := k+1$, 转至步骤 2.

仿照牛顿方法的命名方式, 称 $\alpha_k = 1$ 的高斯-牛顿方法为基本高斯-牛顿方法, 称带步长因子的高斯-牛顿方法为阻尼高斯-牛顿方法.

高斯-牛顿方法的最大优点在于它并不需要计算 $\boldsymbol{r}(\boldsymbol{x})$ 的二阶导数. 因此, 与普通牛顿方法相比, 计算量大大降低. 不足之处在于 $\boldsymbol{J}(\boldsymbol{x}_k)^\top \boldsymbol{J}(\boldsymbol{x}_k)$ 可能不正定, 导致迭代方向非下降方向. 这一问题同样可以通过 LM 方法加以解决, 即

$$\boldsymbol{x}_{k+1} = \boldsymbol{x}_k - (\boldsymbol{J}(\boldsymbol{x}_k)^\top \boldsymbol{J}(\boldsymbol{x}_k) + \mu_k \boldsymbol{I})^{-1} \boldsymbol{J}(\boldsymbol{x}_k)^\top \boldsymbol{r}(\boldsymbol{x}_k)$$

事实上, LM 方法最早就是针对非线性最小二乘问题提出的. 此外, 也可将上式中的 $\mu_k \boldsymbol{I}$ 视为对牛顿方法中 $\boldsymbol{S}(\boldsymbol{x}_k)$ 的近似, 当 $r_i(\boldsymbol{x}_k)$ 接近 0 或线性函数时, 近似效果较好.

5.4 数值实验

在 4.5 节中, 我们用最速下降方法求解了 4 个典型的最优化问题, 并绘制了迭代过程中的迭代点轨迹. 在本节, 我们将应用基本牛顿方法求解同样 4 个最优化问题. 迭代步长满足 Armijo 线搜索准则. 迭代的终止准则为 $\|\nabla f(\boldsymbol{x}_k)\|_\infty \leqslant 10^{-7}$, 最大迭代次数为 1 000.

问题 1 全局最优解为 $\boldsymbol{x}^* = (0,0)^\top$, 最优值为 $f(\boldsymbol{x}^*) = -1$. 考虑初始点 $\boldsymbol{x}_0 = (-1/2,-1/2)^\top$, 表5.1给出了迭代点信息. 可以看出, 以 $\boldsymbol{x}_0 = (-1/2,-1/2)^\top$ 为初始点时基本牛顿方法失效, 这表明基本牛顿方法的收敛性依赖于初始点的选择. 图5.6给出了用基本牛顿方法求解该问题的迭代点轨迹.

表 5.1 基本牛顿方法求解问题 1 的部分迭代点信息, 初始点为 $x_0 = (-1/2,-1/2)^\top$

k	$\boldsymbol{x}_k^\top$	$f(\boldsymbol{x}_k)$	$\|\nabla f(\boldsymbol{x}_k)\|_\infty$
0	(−0.500 0, −0.500 0)	−0.778 8	0.389 4
1	(0.500 0, 0.500 0)	−0.778 8	0.389 4
2	(−0.500 0, −0.500 0)	−0.778 8	0.389 4
3	(0.500 0, 0.500 0)	−0.778 8	0.389 4
⋮	⋮	⋮	⋮

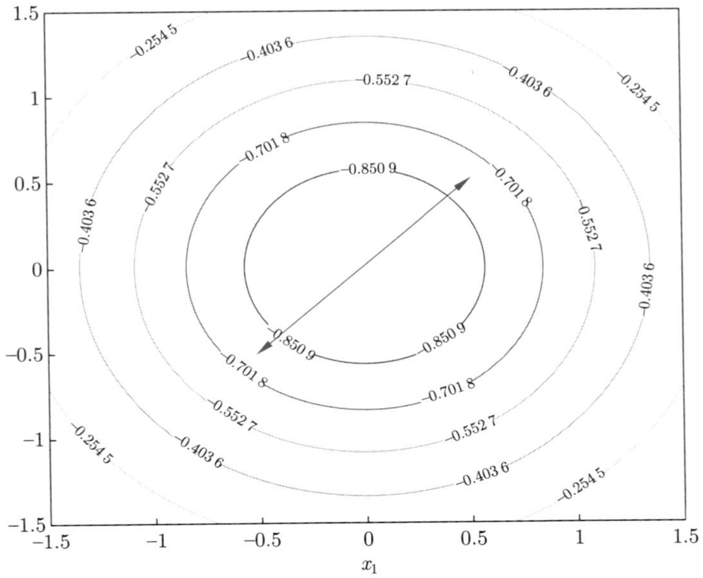

图 5.6　基本牛顿方法求解问题 1 的迭代点轨迹，初始点为 $x_0 = (-1/2, -1/2)^\top$

当初始点 $\boldsymbol{x}_0 = (0.2, 0.2)^\top$ 时，基本牛顿方法可以较快收敛到最优解 (见图5.7和表5.2). 结果表明只有当初始点充分接近最优解时，基本牛顿方法的收敛性才能得到保证.

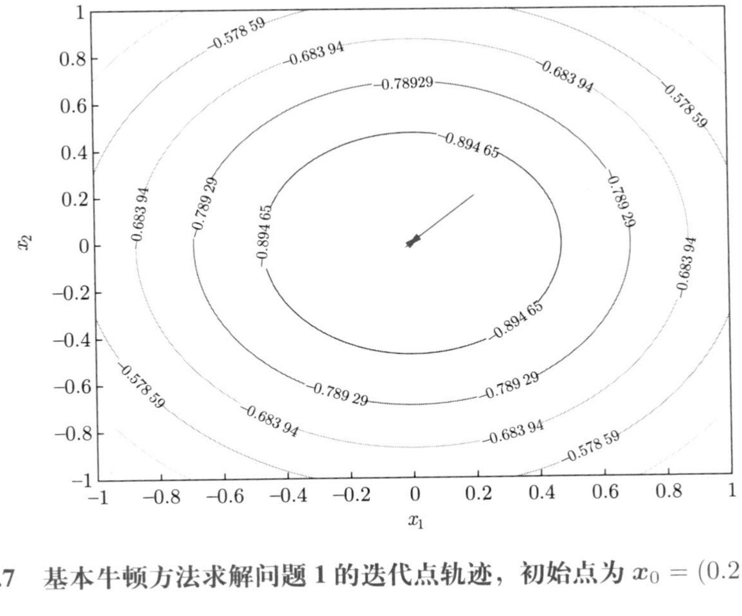

图 5.7　基本牛顿方法求解问题 1 的迭代点轨迹，初始点为 $x_0 = (0.2, 0.2)^\top$

表 5.2　基本牛顿方法求解问题 1 的迭代点信息，初始点为 $x_0 = (0.2, 0.2)^\top$

k	$\boldsymbol{x}_k^\top$	$f(\boldsymbol{x}_k)$	$\\|\nabla f(\boldsymbol{x}_k)\\|_\infty$
0	(0.200 0, 0.200 0)	−0.960 8	0.192 2
1	(−0.017 4, −0.017 4)	−0.999 7	0.017 4
2	(1.0527e-05, 1.0527e-05)	−1.000 0	1.0527e-05
3	(−2.3329e-15, −2.3329e-15)	−1.000 0	2.3329e-15

问题 2　全局最优解为 $\boldsymbol{x}^* = (1, 10)^\top$，最优值为 $f(\boldsymbol{x}^*) = 0$. 以 $\boldsymbol{x}_0 = (5, 5)^\top$ 为初始点，基本牛顿方法收敛到目标函数的鞍点 (见图5.8和表5.3).

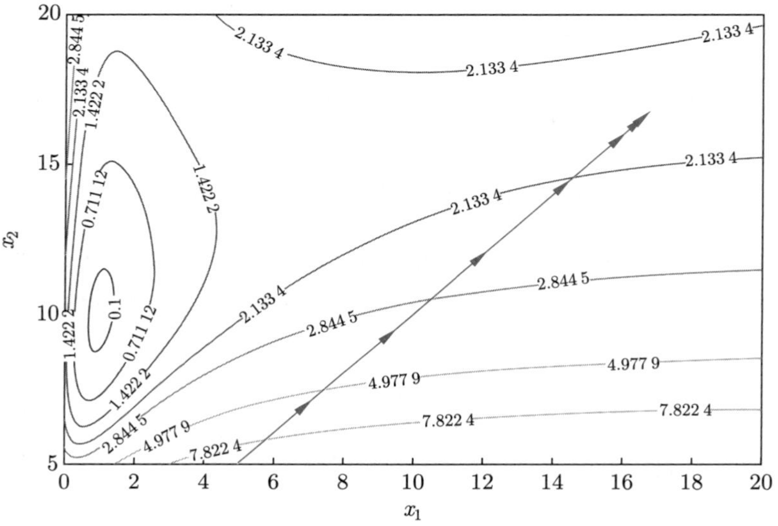

图 5.8　基本牛顿方法求解问题 2 的迭代点轨迹，初始点 $x_0 = (5, 5)^\top$

表 5.3　基本牛顿方法求解问题 2 的部分迭代点信息，初始点 $x_0 = (5, 5)^\top$

k	$\boldsymbol{x}_k^\top$	$f(\boldsymbol{x}_k)$	$\\|\nabla f(\boldsymbol{x}_k)\\|_\infty$
0	(5.000 0, 5.000 0)	10.358 2	4.492 0
1	(7.061 0, 7.061 0)	5.561 6	1.803 0
2	(9.491 1, 9.491 1)	3.319 2	0.690 6
3	(12.072 3, 12.072 3)	2.423 3	0.245 5
⋮	⋮	⋮	⋮
7	(16.703 6, 16.703 6)	2.082 9	2.4242e-05
8	(16.704 7, 16.704 7)	2.082 9	4.8258e-09

以 $\boldsymbol{x}_0 = (0, 5)^\top$ 为初始点，基本牛顿方法则可以较快收敛到最优解 $\boldsymbol{x}^* = (1, 10)^\top$ (见图5.9和表5.4).

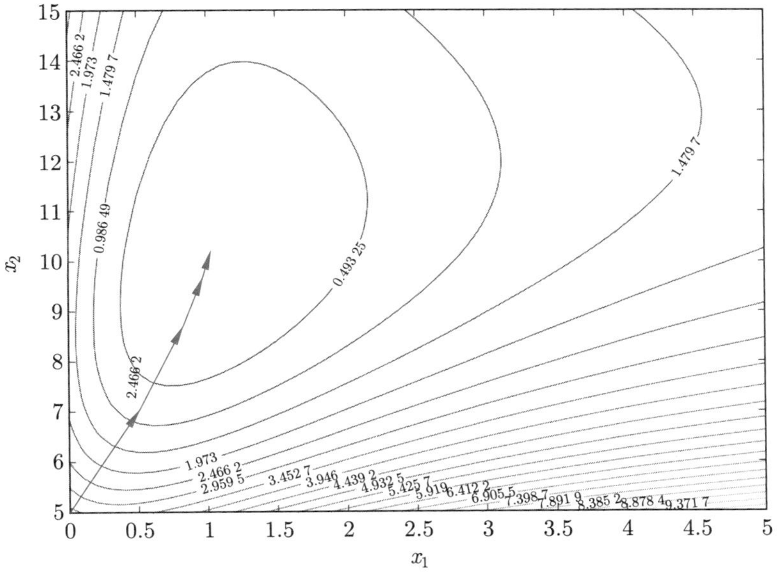

图 5.9　基本牛顿方法求解问题 2 的迭代点轨迹，初始点 $x_0=(0,5)^{\mathsf{T}}$

表 5.4　基本牛顿方法求解问题 2 的迭代点信息，初始点 $x_0=(0,5)^{\mathsf{T}}$

k	$\boldsymbol{x}_k^{\mathsf{T}}$	$f(\boldsymbol{x}_k)$	$\\|\nabla f(\boldsymbol{x}_k)\\|_\infty$
0	(0.000 0, 5.000 0)	3.637 9	2.496 9
1	(0.515 3, 7.063 4)	0.791 3	0.601 1
2	(0.833 3, 8.733 7)	0.106 2	0.169 7
3	(0.971 7, 9.709 4)	4.6898e-03	0.032 4
4	(0.998 8, 9.982 1)	1.7159e-05	1.9590e-03
5	(1.000 0, 9.999 9)	2.8936e-10	8.1590e-06
6	(1.000 0, 10.000 0)	8.4820e-20	1.4032e-10

问题 3　全局最优解为 $\boldsymbol{x}^*=(1,1)^{\mathsf{T}}$，最优值为 $f(\boldsymbol{x}^*)=0$. 当初始点 $\boldsymbol{x}_0=(0,0)^{\mathsf{T}}$ 时，基本牛顿方法可以较快收敛到最优解 (见表5.5和图5.10).

表 5.5　基本牛顿方法求解问题 3 的迭代点信息，初始点 $x_0=(0,0)^{\mathsf{T}}$

k	$\boldsymbol{x}_k^{\mathsf{T}}$	$f(\boldsymbol{x}_k)$	$\\|\nabla f(\boldsymbol{x}_k)\\|_\infty$
0	(0.000 0, 0.000 0)	1.000 0	2.000 0
1	(1.000 0, 0.000 0)	100.000 0	400.000 0
2	(1.000 0, 1.000 0)	0.000 0	0.000 0

问题 4　全局最优解为 $\boldsymbol{x}^*=(-3.172\ 1, 12.585\ 7)^{\mathsf{T}}$，最优值为 $f(\boldsymbol{x}^*)=0$. 当初始点 $\boldsymbol{x}_0=(-2.5,12.5)^{\mathsf{T}}$ 时，基本牛顿方法可以较快收敛到最优解 (见图5.11和表5.6).

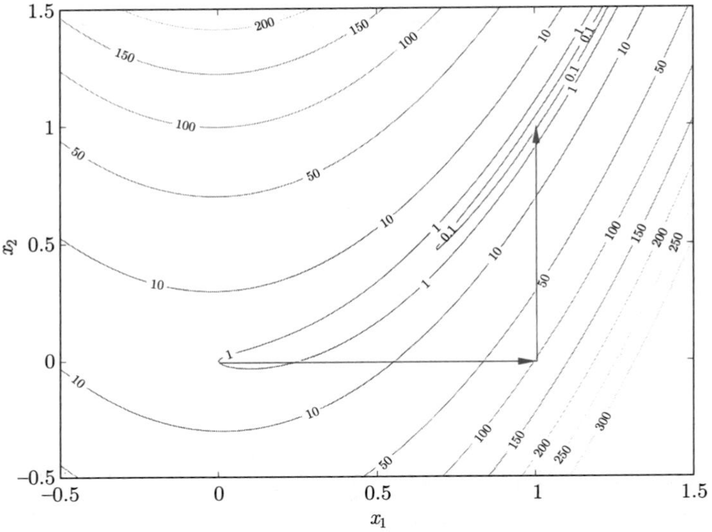

图 5.10　基本牛顿方法求解问题 3 的迭代点轨迹，初始点 $\boldsymbol{x}_0 = (0, 0)^\top$

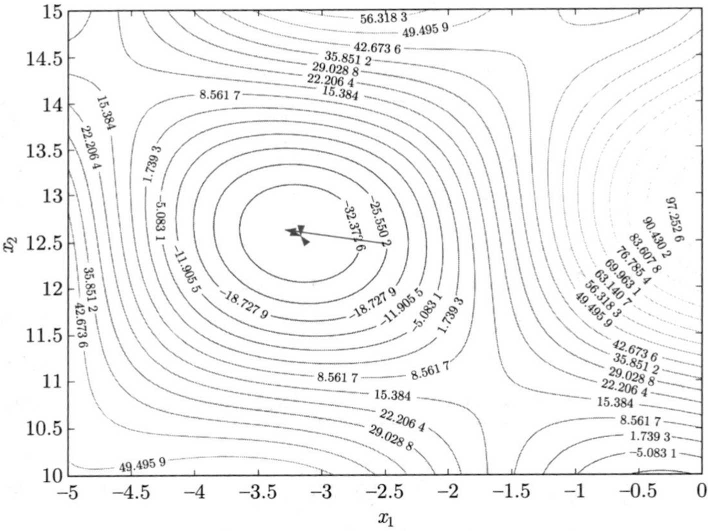

图 5.11　基本牛顿方法求解问题 4 的迭代点轨迹，初始点 $\boldsymbol{x}_0 = (-2.5, 12.5)^\top$

表 5.6　基本牛顿方法求解问题 4 的迭代点信息，初始点 $\boldsymbol{x}_0 = (-2.5, 12.5)^\top$

k	$\boldsymbol{x}_k^\top$	$f(\boldsymbol{x}_k)$	$\\|\nabla f(\boldsymbol{x}_k)\\|_\infty$
0	(−2.500 0, 12.500 0)	−26.184 9	37.128 4
1	(−3.299 4, 12.650 1)	−38.636 8	7.412 6
2	(−3.171 4, 12.584 4)	−39.195 6	0.059 9
3	(−3.172 1, 12.585 7)	−39.195 7	1.5735e-06
4	(−3.172 1, 12.585 7)	−39.195 7	4.0856e-14

第 5 章习题

1. 考虑函数 $f(x)=(x-\tilde{x})^4$, 其中 $\tilde{x}\in\mathbb{R}$ 为常数，用基本牛顿方法求解函数 $f(x)$ 的最优化问题。

(1) 请写出基本牛顿方法应用于该问题的迭代公式;

(2) 令 $y_k=|x_k-\tilde{x}|$，其中 x_k 是基本牛顿方法的第 k 次迭代，证明序列 $\{y_k\}$ 满足 $y_{k+1}=\dfrac{2}{3}y_k$;

(3) 证明对于任意初始点 $\tilde{x}$，有 $x_k\to\tilde{x}$;

(4) 证明 (2) 中的 $\{x_k\}$ 序列为一阶收敛.

2. 考虑函数 $f(x)=x^{4/3}=(\sqrt[3]{x})^4$，$x\in\mathbb{R}$，显然 $x=0$ 是函数 $f(x)$ 的全局最小点.

(1) 请用基本牛顿方法极小化该函数;

(2) 证明只要初始点不是 0，无论初始点离 0 有多近，(1) 中的方法都不会收敛至 0.

3. 用基本牛顿方法求 Rosenbrock 函数 $f(\boldsymbol{x})=100\left(x_2-x_1^2\right)^2+\left(1-x_1\right)^2$ 的极小点，初始点为 $\boldsymbol{x}_0=(-1.2,1)^{\top}$.

4. 证明对于任意对称矩阵 $\boldsymbol{G}$，一定存在 $\lambda\geqslant 0$，使得 $\boldsymbol{G}+\lambda\boldsymbol{I}$ 正定.

5. 阻尼牛顿方法的迭代公式为

$$\boldsymbol{x}_{k+1}=\boldsymbol{x}_k-\alpha_k\nabla^2 f(\boldsymbol{x}_k)^{-1}\nabla f(\boldsymbol{x}_k)$$

其中，$\alpha_k=\arg\min\limits_{\alpha>0} f(\boldsymbol{x}_k-\alpha_k\nabla^2 f(\boldsymbol{x}_k)^{-1}\nabla f(\boldsymbol{x}_k))$. 利用该方法求解正定二次函数 $f(\boldsymbol{x})=\dfrac{1}{2}\boldsymbol{x}^{\top}\boldsymbol{A}\boldsymbol{x}-\boldsymbol{x}^{\top}\boldsymbol{b}$ 的极小点，其中 $\boldsymbol{A}=\boldsymbol{A}^{\top}>0$. 从任意初始点 $\boldsymbol{x}_0$ 出发，基本牛顿方法都只需要一次迭代就可达到极小点 $\boldsymbol{x}^*$，$\nabla f(\boldsymbol{x}^*)=0$. 请分析阻尼牛顿方法是否也具备同样的特性.

6. 对 Jacobi 矩阵 $\boldsymbol{J}(\boldsymbol{x})\in\mathbb{R}^{m\times n}(m\geqslant n)$，证明当且仅当 $\boldsymbol{J}(\boldsymbol{x})^{\top}\boldsymbol{J}(\boldsymbol{x})$ 非奇异时，$\boldsymbol{J}(\boldsymbol{x})$ 列满秩.

7. 考虑非线性最小二乘问题

$$\min f(\boldsymbol{x})=\frac{1}{2}\sum_{i=1}^{m} r_i^2(\boldsymbol{x})$$

假设 $\boldsymbol{r}(\boldsymbol{x})$ 的 Jacobi 矩阵 $\boldsymbol{J}(\boldsymbol{x})$ 对所有 $\boldsymbol{x}\in\mathbb{R}^n$ 都列满秩. 用 $\boldsymbol{d}^G$，$\boldsymbol{d}^{LM}(\mu)$ 和 $\boldsymbol{d}^N$ 分别表示在点 $\boldsymbol{x}$ 的高斯-牛顿方向、LM 方向和负梯度方向

$$\boldsymbol{d}^G=-(\boldsymbol{J}^{\top}\boldsymbol{J})^{-1}\boldsymbol{J}^{\top}\boldsymbol{r}$$

$$\boldsymbol{d}^{LM}(\mu)=-(\boldsymbol{J}^{\top}\boldsymbol{J}+\mu\boldsymbol{I})^{-1}\boldsymbol{J}^{\top}\boldsymbol{r}$$

$$\boldsymbol{d}^N=-\boldsymbol{J}^{\top}\boldsymbol{r}$$

证明

$$\lim_{\mu \to 0} \boldsymbol{d}^{LM}(\mu) = \boldsymbol{d}^G$$

$$\lim_{\mu \to \infty} \frac{\boldsymbol{d}^{LM}(\mu)}{\|\boldsymbol{d}^{LM}(\mu)\|} = \frac{\boldsymbol{d}^N}{\|\boldsymbol{d}^N\|}$$

8. 分别用阻尼牛顿方法、混合方法和 LM 方法求解问题(5.5)，对比不同方法的迭代点轨迹、计算时间和收敛情况.

第6章 拟牛顿方法

本章导读

牛顿方法是求解无约束最优化问题的常用方法，其最大优点在于如果收敛，则收敛阶数至少是 2. 但同时也有两个明显的缺点：一是迭代时无法保证每个迭代点处的 Hesse 矩阵正定，导致迭代方向不是下降方向，从而造成牛顿方法失效；二是每步迭代都需要计算 Hesse 矩阵的逆，当变量维数较高时，计算和存储的开销十分大. 这就促使我们产生了一个想法：能否仅利用目标函数值和一阶导数的信息，构造出目标函数 Hesse 矩阵 (或逆矩阵) 的近似矩阵，使方法具有类似牛顿方法的收敛速度快的特点.

本章要介绍的拟牛顿方法就是这样一类方法，由于它不需要计算二阶导数，往往比牛顿方法更有效.

6.1 拟牛顿条件

拟牛顿方法是在牛顿方法的基础上引入了 Hesse 矩阵 (或逆矩阵) 的近似矩阵. 设当前迭代点为 $\boldsymbol{x}_{k+1}$，若使用已知的迭代点 $\boldsymbol{x}_k$ 和 $\boldsymbol{x}_{k+1}$ 及梯度信息 $\nabla f(\boldsymbol{x}_k)$ 和 $\nabla f(\boldsymbol{x}_{k+1})$，构造一个正定矩阵 $\boldsymbol{B}_{k+1}$ 作为 Hesse 矩阵 $\nabla^2 f(\boldsymbol{x}_{k+1})$ 的近似，这样迭代方向 $\boldsymbol{d}_{k+1}$ 由方程组

$$\boldsymbol{B}_{k+1}\boldsymbol{d} = -\nabla f(\boldsymbol{x}_{k+1})$$

给出. 然而，这样做仍需求解一个线性方程组. 为了避免进行上述运算，进一步改为用相同信息构造一个矩阵 $\boldsymbol{H}_{k+1}$ 作为 $\nabla^2 f(\boldsymbol{x}_{k+1})^{-1}$ 的近似，这样迭代方向 $\boldsymbol{d}_{k+1}$ 可由等式

$$\boldsymbol{d} = -\boldsymbol{H}_{k+1}\nabla f(\boldsymbol{x}_{k+1})$$

确定.

近似矩阵的构造应是简单有效的且满足以下条件：

- 只需要目标函数 $f(\boldsymbol{x})$ 的梯度信息；
- $\boldsymbol{B}_{k+1}(\boldsymbol{H}_{k+1})$ 在迭代过程中始终保持正定，以保证迭代方向为下降方向；
- 方法具有较快的收敛速度.

由此可见近似矩阵 $\boldsymbol{B}_{k+1}(\boldsymbol{H}_{k+1})$ 并不是随意选取的，要找到合适的近似矩阵，我们首先应知道满足什么条件的 $\boldsymbol{B}_{k+1}(\boldsymbol{H}_{k+1})$ 可以作为 $\nabla^2 f(\boldsymbol{x}_{k+1})(\nabla^2 f(\boldsymbol{x}_{k+1})^{-1})$ 的近似.

设目标函数 $f(\boldsymbol{x})$ 二阶连续可微，$f(\boldsymbol{x})$ 在 $\boldsymbol{x}_{k+1}$ 附近近似为

$$f(\boldsymbol{x}) \approx f(\boldsymbol{x}_{k+1}) + \nabla f(\boldsymbol{x}_{k+1})^{\mathsf{T}} (\boldsymbol{x} - \boldsymbol{x}_{k+1}) + \frac{1}{2} (\boldsymbol{x} - \boldsymbol{x}_{k+1})^{\mathsf{T}} \nabla^2 f(\boldsymbol{x}_{k+1}) (\boldsymbol{x} - \boldsymbol{x}_{k+1})$$

对上式两边求导，有

$$\nabla f(\boldsymbol{x}) \approx \nabla f(\boldsymbol{x}_{k+1}) + \nabla^2 f(\boldsymbol{x}_{k+1}) (\boldsymbol{x} - \boldsymbol{x}_{k+1})$$

令 $\boldsymbol{x} = \boldsymbol{x}_k$，得

$$\nabla f(\boldsymbol{x}_k) \approx \nabla f(\boldsymbol{x}_{k+1}) + \nabla^2 f(\boldsymbol{x}_{k+1}) (\boldsymbol{x}_k - \boldsymbol{x}_{k+1}) \tag{6.1}$$

令

$$\boldsymbol{s}_k = \boldsymbol{x}_{k+1} - \boldsymbol{x}_k, \quad \boldsymbol{y}_k = \nabla f(\boldsymbol{x}_{k+1}) - \nabla f(\boldsymbol{x}_k)$$

则式(6.1)成为

$$\nabla^2 f(\boldsymbol{x}_{k+1}) \boldsymbol{s}_k \approx \boldsymbol{y}_k$$

显然，如果 $f(\boldsymbol{x})$ 是正定二次函数，则上述关系式严格成立. 现在我们要求拟牛顿方法中构造出来的 Hesse 矩阵 $\nabla^2 f(\boldsymbol{x}_{k+1})$ 的近似矩阵 $\boldsymbol{B}_{k+1}$ 满足上述关系，即

$$\boldsymbol{B}_{k+1} \boldsymbol{s}_k = \boldsymbol{y}_k \tag{6.2}$$

若令 $\boldsymbol{H}_{k+1} = \boldsymbol{B}_{k+1}^{-1}$，则 $\boldsymbol{H}_{k+1}$ 应满足

$$\boldsymbol{H}_{k+1} \boldsymbol{y}_k = \boldsymbol{s}_k \tag{6.3}$$

式(6.2)和式(6.3)称为拟牛顿条件或拟牛顿方程.

拟牛顿方法是以

$$\boldsymbol{x}_{k+1} = \boldsymbol{x}_k - \alpha_k \boldsymbol{B}_k^{-1} \nabla f(\boldsymbol{x}_k)$$

或

$$\boldsymbol{x}_{k+1} = \boldsymbol{x}_k - \alpha_k \boldsymbol{H}_k \nabla f(\boldsymbol{x}_k)$$

为迭代公式的方法，其中 $\boldsymbol{B}_k$ 需满足拟牛顿条件式(6.2)，$\boldsymbol{H}_k$ 需满足拟牛顿条件式(6.3).

拟牛顿方法的计算步骤如下：

算法 6.1　拟牛顿方法的计算步骤

1. 给定 $\boldsymbol{x}_0 \in \mathbb{R}^n$，$\boldsymbol{B}_0$ (或 $\boldsymbol{H}_0 \in \mathbb{R}^{n\times n}$)，$k := 0$.
2. 若满足终止准则，则停止迭代.
3. 解方程组 $\boldsymbol{B}_k \boldsymbol{d} = -\nabla f(\boldsymbol{x}_k)$ 得迭代方向 $\boldsymbol{d}_k$ 或计算 $\boldsymbol{d}_k = -\boldsymbol{H}_k \nabla f(\boldsymbol{x}_k)$.
4. 由线搜索方法确定步长因子 α_k，令 $\boldsymbol{x}_{k+1} := \boldsymbol{x}_k + \alpha_k \boldsymbol{d}_k$.
5. 修正 $\boldsymbol{B}_k$ 得到 $\boldsymbol{B}_{k+1}$ (或修正 $\boldsymbol{H}_k$ 得到 $\boldsymbol{H}_{k+1}$)，使得 $\boldsymbol{B}_{k+1}$ (或 $\boldsymbol{H}_{k+1}$) 满足拟牛顿条件式(6.2)(或式(6.3))，$k := k + 1$，转至步骤 2.

在拟牛顿方法中，初始 Hesse 矩阵的近似矩阵 $\boldsymbol{B}_0$ 通常取为单位阵，即 $\boldsymbol{B}_0=\boldsymbol{I}$. 这样，方法的第一步迭代方向就取为目标函数的负梯度方向.

从近似矩阵 $\boldsymbol{B}_k\,(\boldsymbol{H}_k)$ 必须满足的拟牛顿条件式(6.2)和式(6.3)来看，矩阵 $\boldsymbol{B}_k\,(\boldsymbol{H}_k)$ 并不能唯一确定. 因此，这就给了计算矩阵 $\boldsymbol{B}_k(\boldsymbol{H}_k)$ 很大的自由空间. 在本章介绍的几种拟牛顿方法中，矩阵 $\boldsymbol{B}_{k+1}(\boldsymbol{H}_{k+1})$ 是通过在矩阵 $\boldsymbol{B}_k(\boldsymbol{H}_k)$ 的基础上增加一个修正项 $\Delta\boldsymbol{B}_k(\Delta\boldsymbol{H}_k)$ 得到的，即

$$\boldsymbol{B}_{k+1}=\boldsymbol{B}_k+\Delta\boldsymbol{B}_k,\quad \boldsymbol{H}_{k+1}=\boldsymbol{H}_k+\Delta\boldsymbol{H}_k$$

接下来介绍三种常用的修正公式及方法.

6.2 对称秩 1 方法

对称秩 1 (symmetric rank 1，SR1) 方法是由 Broyden、Davidon 等人独立提出的. 该方法取 $\Delta\boldsymbol{H}_k$ 为对称秩 1 矩阵，故取名为对称秩 1 方法.

设 $\Delta\boldsymbol{H}_k$ 是对称秩 1 矩阵，于是

$$\boldsymbol{H}_{k+1}=\boldsymbol{H}_k+\beta\boldsymbol{u}\boldsymbol{u}^\top \tag{6.4}$$

将 $\boldsymbol{H}_{k+1}$ 代入拟牛顿条件式(6.3)，得

$$\boldsymbol{H}_k\boldsymbol{y}_k+\beta\boldsymbol{u}\boldsymbol{u}^\top\boldsymbol{y}_k=\boldsymbol{s}_k$$

即

$$\boldsymbol{s}_k-\boldsymbol{H}_k\boldsymbol{y}_k=\beta\boldsymbol{u}\boldsymbol{u}^\top\boldsymbol{y}_k \tag{6.5}$$

因为 $\boldsymbol{u}^\top\boldsymbol{y}_k$ 为实数，故 $\boldsymbol{u}$ 与 $\boldsymbol{s}_k-\boldsymbol{H}_k\boldsymbol{y}_k$ 共线，从而存在 $\gamma\in\mathbb{R}$，使得

$$\boldsymbol{u}=\gamma\,(\boldsymbol{s}_k-\boldsymbol{H}_k\boldsymbol{y}_k) \tag{6.6}$$

将式(6.6)代入式(6.5)，得到

$$\boldsymbol{s}_k-\boldsymbol{H}_k\boldsymbol{y}_k=\beta\gamma^2(\boldsymbol{s}_k-\boldsymbol{H}_k\boldsymbol{y}_k)\left[(\boldsymbol{s}_k-\boldsymbol{H}_k\boldsymbol{y}_k)^\top\boldsymbol{y}_k\right]$$

比较上式两边可得

$$\beta\gamma^2\left[(\boldsymbol{s}_k-\boldsymbol{H}_k\boldsymbol{y}_k)^\top\boldsymbol{y}_k\right]=1$$

由此得

$$\beta\gamma^2=\frac{1}{(\boldsymbol{s}_k-\boldsymbol{H}_k\boldsymbol{y}_k)^\top\boldsymbol{y}_k}$$

将上式与式(6.6)代入式(6.4)，得到对称秩 1 公式

$$\boldsymbol{H}_{k+1}^{\mathrm{SR1}}=\boldsymbol{H}_k+\frac{(\boldsymbol{s}_k-\boldsymbol{H}_k\boldsymbol{y}_k)(\boldsymbol{s}_k-\boldsymbol{H}_k\boldsymbol{y}_k)^\top}{(\boldsymbol{s}_k-\boldsymbol{H}_k\boldsymbol{y}_k)^\top\boldsymbol{y}_k} \tag{6.7}$$

现在我们已经知道如何通过对称秩 1 公式得到 $\boldsymbol{H}_{k+1}^{\mathrm{SR1}}$，其逆矩阵 $\boldsymbol{B}_{k+1}^{\mathrm{SR1}}$ 可由 Sherman-

Morrison 公式得到.

定理 6.1 Sherman-Morrison 公式

若 $\boldsymbol{A} \in \mathbb{R}^{n\times n}$，$\boldsymbol{u}, \boldsymbol{v} \in \mathbb{R}^n$，则 $\boldsymbol{A}+\boldsymbol{u}\boldsymbol{v}^\top$ 可逆当且仅当 $1+\boldsymbol{v}^\top\boldsymbol{A}^{-1}\boldsymbol{u} \triangleq \sigma \neq 0$，并且

$$\left(\boldsymbol{A}+\boldsymbol{u}\boldsymbol{v}^\top\right)^{-1} = \boldsymbol{A}^{-1} - \frac{1}{\sigma}\boldsymbol{A}^{-1}\boldsymbol{u}\boldsymbol{v}^\top\boldsymbol{A}^{-1}$$

♡

假设 $\boldsymbol{H}_k^{\mathrm{SR1}}$，$\boldsymbol{H}_{k+1}^{\mathrm{SR1}}$ 都可逆，由上述定理可以得到 $\boldsymbol{B}_k$ 的修正公式

$$\boldsymbol{B}_{k+1}^{\mathrm{SR1}} = \boldsymbol{B}_k + \frac{(\boldsymbol{y}_k - \boldsymbol{B}_k\boldsymbol{s}_k)(\boldsymbol{y}_k - \boldsymbol{B}_k\boldsymbol{s}_k)^\top}{(\boldsymbol{y}_k - \boldsymbol{B}_k\boldsymbol{s}_k)^\top \boldsymbol{s}_k} \tag{6.8}$$

采用对称秩 1 公式(6.7)或公式(6.8)修正矩阵的拟牛顿方法称为对称秩 1 方法. 下面以矩阵 $\boldsymbol{H}_k$ 为例给出对称秩 1 方法的计算步骤.

算法 6.2　对称秩 1 方法的计算步骤

---

1. 给定 $\boldsymbol{x}_0 \in \mathbb{R}^n$，对称正定矩阵 $\boldsymbol{H}_0 \in \mathbb{R}^{n\times n}$，$k := 0$.
2. 若满足终止准则，则停止迭代.
3. 计算 $\boldsymbol{d}_k = -\boldsymbol{H}_k\nabla f(\boldsymbol{x}_k)$.
4. 由线搜索方法确定步长因子 α_k，令 $\boldsymbol{x}_{k+1} = \boldsymbol{x}_k + \alpha_k\boldsymbol{d}_k$.
5. 计算

$$\begin{aligned}
\boldsymbol{s}_k &= \boldsymbol{x}_{k+1} - \boldsymbol{x}_k \\
\boldsymbol{y}_k &= \nabla f(\boldsymbol{x}_{k+1}) - \nabla f(\boldsymbol{x}_k) \\
\boldsymbol{H}_{k+1} &= \boldsymbol{H}_k + \frac{(\boldsymbol{s}_k - \boldsymbol{H}_k\boldsymbol{y}_k)(\boldsymbol{s}_k - \boldsymbol{H}_k\boldsymbol{y}_k)^\top}{(\boldsymbol{s}_k - \boldsymbol{H}_k\boldsymbol{y}_k)^\top \boldsymbol{y}_k}
\end{aligned}$$

6. $k := k+1$，转至步骤 2.

对称秩 1 公式可能会出现分母为 0 的情况，分别对应以下两种情形：

(1) $\boldsymbol{y}_k = \boldsymbol{B}_k\boldsymbol{s}_k$，此时 $\boldsymbol{B}_k$ 已满足拟牛顿条件式(6.2)，故可直接取 $\boldsymbol{B}_{k+1} = \boldsymbol{B}_k$.

(2) $\boldsymbol{y}_k \neq \boldsymbol{B}_k\boldsymbol{s}_k$ 且 $(\boldsymbol{y}_k - \boldsymbol{B}_k\boldsymbol{s}_k)^\top\boldsymbol{s}_k = 0$，此时对称秩 1 方法无法继续进行迭代.

第 (2) 种情形一旦发生表明对称秩 1 方法为近似矩阵提供的搜索空间过小，无法从中找到满足拟牛顿条件的矩阵. 因而，需要扩大矩阵的搜索空间. 于是，便有了 6.3 节和 6.4 节将要介绍的对称秩 2 方法.

针对对称秩 1 公式出现的分母为 0 或接近 0 的问题，一个非常简单的解决方案是当分母接近 0，即

$$\left|(\boldsymbol{y}_k - \boldsymbol{B}_k\boldsymbol{s}_k)^\top \boldsymbol{s}_k\right| < \gamma\|\boldsymbol{s}_k\|\|\boldsymbol{y}_k - \boldsymbol{B}_k\boldsymbol{s}_k\|, \quad \gamma \in (0,1)$$

时，不再对 $\boldsymbol{B}_k$ 进行修正，直接取 $\boldsymbol{B}_{k+1} = \boldsymbol{B}_k$. γ 是一个非常小的正数，可取为 $\gamma = 10^{-8}$.

需要注意的是，对称秩 1 方法产生的矩阵 $\boldsymbol{B}_{k+1}(\boldsymbol{H}_{k+1})$ 的正定性是不能保证的，如接下来的例6.1所示. 这将导致 $\boldsymbol{d}_{k+1}$ 可能不是下降方向.

▶ **例 6.1**　考虑如下目标函数[1]

$$f(\boldsymbol{x}) = (x_2 - x_1)^4 + 12x_1x_2 - x_1 + x_2 - 3$$

初始点为

$$\boldsymbol{x}_0 = (-0.526\,2, 0.601\,4)$$

初始点的近似矩阵为

$$\boldsymbol{H}_0 = \begin{pmatrix} 0.118\,6 & -0.037\,6 \\ -0.037\,6 & 0.119\,1 \end{pmatrix}$$

$\boldsymbol{H}_0$ 是对称正定矩阵. 计算

$$(\boldsymbol{s}_k - \boldsymbol{H}_k\boldsymbol{y}_k)^{\mathsf{T}}\boldsymbol{y}_k = -0.000\,8$$

由式(6.7)，可得

$$\boldsymbol{H}_1 = \begin{pmatrix} 0.033\,1 & 0.067\,9 \\ 0.067\,9 & -0.011\,0 \end{pmatrix}$$

由于矩阵 $\boldsymbol{H}_1$ 的两个特征值为 0.082 4 和 −0.060 3，因此 $\boldsymbol{H}_1$ 非正定.

接下来要介绍的两种对称秩 2 方法可以保证在初始矩阵正定的情况下，每次迭代产生的近似矩阵 $\boldsymbol{B}_k$ 都是正定的.

下面讨论对称秩 1 方法的性质. 首先，对称秩 1 方法具有二次终止性，即对于正定二次函数，对称秩 1 方法可以经过有限次迭代求得极小点.

定理 6.2　对称秩 1 方法的二次终止性

若对任意初始点 $\boldsymbol{x}_0 \in \mathbb{R}^n$，对称秩 1 公式有定义，$\boldsymbol{s}_0, \boldsymbol{s}_1, \cdots, \boldsymbol{s}_{n-1}$ 线性无关，其中 $\boldsymbol{s}_k = \boldsymbol{x}_{k+1} - \boldsymbol{x}_k$，则至多经过 $n+1$ 次迭代，对称秩 1 方法可求得二次函数 $f(\boldsymbol{x}) = \dfrac{1}{2}\boldsymbol{x}^{\mathsf{T}}\boldsymbol{G}\boldsymbol{x} - \boldsymbol{b}^{\mathsf{T}}\boldsymbol{x}$ 的极小点，其中 $\boldsymbol{G} \in \mathbb{R}^{n\times n}$ 对称正定，且 $\boldsymbol{B}_n = \boldsymbol{G}$. ♡

证明　用归纳法证明

$$\boldsymbol{y}_j = \boldsymbol{B}_k\boldsymbol{s}_j, \quad j = 0, 1, \cdots, k-1; \quad k = 1, 2, \cdots \tag{6.9}$$

当 $k=1$ 时，由拟牛顿条件式(6.2)知式(6.9)自然成立. 假设当 $k>1$ 时，式(6.9)也成立，下面证明对 $k+1$，式(6.9)也成立.

根据对称秩 1 方法的推导过程，可知

$$\boldsymbol{y}_k = \boldsymbol{B}_{k+1}\boldsymbol{s}_k$$

故只需证明

$$\boldsymbol{y}_j = \boldsymbol{B}_{k+1}\boldsymbol{s}_j, \quad j < k$$

给定 $j<k$，有

$$\boldsymbol{B}_{k+1}\boldsymbol{s}_j = \boldsymbol{B}_k\boldsymbol{s}_j + \frac{(\boldsymbol{y}_k - \boldsymbol{B}_k\boldsymbol{s}_k)(\boldsymbol{y}_k - \boldsymbol{B}_k\boldsymbol{s}_k)^{\mathsf{T}}}{(\boldsymbol{y}_k - \boldsymbol{B}_k\boldsymbol{s}_k)^{\mathsf{T}}\boldsymbol{s}_k}\boldsymbol{s}_j$$

由归纳假设已有 $\boldsymbol{y}_j=\boldsymbol{B}_k\boldsymbol{s}_j$，因此，只需证明上式右端第二项等于 0 即可，这意味着只需证明

$$(\boldsymbol{y}_k-\boldsymbol{B}_k\boldsymbol{s}_k)^\top\boldsymbol{s}_j=\boldsymbol{y}_k^\top\boldsymbol{s}_j-\boldsymbol{s}_k^\top\boldsymbol{B}_k\boldsymbol{s}_j=\boldsymbol{0} \tag{6.10}$$

根据假设，可知

$$\boldsymbol{s}_k^\top\boldsymbol{B}_k\boldsymbol{s}_j=\boldsymbol{s}_k^\top\boldsymbol{y}_j$$

由于 $\boldsymbol{y}_k=\boldsymbol{G}\boldsymbol{s}_k$，故有

$$\boldsymbol{y}_k^\top\boldsymbol{s}_j=\boldsymbol{s}_k^\top\boldsymbol{G}\boldsymbol{s}_j=\boldsymbol{s}_k^\top\boldsymbol{y}_j$$

由此，式(6.10)得证. 由数学归纳法知，式(6.9)对所有 k 均成立.

在式(6.9)中，令 $k=n$，得

$$\boldsymbol{y}_j=\boldsymbol{B}_n\boldsymbol{s}_j=\boldsymbol{G}\boldsymbol{s}_j,\quad j=0,1,\cdots,n-1$$

即

$$(\boldsymbol{B}_n-\boldsymbol{G})\boldsymbol{s}_j=\boldsymbol{0},\quad j=0,1,\cdots,n-1$$

由于 $\boldsymbol{s}_0,\boldsymbol{s}_1,\cdots,\boldsymbol{s}_{n-1}$ 线性无关，故必有

$$\boldsymbol{B}_n=\boldsymbol{G}$$

因此，第 $n+1$ 次迭代的方向是牛顿方向，若此时迭代尚未终止，则由牛顿方法的性质可知该次迭代后必达极小点.

对一般的非线性函数，在一定条件下，对称秩 1 方法产生的近似矩阵 $\boldsymbol{B}_k$ 可以收敛到真实的 Hesse 矩阵.

定理 6.3

设 $f(\boldsymbol{x})$ 二阶连续可微，Hesse 矩阵在某个点 $\boldsymbol{x}^*$ 的邻域内有界且 Lipschitz 连续. 令 $\{\boldsymbol{x}_k\}$ 是任意一个收敛到 $\boldsymbol{x}^*$ 的序列，即 $\boldsymbol{x}_k\to\boldsymbol{x}^*$. 若对任意 k，均有

$$|(\boldsymbol{y}_k-\boldsymbol{B}_k\boldsymbol{s}_k)^\top\boldsymbol{s}_k|\geqslant\gamma\|\boldsymbol{s}_k\|\|\boldsymbol{y}_k-\boldsymbol{B}_k\boldsymbol{s}_k\|,\quad \gamma\in(0,1)$$

且步长 $\boldsymbol{s}_k$ 一致线性独立，则对称秩 1 方法产生的近似矩阵 $\boldsymbol{B}_k$ 满足

$$\lim_{k\to\infty}\|\boldsymbol{B}_k-\nabla^2 f(\boldsymbol{x}^*)\|=0$$

♡

这里“步长 $\boldsymbol{s}_k$ 一致线性独立”意味着步长不会落入任何一个维数小于 n 的子空间. 这个假设在实际应用中通常是可以满足的.

6.3 DFP 方法

DFP 方法是以 Davidon、Fletcher、Powell 三个人姓氏的首字母命名的. 它由 Davidon 于 1959 年首先提出，后经 Fletcher 和 Powell 加以发展和完善，是历史上第一种拟牛顿方法，

为其他拟牛顿方法的建立和发展奠定了基础. DFP 方法的关键在于构造修正矩阵 $\Delta \boldsymbol{H}_k$，使得产生的近似矩阵 $\boldsymbol{H}_{k+1}$ 有优良的性质.

DFP 方法设 $\Delta \boldsymbol{H}_k$ 是对称秩 2 矩阵，即

$$\boldsymbol{H}_{k+1} = \boldsymbol{H}_k + \beta \boldsymbol{u}\boldsymbol{u}^\top + \gamma \boldsymbol{v}\boldsymbol{v}^\top \tag{6.11}$$

其中，$\boldsymbol{u}, \boldsymbol{v} \in \mathbb{R}^n$，为待定向量；$\beta$，$\gamma \in \mathbb{R}$，为待定系数. 类似于对称秩 1 方法，式(6.11)可以保证近似矩阵 $\boldsymbol{H}_k$ 的对称性.

将式(6.11)代入拟牛顿条件式(6.3)，得

$$\begin{aligned} \boldsymbol{s}_k &= \boldsymbol{H}_k \boldsymbol{y}_k + \beta \boldsymbol{u}\boldsymbol{u}^\top \boldsymbol{y}_k + \gamma \boldsymbol{v}\boldsymbol{v}^\top \boldsymbol{y}_k \\ &= \boldsymbol{H}_k \boldsymbol{y}_k + (\beta \boldsymbol{u}^\top \boldsymbol{y}_k)\boldsymbol{u} + (\gamma \boldsymbol{v}^\top \boldsymbol{y}_k)\boldsymbol{v} \end{aligned}$$

显然，$\beta \boldsymbol{u}^\top \boldsymbol{y}_k$ 和 $\gamma \boldsymbol{v}^\top \boldsymbol{y}_k$ 均为常数. 这里 $\boldsymbol{u}$，$\boldsymbol{v}$ 的选择并不是唯一的. 一个简单且明显的选择是取

$$\begin{aligned} \boldsymbol{u} &= \boldsymbol{s}_k, \quad \beta \boldsymbol{u}^\top \boldsymbol{y}_k = 1 \\ \boldsymbol{v} &= \boldsymbol{H}_k \boldsymbol{y}_k, \quad \gamma \boldsymbol{v}^\top \boldsymbol{y}_k = -1 \end{aligned}$$

于是，

$$\beta = \frac{1}{{\boldsymbol{s}_k}^\top \boldsymbol{y}_k}, \quad \gamma = -\frac{1}{(\boldsymbol{H}_k \boldsymbol{y}_k)^\top \boldsymbol{y}_k} = -\frac{1}{\boldsymbol{y}_k^\top \boldsymbol{H}_k \boldsymbol{y}_k}$$

因此，

$$\boldsymbol{H}_{k+1}^{\mathrm{DFP}} = \boldsymbol{H}_k + \frac{\boldsymbol{s}_k \boldsymbol{s}_k^\top}{\boldsymbol{s}_k^\top \boldsymbol{y}_k} - \frac{\boldsymbol{H}_k \boldsymbol{y}_k \boldsymbol{y}_k^\top \boldsymbol{H}_k}{\boldsymbol{y}_k^\top \boldsymbol{H}_k \boldsymbol{y}_k} \tag{6.12}$$

式(6.12)称为 DFP 公式，采用 DFP 公式修正矩阵的拟牛顿方法称为 DFP 方法.

假设 $\boldsymbol{H}_k$ 和 $\boldsymbol{H}_{k+1}$ 都可逆，由定理6.1，可推导出 $\boldsymbol{B}_k$ 的修正公式

$$\boldsymbol{B}_{k+1}^{\mathrm{DFP}} = \boldsymbol{B}_k + \left(1 + \frac{\boldsymbol{s}_k^\top \boldsymbol{B}_k \boldsymbol{s}_k}{\boldsymbol{s}_k^\top \boldsymbol{y}_k}\right) \frac{\boldsymbol{y}_k \boldsymbol{y}_k^\top}{\boldsymbol{s}_k^\top \boldsymbol{y}_k} - \left(\frac{\boldsymbol{y}_k \boldsymbol{s}_k^\top \boldsymbol{B}_k + \boldsymbol{B}_k \boldsymbol{s}_k \boldsymbol{y}_k^\top}{\boldsymbol{s}_k^\top \boldsymbol{y}_k}\right) \tag{6.13}$$

DFP 方法的计算步骤如下:

算法 6.3　DFP 方法的计算步骤

1. 给定 $\boldsymbol{x}_0 \in \mathbb{R}^n$，对称正定矩阵 $\boldsymbol{H}_0$，$k := 0$.
2. 若满足终止准则，则停止迭代.
3. 计算 $\boldsymbol{d}_k = -\boldsymbol{H}_k \nabla f(\boldsymbol{x}_k)$.
4. 由线搜索方法确定步长因子 α_k，令 $\boldsymbol{x}_{k+1} = \boldsymbol{x}_k + \alpha_k \boldsymbol{d}_k$.
5. 计算

$$\boldsymbol{s}_k = \boldsymbol{x}_{k+1} - \boldsymbol{x}_k$$

算法 6.3　(续)

$$y_k = \nabla f(x_{k+1}) - \nabla f(x_k)$$

$$H_{k+1} = H_k + \frac{s_k s_k^{\mathsf T}}{s_k^{\mathsf T} y_k} - \frac{H_k y_k y_k^{\mathsf T} H_k}{y_k^{\mathsf T} H_k y_k}$$

6. $k := k+1$，转至步骤 2.

接下来讨论 DFP 方法的几个性质. 第一个性质是，在所有满足拟牛顿条件式(6.2)的对称矩阵中，DFP 矩阵 B_{k+1}^{DFP} 是在加权 Frobenius 范数意义下与 B_k 的差异最小的矩阵，即由式(6.13)定义的 DFP 矩阵 B_{k+1}^{DFP} 是下面最优化问题的解

$$\min_{B} \quad \|B - B_k\|_W$$

$$\text{s.t.} \quad B = B^{\mathsf T},\ Bs_k = y_k$$

其中，$\|B\|_W = \|WBW\|_F$，W 是满足 $W^2 y_k = s_k$ 的任意非奇异对称矩阵. 实际应用中，可以取 $W^2 = \bar{G}_k^{-1}$，其中 $\bar{G}_k$ 是平均 Hesse 矩阵，定义如下：

$$\bar{G}_k = \int_0^1 \nabla^2 f(x_k + t\alpha_k d_k)\mathrm{d}t \tag{6.14}$$

由泰勒定理，有

$$y_k = \bar{G}_k \alpha_k d_k = \bar{G}_k s_k \tag{6.15}$$

说明 $\bar{G}_k$ 满足拟牛顿条件式(6.2).

第二个性质是，DFP 方法可以保证矩阵 B_k 或 H_k 的正定性.

定理 6.4　DFP 方法的正定性

设 H_k 对称正定，且 $s_k^{\mathsf T} y_k > 0$，则 DFP 公式构造出的矩阵 H_{k+1}^{DFP} 对称正定.

证明　由于 H_k 正定，故可做 Cholesky 分解，记为 $H_k = LL^{\mathsf T}$，则

$$x^{\mathsf T} H_{k+1} x = x^{\mathsf T}\left(H_k - \frac{H_k y_k y_k^{\mathsf T} H_k}{y_k^{\mathsf T} H_k y_k} x\right) + x^{\mathsf T}\frac{s_k s_k^{\mathsf T}}{s_k^{\mathsf T} y_k} x \tag{6.16}$$

$$= \left(a^{\mathsf T} a - \frac{(a^{\mathsf T} b)^2}{a^{\mathsf T} b}\right) + \frac{(x^{\mathsf T} s_k)^2}{s_k^{\mathsf T} y_k} \tag{6.17}$$

其中，$a = L^{\mathsf T} x$，$b = L^{\mathsf T} y_k$.

由 Cauchy-Schwarz 不等式知

$$a^{\mathsf T} a - \frac{(a^{\mathsf T} b)^2}{a^{\mathsf T} b} \geqslant 0$$

又由假设知 $s_k^{\mathsf T} y_k > 0$，故

$$x^{\mathsf T} H_{k+1} x \geqslant 0$$

下面证明式(6.16)右边两项中至少有一项严格大于 0.

假设第一项为 0，由 Cauchy-Schwarz 不等式知，此时 $\boldsymbol{a}$ 与 $\boldsymbol{b}$ 共线，即 $\boldsymbol{x}$ 与 $\boldsymbol{y}_k$ 共线. 设 $\boldsymbol{x}=\beta\boldsymbol{y}_k$，$\beta\neq 0$，则

$$\frac{(\boldsymbol{x}^\top\boldsymbol{s}_k)^2}{\boldsymbol{s}_k^\top\boldsymbol{y}_k}=\beta^2\boldsymbol{s}_k^\top\boldsymbol{y}_k>0$$

故

$$\boldsymbol{x}^\top\boldsymbol{H}_{k+1}\boldsymbol{x}>0$$

假设第二项等于 0，由于 $\boldsymbol{s}_k^\top\boldsymbol{y}_k>0$，则有 $\boldsymbol{x}^\top\boldsymbol{s}_k=0$，此时 $\boldsymbol{x}_k$ 与 $\boldsymbol{y}_k$ 一定不共线，因为如果共线，即 $\boldsymbol{x}=\beta\boldsymbol{y}_k$，$\beta\neq 0$，又由于 $\boldsymbol{s}_k^\top\boldsymbol{y}_k>0$，故 $\boldsymbol{x}^\top\boldsymbol{s}_k=\beta\boldsymbol{y}_k^\top\boldsymbol{s}_k\neq 0$，推出矛盾. 于是对于任意 $\boldsymbol{x}\neq\boldsymbol{0}$，总有 $\boldsymbol{x}^\top\boldsymbol{H}_{k+1}\boldsymbol{x}>0$.

从定理证明可以看出，$\boldsymbol{s}_k^\top\boldsymbol{y}_k>0$ 是保证矩阵 $\boldsymbol{H}_{k+1}$ 正定的关键. 定理 6.5 表明在实际应用中这个条件是可以满足的.

定理 6.5

对于使用精确线搜索或 Wolfe 非精确线搜索的 DFP 方法，均有

$$\boldsymbol{s}_k^\top\boldsymbol{y}_k>0$$

证明 当采用精确线搜索时，有

$$\nabla f(\boldsymbol{x}_{k+1})^\top\boldsymbol{d}_k=0$$

此外

$$\boldsymbol{s}_k=\boldsymbol{x}_{k+1}-\boldsymbol{x}_k=\alpha_k\boldsymbol{d}_k=-\alpha_k\boldsymbol{H}_k\nabla f(\boldsymbol{x}_k)\tag{6.18}$$

于是

$$\begin{aligned}\boldsymbol{s}_k^\top\boldsymbol{y}_k&=\boldsymbol{s}_k^\top[\nabla f(\boldsymbol{x}_{k+1})-\nabla f(\boldsymbol{x}_k)]\\&=\alpha_k\boldsymbol{d}_k^\top\nabla f(\boldsymbol{x}_{k+1})+\alpha_k\nabla f(\boldsymbol{x}_k)^\top\boldsymbol{H}_k\nabla f(\boldsymbol{x}_k)\end{aligned}$$

因为 $\boldsymbol{H}_k$ 正定，故上式大于 0.

当采用 Wolfe 非精确线搜索时，有

$$\boldsymbol{d}_k^\top\nabla f(\boldsymbol{x}_{k+1})\geqslant\sigma\boldsymbol{d}_k^\top\nabla f(\boldsymbol{x}_k)$$

由式(6.18)，可得

$$\begin{aligned}\boldsymbol{s}_k^\top\boldsymbol{y}_k&=\alpha_k\boldsymbol{d}_k^\top[\nabla f(\boldsymbol{x}_{k+1})-\nabla f(\boldsymbol{x}_k)]\\&=\alpha_k[\boldsymbol{d}_k^\top\nabla f(\boldsymbol{x}_{k+1})-\boldsymbol{d}_k^\top\nabla f(\boldsymbol{x}_k)]\\&\geqslant\alpha_k[\sigma\boldsymbol{d}_k^\top\nabla f(\boldsymbol{x}_k)-\boldsymbol{d}_k^\top\nabla f(\boldsymbol{x}_k)]\\&=-\alpha_k(1-\sigma)\boldsymbol{d}_k^\top\nabla f(\boldsymbol{x}_k)\end{aligned}$$

由于 $\boldsymbol{d}_k$ 是 $f(\boldsymbol{x})$ 在点 $\boldsymbol{x}_k$ 处的下降方向，且 $0<\sigma<1$，则 $\boldsymbol{s}_k^\top\boldsymbol{y}_k>0$.

定理 6.5 对强 Wolfe 准则也成立. 需要注意的是，Goldstein 准则无法保证 $\boldsymbol{s}_k^\top\boldsymbol{y}_k>0$，因此在拟牛顿方法中，一般不使用 Goldstein 准则.

第三个性质是，DFP 方法具有二次终止性. 可以证明，对于正定二次函数，DFP 方法产生的迭代方向是共轭的，方法至多 n 步终止. 有关"共轭"这一概念以及结论的证明详见本书第 7 章.

6.4 BFGS 方法

20 世纪 70 年代，Broyden、Fletcher、Goldfarb 和 Shannon 分别独立地提出了一种近似矩阵 $\boldsymbol{B}_k(\boldsymbol{H}_k)$ 的新修正方法，因此，该方法被简称为 BFGS. BFGS 是目前最流行也是最有效的拟牛顿方法.

与 DFP 方法一样，BFGS 也属于对称秩 2 方法类. 考虑 $\boldsymbol{B}_k$ 的秩 2 修正公式

$$\boldsymbol{B}_{k+1} = \boldsymbol{B}_k + \beta \boldsymbol{u}\boldsymbol{u}^\top + \gamma \boldsymbol{v}\boldsymbol{v}^\top$$

经过与 $\boldsymbol{H}_k^{\mathrm{DFP}}$ 相同的推导方法，可得矩阵 $\boldsymbol{B}_k$ 的 BFGS 公式

$$\boldsymbol{B}_{k+1}^{\mathrm{BFGS}} = \boldsymbol{B}_k + \frac{\boldsymbol{y}_k\boldsymbol{y}_k^\top}{\boldsymbol{y}_k^\top\boldsymbol{s}_k} - \frac{\boldsymbol{B}_k\boldsymbol{s}_k\boldsymbol{s}_k^\top\boldsymbol{B}_k}{\boldsymbol{s}_k^\top\boldsymbol{B}_k\boldsymbol{s}_k} \tag{6.19}$$

采用 BFGS 公式修正矩阵的拟牛顿方法称为 BFGS 方法.

假设 $\boldsymbol{B}_k^{\mathrm{SR1}}$ 和 $\boldsymbol{B}_{k+1}^{\mathrm{SR1}}$ 都可逆，根据 Sherman-Morrison 公式，可以推导出 $\boldsymbol{H}_k$ 的修正公式

$$\boldsymbol{H}_{k+1}^{\mathrm{BFGS}} = \boldsymbol{H}_k + \left(1 + \frac{\boldsymbol{y}_k^\top\boldsymbol{H}_k\boldsymbol{y}_k}{\boldsymbol{y}_k^\top\boldsymbol{s}_k}\right)\frac{\boldsymbol{s}_k\boldsymbol{s}_k^\top}{\boldsymbol{y}_k^\top\boldsymbol{s}_k} - \left(\frac{\boldsymbol{s}_k\boldsymbol{y}_k^\top\boldsymbol{H}_k + \boldsymbol{H}_k\boldsymbol{y}_k\boldsymbol{s}_k^\top}{\boldsymbol{y}_k^\top\boldsymbol{s}_k}\right) \tag{6.20}$$

比较式(6.12)和式(6.19)以及式(6.13)和式(6.20)，可以发现，通过将式(6.12)中的 $\boldsymbol{H}_k$ 换成 $\boldsymbol{B}_k$，$\boldsymbol{s}_k$ 与 $\boldsymbol{y}_k$ 对换，即可得到式(6.19)；类似地，通过将式(6.13)中的 $\boldsymbol{B}_k$ 换成 $\boldsymbol{H}_k$，$\boldsymbol{s}_k$ 与 $\boldsymbol{y}_k$ 对换，即可得到式(6.20). 鉴于这种关系，式(6.12)和式(6.13)分别称为式(6.19)和式(6.20)的对偶公式，因而 BFGS 方法与 DFP 方法互为对偶，而对称秩 1 方法则为自对偶方法.

BFGS 方法的计算步骤如下：

算法 6.4 BFGS 方法的计算步骤

1. 给定初始点 $\boldsymbol{x}_0 \in \mathbb{R}^n$，对称正定矩阵 $\boldsymbol{H}_0$，$k := 0$.
2. 若满足终止准则，则停止迭代.
3. 计算 $\boldsymbol{d}_k = -\boldsymbol{H}_k\nabla f(\boldsymbol{x}_k)$.
4. 由线搜索方法确定步长因子 α_k，令 $\boldsymbol{x}_{k+1} = \boldsymbol{x}_k + \alpha_k\boldsymbol{d}_k$.
5. 计算

$$\begin{aligned}
\boldsymbol{s}_k &= \boldsymbol{x}_{k+1} - \boldsymbol{x}_k \\
\boldsymbol{y}_k &= \nabla f(\boldsymbol{x}_{k+1}) - \nabla f(\boldsymbol{x}_k) \\
\boldsymbol{H}_{k+1} &= \boldsymbol{H}_k + \left(1 + \frac{\boldsymbol{y}_k^\top\boldsymbol{H}_k\boldsymbol{y}_k}{\boldsymbol{y}_k^\top\boldsymbol{s}_k}\right)\frac{\boldsymbol{s}_k\boldsymbol{s}_k^\top}{\boldsymbol{y}_k^\top\boldsymbol{s}_k} - \left(\frac{\boldsymbol{s}_k\boldsymbol{y}_k^\top\boldsymbol{H}_k + \boldsymbol{H}_k\boldsymbol{y}_k\boldsymbol{s}_k^\top}{\boldsymbol{y}_k^\top\boldsymbol{s}_k}\right)
\end{aligned}$$

6. $k := k + 1$，转至步骤 2.

由于 BFGS 方法与 DFP 方法互为对偶，因此两种方法具有相同的性质.

- 在所有满足拟牛顿条件式(6.3)的对称矩阵中，BFGS 矩阵 $\boldsymbol{H}_{k+1}^{\mathrm{BFGS}}$ 是在加权 Frobenius 范数意义下与 $\boldsymbol{H}_k$ 的差异最小的矩阵，即由式(6.20)定义的 BFGS 矩阵 $\boldsymbol{H}_{k+1}^{\mathrm{BFGS}}$ 是下面最优化问题的解

$$\begin{aligned}\min_{\boldsymbol{H}} \quad & \|\boldsymbol{H}-\boldsymbol{H}_k\|_{\boldsymbol{W}} \\ \text{s.t.} \quad & \boldsymbol{H}=\boldsymbol{H}^{\mathsf{T}},\ \boldsymbol{H}\boldsymbol{y}_k=\boldsymbol{s}_k\end{aligned}$$

  其中，$\boldsymbol{W}$ 是满足 $\boldsymbol{W}^2\boldsymbol{s}_k=\boldsymbol{y}_k$ 的任意非奇异对称矩阵.
- BFGS 方法可以保证矩阵 $\boldsymbol{H}_k$ 或 $\boldsymbol{B}_k$ 的正定性.
- BFGS 方法具有二次终止性.

6.5 Broyden 族方法

根据 $\boldsymbol{B}_{k+1}^{\mathrm{BFGS}}$ 和 $\boldsymbol{B}_{k+1}^{\mathrm{DFP}}$，可以构造出一族拟牛顿方法的修正公式

$$\boldsymbol{B}_{k+1}^{\varphi}=(1-\varphi)\boldsymbol{B}_{k+1}^{\mathrm{BFGS}}+\varphi\boldsymbol{B}_{k+1}^{\mathrm{DFP}} \tag{6.21}$$

其中，$\varphi\geqslant 0$，式 (6.21) 称为 Broyden 族公式. BFGS 公式和 DFP 公式均是 Broyden 族公式的特殊情况，分别对应 $\varphi=0$ 和 $\varphi=1$ 的情形. 采用 Broyden 族公式修正矩阵的拟牛顿方法称为 Broyden 族方法.

由于当 $\boldsymbol{s}_k^{\mathsf{T}}\boldsymbol{y}_k>0$ 时，BFGS 方法和 DFP 方法均可以保持近似矩阵的正定性，因此，当 $\varphi\in[0,1]$ 时，Broyden 族方法同样具有该性质.

式(6.21)可以改写为

$$\begin{aligned}\boldsymbol{B}_{k+1}^{\varphi}&=\boldsymbol{B}_{k+1}^{\mathrm{BFGS}}+\varphi(\boldsymbol{B}_{k+1}^{\mathrm{DFP}}-\boldsymbol{B}_{k+1}^{\mathrm{BFGS}})\\&=\boldsymbol{B}_{k+1}^{\mathrm{BFGS}}+\varphi\boldsymbol{v}_k\boldsymbol{v}_k^{\mathsf{T}}\end{aligned}$$

其中，$\boldsymbol{v}_k=(\boldsymbol{s}_k^{\mathsf{T}}\boldsymbol{B}_k\boldsymbol{s}_k)^{1/2}\left(\dfrac{\boldsymbol{y}_k}{\boldsymbol{y}_k^{\mathsf{T}}\boldsymbol{s}_k}-\dfrac{\boldsymbol{B}_k\boldsymbol{s}_k}{\boldsymbol{s}_k^{\mathsf{T}}\boldsymbol{B}_k\boldsymbol{s}_k}\right)$. 这表明 Broyden 族公式的所有矩阵 $\boldsymbol{B}_{k+1}^{\varphi}$ 与矩阵 $\boldsymbol{B}_{k+1}^{\mathrm{BFGS}}$ 仅相差一个秩 1 矩阵 $\varphi\boldsymbol{v}_k\boldsymbol{v}_k^{\mathsf{T}}$.

6.6 拟牛顿方法的收敛性及收敛速度

本节讨论拟牛顿方法 BFGS 的收敛性及收敛速度. 本节定理证明的难度较大，故不要求掌握这些定理的证明，这里给出的证明仅供教师和感兴趣的同学参考.

首先讨论 BFGS 方法的全局收敛性. 设 $\boldsymbol{x}_0$ 是任意初始点，$\boldsymbol{B}_0$ 是任意初始对称正定矩阵. 对目标函数做如下假设:

(a) 目标函数 $f:\mathbb{R}^n\to\mathbb{R}$ 二阶连续可微.

(b) 水平集 $\Omega=\{\boldsymbol{x}\in\mathbb{R}^n|f(\boldsymbol{x})\leqslant f(\boldsymbol{x}_0)\}$ 是凸的，且存在正常数 m 和 M 使得 Hesse 矩

阵 $\boldsymbol{G}(\boldsymbol{x})$ 满足

$$m\|\boldsymbol{z}\|^2 \leqslant \boldsymbol{z}^{\mathsf{T}}\boldsymbol{G}(\boldsymbol{x})\boldsymbol{z} \leqslant M\|\boldsymbol{z}\|^2, \quad \forall z \in \mathbb{R}^n, \boldsymbol{x} \in \Omega \tag{6.22}$$

假设 (b) 意味着 $\boldsymbol{G}(\boldsymbol{x})$ 在 Ω 上是正定的，故 f 在 Ω 内有唯一的极小点 $\boldsymbol{x}^*$.

由式(6.15)和式(6.22)，可得

$$\frac{\boldsymbol{y}_k^{\mathsf{T}}\boldsymbol{s}_k}{\boldsymbol{s}_k^{\mathsf{T}}\boldsymbol{s}_k} = \frac{\boldsymbol{s}_k^{\mathsf{T}}\bar{\boldsymbol{G}}_k\boldsymbol{s}_k}{\boldsymbol{s}_k^{\mathsf{T}}\boldsymbol{s}_k} \geqslant m \tag{6.23}$$

其中，$\bar{\boldsymbol{G}}_k$ 是平均 Hesse 矩阵，定义见式(6.14). 由假设 (b) 可知 $\bar{\boldsymbol{G}}_k$ 也是对称正定的，故可以定义其平方根. 于是，令 $\boldsymbol{z}_k = \bar{\boldsymbol{G}}_k^{\frac{1}{2}}\boldsymbol{s}_k$，则

$$\frac{\boldsymbol{y}_k^{\mathsf{T}}\boldsymbol{y}_k}{\boldsymbol{y}_k^{\mathsf{T}}\boldsymbol{s}_k} = \frac{\boldsymbol{s}_k^{\mathsf{T}}\bar{\boldsymbol{G}}_k^2\boldsymbol{s}_k}{\boldsymbol{s}_k^{\mathsf{T}}\bar{\boldsymbol{G}}_k\boldsymbol{s}_k} = \frac{\boldsymbol{z}_k^{\mathsf{T}}\bar{\boldsymbol{G}}_k\boldsymbol{z}_k}{\boldsymbol{z}_k^{\mathsf{T}}\boldsymbol{z}_k} \leqslant M \tag{6.24}$$

下面给出 BFGS 方法的全局收敛性定理. 证明的关键在于利用矩阵的迹和行列式来估计 Hesse 近似矩阵的最大和最小特征值. 矩阵 $\boldsymbol{A}$ 的迹 trace($\boldsymbol{A}$) 是矩阵 $\boldsymbol{A}$ 对角线元素的和，也是 $\boldsymbol{A}$ 的特征值的和，即

$$\text{trace}(\boldsymbol{A}) = \sum_{i=1}^{n} a_{ii} = \sum_{i=1}^{n} \lambda_i$$

矩阵的行列式 det($\boldsymbol{A}$) 是 $\boldsymbol{A}$ 的特征值的乘积，即

$$\det(\boldsymbol{A}) = \prod_{i=1}^{n} \lambda_i$$

定理 6.6

设 $\boldsymbol{B}_0$ 是任意一个对称正定的初始矩阵，$\boldsymbol{x}_0$ 是初始点，使得假设 (a) 和假设 (b) 成立，则采用 Wolfe 非精确线搜索的 BFGS 方法产生的迭代序列 $\{\boldsymbol{x}_k\}$ 收敛到目标函数 f 的极小点 $\boldsymbol{x}^*$.

证明 定义

$$m_k = \frac{\boldsymbol{y}_k^{\mathsf{T}}\boldsymbol{s}_k}{\boldsymbol{s}_k^{\mathsf{T}}\boldsymbol{s}_k}, \quad M_k = \frac{\boldsymbol{y}_k^{\mathsf{T}}\boldsymbol{y}_k}{\boldsymbol{y}_k^{\mathsf{T}}\boldsymbol{s}_k} \tag{6.25}$$

由式(6.23)和式(6.24)，有

$$m_k \geqslant m, \quad M_k \leqslant M \tag{6.26}$$

由 BFGS 方法的修正公式(6.19)，可得

$$\text{trace}(\boldsymbol{B}_{k+1}) = \text{trace}(\boldsymbol{B}_k) - \frac{\|\boldsymbol{B}_k\boldsymbol{s}_k\|^2}{\boldsymbol{s}_k^{\mathsf{T}}\boldsymbol{B}_k\boldsymbol{s}_k} + \frac{\|\boldsymbol{y}_k\|^2}{\boldsymbol{y}_k^{\mathsf{T}}\boldsymbol{s}_k} \tag{6.27}$$

和

$$\det(\boldsymbol{B}_{k+1}) = \det(\boldsymbol{B}_k)\frac{\boldsymbol{y}_k^{\mathsf{T}}\boldsymbol{s}_k}{\boldsymbol{s}_k^{\mathsf{T}}\boldsymbol{B}_k\boldsymbol{s}_k} \tag{6.28}$$

定义

$$\cos\theta_k = \frac{\boldsymbol{s}_k^\top \boldsymbol{B}_k \boldsymbol{s}_k}{\|\boldsymbol{s}_k\|\|\boldsymbol{B}_k \boldsymbol{s}_k\|}, \quad q_k = \frac{\boldsymbol{s}_k^\top \boldsymbol{B}_k \boldsymbol{s}_k}{\boldsymbol{s}_k^\top \boldsymbol{s}_k} \tag{6.29}$$

这里 θ_k 是 $\boldsymbol{s}_k$ 和 $\boldsymbol{B}_k\boldsymbol{s}_k$ 之间的夹角. 于是，有

$$\frac{\|\boldsymbol{B}_k\boldsymbol{s}_k\|^2}{\boldsymbol{s}_k^\top \boldsymbol{B}_k \boldsymbol{s}_k} = \frac{\|\boldsymbol{B}_k\boldsymbol{s}_k\|^2\|\boldsymbol{s}_k\|^2}{(\boldsymbol{s}_k^\top \boldsymbol{B}_k \boldsymbol{s}_k)^2}\frac{\boldsymbol{s}_k^\top \boldsymbol{B}_k \boldsymbol{s}_k}{\|\boldsymbol{s}_k\|^2} = \frac{q_k}{\cos^2\theta_k} \tag{6.30}$$

又由式(6.28)和式(6.25)，有

$$\det(\boldsymbol{B}_{k+1}) = \det(\boldsymbol{B}_k)\frac{\boldsymbol{y}_k^\top \boldsymbol{s}_k}{\boldsymbol{s}_k^\top \boldsymbol{s}_k}\frac{\boldsymbol{s}_k^\top \boldsymbol{s}_k}{\boldsymbol{s}_k^\top \boldsymbol{B}_k \boldsymbol{s}_k} = \det(\boldsymbol{B}_k)\frac{m_k}{q_k} \tag{6.31}$$

下面定义一个对称正定矩阵 $\boldsymbol{B}$ 的函数，使其将 $\mathrm{trace}(\boldsymbol{B})$ 和 $\det(\boldsymbol{B})$ 联系起来

$$\psi(\boldsymbol{B}) = \mathrm{trace}(\boldsymbol{B}) - \ln\det(\boldsymbol{B}) \tag{6.32}$$

其中，$\ln(\cdot)$ 表示自然对数. 不难证明 $\psi(\boldsymbol{B}) > 0$. 由式(6.25)、式(6.27)至式(6.32)，可得

$$\begin{aligned}
\psi(\boldsymbol{B}_{k+1}) &= \mathrm{trace}(\boldsymbol{B}_{k+1}) - \ln(\det(\boldsymbol{B}_{k+1})) \\
&= \mathrm{trace}(\boldsymbol{B}_k) + M_k - \frac{q_k}{\cos^2\theta_k} - \ln(\det(\boldsymbol{B}_k)) - \ln m_k + \ln q_k \\
&= \psi(\boldsymbol{B}_k) + (M_k - \ln m_k - 1) \\
&\quad + \left(1 - \frac{q_k}{\cos^2\theta_k} + \ln\frac{q_k}{\cos^2\theta_k}\right) + \ln\cos^2\theta_k
\end{aligned} \tag{6.33}$$

因为对所有 $t > 0$，$1 - t + \ln t \leqslant 0$，故 $1 - \dfrac{q_k}{\cos^2\theta_k} + \ln\dfrac{q_k}{\cos^2\theta_k}$ 是非正的. 因此，由式(6.26)和式(6.33)可得

$$0 < \psi(\boldsymbol{B}_{k+1}) \leqslant \psi(\boldsymbol{B}_0) + c(k+1) + \sum_{i=0}^{k}\ln\cos^2\theta_i \tag{6.34}$$

不失一般性，这里假定 $c = M - \ln m - 1 > 0$.

接下来，利用 Wolfe 非精确线搜索方法的全局收敛性定理证明结论. 由于 $\boldsymbol{s}_k = -\alpha_k\boldsymbol{B}_k^{-1}\nabla f(\boldsymbol{x}_k)$，故 $\boldsymbol{B}_k\boldsymbol{s}_k = -\alpha_k\nabla f(\boldsymbol{x}_k)$，于是 $\boldsymbol{s}_k^\top\boldsymbol{B}_k\boldsymbol{s}_k = \alpha_k^2\nabla f(\boldsymbol{x}_k)^\top\boldsymbol{B}_k^{-1}\nabla f(\boldsymbol{x}_k) = -\alpha_k^2\nabla f(\boldsymbol{x}_k)^\top\boldsymbol{d}_k$，表明由式(6.29)定义的 θ_k 也是 BFGS 方法的迭代方向 $\boldsymbol{d}_k = -\boldsymbol{B}_k^{-1}\nabla f(\boldsymbol{x}_k)$ 和负梯度方向 $-\nabla f(\boldsymbol{x}_k)$ 的夹角. 于是，由 Wolfe 非精确线搜索方法的收敛性定理 3.7，可知

$$\lim_{k\to\infty}\|\nabla f(\boldsymbol{x}_k)\|\cos\theta_k = 0$$

为了要证明 $\lim\limits_{k\to\infty}\inf\|\nabla f(\boldsymbol{x}_k)\| = 0$，只需证明 $\lim\limits_{k\to\infty}\cos\theta_k \neq 0$ 即可. 采用反证法. 假设 $\lim\limits_{k\to\infty}\cos\theta_k = 0$，则存在 $k_1 > 0$，使得对所有 $i > k_1$，有

$$\ln\cos^2\theta_i < -2c$$

其中，$c = M - \ln m - 1$. 由式(6.33)得，对所有 $k > k_1$

$$
\begin{aligned}
0 &< \psi(\boldsymbol{B}_0) + c(k+1) + \sum_{i=0}^{k_1} \ln\cos^2\theta_i + \sum_{c=k_1+1}^{k} (-2c) \\
&= \psi(\boldsymbol{B}_0) + \sum_{i=0}^{k_1} \ln\cos^2\theta_i + 2ck_1 + c - ck
\end{aligned}
$$

然而，当 k 充分大时，上式右边项是负的，从而推出矛盾. 因此，可得 $\lim\limits_{k\to\infty}\cos\theta_k \neq 0$，故 $\lim\limits_{k\to\infty}\inf\|\nabla f(\boldsymbol{x}_k)\| = 0$. 由假设 (b) 可知 f 在 $\{\boldsymbol{x}\in\mathbb{R}^n | f(\boldsymbol{x}) \leqslant f(\boldsymbol{x}_0)\}$ 内存在唯一极小点 $\boldsymbol{x}^*$，故足以表明 $\lim\limits_{k\to\infty}\boldsymbol{x}_k = \boldsymbol{x}^*$.

该定理的结论可以推广到所有 $\varphi\in[0,1)$ 的 Broyden 族，即不包括 DFP 方法.

下面定理给出了 BFGS 方法的收敛速度.

定理 6.7

设目标函数 f 二阶连续可微，BFGS 方法产生的迭代序列 $\{\boldsymbol{x}_k\}$ 收敛到极小点 $\boldsymbol{x}^*$，Hesse 矩阵 $\nabla^2 f(\boldsymbol{x}^*)$ 在点 $\boldsymbol{x}^*$ 处是 Lipschitz 连续的，即对所有 $\boldsymbol{x}$，存在 $L>0$ 使得

$$
\|\nabla^2 f(\boldsymbol{x}) - \nabla^2 f(\boldsymbol{x}^*)\| \leqslant L\|\boldsymbol{x}-\boldsymbol{x}^*\|
$$

假定

$$
\sum_{k=0}^{\infty}\|\boldsymbol{x}_k-\boldsymbol{x}^*\| < \infty
$$

则序列 $\{\boldsymbol{x}_k\}$ 超线性收敛到 $\boldsymbol{x}^*$. ♡

定理的证明略. 感兴趣的读者请参阅相关文献[14].

6.7 L-BFGS 方法

拟牛顿方法虽然在一定程度上弥补了基本牛顿方法的缺点，但仍存在一定的不足. 拟牛顿方法在每次迭代中会产生 $n\times n$ 的近似矩阵 $\boldsymbol{B}_k$，当 n 较大时将面临两个问题：(1) 存储问题，$n\times n$ 矩阵需要耗费较大内存；(2) 计算问题，当 $\boldsymbol{B}_k$ 非稀疏时，计算复杂度很高. 为了对存储 $\boldsymbol{B}_k$ 所需的内存大小有一个直观认识，我们以 $n=10^5$ 为例，假设用双精度 (8 字节) 来存储 $\boldsymbol{B}_k$，则需要耗费

$$
\frac{n\text{阶矩阵的字节数}}{1\text{GB的字节数}} = \frac{10^5\times10^5\times8}{2^{10}\times2^{10}\times2^{10}} = 74.5\text{GB}
$$

内存! 74.5GB 的内存是十分惊人的，即使利用 $\boldsymbol{B}_k$ 的对称性可以降低一半内存，一般的服务器也难以承受. 然而，在当前的数据科学领域，10^5 这样的问题最多算中小规模. 由此可见，BFGS 方法只适用于求解中小规模的无约束最优化问题.

为了求解现实中规模大的最优化问题，一系列限制内存的拟牛顿方法被陆续提出，其中，最为常用的是限制内存的 L-BFGS (limited-memory BFGS) 方法，其基本思想是通过只

保存最近的 m 次迭代信息来构造 Hesse 矩阵的近似矩阵，从而大大节省了存储空间. 下面对该方法进行简要介绍.

令 $\rho_k = \dfrac{1}{\boldsymbol{y}_k^\top \boldsymbol{s}_k}$，其中 $\boldsymbol{s}_k = \boldsymbol{x}_{k+1} - \boldsymbol{x}_k, \boldsymbol{y}_k = \nabla f(\boldsymbol{x}_{k+1}) - \nabla f(\boldsymbol{x}_k)$，则 BFGS 公式(6.20)可改写为

$$\boldsymbol{H}_{k+1} = \left(\boldsymbol{I} - \rho_k \boldsymbol{s}_k \boldsymbol{y}_k^\top\right) \boldsymbol{H}_k \left(\boldsymbol{I} - \rho_k \boldsymbol{y}_k \boldsymbol{s}_k^\top\right) + \rho_k \boldsymbol{s}_k \boldsymbol{s}_k^\top$$

令 $\boldsymbol{V}_k = \boldsymbol{I} - \rho_k \boldsymbol{y}_k \boldsymbol{s}_k^\top$，上式成为

$$\boldsymbol{H}_{k+1} = \boldsymbol{V}_k^\top \boldsymbol{H}_k \boldsymbol{V}_k + \rho_k \boldsymbol{s}_k \boldsymbol{s}_k^\top \tag{6.35}$$

给定初始近似矩阵 $\boldsymbol{H}_0$，重复利用式(6.35)，可得

$$\begin{aligned}
\boldsymbol{H}_1 &= \boldsymbol{V}_0^\top \boldsymbol{H}_0 \boldsymbol{V}_0 + \rho_0 \boldsymbol{s}_0 \boldsymbol{s}_0^\top \\
\boldsymbol{H}_2 &= \boldsymbol{V}_1^\top \boldsymbol{H}_1 \boldsymbol{V}_1 + \rho_1 \boldsymbol{s}_1 \boldsymbol{s}_1^\top \\
&= \boldsymbol{V}_1^\top \left(\boldsymbol{V}_0^\top \boldsymbol{H}_0 \boldsymbol{V}_0 + \rho_0 \boldsymbol{s}_0 \boldsymbol{s}_0^\top\right) \boldsymbol{V}_1 + \rho_1 \boldsymbol{s}_1 \boldsymbol{s}_1^\top \\
&= \boldsymbol{V}_1^\top \boldsymbol{V}_0^\top \boldsymbol{H}_0 \boldsymbol{V}_0 \boldsymbol{V}_1 + \boldsymbol{V}_1^\top \rho_0 \boldsymbol{s}_0 \boldsymbol{s}_0^\top \boldsymbol{V}_1 + \rho_1 \boldsymbol{s}_1 \boldsymbol{s}_1^\top \\
\boldsymbol{H}_3 &= \boldsymbol{V}_2^\top \boldsymbol{H}_2 \boldsymbol{V}_2 + \rho_2 \boldsymbol{s}_2 \boldsymbol{s}_2^\top \\
&= \boldsymbol{V}_2^\top \left(\boldsymbol{V}_1^\top \boldsymbol{V}_0^\top \boldsymbol{H}_0 \boldsymbol{V}_0 \boldsymbol{V}_1 + \boldsymbol{V}_1^\top \rho_0 \boldsymbol{s}_0 \boldsymbol{s}_0^\top \boldsymbol{V}_1 + \rho_1 \boldsymbol{s}_1 \boldsymbol{s}_1^\top\right) \boldsymbol{V}_2 + \rho_2 \boldsymbol{s}_2 \boldsymbol{s}_2^\top \\
&= \boldsymbol{V}_2^\top \boldsymbol{V}_1^\top \boldsymbol{V}_0^\top \boldsymbol{H}_0 \boldsymbol{V}_0 \boldsymbol{V}_1 \boldsymbol{V}_2 + \boldsymbol{V}_2^\top \boldsymbol{V}_1^\top \rho_0 \boldsymbol{s}_0 \boldsymbol{s}_0^\top \boldsymbol{V}_1 \boldsymbol{V}_2 + \boldsymbol{V}_2^\top \rho_1 \boldsymbol{s}_1 \boldsymbol{s}_1^\top \boldsymbol{V}_2 + +\rho_2 \boldsymbol{s}_2 \boldsymbol{s}_2^\top \\
&\cdots
\end{aligned}$$

由此得到以下通式

$$\begin{aligned}
\boldsymbol{H}_{k+1} = &\left(\boldsymbol{V}_k^\top \boldsymbol{V}_{k-1}^\top \cdots \boldsymbol{V}_1^\top \boldsymbol{V}_0^\top\right) \boldsymbol{H}_0 \left(\boldsymbol{V}_0 \boldsymbol{V}_1 \cdots \boldsymbol{V}_{k-1} \boldsymbol{V}_k\right) \\
&+ \left(\boldsymbol{V}_k^\top \boldsymbol{V}_{k-1}^\top \cdots \boldsymbol{V}_2^\top \boldsymbol{V}_1^\top\right) \left(\rho_0 \boldsymbol{s}_0 \boldsymbol{s}_0^\top\right) \left(\boldsymbol{V}_1 \boldsymbol{V}_2 \cdots \boldsymbol{V}_{k-1} \boldsymbol{V}_k\right) \\
&+ \left(\boldsymbol{V}_k^\top \boldsymbol{V}_{k-1}^\top \cdots \boldsymbol{V}_3^\top \boldsymbol{V}_2^\top\right) \left(\rho_1 \boldsymbol{s}_1 \boldsymbol{s}_1^\top\right) \left(\boldsymbol{V}_2 \boldsymbol{V}_3 \cdots \boldsymbol{V}_{k-1} \boldsymbol{V}_k\right) \\
&+ \cdots \\
&+ \left(\boldsymbol{V}_k^\top \boldsymbol{V}_{k-1}^\top\right) \left(\rho_{k-2} \boldsymbol{s}_{k-2} \boldsymbol{s}_{k-2}^\top\right) \left(\boldsymbol{V}_{k-1} \boldsymbol{V}_k\right) \\
&+ \boldsymbol{V}_k^\top \left(\rho_{k-1} \boldsymbol{s}_{k-1} \boldsymbol{s}_{k-1}^\top\right) \boldsymbol{V}_k \\
&+ \rho_k \boldsymbol{s}_k \boldsymbol{s}_k^\top
\end{aligned}$$

上式表明计算 $\boldsymbol{H}_{k+1}$ 需要用到 $\{\boldsymbol{s}_i, \boldsymbol{y}_i\}_{i=0}^{k}$. 因此，若从 $\boldsymbol{s}_0, \boldsymbol{y}_0$ 开始连续地存储 m 组 $\{\boldsymbol{s}_i, \boldsymbol{y}_i\}$，只能存储到 $\boldsymbol{s}_{m-1}$，$\boldsymbol{y}_{m-1}$，即只能算出 $\boldsymbol{H}_0, \boldsymbol{H}_1, \cdots, \boldsymbol{H}_m$，而无法算出 $\boldsymbol{H}_{m+1}, \boldsymbol{H}_{m+2}$. 为了节省内存开支，考虑舍弃一些最早生成的向量. 具体来说，计算 $\boldsymbol{H}_{m+1}$ 时，我们只使用 $\{\boldsymbol{s}_i, \boldsymbol{y}_i\}_{i=1}^{m}$，舍弃向量 $\{\boldsymbol{s}_0, \boldsymbol{y}_0\}$；同样的，计算 $\boldsymbol{H}_{m+2}$ 时，只使用 $\{\boldsymbol{s}_i, \boldsymbol{y}_i\}_{i=2}^{m+1}$，舍弃向量 $\{\boldsymbol{s}_i, \boldsymbol{y}_i\}_{i=0}^{1}$. 依此类推.

L-BFGS 方法只存储最近 m 次的迭代信息. 令 $\hat{m}=\min\{k,m-1\}$，L-BFGS 方法产生的近似矩阵 $\boldsymbol{H}_{k+1}$ 满足

$$\begin{aligned}
\boldsymbol{H}_{k+1}=&\left(\boldsymbol{V}_k^{\top}\boldsymbol{V}_{k-1}^{\top}\cdots\boldsymbol{V}_{k-\hat{m}+1}^{\top}\boldsymbol{V}_{k-\hat{m}}^{\top}\right)\boldsymbol{H}_{k+1}^{0}\left(\boldsymbol{V}_{k-\hat{m}}\boldsymbol{V}_{k-\hat{m}+1}\cdots\boldsymbol{V}_{k-1}\boldsymbol{V}_k\right)\\
&+\left(\boldsymbol{V}_k^{\top}\boldsymbol{V}_{k-1}^{\top}\cdots\boldsymbol{V}_{k-\hat{m}+2}^{\top}\boldsymbol{V}_{k-\hat{m}+1}^{\top}\right)\left(\rho_0\boldsymbol{s}_0\boldsymbol{s}_0^{\top}\right)\left(\boldsymbol{V}_{k-\hat{m}+1}\boldsymbol{V}_{k-\hat{m}+2}\cdots\boldsymbol{V}_{k-1}\boldsymbol{V}_k\right)\\
&+\left(\boldsymbol{V}_k^{\top}\boldsymbol{V}_{k-1}^{\top}\cdots\boldsymbol{V}_{k-\hat{m}+3}^{\top}\boldsymbol{V}_{k-\hat{m}+2}^{\top}\right)\left(\rho_1\boldsymbol{s}_1\boldsymbol{s}_1^{\top}\right)\left(\boldsymbol{V}_{k-\hat{m}+2}\boldsymbol{V}_{k-\hat{m}+3}\cdots\boldsymbol{V}_{k-1}\boldsymbol{V}_k\right)\\
&+\cdots\\
&+\left(\boldsymbol{V}_k^{\top}\boldsymbol{V}_{k-1}^{\top}\right)\left(\rho_{k-2}\boldsymbol{s}_{k-2}\boldsymbol{s}_{k-2}^{\top}\right)\left(\boldsymbol{V}_{k-1}\boldsymbol{V}_k\right)\\
&+\boldsymbol{V}_k^{\top}\left(\rho_{k-1}\boldsymbol{s}_{k-1}\boldsymbol{s}_{k-1}^{\top}\right)\boldsymbol{V}_k\\
&+\rho_k\boldsymbol{s}_k\boldsymbol{s}_k^{\top}
\end{aligned}\tag{6.36}$$

不同于 BFGS 方法，L-BFGS 方法每次迭代时使用的初始矩阵 $\boldsymbol{H}_k^0$ 可以不断变化. 一个简单且实用的选择是取 $\boldsymbol{H}_k^0$ 为对角阵

$$\boldsymbol{H}_k^0=\gamma_k\boldsymbol{I}$$

其中

$$\gamma_k=\frac{\boldsymbol{s}_{k-1}^{\top}\boldsymbol{y}_{k-1}}{\boldsymbol{y}_{k-1}^{\top}\boldsymbol{y}_{k-1}}$$

由于 ρ_k、$\boldsymbol{V}_k$、$\boldsymbol{s}_k$ 和 $\boldsymbol{y}_k$ 最终都可由 $\boldsymbol{d}_k$ 和 $\boldsymbol{g}_k$ 两个向量计算得到，因此，只需存储最近 m 次迭代的 $\boldsymbol{d}_k$ 和 $\boldsymbol{g}_k$，总共 $2m$ 个 n 维向量，即可算出下一步的近似矩阵. 实际 m 一般取 3~20 间的值，因此，对于 n 较大的问题，L-BFGS 方法所需的存储空间远小于 BFGS 方法. 需要注意的是，由于 L-BFGS 方法只存储最近 m 次的迭代结果，因此由式(6.36)计算出的 $\boldsymbol{H}_{k+1}$ 是 BFGS 方法得到的 $\boldsymbol{H}_{k+1}$ 的一个近似.

由式(6.36)，我们可以推导出一种递归算法来高效计算 $\boldsymbol{H}_k\nabla f(\boldsymbol{x}_k)$.

算法 6.5　双向循环递归计算 $\boldsymbol{H}_k\nabla f(\boldsymbol{x}_k)$

1. 令 $\boldsymbol{q}=\nabla f(\boldsymbol{x}_k)$，$i:=k-1$.
2. 后向循环. 计算

$$\alpha_i=\rho_i\boldsymbol{s}_i^{\top}\boldsymbol{q}$$

$$\boldsymbol{q}:=\boldsymbol{q}-\alpha_i\boldsymbol{y}_i$$

若 $i<k-m$，则停止循环，转至步骤 3；否则 $i:=i-1$，转至步骤 2.

3. 令 $\boldsymbol{r}=\boldsymbol{H}_k^0\boldsymbol{q}$，$i:=k-m$.
4. 前向循环. 计算

$$\beta=\rho_i\boldsymbol{y}_i^{\top}\boldsymbol{r}$$

$$\boldsymbol{r}:=\boldsymbol{r}+\boldsymbol{s}_i\left(\alpha_i-\beta\right)$$

算法 6.5　(续)

若 $i < k-1$，则停止循环，转至步骤 6；否则 $i := i+1$，转至步骤 5.

5. 结束迭代，此时 $\boldsymbol{H}_k \nabla f(\boldsymbol{x}_k) = \boldsymbol{r}$.

从上述算法可以看出，初始矩阵 $\boldsymbol{H}_k^0$ 的计算与循环部分是分离的，故可以在每次迭代时设置不同的初始矩阵.

L-BFGS 方法的计算步骤如下：

算法 6.6　L-BFGS 方法的计算步骤

1. 给定初始点 $\boldsymbol{x}_0 \in \mathbb{R}^n$，正整数 m，$k := 0$.
2. 若满足终止准则，则停止迭代.
3. 选择初始矩阵 $\boldsymbol{H}_k^0$.
4. 通过算法 6.5 计算 $\boldsymbol{H}_k \nabla f(\boldsymbol{x}_k)$，从而确定迭代方向 $\boldsymbol{d}_k = -\boldsymbol{H}_k \nabla f(\boldsymbol{x}_k)$.
5. 由 Wolfe 非精确线搜索确定步长 α_k，令 $\boldsymbol{x}_{k+1} = \boldsymbol{x}_k + \alpha_k \boldsymbol{d}_k$.
6. 如果 $k \geqslant m$，则删去向量 $\{\boldsymbol{s}_{k-m}, \boldsymbol{y}_{k-m}\}$.
7. $\boldsymbol{s}_k = \boldsymbol{x}_{k+1} - \boldsymbol{x}_k$，$\boldsymbol{y}_k = \nabla f(\boldsymbol{x}_{k+1}) - \nabla f(\boldsymbol{x}_k)$，$k := k+1$，转至步骤 2.

如果 L-BFGS 方法和 BFGS 方法采用相同的初始矩阵 $\boldsymbol{H}_0$，且 L-BFGS 选取 $\boldsymbol{H}_k^0 = \boldsymbol{H}^0$，则在前 $m-1$ 次迭代中，这两种方法是等价的.

L-BFGS 方法是 BFGS 方法在内存受限时的一种近似方法，适用于求解规模大的最优化问题，尤其是 Hesse 矩阵非稀疏的情形. L-BFGS 方法的主要缺点是对于 Hesse 矩阵病态的最优化问题，其收敛速度较慢.

6.8 数值实验

本节应用 BFGS 方法求解几个典型例题，并将结果与最速下降方法和基本牛顿方法进行比较. 迭代步长满足 Armijo 线搜索准则. 迭代的终止准则为 $\|\nabla f(\boldsymbol{x}_k)\|_\infty \leqslant 10^{-7}$，最大迭代次数为 5 000.

问题 1　全局最优解为 $\boldsymbol{x}^* = (0,0)^\top$，最优值为 $f(\boldsymbol{x}^*) = -1$. 初始点为 $\boldsymbol{x}_0 = (-1/2, -1/2)^\top$. 迭代点轨迹和部分迭代点信息如表6.1和图6.1所示.　相比最速下降方法和基本牛顿方法，BFGS 方法可以保证迭代方向始终为下降方向，并且有较快的收敛速度.

表 6.1　BFGS 方法求解问题 1 的部分迭代点信息

k	$\boldsymbol{x}_k^\top$	$f(\boldsymbol{x}_k)$	$\|\nabla f(\boldsymbol{x}_k)\|_\infty$
0	(−0.500 0, −0.500 0)	−0.778 8	0.389 4
1	(−0.110 6, −0.110 6)	−0.987 8	0.109 3
2	(0.041 3, 0.041 3)	−0.998 3	0.041 2
3	(−3.1719e-04, −3.1719e-04)	−1.000 0	3.1719e-04
4	(5.3639e-07, 5.3639e-07)	−1.000 0	5.3639e-07

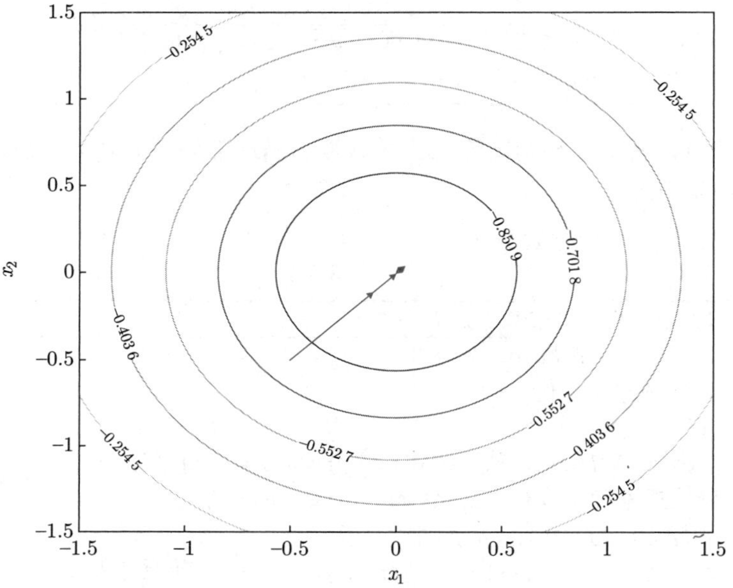

图 6.1　BFGS 方法求解问题 1 的迭代点轨迹

问题 2　全局最优解为 $\boldsymbol{x}^* = (1, 10)^{\mathsf{T}}$，最优值为 $f(\boldsymbol{x}^*) = 0$. 迭代点轨迹和部分迭代点信息如图6.2和表6.2所示，当初始点为 $\boldsymbol{x}_0 = (0, 5)^{\mathsf{T}}$ 时，BFGS 方法可以较快收敛到最优解.

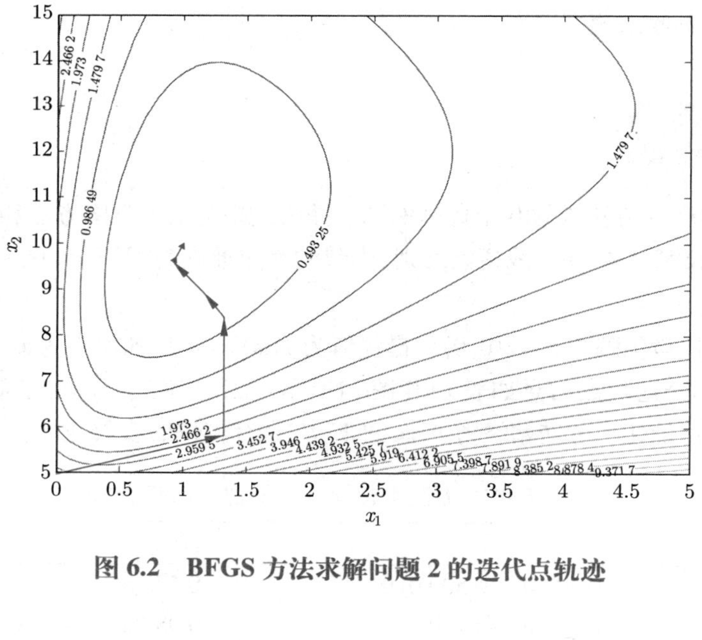

图 6.2　BFGS 方法求解问题 2 的迭代点轨迹

表 6.2　BFGS 方法求解问题 2 的部分迭代点信息

k	$\boldsymbol{x}_k^\top$	$f(\boldsymbol{x}_k)$	$\|\nabla f(\boldsymbol{x}_k)\|_\infty$
0	(0.000 0, 5.000 0)	3.637 9	2.496 9
1	(1.325 4, 5.862 5)	2.723 3	1.812 7
2	(1.320 9, 8.414 5)	0.360 0	0.679 9
3	(1.160 5, 8.940 7)	0.128 6	0.414 9
⋮	⋮	⋮	⋮
8	(1.000 0, 10.000 0)	2.2750e-12	1.2726e-06
9	(1.000 0, 10.000 0)	2.1119e-17	8.0875e-09

问题 3　全局最优解为 $\boldsymbol{x}^* = (1,1)^\top$，最优值为 $f(\boldsymbol{x}^*) = 0$. 迭代点轨迹和部分迭代点信息如图6.3和表6.3所示，当初始点为 $\boldsymbol{x}_0 = (0,0)^\top$ 时，BFGS 方法可以收敛到最优解，但速度明显慢于基本牛顿方法.

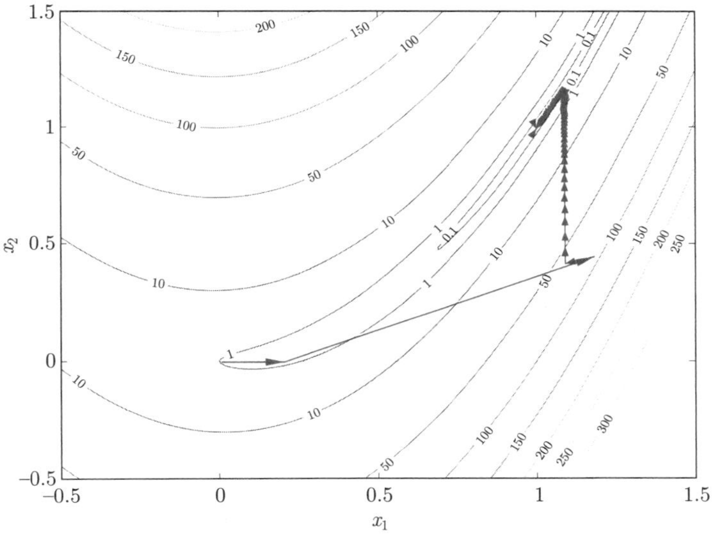

图 6.3　BFGS 方法求解问题 3 的迭代点轨迹

表 6.3　BFGS 方法求解问题 3 的部分迭代点信息

k	$\boldsymbol{x}_k^\top$	$f(\boldsymbol{x}_k)$	$\|f(\boldsymbol{x}_k)\|_\infty$
0	(0.000 0, 0.000 0)	1.000 0	2.000 0
1	(0.200 0, 0.000 0)	0.800 0	8.000 0
2	(1.178 8, 0.444 4)	89.342 7	445.951 4
3	(1.086 6, 0.413 0)	58.954 3	333.887 5
⋮	⋮	⋮	⋮
206	(1.000 0, 1.000 0)	3.7525e-14	1.0328e-06
207	(1.000 0, 1.000 0)	3.0395e-14	9.2901e-07

问题 4　全局最优解为 $\boldsymbol{x}^* = (-3.172, 12.586)^\mathsf{T}$，最优值为 $f(\boldsymbol{x}^*) = (0,0)^\mathsf{T}$. 迭代点轨迹和部分迭代点信息如图6.4和表6.4所示，当初始点为 $\boldsymbol{x}_0 = (-2.5, 12.5)^\mathsf{T}$ 时，BFGS 方法可以收敛到最优解，速度与最速下降方法相当，略慢于基本牛顿方法.

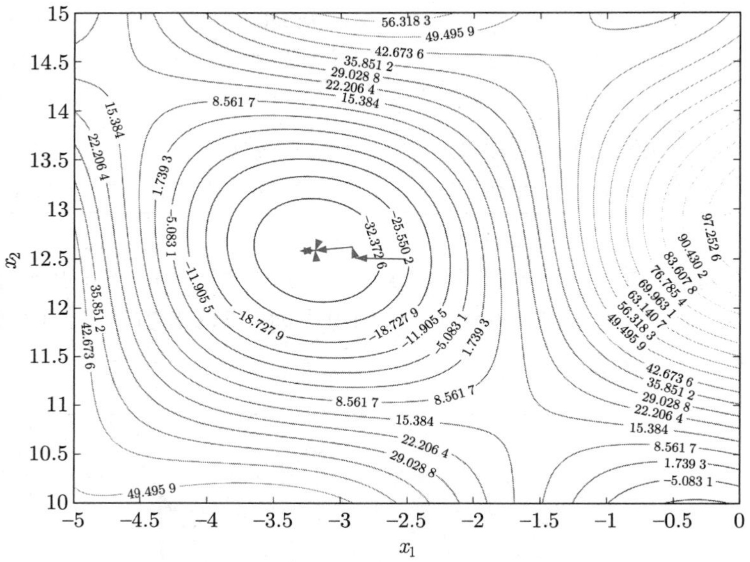

图 6.4　BFGS 方法求解问题 4 的迭代点轨迹

表 6.4　BFGS 方法求解问题 4 的部分迭代点信息

k	$\boldsymbol{x}_k^\mathsf{T}$	$f(\boldsymbol{x}_k)$	$\|\nabla f(\boldsymbol{x}_k)\|_\infty$
0	(−2.500 0, 12.500 0)	−26.184 9	37.128 4
1	(−2.873 5, 12.503 5)	−36.470 8	17.321 6
2	(−2.895 3, 12.620 6)	−36.818 2	16.657 2
3	(−3.282 5, 12.576 3)	−38.818 5	6.751 0
⋮	⋮	⋮	⋮
6	(−3.172 1, 12.585 7)	−39.195 7	1.0899e-05
7	(−3.172 1, 12.585 7)	−39.195 7	1.5869e-08

接下来，将问题 1 和问题 3 的维数增加到 10 维，得到问题 5 和问题 6.

问题 5

$$\min f(\boldsymbol{x}) = -\exp\left(-0.5\sum_{i=1}^{10} x_i^2\right)$$

函数的全局最优解为 $\boldsymbol{x}^* = (0, \cdots, 0)^\mathsf{T}$，最优值为 $f(\boldsymbol{x}^*) = -1$. 迭代点信息如表6.5所示，BFGS 方法可以较快收敛到最优解.

表 6.5 BFGS 方法求解问题 5 的迭代点信息

k	$\|\boldsymbol{x}_k - \boldsymbol{x}^*\|$	$f(\boldsymbol{x}_k)$	$\|\nabla f(\boldsymbol{x}_k)\|_\infty$
0	0.948 7	−0.637 6	0.191 3
1	0.343 8	−0.942 6	0.102 5
2	9.2595e-06	−1.000 0	2.9281e-06
3	5.6363e-07	−1.000 0	1.7823e-07

问题 6

$$\min f(\boldsymbol{x}) = \sum_{i=1}^{9} 100(x_{i+1} - x_i^2)^2 + (x_i - 1)^2$$

函数的全局最优解为 $\boldsymbol{x}^* = (1, \cdots, 1)^\mathsf{T}$，最优值为 $f(\boldsymbol{x}^*) = 0$. 部分迭代点信息如表6.6所示，BFGS 方法可以收敛到最优解，但需要更多次迭代.

表 6.6 BFGS 方法得到的部分迭代点信息

k	$\|\boldsymbol{x}_k - \boldsymbol{x}^*\|$	$f(\boldsymbol{x}_k)$	$\|\nabla f(\boldsymbol{x}_k)\|_\infty$
0	1.581 1	58.500 0	51.000 0
1	1.709 1	78.421 3	206.100 4
2	2.094 4	101.266 6	176.131 9
3	2.413 4	122.172 2	179.951 2
⋮	⋮	⋮	⋮
2 345	1.8012e-07	9.8734e-15	1.0088e-06
2 346	1.7832e-07	9.6769e-15	9.9866e-07

第 6 章习题

1. 考虑对称秩 1 公式，假设 $\boldsymbol{H}_k$ 正定，证明：若 $\boldsymbol{y}_k^\mathsf{T}(\boldsymbol{s}_k - \boldsymbol{H}_k\boldsymbol{y}_k) > 0$，则 $\boldsymbol{H}_{k+1}$ 正定，若 $\boldsymbol{y}_k^\mathsf{T}(\boldsymbol{s}_k - \boldsymbol{H}_k\boldsymbol{y}_k) < 0$，则 $\boldsymbol{H}_{k+1}$ 可能不正定.
2. 假设 $\boldsymbol{s}_k^\mathsf{T}\boldsymbol{y}_k > 0$，且 $\boldsymbol{H}_k$ 正定. 证明：对称秩 1 公式属于 Broyden 族公式类，但其 $\varphi \notin [0, 1]$.
3. 用 DFP 方法极小化二次函数

$$f(\boldsymbol{x}) = \frac{1}{2}\boldsymbol{x}^\mathsf{T}\boldsymbol{Q}\boldsymbol{x} - \boldsymbol{b}^\mathsf{T}\boldsymbol{x}$$

其中，$\boldsymbol{Q} = \boldsymbol{Q}^\mathsf{T}$ 正定.

(1) 写出 α_k 关于 $\boldsymbol{Q}, \nabla f(\boldsymbol{x}_k), \boldsymbol{d}_k$ 的表达式；

(2) 证明：如果 $\nabla f(\boldsymbol{x}_k) \neq \boldsymbol{0}$，那么有 $\alpha_k > 0$.

4. 用 DFP 方法极小化函数

$$f(\boldsymbol{x}) = \frac{x_1^4}{4} + \frac{x_2^2}{2} - x_1x_2 + x_1 - x_2$$

初始点分别取为 $[0,0]^{\mathsf{T}}$ 和 $[1.5,1]^{\mathsf{T}}$，$\boldsymbol{H}_0 = \boldsymbol{I}_2$. 对于这两个不同的初始点，DFP 方法是否收敛到同一个点? 如果不是，请解释原因.

5. 对于函数 $f:\mathbb{R}^n \to \mathbb{R}$，极小化该函数的迭代公式为 $\boldsymbol{x}_{k+1} = \boldsymbol{x}_k - \alpha_k\boldsymbol{H}_k\nabla f(\boldsymbol{x}_k)$，其中 $\boldsymbol{H}_k$ 为对称矩阵. 假设 $\boldsymbol{H}_k = \varphi\boldsymbol{H}_k^{\mathrm{DFP}} + (1-\varphi)\boldsymbol{H}_k^{\mathrm{BFGS}}$，其中 $\varphi \in \mathbb{R}$，$\boldsymbol{H}_k^{\mathrm{DFP}}$ 和 $\boldsymbol{H}_k^{\mathrm{BFGS}}$ 分别由 DFP 方法和 BFGS 方法得到.

(1) 证明：该迭代方法属于拟牛顿方法;

(2) 假设 $0 \leqslant \varphi \leqslant 1$. 证明: 如果 $\boldsymbol{H}_0^{\mathrm{DFP}} > \boldsymbol{0}$ 且 $\boldsymbol{H}_0^{\mathrm{BFGS}} > \boldsymbol{0}$, 那么对所有 k, 有 $\boldsymbol{H}_k > \boldsymbol{0}$. 该方法是否具有下降性?

6. 设对称正定矩阵 $\boldsymbol{B}$ 的特征值为 $\lambda_1,\lambda_2,\cdots,\lambda_n$，其中 $0 \leqslant \lambda_1 \leqslant \lambda_2 \leqslant \cdots \leqslant \lambda_n$. 定义如下函数:

$$\psi(\boldsymbol{B}) = \sum_{i=1}^{n}(\lambda_i - \ln\lambda_i)$$

证明: $\psi(\boldsymbol{B}) > 0$.

7. 利用对称矩阵迹的性质以及 BFGS 公式(6.19)，证明式(6.27)成立.

8. 用 L-BFGS 方法极小化扩展 Rosenbrock 函数

$$f(\boldsymbol{x}) = \sum_{i=1}^{n/2}[\alpha(x_{2i} - x_{2i-1}^2) + (1 - x_{2i-1})^2]$$

其中, α 是可变参数, 可取为 1 或 100 等. 函数极小点为 $\boldsymbol{x}^* = (1,1,\cdots,1)^{\mathsf{T}}$, $f(\boldsymbol{x}^*) = 0$. 取初始迭代点 $\boldsymbol{x}_0 = (-1,-1,\cdots,-1)^{\mathsf{T}}$，终止准则是 $\|\nabla f(\boldsymbol{x}_k)\| \leqslant 10^{-5}$. 考察不同的 $n(n = 50, 100, 500, 1\ 000)$ 下 L-BFGS 方法的收敛情况、迭代次数和计算时间，并分析 n 对该方法数值表现的影响.

第7章
共轭梯度方法

本章导读

关于无约束最优化问题，我们已经学习了以负梯度方法为代表的一阶方法和以牛顿方法为代表的二阶方法，它们都具有一定的优良性质. 然而在实际使用中，负梯度方法的收敛速度往往很慢；牛顿方法虽然收敛速度很快，但需要计算 Hesse 矩阵的逆. 一个很自然的想法是构造一种介于负梯度方法和牛顿方法之间的方法，使其既可以比负梯度方法的收敛速度快，又可以避免牛顿方法高昂的计算成本. 本章介绍的共轭梯度方法正是这样一种方法，目前广泛用于求解规模较大的无约束最优化问题.

7.1 共轭方向方法

7.1.1 方法的引入

考虑极小化正定二次函数问题

$$\min f(\boldsymbol{x}) \equiv \frac{1}{2}\boldsymbol{x}^\top \boldsymbol{Q}\boldsymbol{x} - \boldsymbol{b}^\top \boldsymbol{x} \tag{7.1}$$

其中，$\boldsymbol{Q} \in \mathbb{R}^n$ 是对称正定矩阵.

对于一种优化方法，我们希望它对于上述问题具有二次终止性，但不同于牛顿方法的一步迭代后终止，该方法只要能在有限步内终止即可. 共轭方向方法就是最早的解决此类最优化问题的一种方法.

当式(7.1)中的 $\boldsymbol{Q}$ 是对角阵时，可以很容易地将原问题转化为 n 个一元二次函数的最小化问题. 以 $n=2$ 为例，令 $\boldsymbol{Q} = \begin{pmatrix} q_1 & 0 \\ 0 & q_2 \end{pmatrix}$，$\boldsymbol{b} = (b_1, b_2)^\top$，则

$$\min_{\boldsymbol{x}\in\mathbb{R}^2} f(\boldsymbol{x}) = \min_{[\boldsymbol{x}]_1\in\mathbb{R}} f_1([\boldsymbol{x}]_1) + \min_{[\boldsymbol{x}]_2\in\mathbb{R}} f_2([\boldsymbol{x}]_2) = \min_{[\boldsymbol{x}]_2\in\mathbb{R}} \big(\min_{[\boldsymbol{x}]_1\in\mathbb{R}} f(\boldsymbol{x})\big)$$

其中，$[\boldsymbol{x}]_i$ 表示 $\boldsymbol{x}$ 的第 i 个分量，$i=1,2$.

$$f_1([\boldsymbol{x}]_1)=\frac{1}{2}(q_1[\boldsymbol{x}]_1)^2-b_1[\boldsymbol{x}]_1, f_2([\boldsymbol{x}]_2)=\frac{1}{2}(q_2[\boldsymbol{x}]_2)^2-b_2[\boldsymbol{x}]_2$$

从任意初始点 $\boldsymbol{x}_0$ 出发，只需先沿一个坐标轴方向 $\boldsymbol{e}_0$ 作精确线搜索，得到 $\tilde{\boldsymbol{x}}_1$，然后沿另一个坐标轴方向 $\boldsymbol{e}_1$ 作精确线搜索，便得到极小值点 $\tilde{\boldsymbol{x}}_2=\boldsymbol{x}^*$，如图7.1所示. 依此类推，对 n 维问题，从 $\boldsymbol{x}_0$ 出发，依次沿 n 个坐标轴方向作精确线搜索，便得 $\tilde{\boldsymbol{x}}_1,\tilde{\boldsymbol{x}}_2,\cdots,\tilde{\boldsymbol{x}}_n=\boldsymbol{x}^*$. 图7.1给出了直观解释，其目标函数为

$$\begin{aligned}f(\boldsymbol{x})&=\frac{1}{2}\boldsymbol{x}^\mathsf{T}\begin{pmatrix}2&0\\0&8\end{pmatrix}\boldsymbol{x}-(4,8)\boldsymbol{x}+8\\&=\frac{1}{2}(\boldsymbol{x}-(2,1)^\mathsf{T})^\mathsf{T}\begin{pmatrix}2&0\\0&8\end{pmatrix}(\boldsymbol{x}-(2,1)^\mathsf{T})\end{aligned}$$

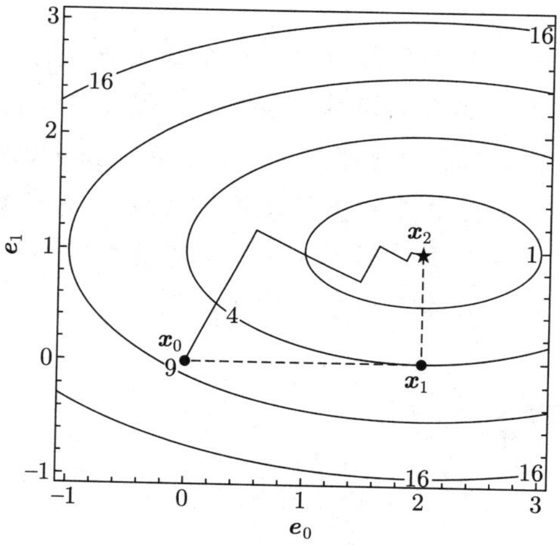

图 7.1　对正定二次函数 $f(x)$，沿负梯度方向的迭代路径 (实线) 和沿坐标轴方向的迭代路径 (虚线)

当问题(7.1)中的 $\boldsymbol{Q}$ 不是对角阵时，依次沿何种方向作精确线搜索能得到相同的结果呢？关于对称矩阵，线性代数中有一个非常重要的定理.

定理 7.1　谱定理

设 $\boldsymbol{A}$ 是 $n\times n$ 实对称矩阵，则 $\boldsymbol{A}$ 具有以下性质：

1. $\boldsymbol{A}$ 有 n 个实特征值.
2. 每个特征值的几何重数等于代数重数.
3. 属于不同特征值的特征向量正交.
4. $\boldsymbol{A}$ 可正交对角化.

♡

根据定理7.1，从 $\boldsymbol{x}_0$ 出发，依次沿 $\boldsymbol{Q}$ 的 n 个正交特征向量方向作精确线搜索，便可得

到 $\tilde{\boldsymbol{x}}_1, \tilde{\boldsymbol{x}}_2, \cdots, \tilde{\boldsymbol{x}}_n = \boldsymbol{x}^*$，如图7.2所示，其目标函数为

$$f(\boldsymbol{x}) = \frac{1}{2}\boldsymbol{x}^{\mathsf{T}}\begin{pmatrix} \frac{7}{2} & \frac{3\sqrt{3}}{2} \\ \frac{3\sqrt{3}}{2} & \frac{13}{2} \end{pmatrix}\boldsymbol{x} - \left(7 + \frac{3\sqrt{3}}{2}, \frac{13}{2} + 3\sqrt{3}\right)\boldsymbol{x} + \frac{41}{4} + 3\sqrt{3}$$

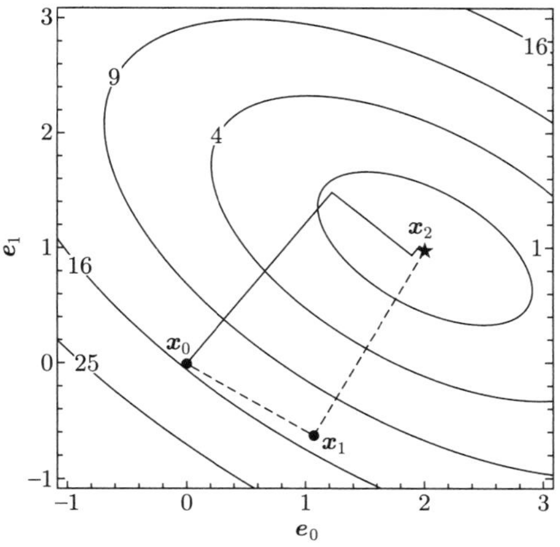

图 7.2　对正定二次函数 $f(x)$，沿负梯度方向的迭代路径 (实线) 和沿正交特征向量方向的迭代路径 (虚线)

至此最优化问题(7.1)似乎已经完美解决，然而求矩阵的特征值和特征向量需要付出较高的计算成本. 为了能处理一般的最优化问题，尤其是规模较大的最优化问题，必须另外寻找合适的迭代方向.

7.1.2　共轭的定义及性质

研究发现，共轭方向具备所要求的性质，其定义如下：

定义 7.1　共轭方向

设 $\boldsymbol{Q}$ 是 $n \times n$ 对称正定矩阵，$\boldsymbol{d}_1, \boldsymbol{d}_2$ 是 $\mathbb{R}^n$ 中的两个非零向量，若

$$\boldsymbol{d}_1^{\mathsf{T}}\boldsymbol{Q}\boldsymbol{d}_2 = 0$$

则称向量 $\boldsymbol{d}_1$ 和 $\boldsymbol{d}_2$ 是 $\boldsymbol{Q}$ 的共轭方向，简称 $\boldsymbol{Q}$ 共轭的.

设 $\boldsymbol{d}_1, \boldsymbol{d}_2, \cdots, \boldsymbol{d}_m$ 是 $\mathbb{R}^n$ 中任一组非零向量，若

$$\boldsymbol{d}_i^{\mathsf{T}}\boldsymbol{Q}\boldsymbol{d}_j = 0, \quad i, j = 1, \cdots, m; i \neq j$$

则称向量组 $\{\boldsymbol{d}_0, \boldsymbol{d}_1, \cdots, \boldsymbol{d}_m\}$ 是 $\boldsymbol{Q}$ 的两两共轭方向，简称 $\boldsymbol{Q}$ 共轭的. ♣

如果 $\boldsymbol{Q} = \boldsymbol{0}$，则任意两个 n 维非零向量是 $\boldsymbol{Q}$ 共轭的. 如果 $\boldsymbol{Q} = \boldsymbol{I}$，则共轭就是通常所说的正交.

共轭方向具有如下性质:

- 设 $\boldsymbol{Q}$ 是 $n\times n$ 对称正定矩阵, 如果 $\{\boldsymbol{d}_0,\boldsymbol{d}_1,\cdots,\boldsymbol{d}_{m-1}\}$ 是 $\boldsymbol{Q}$ 共轭的, 则 $\boldsymbol{d}_0,\boldsymbol{d}_1,\cdots,\boldsymbol{d}_{m-1}$ 是线性无关的;
- 设 $\boldsymbol{Q}$ 是 $n\times n$ 对称正定矩阵, 如果 $\{\boldsymbol{d}_0,\boldsymbol{d}_1,\cdots,\boldsymbol{d}_{m-1}\}$ 是 $\boldsymbol{Q}$ 共轭的, 则 m 的最大值为 n.

7.1.3 共轭方向方法的计算步骤及性质

所谓共轭方向方法, 就是所有迭代方向都两两共轭的方法. 下面给出一般共轭方向方法的计算步骤.

算法 7.1 共轭方向方法的计算步骤

1. 给定初始点 $\boldsymbol{x}_0\in\mathbb{R}^n$, 初始迭代方向 $\boldsymbol{d}_0$, 满足 $\boldsymbol{d}_0^{\mathsf{T}}\boldsymbol{g}_0<0$, $k:=0$.
2. 若满足终止准则, 则停止迭代.
3. 用精确线搜索方法确定步长 α_k, 令 $\boldsymbol{x}_{k+1}=\boldsymbol{x}_k+\alpha_k\boldsymbol{d}_k$.
4. 采用某种共轭方向法计算 $\boldsymbol{d}_{k+1}$, 使得

$$\boldsymbol{d}_{k+1}^{\mathsf{T}}\boldsymbol{Q}\boldsymbol{d}_j=0,\quad j=0,1,\cdots,k$$

5. $k:=k+1$, 转至步骤 2.

对于极小化正定二次函数问题(7.1), 由精确线搜索方法确定的步长因子 α_k 的显式表达式为

$$\alpha_k=-\frac{\boldsymbol{r}_k^{\mathsf{T}}\boldsymbol{d}_k}{\boldsymbol{d}_k^{\mathsf{T}}\boldsymbol{Q}\boldsymbol{d}_k}\tag{7.2}$$

其中, $\boldsymbol{r}_k=\nabla f(\boldsymbol{x}_k)=\boldsymbol{G}\boldsymbol{x}_k-\boldsymbol{b}$.

定理 7.2 表明: 在精确线搜索条件下, 共轭方向方法具有二次终止性, 即对于正定二次函数, 该方法能够在有限步内终止.

定理 7.2

对于极小化正定二次函数问题(7.1), 由任意初始点 $\boldsymbol{x}_0$ 出发, 采用精确线搜索的共轭方向方法至多经 n 步就可收敛到目标函数的极小点 $\boldsymbol{x}^*$.

证明 因为共轭方向 $\boldsymbol{d}_0,\boldsymbol{d}_1,\cdots,\boldsymbol{d}_{n-1}$ 线性无关, 故它们可以张成一个 n 维空间. 于是, 可将 $\boldsymbol{x}^*-\boldsymbol{x}_0$ 写成共轭方向的线性组合

$$\boldsymbol{x}^*-\boldsymbol{x}_0=\xi_0\boldsymbol{d}_0+\xi_1\boldsymbol{d}_1+\cdots+\xi_{n-1}\boldsymbol{d}_{n-1}$$

上式两边左乘 $\boldsymbol{d}_k^{\mathsf{T}}\boldsymbol{Q}$, 由 $\boldsymbol{d}_i,\boldsymbol{d}_j\ (i\neq j)$ 的共轭性得

$$\xi_k=\frac{\boldsymbol{d}_k^{\mathsf{T}}\boldsymbol{Q}(\boldsymbol{x}^*-\boldsymbol{x}_0)}{\boldsymbol{d}_k^{\mathsf{T}}\boldsymbol{Q}\boldsymbol{d}_k}\tag{7.3}$$

下面证明系数 ξ_k 与式(7.2)定义的步长 α_k 相等. 注意到

$$\boldsymbol{x}_k = \boldsymbol{x}_0 + \alpha_0\boldsymbol{d}_0 + \alpha_1\boldsymbol{d}_1 + \cdots + \alpha_{k-1}\boldsymbol{d}_{k-1}$$

上式两边左乘 $\boldsymbol{d}_k^\mathsf{T}\boldsymbol{Q}$，由 $\boldsymbol{d}_i, \boldsymbol{d}_j\,(i \neq j)$ 的共轭性得

$$\boldsymbol{d}_k^\mathsf{T}\boldsymbol{Q}(\boldsymbol{x}_k - \boldsymbol{x}_0) = 0$$

因此

$$\boldsymbol{d}_k^\mathsf{T}\boldsymbol{Q}(\boldsymbol{x}^* - \boldsymbol{x}_0) = \boldsymbol{d}_k^\mathsf{T}\boldsymbol{Q}(\boldsymbol{x}^* - \boldsymbol{x}_k) = \boldsymbol{d}_k^\mathsf{T}(\boldsymbol{b} - \boldsymbol{Q}\boldsymbol{d}_k) = -\boldsymbol{d}_k^\mathsf{T}\boldsymbol{r}_k$$

对比式(7.2)和式(7.3)，有 $\xi_k = \alpha_k$，定理得证.

从图7.1可以发现一个有趣的现象：当 $\boldsymbol{Q}$ 是对角阵时，每一次沿坐标轴方向的迭代依次确定极小点 $\boldsymbol{x}^*$ 的一个分量. 换句话说，在求解 k 个一维极小化问题后，迭代点达到正定二次函数在由坐标轴 $\boldsymbol{e}_1, \boldsymbol{e}_2, \cdots, \boldsymbol{e}_k$ 张成的子空间中的极小点. 定理 7.3 表明这一结果适用于一般 (非对角) 的正定二次函数.

定理 7.3　子空间扩展定理

对于极小化正定二次函数问题(7.1)，由任意初始点 $\boldsymbol{x}_0$ 出发，采用精确线搜索的共轭方向方法满足

$$\boldsymbol{r}_k^\mathsf{T}\boldsymbol{d}_j = 0, \quad j = 0, 1, \cdots, k-1 \tag{7.4}$$

且 $\boldsymbol{x}_k$ 是 $f(\boldsymbol{x})$ 在 $\boldsymbol{x}_0$ 和方向 $\boldsymbol{d}_0, \boldsymbol{d}_1, \cdots, \boldsymbol{d}_{k-1}$ 所张成的线性流形 $M_k = \{\boldsymbol{x} | \boldsymbol{x} = \boldsymbol{x}_0 + \sum_{j=0}^{k-1}\beta_k\boldsymbol{d}_j, \beta_k \in \mathbb{R}, j = 0, 1, \cdots, k-1\}$ 上的极小点.

♡

证明　我们只给出证明思路.

首先，将 $\boldsymbol{r}_k$ 改写为 $\boldsymbol{r}_j\,(j = 0, 1, \cdots, k-1)$ 的线性组合，由共轭方向的定义即可证明式(7.4).

其次，只需证明当 $\boldsymbol{x} \in M_k$ 时，$f(\boldsymbol{x}) \geqslant f(\boldsymbol{x}_k)$. 因为 $f(\boldsymbol{x})$ 是二次函数，所以 $f(\boldsymbol{x})$ 就等于 $f(\boldsymbol{x}_k)$ 的二阶泰勒展式，再利用第一个结论就可以证明第二个结论.

7.2 针对正定二次函数的共轭梯度方法

共轭梯度方法是一种共轭方向方法，由 Hestenes 和 Stiefel 独立提出. 该方法的最大特点在于无须预先给定共轭方向，而是随着迭代的进行不断产生共轭方向. 在每次迭代中，利用上一步迭代方向和目标函数在当前迭代点的梯度方向，用二者的线性组合构造一个新方向，使其与前面所有的迭代方向是 $\boldsymbol{Q}$ 共轭的. 因此，该方法所需的存储空间小，计算简便. 本节讨论针对正定二次函数的共轭梯度方法及其性质，7.3 节讨论针对一般非线性函数的共轭梯度方法.

7.2.1 方法的推导

在共轭梯度方法中，迭代方向 $\boldsymbol{d}_k$ 是负梯度方向 $-\nabla f(\boldsymbol{x}_k)$(即 $-\boldsymbol{r}_k$) 和前一个迭代方向 $\boldsymbol{d}_{k-1}$ 的线性组合，即

$$\boldsymbol{d}_k = -\boldsymbol{r}_k + \beta_{k-1}\boldsymbol{d}_{k-1} \tag{7.5}$$

其中，系数 β_{k-1} 是由 $\boldsymbol{d}_{k-1}$ 和 $\boldsymbol{d}_k$ 确定的. 具体地，左乘 $\boldsymbol{d}_{k-1}^{\mathsf{T}}\boldsymbol{Q}$，为了让 $\boldsymbol{d}_{k-1}^{\mathsf{T}}\boldsymbol{Q}\boldsymbol{d}_k = 0$，得

$$\beta_{k-1} = \frac{\boldsymbol{r}_k^{\mathsf{T}}\boldsymbol{Q}\boldsymbol{d}_{k-1}}{\boldsymbol{d}_{k-1}^{\mathsf{T}}\boldsymbol{Q}\boldsymbol{d}_{k-1}}$$

由于 $\boldsymbol{r}_k - \boldsymbol{r}_{k-1} = \alpha_{k-1}\boldsymbol{Q}\boldsymbol{d}_{k-1}$，上式可改写为

$$\beta_{k-1} = \frac{\boldsymbol{r}_k^{\mathsf{T}}(\boldsymbol{r}_k - \boldsymbol{r}_{k-1})}{\boldsymbol{d}_{k-1}^{\mathsf{T}}(\boldsymbol{r}_k - \boldsymbol{r}_{k-1})}$$

由式(7.4)和式(7.5)，上式可进一步简化为

$$\beta_{k-1} = \frac{\boldsymbol{r}_k^{\mathsf{T}}\boldsymbol{r}_k}{\boldsymbol{r}_{k-1}^{\mathsf{T}}\boldsymbol{r}_{k-1}} \tag{7.6}$$

由于极小化正定二次函数问题(7.1)等价于求解线性方程组 $\boldsymbol{Q}\boldsymbol{x} - \boldsymbol{b} = \boldsymbol{0}$，故基于式(7.5)和式(7.6)的共轭梯度方法也称为线性共轭梯度方法. 下面给出共轭梯度方法的计算步骤.

算法 7.2 共轭梯度方法的计算步骤

1. 给定初始点 $\boldsymbol{x}_0 \in \mathbb{R}^n$，$\boldsymbol{r}_0 = \boldsymbol{Q}\boldsymbol{x}_0 - \boldsymbol{b}$，初始迭代方向 $\boldsymbol{d}_0 = -\boldsymbol{r}_0$，$k := 0$.
2. 若满足终止准则，则停止迭代.
3. 计算

$$\begin{aligned}
\alpha_k &= -\frac{\boldsymbol{r}_k^{\mathsf{T}}\boldsymbol{r}_k}{\boldsymbol{d}_k^{\mathsf{T}}\boldsymbol{Q}\boldsymbol{d}_k} \\
\boldsymbol{x}_{k+1} &= \boldsymbol{x}_k + \alpha_k\boldsymbol{d}_k \\
\boldsymbol{r}_{k+1} &= \boldsymbol{Q}\boldsymbol{x}_{k+1} - \boldsymbol{b} \\
\beta_k &= \frac{\boldsymbol{r}_{k+1}^{\mathsf{T}}\boldsymbol{r}_{k+1}}{\boldsymbol{r}_k^{\mathsf{T}}\boldsymbol{r}_k} \\
\boldsymbol{d}_{k+1} &= -\boldsymbol{r}_{k+1} + \beta_k\boldsymbol{d}_k
\end{aligned}$$

4. $k := k+1$，转至步骤 2.

7.2.2 方法的性质

定理 7.4 给出了共轭梯度方法的基本性质. 首先，迭代方向 $\boldsymbol{d}_0, \boldsymbol{d}_1, \cdots, \boldsymbol{d}_{n-1}$ 是 $\boldsymbol{Q}$ 共轭的，故由定理 7.2 可知，方法最多在 n 步内收敛. 其次，向量 $\boldsymbol{r}_i$ 是相互正交的. 最后，每个

迭代方向 $\boldsymbol{d}_k$ 和向量 $\boldsymbol{r}_k$ 均在 $\boldsymbol{r}_0$ 度为 k 的 Krylov 空间中，其定义如下：

$$\mathcal{K}(\boldsymbol{r}_0;k)=\operatorname{span}\{\boldsymbol{r}_0,\boldsymbol{Q}\boldsymbol{r}_0,\cdots,\boldsymbol{Q}^k\boldsymbol{r}_0\}$$

定理 7.4

设 $\boldsymbol{Q}$ 是 $n\times n$ 对称正定矩阵，$f(\boldsymbol{x})=\dfrac{1}{2}\boldsymbol{x}^\top\boldsymbol{Q}\boldsymbol{x}-\boldsymbol{b}^\top\boldsymbol{x}$. 由任意初始点 $\boldsymbol{x}_0$ 出发，取 $\boldsymbol{d}_0=-\boldsymbol{r}_0$，则采用精确线搜索的共轭梯度方法在 n 步内终止，且对 $1\leqslant k\leqslant n$ 有

$$\text{共轭方向}:\boldsymbol{d}_k^\top\boldsymbol{Q}\boldsymbol{d}_i=0,\quad i=0,1,\cdots,k-1 \tag{7.7}$$

$$\text{正交向量}:\boldsymbol{r}_k^\top\boldsymbol{r}_i=0,\quad i=0,1,\cdots,k-1 \tag{7.8}$$

$$\text{下降方向}:\boldsymbol{d}_k^\top\boldsymbol{r}_k=-\boldsymbol{r}_k^\top\boldsymbol{r}_k \tag{7.9}$$

$$\operatorname{span}\{\boldsymbol{r}_0,\boldsymbol{r}_1,\cdots,\boldsymbol{r}_k\}=\operatorname{span}\{\boldsymbol{r}_0,\boldsymbol{Q}\boldsymbol{r}_0,\cdots,\boldsymbol{Q}^k\boldsymbol{r}_0\} \tag{7.10}$$

$$\operatorname{span}\{\boldsymbol{d}_0,\boldsymbol{d}_1,\cdots,\boldsymbol{d}_k\}=\operatorname{span}\{\boldsymbol{r}_0,\boldsymbol{Q}\boldsymbol{r}_0,\cdots,\boldsymbol{Q}^k\boldsymbol{r}_0\} \tag{7.11}$$

♡

证明　采用数学归纳法. 当 $k=1$ 时，式(7.7)成立. 当 $k=0$ 时，式(7.10)和式(7.11)成立. 假设这三个等式对某个 k 成立，证明对于 $k+1$，这些等式亦成立.

对于式(7.10)，先证明等式左边集合包含于等式右边集合. 由归纳法假设知

$$\boldsymbol{r}_k\in\operatorname{span}\{\boldsymbol{r}_0,\boldsymbol{Q}\boldsymbol{r}_0,\cdots,\boldsymbol{Q}^k\boldsymbol{r}_0\},\quad \boldsymbol{d}_k\in\operatorname{span}\{\boldsymbol{r}_0,\boldsymbol{Q}\boldsymbol{r}_0,\cdots,\boldsymbol{Q}^k\boldsymbol{r}_0\}$$

第二式两边左乘 $\boldsymbol{Q}$，得

$$\boldsymbol{Q}\boldsymbol{d}_k\in\operatorname{span}\{\boldsymbol{Q}\boldsymbol{r}_0,\boldsymbol{Q}^2\boldsymbol{r}_0,\cdots,\boldsymbol{Q}^{k+1}\boldsymbol{r}_0\}$$

由于

$$\boldsymbol{r}_{k+1}-\boldsymbol{r}_k=\alpha_k\boldsymbol{Q}\boldsymbol{d}_k \tag{7.12}$$

故

$$\boldsymbol{r}_{k+1}\in\operatorname{span}\{\boldsymbol{r}_0,\boldsymbol{Q}\boldsymbol{r}_0,\cdots,\boldsymbol{Q}^{k+1}\boldsymbol{r}_0\}$$

由式(7.10)，可得

$$\operatorname{span}\{\boldsymbol{g}_0,\boldsymbol{g}_1,\cdots,\boldsymbol{g}_{k+1}\}\subset\operatorname{span}\{\boldsymbol{r}_0,\boldsymbol{Q}\boldsymbol{r}_0,\cdots,\boldsymbol{Q}^{k+1}\boldsymbol{r}_0\} \tag{7.13}$$

反之，由式(7.11)，有

$$\boldsymbol{Q}^{k+1}\boldsymbol{r}_0=\boldsymbol{Q}(\boldsymbol{Q}^k\boldsymbol{r}_0)\in\operatorname{span}\{\boldsymbol{Q}\boldsymbol{d}_0,\boldsymbol{Q}\boldsymbol{d}_1,\cdots,\boldsymbol{Q}\boldsymbol{d}_k\}$$

由式(7.12)有 $\boldsymbol{Q}\boldsymbol{d}_i=(\boldsymbol{r}_{i+1}-\boldsymbol{r}_i)/\alpha_i$，$i=0,1,\cdots,k$，故

$$\boldsymbol{Q}^{k+1}\boldsymbol{d}_0\in\operatorname{span}\{\boldsymbol{r}_0,\boldsymbol{r}_1,\cdots,\boldsymbol{r}_{k+1}\}$$

再由式(7.10)，可得

$$\operatorname{span}\{\boldsymbol{r}_0,\boldsymbol{Q}\boldsymbol{r}_0,\cdots,\boldsymbol{Q}^{k+1}\boldsymbol{r}_0\}\in\{\boldsymbol{d}_0,\boldsymbol{d}_1,\cdots,\boldsymbol{d}_{k+1}\} \tag{7.14}$$

式(7.13)和式(7.14)表明式(7.10)对 $k+1$ 成立.

类似地，可以证明式(7.11)也对 $k+1$ 成立.

接下来，证明式(7.7)也对 $k+1$ 成立. 利用式(7.5)，可得

$$\boldsymbol{d}_{k+1}^{\mathsf{T}}\boldsymbol{Q}\boldsymbol{d}_i = -\boldsymbol{r}_{k+1}^{\mathsf{T}}\boldsymbol{Q}\boldsymbol{d}_k + \beta_k\boldsymbol{d}_k^{\mathsf{T}}\boldsymbol{Q}\boldsymbol{d}_i, \quad i=0,1,\cdots,k \tag{7.15}$$

由 β_k 的定义知，当 $i=k$ 时，上式右边项等于 0. 当 $i<k$ 时，首先由式 (7.7) 可知 $\boldsymbol{d}_0,\boldsymbol{d}_1,\cdots,\boldsymbol{d}_k$ 是共轭的，故由定理 7.3，可得

$$\boldsymbol{r}_{k+1}^{\mathsf{T}}\boldsymbol{d}_i = 0, \quad i=0,1,\cdots,k \tag{7.16}$$

其次，重复利用式(7.10)，对 $i=0,1,\cdots,k-1$，有

$$\begin{aligned}\boldsymbol{Q}\boldsymbol{d}_i &\in \boldsymbol{Q}\mathrm{span}\{\boldsymbol{r}_0,\boldsymbol{Q}\boldsymbol{r}_0,\cdots,\boldsymbol{Q}^i\boldsymbol{r}_0\}\\ &\subset \mathrm{span}\{\boldsymbol{d}_0,\boldsymbol{d}_1,\cdots,\boldsymbol{d}_{i+1}\}\end{aligned} \tag{7.17}$$

由式(7.16)和式(7.17)可得

$$\boldsymbol{r}_{k+1}^{\mathsf{T}}\boldsymbol{Q}\boldsymbol{d}_k = 0, \quad i=0,1,\cdots,k-1$$

故式(7.15)右边第一项为 0, 又由式 (7.7) 知式(7.15)右边第二项也为 0, 从而 $\boldsymbol{d}_{k+1}^{\mathsf{T}}\boldsymbol{Q}\boldsymbol{d}_i=0$, $i=0,1,\cdots,k$. 此表明共轭梯度方法产生的迭代方向的确是共轭的，从而由定理 7.2 可知方法一定能在 n 步内终止.

然后, 证明式(7.7). 因为迭代方向是共轭的, 故由式(7.4)可得 $\boldsymbol{r}_k^{\mathsf{T}}\boldsymbol{d}_i=0, i=0,1,\cdots,k-1, k=1,2,\cdots,n-1$. 由式(7.5)可知

$$\boldsymbol{r}_i = -\boldsymbol{d}_i + \beta_{i-1}\boldsymbol{d}_{i-1}$$

于是 $\boldsymbol{r}_i\in\mathrm{span}\{\boldsymbol{d}_i,\boldsymbol{d}_{i-1}\}, i=1,\cdots,k-1$. 由此可得 $\boldsymbol{r}_k^{\mathsf{T}}\boldsymbol{r}_i=0, i=1,\cdots,k-1$. 当 $i=0$ 时，由于 $\boldsymbol{d}_0=-\boldsymbol{g}_0$，又利用式(7.4)，可得 $\boldsymbol{r}_k^{\mathsf{T}}\boldsymbol{r}_0=-\boldsymbol{r}_k^{\mathsf{T}}\boldsymbol{d}_0=0$.

最后，由式(7.4)和式(7.5)可证明式(7.9).

需要注意的是，定理7.4的结论依赖于 $\boldsymbol{d}_0=-\boldsymbol{r}_0=-\nabla f(\boldsymbol{x}_0)$，即初始迭代方向 $\boldsymbol{d}_0$ 取为负梯度方向，否则由式(7.5)产生的迭代方向可能不共轭. 例如，对于如下最优化问题

$$\min f(x_1,x_2)=x_1^2+2x_2^2$$

其中，$\boldsymbol{Q}=\begin{pmatrix}1 & 0\\ 0 & 2\end{pmatrix}$. 选取初始点为 $\boldsymbol{x}_0=(0,1)^{\mathsf{T}}$，$\boldsymbol{r}_0=(0,4)^{\mathsf{T}}$. 初始迭代方向为 $\boldsymbol{d}_0=(-1,-1)^{\mathsf{T}}$，故有 $\boldsymbol{r}_0^{\mathsf{T}}\boldsymbol{d}_0<0$，采用精确线搜索方法得步长 $\alpha_0=\arg\min\limits_{\alpha>0} f(\boldsymbol{x}_0+\alpha\boldsymbol{d}_0)=2/3$，从而 $\boldsymbol{x}_1=\boldsymbol{x}_0+\alpha_0\boldsymbol{d}_0=(-2/3,1/3)^{\mathsf{T}}$，$\boldsymbol{r}_1=(-4/3,4/3)^{\mathsf{T}}$，$\beta_0=9/2$，$\boldsymbol{d}_1=-\boldsymbol{r}_1+\beta_0\boldsymbol{d}_0=(-14/9,10/9)^{\mathsf{T}}$，即有

$$\boldsymbol{d}_1^{\mathsf{T}}\boldsymbol{Q}\boldsymbol{d}_0=-\frac{2}{3}\neq 0$$

本节最后简要介绍一下共轭梯度方法的收敛速度. 定义

$$\kappa(\boldsymbol{Q})=\|\boldsymbol{Q}\|_2\|\boldsymbol{Q}^{-1}\|_2=\frac{\lambda_{\max}}{\lambda_{\min}}$$

其中，$\lambda_{\max}$ 和 $\lambda_{\min}$ 分别是矩阵 $\boldsymbol{Q}$ 的最大、最小特征值. 可以证明

$$\|\boldsymbol{x}_k-\boldsymbol{x}^*\|_{\boldsymbol{Q}}\leqslant 2\left(\frac{\sqrt{\kappa(\boldsymbol{Q})}-1}{\sqrt{\kappa(\boldsymbol{Q})}+1}\right)^k\|\boldsymbol{x}_0-\boldsymbol{x}^*\|_{\boldsymbol{Q}} \tag{7.18}$$

其中，$\|\boldsymbol{x}\|_{\boldsymbol{Q}}=\boldsymbol{x}^{\top}\boldsymbol{Q}\boldsymbol{x}$. 与最速下降方法的收敛速度 (定理 4.6) 相比，共轭梯度方法的收敛速度取决于 $\sqrt{\kappa(\boldsymbol{Q})}$ 而非 $\kappa(\boldsymbol{Q})$.

7.2.3　预处理技术

我们可以通过改善矩阵 $\boldsymbol{G}$ 条件数的方式提高共轭梯度方法的收敛速度，这种方式称为预处理.

设 $\boldsymbol{C}$ 是一个非奇异矩阵，令

$$\hat{\boldsymbol{x}}=\boldsymbol{C}\boldsymbol{x} \tag{7.19}$$

将 $\boldsymbol{x}=\boldsymbol{C}^{-1}\hat{\boldsymbol{x}}$ 代入最优化问题(7.1)，则该问题变为

$$\min \hat{f}(\hat{\boldsymbol{x}})=\frac{1}{2}\hat{\boldsymbol{x}}(\boldsymbol{C}^{-\top}\boldsymbol{Q}\boldsymbol{C}^{-1})\hat{\boldsymbol{x}}-(\boldsymbol{C}^{-1}\boldsymbol{b})^{\top}\hat{\boldsymbol{x}} \tag{7.20}$$

等价于求解线性方程组

$$((\boldsymbol{C}^{-1})^{\top}\boldsymbol{Q}\boldsymbol{C}^{-1})\hat{\boldsymbol{x}}=(\boldsymbol{C}^{-1})^{\top}\boldsymbol{b}$$

于是，共轭梯度方法的收敛速度将取决于矩阵 $(\boldsymbol{C}^{-1})^{\top}\boldsymbol{Q}\boldsymbol{C}^{-1}$ 而非矩阵 $\boldsymbol{Q}$ 的条件数. 因此，如果能选择合适的非奇异矩阵 $\boldsymbol{C}$ 使得 $(\boldsymbol{C}^{-1})^{\top}\boldsymbol{Q}\boldsymbol{C}^{-1}$ 的条件数小于 $\boldsymbol{Q}$ 的条件数，则共轭梯度方法的收敛速度将会加快. 定义 $\boldsymbol{M}=\boldsymbol{C}^{\top}\boldsymbol{C}$，将算法 7.2 直接应用于最优化问题(7.20)，即可得到预处理共轭梯度方法.

预处理共轭梯度方法的计算步骤如下：

算法 7.3　预处理共轭梯度方法的计算步骤

1. 给定初始点 $\boldsymbol{x}_0\in\mathbb{R}^n$，预处理矩阵 $\boldsymbol{M}$.
2. 令 $\boldsymbol{r}_0=\boldsymbol{Q}\boldsymbol{x}_0-\boldsymbol{b}$，解 $\boldsymbol{M}\boldsymbol{y}_0=\boldsymbol{r}_0$ 得 $\boldsymbol{y}_0$，令 $\boldsymbol{d}_0=-\boldsymbol{y}_0$，$k:=0$.
3. 若满足终止准则，则停止迭代.
4. 计算

$$\begin{aligned}\alpha_k&=-\frac{\boldsymbol{r}_k^{\top}\boldsymbol{y}_k}{\boldsymbol{d}_k^{\top}\boldsymbol{Q}\boldsymbol{d}_k}\\ \boldsymbol{x}_{k+1}&=\boldsymbol{x}_k+\alpha_k\boldsymbol{d}_k\\ \boldsymbol{r}_{k+1}&=\boldsymbol{r}_k+\alpha_k\boldsymbol{Q}\boldsymbol{d}_k\end{aligned}$$

5. 解 $\boldsymbol{M}\boldsymbol{y}=\boldsymbol{r}_{k+1}$ 得 $\boldsymbol{y}_{k+1}$.
6. 计算

$$\begin{aligned}\beta_k&=\frac{\boldsymbol{r}_{k+1}^{\top}\boldsymbol{y}_{k+1}}{\boldsymbol{r}_k^{\top}\boldsymbol{y}_k}\\ \boldsymbol{d}_{k+1}&=-\boldsymbol{y}_{k+1}+\beta_k\boldsymbol{d}_k\end{aligned}$$

7. $k:=k+1$，转至步骤 3.

如果令 $\boldsymbol{M}=\boldsymbol{I}$，则预处理共轭梯度算法 7.3 就是标准的共轭梯度算法 7.2. 算法 7.2 的

性质可以推广到算法 7.3. 例如，向量 $\boldsymbol{r}_i$ 的正交性式(7.8)变为

$$\boldsymbol{r}_i^{\mathsf{T}}\boldsymbol{M}^{-1}\boldsymbol{r}_j = 0, \quad \forall i \neq j$$

从计算角度看，预处理共轭梯度方法与无预处理的共轭梯度方法相比，需要多求解一个线性方程组 $\boldsymbol{M}\boldsymbol{y} = \boldsymbol{r}_{k+1}$.

7.3 非线性共轭梯度方法

7.2 节讨论了极小化正定二次函数的共轭梯度方法. 本节将其推广到一般的非线性函数. 求解一般的非线性最优化问题的共轭梯度方法称为非线性共轭梯度方法.

类似于线性共轭梯度方法，非线性共轭梯度方法的迭代方向仍是当前的负梯度方向与上一次迭代方向的线性组合

$$\boldsymbol{d}_k = -\nabla f(\boldsymbol{x}_k) + \beta_{k-1}\boldsymbol{d}_{k-1}, \quad k \geqslant 1$$

选取不同的 β_{k-1}，便得到不同的共轭梯度方法. 其中，最为著名的两种方法是 FR 方法[15] 以及 PRP 方法[16,17]. 两种方法的 β_{k-1} 分别为

- FR 方法

$$\beta_{k-1}^{\text{FR}} = \frac{\nabla f(\boldsymbol{x}_k)^{\mathsf{T}}\nabla f(\boldsymbol{x}_k)}{\nabla f(\boldsymbol{x}_{k-1})^{\mathsf{T}}\nabla f(\boldsymbol{x}_{k-1})}$$

- PRP 方法

$$\beta_{k-1}^{\text{PRP}} = \frac{\nabla f(\boldsymbol{x}_k)^{\mathsf{T}}[\nabla f(\boldsymbol{x}_k) - \nabla f(\boldsymbol{x}_{k-1})]}{\nabla f(\boldsymbol{x}_{k-1})^{\mathsf{T}}\nabla f(\boldsymbol{x}_{k-1})}$$

7.3.1 FR 方法

FR 方法是首个非线性共轭梯度方法. 该方法在线性共轭梯度方法的基础上做了一处调整，即不再采用精确线搜索方法确定步长 α_k，而是改用非精确线搜索方法，其计算步骤见算法 7.4.

算法 7.4 FR 方法的计算步骤

1. 给定初始点 $\boldsymbol{x}_0 \in \mathbb{R}^n$，初始迭代方向 $\boldsymbol{x}_0 = -\nabla f(\boldsymbol{x}_0)$，$k := 0$.
2. 若满足终止准则，则停止迭代.
3. 用非精确线搜索方法求 α_k，令 $\boldsymbol{x}_{k+1} = \boldsymbol{x}_k + \alpha_k\boldsymbol{d}_k$.
4. 计算

$$\beta_k = \frac{\nabla f(\boldsymbol{x}_{k+1})^{\mathsf{T}}\nabla f(\boldsymbol{x}_{k+1})}{\nabla f(\boldsymbol{x}_k)^{\mathsf{T}}\nabla f(\boldsymbol{x}_k)} \tag{7.21}$$

$$\boldsymbol{d}_{k+1} = -\nabla f(\boldsymbol{x}_{k+1}) + \beta_k\boldsymbol{d}_k \tag{7.22}$$

5. $k := k + 1$，转至步骤 2.

如果 f 是正定二次函数，步长 α_k 由精确线搜索方法得到，算法 7.4 就是线性共轭梯度算法 7.2. 由于算法 7.4 中每次迭代仅需要目标函数值和梯度值，未涉及矩阵存储和计算，故非常适合求解规模较大的非线性最优化问题.

接下来讨论 FR 方法的理论性质，包括下降性和收敛性. 定理 7.5 表明当使用强 Wolfe 非精确线搜索准则并保证 $\sigma \in (0, 1/2)$ 时，得到的迭代方向是下降方向.

定理 7.5

对于 FR 方法，如果步长 α_k 满足强 Wolfe 非精确线搜索准则，且 $\sigma \in \left(0, \dfrac{1}{2}\right)$，则迭代方向 $\boldsymbol{d}_k$ 满足

$$-\frac{1}{1-\sigma} \leqslant \frac{\nabla f(\boldsymbol{x}_k)^\top \boldsymbol{d}_k}{\|\nabla f(\boldsymbol{x}_k)\|^2} \leqslant \frac{2\sigma-1}{1-\sigma}, \quad k=0,1,\cdots \tag{7.23}$$

因此，$\boldsymbol{d}_k$ 是下降方向.

证明　用数学归纳法证明式(7.23). 当 $k=0$，$\boldsymbol{d}_0=-\nabla f(\boldsymbol{x}_0)$ 时，有

$$\frac{\nabla f(\boldsymbol{x}_0)^\top \boldsymbol{d}_0}{\|\nabla f(\boldsymbol{x}_0)\|^2} = -1$$

故式(7.23)成立.

假设对任意 $k-1$，式(7.23)成立. 由式(7.21)和式(7.22)有

$$\begin{aligned}\frac{\nabla f(\boldsymbol{x}_k)^\top \boldsymbol{d}_k}{\|\nabla f(\boldsymbol{x}_k)\|^2} &= -1+\beta_{k-1}\frac{\nabla f(\boldsymbol{x}_k)^\top \boldsymbol{d}_{k-1}}{\|\nabla f(\boldsymbol{x}_k)\|^2} \\ &= -1+\frac{\nabla f(\boldsymbol{x}_k)^\top \boldsymbol{d}_{k-1}}{\|\nabla f(\boldsymbol{x}_{k-1})\|^2}\end{aligned} \tag{7.24}$$

由强 Wolfe 非精确线搜索准则知

$$|\nabla f(\boldsymbol{x}_k)^\top \boldsymbol{d}_{k-1}| \leqslant -\sigma \nabla f(\boldsymbol{x}_{k-1})^\top \boldsymbol{d}_{k-1}$$

将上式与式(7.24)相结合有

$$-1+\sigma\frac{\nabla f(\boldsymbol{x}_{k-1})^\top \boldsymbol{d}_{k-1}}{\|\nabla f(\boldsymbol{x}_{k-1})\|^2} \leqslant \frac{\nabla f(\boldsymbol{x}_k)^\top \boldsymbol{d}_k}{\|\nabla f(\boldsymbol{x}_k)\|^2} \leqslant -1-\sigma\frac{\nabla f(\boldsymbol{x}_{k-1})^\top \boldsymbol{d}_{k-1}}{\|\nabla f(\boldsymbol{x}_{k-1})\|^2} \tag{7.25}$$

由式(7.25)的第一个不等式与归纳假设知

$$-1-\frac{\sigma}{1-\sigma} = -\frac{1}{1-\sigma} \leqslant \frac{\nabla f(\boldsymbol{x}_k)^\top \boldsymbol{d}_k}{\|\nabla f(\boldsymbol{x}_k)\|^2}$$

由式(7.25)的第二个不等式与归纳假设知

$$\frac{\nabla f(\boldsymbol{x}_k)^\top \boldsymbol{d}_k}{\|\nabla f(\boldsymbol{x}_k)\|^2} \leqslant -1+\sigma\frac{1}{1-\sigma} = \frac{2\sigma-1}{1-\sigma}$$

即式(7.23)对 k 也成立，从而式(7.23)成立.

由于 $\dfrac{2\sigma-1}{1-\sigma}$ 在 $\sigma \in \left(0, \dfrac{1}{2}\right)$ 上单调递增，且对于任意 $\sigma \in \left(0, \dfrac{1}{2}\right)$，有 $-1 < \dfrac{2\sigma-1}{1-\sigma} < 0$. 因此，由式(7.23)可知 $\boldsymbol{d}_k$ 是下降方向.

接下来讨论 FR 方法的收敛性.

定理 7.6

设在水平集 $L=\{\boldsymbol{x}\in\mathbb{R}^n|f(\boldsymbol{x})\leqslant f(\boldsymbol{x}_0)\}$ 上，$f(\boldsymbol{x})$ 有下界，梯度函数 $\nabla f(\boldsymbol{x})$ 满足 Lipschitz 条件，则采用精确线搜索的 FR 方法产生的迭代序列 $\{\boldsymbol{x}_k\}$ 或者对某个有限 k 有 $\nabla f(\boldsymbol{x}_k)=0$，或者 $\lim\inf\limits_{k\to\infty}\|\nabla f(\boldsymbol{x}_k)\|=0$. ♡

证明　假定对所有 k，$\nabla f(\boldsymbol{x}_k)\neq\boldsymbol{0}$. 由于 $\boldsymbol{d}_k=-\nabla f(\boldsymbol{x}_k)+\beta_{k-1}\boldsymbol{d}_{k-1}$，故

$$\nabla f(\boldsymbol{x}_k)^{\mathrm{T}}\boldsymbol{d}_k=-\|\nabla f(\boldsymbol{x}_k)\|^2+\beta_{k-1}\nabla f(\boldsymbol{x}_k)^{\mathrm{T}}\boldsymbol{d}_{k-1}=-\|\nabla f(\boldsymbol{x}_k)\|^2<0$$

从而 $\boldsymbol{d}_k$ 是下降方向. 由于 $\{f(\boldsymbol{x}_k)\}$ 是单调下降且有下界的序列，故 $\lim\limits_{k\to\infty}f(\boldsymbol{x}_k)=f^*$ 存在. 由 $\{\boldsymbol{x}_k\}\subset L$ 及 L 有界，可知 $\{\boldsymbol{x}_k\}$ 是有界点列，故存在收敛子列 $\{\boldsymbol{x}_k\}_{k\in K_1}\to\boldsymbol{x}^*$，这里 K_1 是子序列的下标集. 由于 $\{\boldsymbol{x}_k\}_{k\in K_1}\subset\{\boldsymbol{x}_k\}$，故 $\{f(\boldsymbol{x}_k)\}_{k\in K_1}\subset\{f(\boldsymbol{x}_k)\}$，从而由 f 的连续性可知，对于 $k\in K_1$，有

$$f(\boldsymbol{x}^*)=\lim_{k\to\infty,k\in K_1}f(\boldsymbol{x}_k)=f^*$$

类似地，$\{\boldsymbol{x}_{k+1}\}$ 也是有界点列，故存在 $\{\boldsymbol{x}_{k+1}\}_{K_2}\to\hat{\boldsymbol{x}}^*$，这里 K_2 是 $\{\boldsymbol{x}_{k+1}\}$ 的子序列的下标集. 于是，对于 $k+1\in K_2$，有

$$f(\hat{\boldsymbol{x}}^*)=\lim_{k\to\infty,k+1\in K_2}f(\boldsymbol{x}_{k+1})=f^*$$

因此

$$f(\hat{\boldsymbol{x}}^*)=f^* \tag{7.26}$$

下面用反证法证明 $\nabla f(\boldsymbol{x}^*)=\boldsymbol{0}$. 假定 $\nabla f(\boldsymbol{x}^*)\neq\boldsymbol{0}$，则存在一个方向 $\boldsymbol{d}^*$，使得对于充分小的 α，有

$$f(\boldsymbol{x}^*+\alpha\boldsymbol{d}^*)<f(\boldsymbol{x}^*) \tag{7.27}$$

由于 α_k 是由精确线搜索方法确定的，于是有

$$f(\boldsymbol{x}_{k+1})=f(\boldsymbol{x}_k+\alpha_k\boldsymbol{d}_k)\leqslant f(\boldsymbol{x}_k+\alpha\boldsymbol{d}_k),\quad\forall\alpha>0$$

因此，对于 $k+1\in K_2$，令 $k\to\infty$，并利用式(7.27)得

$$f(\hat{\boldsymbol{x}}^*)\leqslant f(\boldsymbol{x}^*+\alpha\boldsymbol{d}^*)<f(\boldsymbol{x}^*)$$

这与式(7.26)矛盾. 由此证明了 $\nabla f(\boldsymbol{x}^*)=\boldsymbol{0}$.

关于 FR 方法的收敛速度，我们有以下结果：在定理 7.6 的条件下，采用精确线搜索的 FR 方法产生的迭代序列 $\{\boldsymbol{x}_k\}$ 线性收敛到 $f(\boldsymbol{x})$ 的极小点 $\boldsymbol{x}^*$.

7.3.2　PRP 方法

Polak、Ribière 和 Polyak 对 FR 方法中 β_k 的计算公式进行了修正，提出了 PRP 方法. 将算法 7.4 中式(7.21)替换为

$$\beta_k = \frac{\nabla f(\boldsymbol{x}_k)^{\mathsf{T}}[\nabla f(\boldsymbol{x}_k) - \nabla f(\boldsymbol{x}_{k-1})]}{\nabla f(\boldsymbol{x}_{k-1})^{\mathsf{T}}\nabla f(\boldsymbol{x}_{k-1})}$$

即得到 PRP 方法的计算步骤. 对于正定二次函数，PRP 方法等价于 FR 方法.

对于一般的非线性函数，数值实验结果表明 PRP 方法比 FR 方法更加稳健且有效. 然而，由于 β_{k-1}^{PRP} 会出现取负值的情况，导致相邻迭代方向趋于相反，难以给出类似于定理 7.6 的 FR 方法的全局收敛定理. 为此，Powell 提出将 β_{k-1}^{PRP} 取为

$$\beta_{k-1}^{\text{PRP+}} = \max\{\beta_{k-1}^{\text{PRP}}, 0\}$$

并称其为 PRP+ 方法. 当 $\|\boldsymbol{d}_k\|$ 很大时，该方法可以避免相邻的两个迭代方向趋于相反. 可以证明，对于一般的非线性函数，在适当的线搜索条件下，PRP+ 方法的迭代方向为下降方向，从而具有全局收敛性.

7.3.3　重启共轭梯度方法

对于一般的非线性函数，非线性共轭梯度方法产生的迭代方向不再是共轭方向. 为了和线性共轭梯度方法保持紧密联系，非线性共轭梯度方法经常采用重启策略，即每迭代 n 步后取负梯度方向为迭代方向，这种方法称为重启共轭梯度方法.

由泰勒定理可知，目标函数在极小点的某个邻域内可以较好地由正定二次函数近似. 由于线性共轭梯度方法的二次终止性需要初始迭代方向取为负梯度方向，故当迭代进入该邻域内时，重新取负梯度方向为迭代方向，则其后的迭代方向接近于共轭方向，从而使该方法具有较快的收敛速度.

在实际应用中，非线性共轭梯度方法常用来求解 n 较大的最优化问题. 这些问题的最优解通常可以在 n 步迭代内得到，导致 n 步重启策略未能实施. 因此，为了实施重启策略，除迭代步数外还需要采用其他准则. 例如，由式(7.8)可知，当 f 是正定二次函数时，相邻两次迭代的梯度向量彼此正交. 于是，如果它们偏离正交较大，即

$$\frac{\nabla f(\boldsymbol{x}_k)^{\mathsf{T}}\nabla f(\boldsymbol{x}_{k-1})}{\|\nabla f(\boldsymbol{x}_k)\|^2} \geqslant v$$

则进行重启，这里可取 $v = 0.1$.

重启共轭梯度方法的计算步骤如下：

算法 7.5　重启共轭梯度方法的计算步骤

1. 给定初始点 $\boldsymbol{x}_0 \in \mathbb{R}^n$，$k := 0$.
2. 若满足终止准则，则停止迭代，否则令 $\boldsymbol{d}_0 = -\nabla f(\boldsymbol{x}_0)$.
3. 用一维线搜索求 α_k，计算 $\boldsymbol{x}_{k+1} = \boldsymbol{x}_k + \alpha_k \boldsymbol{d}_k$.
4. $k := k+1$. 若 $\dfrac{\nabla f(\boldsymbol{x}_k)^{\mathsf{T}}\nabla f(\boldsymbol{x}_{k-1})}{\|\nabla f(\boldsymbol{x}_k)\|^2} \geqslant 0.1$，令 $\boldsymbol{x}_0 := \boldsymbol{x}_k$，转至步骤 2.
5. 若 $k = n$，令 $\boldsymbol{x}_0 := \boldsymbol{x}_k$，转至步骤 2.
6. 计算 β_{k-1}，$\boldsymbol{d}_k = -\nabla f(\boldsymbol{x}_k) + \beta_{k-1}\boldsymbol{d}_{k-1}$.
7. 若 $\boldsymbol{d}_k^{\mathsf{T}}\nabla f(\boldsymbol{x}_k) > 0$，令 $\boldsymbol{x}_0 := \boldsymbol{x}_k$，转至步骤 2；否则转至步骤 3.

与非线性共轭梯度方法一样，在一定条件下，重启共轭梯度方法同样有全局收敛性，并且至少具有线性收敛速度. 此外，我们还能证明一个结论：重启共轭梯度方法产生的迭代序列 $\{\boldsymbol{x}_k\}$ 具有 n 步二次收敛速度，即

$$\|\boldsymbol{x}_{k+n}-\boldsymbol{x}^*\|=O(\|\boldsymbol{x}_k-\boldsymbol{x}^*\|^2)$$

7.3.4 其他非线性共轭梯度方法

其他具有代表性的非线性共轭梯度方法还包括：

- 1980 年 Fletcher 提出的共轭下降 (conjugate descent，CD) 方法[18]

$$\beta_{k-1}^{\mathrm{CD}}=\frac{\nabla f(\boldsymbol{x}_k)^{\mathsf{T}}\nabla f(\boldsymbol{x}_k)}{-\boldsymbol{d}_{k-1}^{\mathsf{T}}\nabla f(\boldsymbol{x}_{k-1})}$$

  当使用强 Wolfe 非精确线搜索准则且 $\sigma<1$ 时，共轭下降方法得到的迭代方向为下降方向.

- 1995 年戴彧虹和袁亚湘提出的 DY(Dai-Yuan) 方法[19]

$$\beta_{k-1}^{\mathrm{DY}}=\frac{\nabla f(\boldsymbol{x}_k)^{\mathsf{T}}\nabla f(\boldsymbol{x}_k)}{\boldsymbol{d}_{k-1}^{\mathsf{T}}[\nabla f(\boldsymbol{x}_k)-\nabla f(\boldsymbol{x}_{k-1})]}$$

  当使用 Wolfe 非精确线搜索准则时，该方法产生的迭代方向为下降方向，并且方法具有全局收敛性.

7.4 数值实验

在本节中，我们应用 PRP 方法求解 6.8 节的 6 个典型最优化问题. 迭代步长满足 Armijo 线搜索准则. 迭代的终止准则为 $\|\nabla f(\boldsymbol{x}_k)\|_\infty\leqslant 10^{-7}$，最大迭代次数为 10 000.

问题 1 全局最优解为 $\boldsymbol{x}^*=(0,0)^{\mathsf{T}}$，最优值为 $f(\boldsymbol{x}^*)=-1$. 初始点 $\boldsymbol{x}_0=(-1/2,-1/2)^{\mathsf{T}}$. 部分迭代点信息和迭代点轨迹如表7.1和图7.3所示，PRP 方法可以较快收敛到最优解.

表 7.1 PRP 方法求解问题 1 的部分迭代点信息

k	$\boldsymbol{x}_k^{\mathsf{T}}$	$f(\boldsymbol{x}_k)$	$\|\nabla f(\boldsymbol{x}_k)\|_\infty$
0	(−0.500 0, −0.500 0)	−0.778 8	0.389 4
1	(−0.110 6, −0.110 6)	−0.987 8	0.109 3
2	(−0.001 3, −0.001 3)	−0.100 0	0.001 3
3	(−2.4312e-09, −2.4312e-09)	−0.100 0	2.4312e-09

问题 2 全局最优解为 $\boldsymbol{x}^*=(1,10)^{\mathsf{T}}$，最优值为 $f(\boldsymbol{x}^*)=0$. 初始点为 $\boldsymbol{x}_0=(5,5)^{\mathsf{T}}$. 迭代点轨迹和部分迭代点信息如图7.4和表7.2所示，PRP 方法可以收敛到最优解，但速度要明显慢于 BFGS 方法.

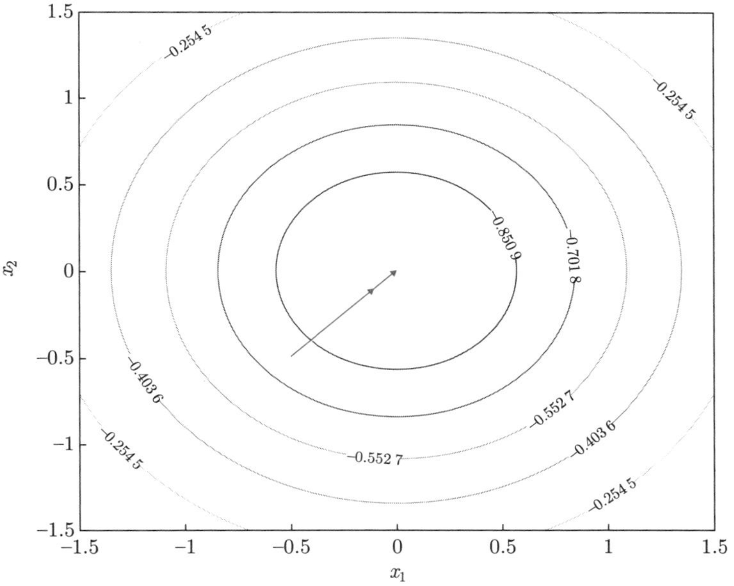

图 7.3　PRP 方法求解问题 1 的迭代点轨迹

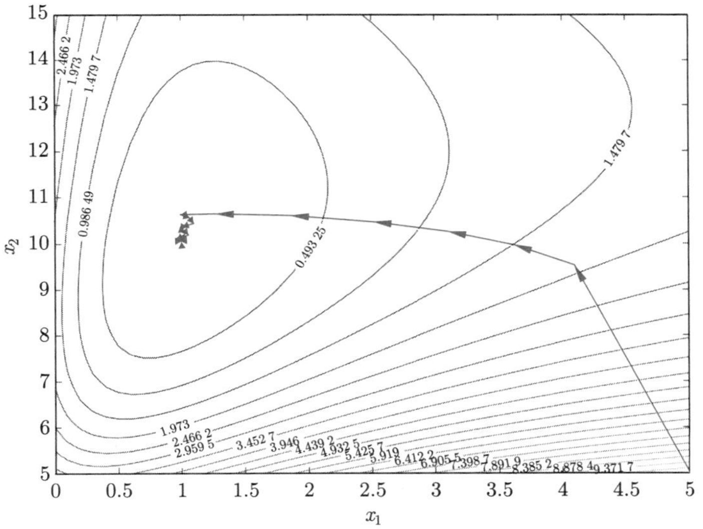

图 7.4　PRP 方法求解问题 2 的迭代点轨迹

问题 3　全局最优解为 $\boldsymbol{x}^* = (1,1)^{\mathsf{T}}$，最优值为 $f(\boldsymbol{x}^*) = 0$. 初始点为 $\boldsymbol{x}_0 = (0,0)^{\mathsf{T}}$. 迭代点轨迹和部分迭代点信息如图7.5和表7.3所示，和最速下降方法相似，通过 PRP 方法在该问题上实现收敛较为困难.

表 7.2 PRP 方法求解问题 2 的部分迭代点信息

k	$\boldsymbol{x}_k^\top$	$f(\boldsymbol{x}_k)$	$\\|\nabla f(\boldsymbol{x}_k)\\|_\infty$
0	(5.000 0, 5.000 0)	10.358 2	4.492 0
1	(4.101 6, 9.492 0)	1.895 4	0.486 3
2	(3.615 3, 9.924 6)	1.493 1	0.520 8
3	(3.094 4, 10.223 7)	1.133 6	0.571 8
⋮	⋮	⋮	⋮
94	(1.000 0, 10.000 0)	3.1354e-12	2.3805e-06
95	(1.000 0, 10.000 0)	9.4287e-13	9.9683e-07

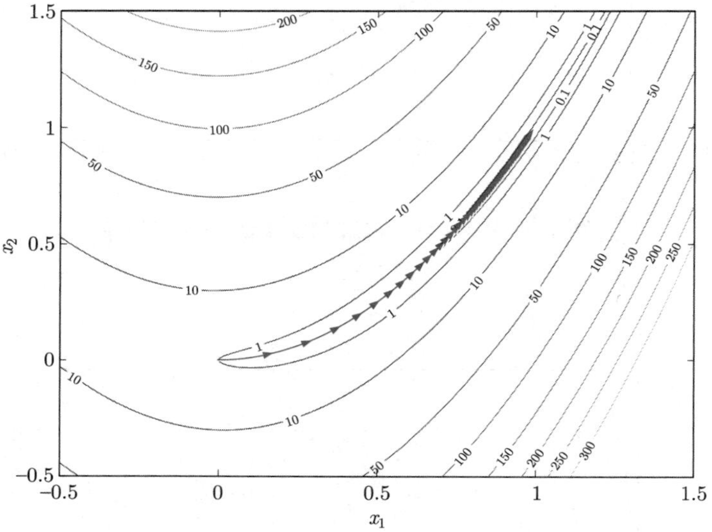

图 7.5 PRP 方法求解问题 3 的迭代点轨迹

表 7.3 PRP 方法求解问题 3 的部分迭代点信息

k	$\boldsymbol{x}_k^\top$	$f(\boldsymbol{x}_k)$	$\\|\nabla f(\boldsymbol{x}_k)\\|_\infty$
0	(0.000 0, 0.000 0)	1.000 0	2.000 0
1	(0.002 0, 0.000 0)	0.996 0	1.996 0
2	(0.004 0, 8.000 0e-07)	0.992 0	1.992 0
3	(0.006 0, 3.833 6e-06)	0.988 1	1.987 9
⋮	⋮	⋮	⋮
9 999	(0.994 4, 0.988 8)	3.1425e-05	4.4980e-03
10 000	(0.994 4, 0.988 8)	3.1400e-05	4.4961e-03

问题 4 全局最优解为 $\boldsymbol{x}^* = (-3.172, 12.586)^\top$，最优值为 $f(\boldsymbol{x}^*) = 0$. 初始点为 $\boldsymbol{x}_0 = (-2.5, 12.5)^\top$. 迭代点轨迹和部分迭代点信息如图7.6和表7.4所示，PRP 方法能够较快收敛到最优解.

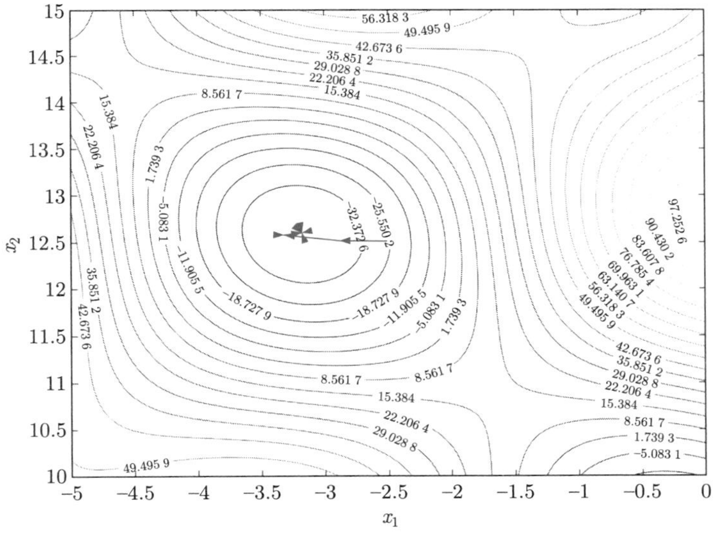

图 7.6　PRP 方法求解问题 4 的迭代点轨迹

表 7.4　PRP 方法求解问题 4 的部分迭代点信息

k	$\boldsymbol{x}_k^{\mathsf{T}}$	$f(\boldsymbol{x}_k)$	$\\|\nabla f(\boldsymbol{x}_k)\\|_\infty$
0	(−2.500 0, 12.500 0)	−26.184 9	37.128 4
1	(−2.873 5, 12.503 5)	−36.470 8	17.321 6
2	(−3.311 6 , 12.570 3)	−38.588 5	8.546 1
3	(−3.311 6, 12.570 3)	−38.588 5	8.546 1
⋮	⋮	⋮	⋮
9	(−3.172 1, 12.585 7)	−39.195 7	3.2192e-06
10	(−3.172 1, 12.585 7)	−39.195 7	2.8511e-08

问题 5　全局最优解为 $\boldsymbol{x}^* = (0,\cdots,0)^{\mathsf{T}}$，最优值为 $f(\boldsymbol{x}^*) = -1$. 初始点为 $\boldsymbol{x}_0 = (-0.3,-0.3,\cdots,-0.3)^{\mathsf{T}}$. 如表7.5所示，PRP 方法很快收敛到最优解.

表 7.5　PRP 方法求解问题 5 的迭代点信息

k	$\\|\boldsymbol{x}_k-\boldsymbol{x}^*\\|$	$f(\boldsymbol{x}_k)$	$\\|\nabla f(\boldsymbol{x}_k)\\|_\infty$
0	0.948 7	−0.637 6	0.191 3
1	0.343 8	−0.942 6	0.102 5
2	0.019 7	−0.999 8	6.2365e-03
3	3.8372e-06	−1.000 0	1.2134e-06
4	2.8249e-17	−1.000 0	8.9332e-18

问题 6　全局最优解为 $\boldsymbol{x}^* = (1,\cdots,1)^{\mathsf{T}}$，最优值为 $f(\boldsymbol{x}^*) = 0$. 初始点为 $\boldsymbol{x}_0 = (0.5,0.5,\cdots,0.5)^{\mathsf{T}}$. 如表7.6所示，PRP 方法在该问题上的表现明显差于 BFGS 方法，较难实现收敛.

表 7.6 PRP 方法求解问题 6 的部分迭代点信息

k	$\|\boldsymbol{x}_k-\boldsymbol{x}^*\|$	$f(\boldsymbol{x}_k)$	$\|\nabla f(\boldsymbol{x}_k)\|_\infty$
0	1.581 1	58.500 0	51.000 0
1	1.579 9	53.800 0	44.404 7
2	1.579 5	50.203 4	38.465 3
3	1.579 6	47.141 7	33.503 7
⋮	⋮	⋮	⋮
9 999	0.005 4	7.1535e-06	2.3184e-03
10 000	0.005 3	7.1463e-06	2.3172e-07

第 7 章习题

1. 证明定理7.3.
2. 设 $\boldsymbol{Q}$ 为具有不同特征值的对称正定矩阵. 证明: $\boldsymbol{Q}$ 的特征向量是 $\boldsymbol{Q}$ 共轭的.
3. 设 $\boldsymbol{Q}$ 为 $n\times n$ 对称正定矩阵. 对 $\mathbb{R}^n$ 中任意一组线性无关向量 $\{\boldsymbol{p}_0,\boldsymbol{p}_1,\cdots,\boldsymbol{p}_{n-1}\}$, Gram-Schmidt 过程产生一组向量

$$\boldsymbol{d}_0=\boldsymbol{p}_0,$$

$$\cdots$$

$$\boldsymbol{d}_k=\boldsymbol{p}_k-\sum_{i=1}^{k-1}\frac{\boldsymbol{p}_k^\top\boldsymbol{Q}\boldsymbol{d}_i}{\boldsymbol{d}_i\boldsymbol{Q}\boldsymbol{d}_i}\boldsymbol{d}_i,\quad k=1,2,\cdots,n-1$$

证明: 向量 $\boldsymbol{d}_0,\boldsymbol{d}_1,\cdots,\boldsymbol{d}_{n-1}$ 是 $\boldsymbol{Q}$ 共轭的.

4. 设 $f:\mathbb{R}^n\to\mathbb{R}$ 为正定二次函数

$$f(\boldsymbol{x})=\frac{1}{2}\boldsymbol{x}^\top\boldsymbol{Q}\boldsymbol{x}-\boldsymbol{x}^\top\boldsymbol{b}$$

其中, $\boldsymbol{Q}$ 是对称正定矩阵. 给定迭代方向 $\{\boldsymbol{d}_0,\boldsymbol{d}_1,\cdots\}\in\mathbb{R}^n$, 考虑迭代算法

$$\boldsymbol{x}_{k+1}=\boldsymbol{x}_k+\alpha_k\boldsymbol{d}_k$$

其中, α_k 为步长. 假定对所有 $k=0,1,\cdots,n-1$, 以及 $i=0,1,\cdots,k$, 均有 $\nabla f(\boldsymbol{x}_{k+1})^\top\boldsymbol{d}_i=0$. 证明: 如果 $\nabla f(\boldsymbol{x}_k)^\top\boldsymbol{d}_k\neq 0, k=0,1,\cdots,n-1$, 那么 $\boldsymbol{d}_0,\boldsymbol{d}_1,\cdots,\boldsymbol{d}_{n-1}$ 是 $\boldsymbol{Q}$ 共轭的.

5. 考虑极小化函数 $f:\mathbb{R}^n\to\mathbb{R}$ 的迭代算法

$$\boldsymbol{x}_{k+1}=\boldsymbol{x}_k+\alpha_k\boldsymbol{d}_k$$

其中, $\alpha_k=\underset{\alpha>0}{\operatorname{argmin}}\, f(\boldsymbol{x}_k+\alpha\boldsymbol{d}_k)$. 假设目标函数 f 为正定二次函数, Hesse 矩阵为 $\boldsymbol{Q}$, 通过下式确定迭代方向

$$\boldsymbol{d}_{k+1}=\gamma_k\nabla f(\boldsymbol{x}_{k+1})+\boldsymbol{d}_k$$

且希望迭代方向 $\boldsymbol{d}_k$ 与 $\boldsymbol{d}_{k+1}$ 是 $\boldsymbol{Q}$ 共轭的. 请给出 γ_k 关于 $\boldsymbol{d}_k,\boldsymbol{d}_{k+1}$ 和 $\boldsymbol{Q}$ 的表达式.

6. 设 $f:\mathbb{R}^n\to\mathbb{R}$ 为正定二次函数

$$f(\boldsymbol{x})=\frac{1}{2}\boldsymbol{x}^\top\boldsymbol{Q}\boldsymbol{x}-\boldsymbol{x}^\top\boldsymbol{b}$$

其中，$\boldsymbol{Q}$ 是对称正定矩阵. 考虑如下迭代公式

$$\boldsymbol{x}_{k+1}=\boldsymbol{x}_k+\alpha_k\boldsymbol{d}_k$$

其中，$\alpha_k\in\mathbb{R},\boldsymbol{x}_0=0$. 假设迭代方向 $\boldsymbol{d}_{k+1}=a_k\nabla f(\boldsymbol{x}_{k+1})+b_k\boldsymbol{d}_k$，其中 a_k,b_k 均为实常数. 定义 $\boldsymbol{d}_{-1}=0$.

(1) 定义子空间 $\mathcal{V}_k=\mathrm{span}\left\{\boldsymbol{b},\boldsymbol{Q}\boldsymbol{b},\cdots,\boldsymbol{Q}^{k-1}\boldsymbol{b}\right\}$($k$ 维 Krylov 子空间). 证明: $\boldsymbol{d}_k\in\mathcal{V}_{k+1}$，$\boldsymbol{x}_k\in\mathcal{V}_k$. (提示: 使用归纳法，注意 $\mathcal{V}_0=\{0\},\mathcal{V}_1=\mathrm{span}\{\boldsymbol{b}\}$.)

(2) 基于 (1) 的结果，关于共轭梯度方法在 Krylov 子空间内的“最优性”，你能得出什么结论?

7. 已知函数 $f:\mathbb{R}^2\to\mathbb{R}$

$$f(\boldsymbol{x})=\frac{5}{2}x_1^2+\frac{1}{2}x_2^2+2x_1x_2-3x_1-x_2$$

(1) 将 $f(\boldsymbol{x})$ 表示为 $f(\boldsymbol{x})=\dfrac{1}{2}\boldsymbol{x}^\top\boldsymbol{Q}\boldsymbol{x}-\boldsymbol{x}^\top\boldsymbol{b}$.

(2) 使用共轭梯度方法计算函数 f 的极小点. 初始点为 $x_0=[0,0]^\top$.

(3) 通过 $\boldsymbol{Q}$ 和 b 直接计算出函数 f 的极小点，并将结果与 (2) 的结果进行比较.

8. 用 FR 方法和 PRP+ 方法极小化 Powell 奇异函数

$$f(\boldsymbol{x})=(x_1+10x_2)^2+5\,(x_3-x_4)^2+(x_2-2x_3)^4+10\,(x_1-x_4)^4$$

初始点为 $\boldsymbol{x}_0=(3,-1,0,1)^\top$，最优解为 $\boldsymbol{x}^*=(0,0,0,0)$，$f(\boldsymbol{x}^*)=0$.

9. 用采用精确线搜索的 FR 方法求解最优化问题

$$\min f(\boldsymbol{x})=x_1^2+4x_2^2-4x_1-8x_2$$

初始点为 $\boldsymbol{x}^0=(0,0)^\top$. 验证定理7.4中的三个性质式(7.7)、式(7.8)和式(7.9)成立，并且此时的 FR 方法等价于 BFGS 方法.

第8章 约束最优化问题的最优性理论

本章导读

前面几章介绍了无约束最优化问题的基本理论和几种重要的求解方法. 在本章中，我们将介绍约束最优化问题与无约束最优化问题相比，约束最优化问题的最优性理论更加复杂. 为此，本章先介绍约束最优化问题的一般形式和定义，然后引出约束最优化问题的一阶和二阶最优性条件，最后简要介绍约束最优化的对偶问题.

8.1 约束最优化问题的一般形式和定义

考虑一般形式的约束最优化问题

$$\begin{aligned} \min \quad & f(\boldsymbol{x}) \\ \text{s.t.} \quad & c_i(\boldsymbol{x}) = 0, \quad i \in \mathcal{E} \\ & c_i(\boldsymbol{x}) \geqslant 0, \quad i \in \mathcal{I} \end{aligned} \tag{8.1}$$

其中，$\boldsymbol{x} \in \mathbb{R}^n$，$f$ 和 c_i 均为 $\mathbb{R}^n$ 上的光滑实值函数. f 为目标函数，$c_i(\boldsymbol{x}) = 0\,(i \in \mathcal{E})$ 为等式约束，$c_i(\boldsymbol{x}) \geqslant 0\,(i \in \mathcal{I})$ 为不等式约束. $\mathcal{E},\mathcal{I}$ 分别为等式约束和不等式约束的指标集合. 等式约束和不等式约束统称为约束条件.

对于约束最优化问题(8.1)，满足约束条件的点称为可行点. 所有可行点的集合称为可行域，记为

$$\Omega = \{\boldsymbol{x} | c_i(\boldsymbol{x}) = 0, i \in \mathcal{E}, c_i(\boldsymbol{x}) \geqslant 0,\ i \in \mathcal{I}\}$$

由可行域的定义可知，求解约束最优化问题(8.1)就是在可行域 Ω 内寻找一点 $\boldsymbol{x}$，使得目标函数 $f(\boldsymbol{x})$ 达到最小，故问题(8.1)可以改写为

$$\min_{\boldsymbol{x} \in \Omega} f(\boldsymbol{x})$$

接下来给出约束最优化问题全局最优解的定义.

定义 8.1　全局最优解

对约束最优化问题(8.1)，若对于 $\boldsymbol{x}^* \in \Omega$，有

$$f(\boldsymbol{x}) \geqslant f(\boldsymbol{x}^*), \quad \forall \boldsymbol{x} \in \Omega$$

则称 $\boldsymbol{x}^*$ 为约束最优化问题(8.1)的全局最优解. 进一步，如果

$$f(\boldsymbol{x}) > f(\boldsymbol{x}^*), \quad \forall \boldsymbol{x} \in \Omega; \boldsymbol{x} \neq \boldsymbol{x}^*$$

则称 $\boldsymbol{x}^*$ 为约束最优化问题(8.1)的严格全局最优解. ♣

一般来说，求得约束最优化问题的全局最优解是一个相当困难的任务. 实际可行的是求得约束最优化问题的一个局部最优解，其定义如下:

定义 8.2　局部最优解

对约束最优化问题(8.1), 若对于 $\boldsymbol{x}^* \in \Omega$, 存在 $\boldsymbol{x}^*$ 的某个邻域 $\mathcal{N}(\boldsymbol{x}^*) = \{\boldsymbol{x} | \|\boldsymbol{x} - \boldsymbol{x}^*\| \leqslant \delta\}$，有

$$f(\boldsymbol{x}) \geqslant f(\boldsymbol{x}^*), \forall \boldsymbol{x} \in \mathcal{N}(\boldsymbol{x}^*) \cap \Omega$$

则称 $\boldsymbol{x}^*$ 为约束最优化问题(8.1)的局部最优解. 进一步，如果

$$f(\boldsymbol{x}) > f(\boldsymbol{x}^*), \forall \boldsymbol{x} \in \mathcal{N}(\boldsymbol{x}^*) \cap \Omega; \boldsymbol{x} \neq \boldsymbol{x}^*$$

则称 $\boldsymbol{x}^*$ 为约束最优化问题(8.1)的严格局部最优解. ♣

与一般的局部最优解相比，严格局部最优解能够在邻域和可行域的交集内达到绝对最优. 此外，还有一种特殊的局部最优解：孤立局部最优解，其定义如下:

定义 8.3　孤立局部最优解

对约束最优化问题(8.1)，若存在 $\boldsymbol{x}^*$ 的一个邻域 $\mathcal{N}(\boldsymbol{x}^*)$，使得 $\boldsymbol{x}^*$ 是 $\mathcal{N}(\boldsymbol{x}^*) \cap \Omega$ 内唯一局部最优解，则称 $\boldsymbol{x}^*$ 为约束最优化问题(8.1)的孤立局部最优解. ♣

由孤立局部最优解的定义不难看出，孤立局部最优解一定是严格局部最优解，而严格局部最优解却未必是孤立局部最优解.

▶ **例 8.1**　考虑约束最优化问题

$$\begin{aligned} \min \quad & (x_1 - 1)^2 + (x_2 - 1)^2 \\ \text{s.t.} \quad & (x_1 - 2)^2 - (x_2 - 1)^2 = 4 \end{aligned}$$

该问题有局部最优解 $(4, 1)^{\mathrm{T}}$ 和全局最优解 $(0, 1)^{\mathrm{T}}$，见图8.1，其中虚线为目标函数的等高线，实线为可行域，实心点为问题的全局最优解，空心点为问题的局部最优解.

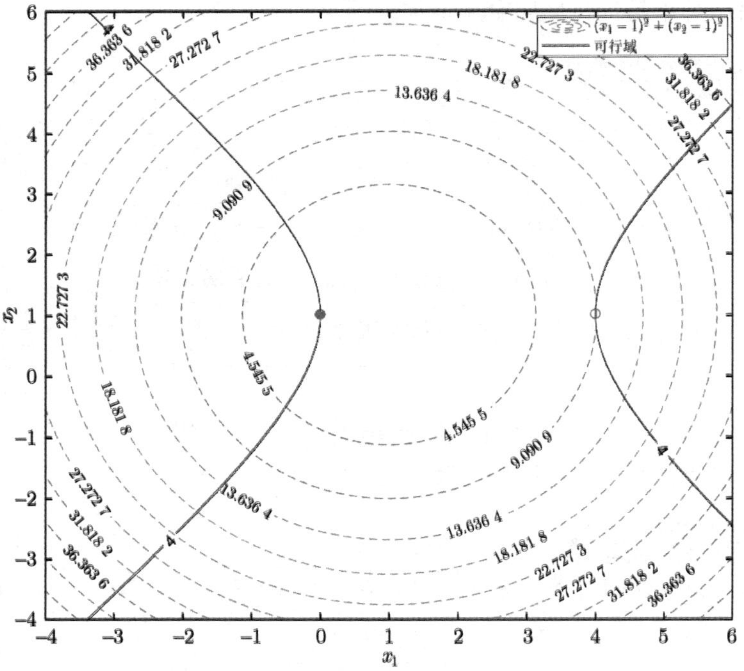

图 8.1　问题 (8.1) 目标函数的等高线和可行域

约束最优化问题的另一个重要概念是起作用约束集，其定义如下：

定义 8.4　起作用约束集

对任何 $\boldsymbol{x} \in \mathbb{R}^n$，称集合

$$\mathcal{A}(\boldsymbol{x}) = \mathcal{E} \cup \{i \in \mathcal{I} | c_i(\boldsymbol{x}) = 0\}$$

为在点 $\boldsymbol{x}$ 处的起作用约束集(或有效约束集、积极约束集)，简称起作用集，称 $c_i(\boldsymbol{x})(i \in \mathcal{A}(\boldsymbol{x}))$ 为在点 x 处的起作用约束，$c_i(\boldsymbol{x})(i \notin \mathcal{A}(\boldsymbol{x}))$ 为在点 $\boldsymbol{x}$ 处的不起作用约束. ♣

由定义 8.4 可知，在点 $\boldsymbol{x}$ 处，等式约束 $c_i(\boldsymbol{x}) = 0\,(i \in \mathcal{E})$ 一定起作用. 对于不等式约束 $c_i(\boldsymbol{x}) \geqslant 0,\ i \in \mathcal{E}$，若 $c_i(\boldsymbol{x}) = 0$，则该约束在点 $\boldsymbol{x}$ 处起作用；若 $c_i(\boldsymbol{x}) > 0$，则该约束在点 $\boldsymbol{x}$ 处不起作用.

假定已知约束最优化问题(8.1)的起作用集 $\mathcal{A}(\boldsymbol{x}^*)$，则不起作用约束都可省略，从而约束最优化问题(8.1)可以改写为仅含等式约束的最优化问题

$$\begin{aligned} \min \quad & f(\boldsymbol{x}) \\ \text{s.t.} \quad & c_i(\boldsymbol{x}) = 0, \quad i \in \mathcal{A}(\boldsymbol{x}^*) \end{aligned}$$

► **例 8.2**　考虑约束最优化问题

$$\begin{aligned} \min \quad & (x_1 - 1)^2 + x_2^2 \\ \text{s.t.} \quad & 1 - x_1 - x_2 \geqslant 0 \end{aligned}$$

$$1 - x_1 + x_2 \geqslant 0$$
$$1 + x_1 - x_2 \geqslant 0$$
$$1 + x_1 + x_2 \geqslant 0$$

问题的最优解是 $\boldsymbol{x}^* = (1,0)^{\mathrm{T}}$，在最优解处，前两个约束起作用，后两个约束不起作用，故 $\mathcal{A}(\boldsymbol{x}^*) = \{1,2\}$. 去掉约束中的后两个约束，问题的解不变，见图 8.2，其中虚线为目标函数的等高线，阴影部分为可行域，实心点为问题的最优解.

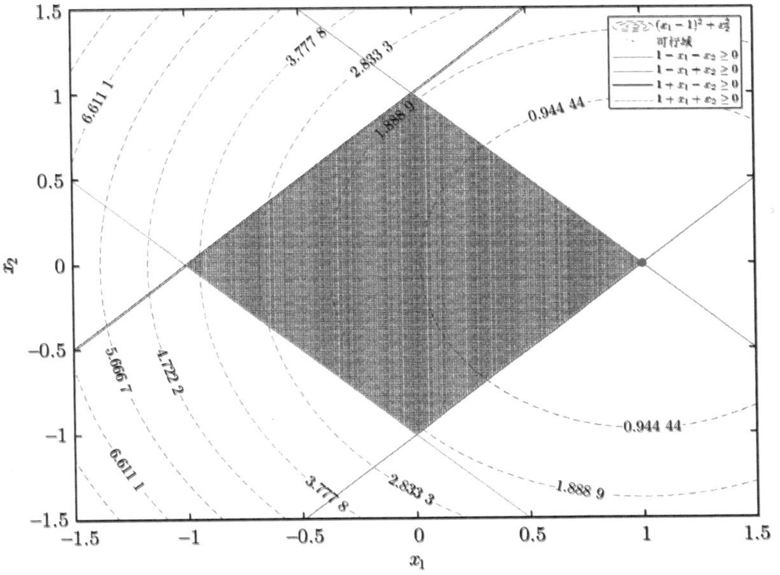

图 8.2　问题(8.2)目标函数的等高线和可行域

最后给出凸优化问题的定义.

定义 8.5　凸优化问题

设 $f(\boldsymbol{x})$ 为凸函数，$c_i(\boldsymbol{x})(i \in \mathcal{E})$ 为线性函数，$c_i(\boldsymbol{x})(i \in \mathcal{I})$ 为凹函数，则称约束最优化问题(8.1)是凸优化 (或凸规划) 问题. ♣

等式约束函数是线性函数、不等式约束函数是凹函数的约束所构成的可行域为凸集，故凸优化问题是求凸函数在凸集上的极值问题.

定理 8.1 表明凸优化问题的局部最优解均为全局最优解.

定理 8.1

f 是定义在凸集 $\Omega \subset \mathbb{R}^n$ 上的凸函数，集合 Ω 中 $\boldsymbol{x}^*$ 是 f 的局部最优解，则 $\boldsymbol{x}^*$ 必为 f 的全局最优解. ♡

证明　用反证法证明. 假设 $\boldsymbol{x}^*$ 不是 f 在 Ω 上的全局最优解，那么，存在 $\boldsymbol{y} \in \Omega$，使得 $f(\boldsymbol{y}) < f(\boldsymbol{x}^*)$. 由于 f 是凸函数，故对于任意 $\alpha \in (0,1)$ 有

$$f(\alpha \boldsymbol{y} + (1-\alpha)\boldsymbol{x}^*) \leqslant \alpha f(\boldsymbol{y}) + (1-\alpha) f(\boldsymbol{x}^*)$$

由于 $f(\boldsymbol{y}) < f(\boldsymbol{x}^*)$，故有

$$\alpha f(\boldsymbol{y}) + (1-\alpha) f(\boldsymbol{x}^*) < f(\boldsymbol{x}^*)$$

因此，对于任意 $\alpha \in (0,1)$，有

$$f(\alpha \boldsymbol{y} + (1-\alpha)\boldsymbol{x}^*) < f(\boldsymbol{x}^*)$$

由此可知，存在一个任意接近 $\boldsymbol{x}^*$ 的点，其对应的目标函数值更小. 例如，对收敛于 $\boldsymbol{x}^*$ 的序列 $\{\boldsymbol{y}_n\}$

$$\boldsymbol{y}_n = \frac{1}{n}\boldsymbol{y} + \left(1 - \frac{1}{n}\right)\boldsymbol{x}^*$$

有 $f(\boldsymbol{y}_n) < f(\boldsymbol{x}^*)$. 因此，$\boldsymbol{x}^*$ 不是局部最优解，与已知条件矛盾，定理得证.

8.2 约束最优化问题的一阶最优性条件

本节将给出约束最优化问题的一阶最优性条件. 首先通过三个简单的约束最优化问题，建立对约束最优化问题一阶最优性条件的初步认识. 然后介绍一阶最优性条件的预备知识，包括几种可行方向的定义、约束规范条件以及 Farkas 引理. 最后给出约束优化问题的一阶最优性条件.

8.2.1 三个约束最优化问题的例子

第一个例子是一个含有两个变量的仅含等式约束的最优化问题.

▶ **例 8.3**

$$\begin{aligned} \min \quad & \sqrt{3}x_1 + x_2 \\ \text{s.t.} \quad & x_1^2 + x_2^2 - 1 = 0 \end{aligned} \tag{8.2}$$

最优化问题 8.2 在几个可行点处的目标函数梯度与约束函数梯度见图8.3.

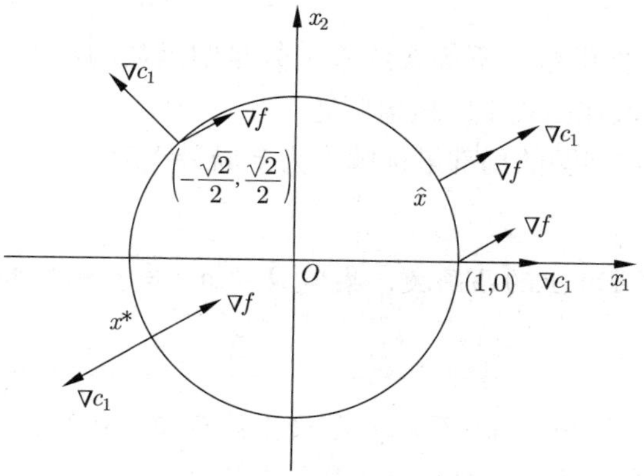

图 8.3 式 (8.2) 在几个可行点处的目标函数梯度和约束函数梯度

根据一般约束最优化问题的定义，有 $f(\boldsymbol{x})=\sqrt{3}x_1+x_2$，$\mathcal{I}=\varnothing$，$\mathcal{E}=1$，$c_1(\boldsymbol{x})=x_1^2+x_2^2-1$. 该问题的可行域为圆心在原点、半径为 1 的圆周. (注意，不包括圆内!) 最优解为 $\boldsymbol{x}^*=(-\sqrt{3}/2,-1/2)^\top$. 在点 $\boldsymbol{x}^*$ 处，$\nabla f(\boldsymbol{x}^*)=(\sqrt{3},1)^\top$，$\nabla c_1(\boldsymbol{x}^*)=(-\sqrt{3},-1)^\top$，$\nabla f(\boldsymbol{x}^*)$ 与 $\nabla c_1(\boldsymbol{x}^*)$ 共线，故

$$\nabla f(\boldsymbol{x}^*)=\lambda_1\nabla c_1(\boldsymbol{x}^*) \tag{8.3}$$

其中，$\lambda_1=-1$. 在这个例子中，在极大点 $\hat{\boldsymbol{x}}=(\sqrt{3}/2,1/2)^\top$ 处，$\nabla f(\hat{\boldsymbol{x}})$ 与 $\nabla c_1(\hat{\boldsymbol{x}})$ 共线. 而在其他点处，$\nabla f(\boldsymbol{x})$ 与 $\nabla c_1(\boldsymbol{x})$ 不共线，于是在这些点上，总能找到一个迭代方向，使得迭代点依然在可行域内且目标函数值有所下降. 例如，对于圆周的右端点 (1,0)，从该点出发，沿顺时针方向的迭代方向即满足要求.

我们也可以通过对目标函数和约束函数分别做一阶泰勒近似的方式得到式(8.3). 具体地，为保证迭代点满足 $c_1(\boldsymbol{x})=0$，需要迭代方向满足 $c_1(\boldsymbol{x}+\boldsymbol{d})=0$. 对 $c_1(\boldsymbol{x}+\boldsymbol{d})$ 在点 $\boldsymbol{x}$ 处做一阶泰勒近似，有

$$0=c_1(\boldsymbol{x}+\boldsymbol{d})\approx c_1(\boldsymbol{x})+\nabla c_1(\boldsymbol{x})^\top\boldsymbol{d}=\nabla c_1(\boldsymbol{x})^\top\boldsymbol{d}$$

因此

$$\nabla c_1(\boldsymbol{x})^\top\boldsymbol{d}=0 \tag{8.4}$$

可以保证迭代点 $\boldsymbol{x}+\boldsymbol{d}$ 依然在可行域内. 类似地，也对目标函数进行一阶泰勒近似

$$f(\boldsymbol{x}+\boldsymbol{d})\approx f(\boldsymbol{x})+\nabla f(\boldsymbol{x})^\top\boldsymbol{d}$$

如果想让目标函数在迭代点 $\boldsymbol{x}+\boldsymbol{d}$ 处的值有所减少，则需满足

$$\nabla f(\boldsymbol{x})^\top\boldsymbol{d}<0 \tag{8.5}$$

如果存在迭代方向 $\boldsymbol{d}$ 同时满足式(8.4)和式(8.5)，则 $\boldsymbol{x}$ 一定不是局部最优解. 反之，如果没有迭代方向 $\boldsymbol{d}$ 可以同时满足式(8.4)和式(8.5)，则 $\boldsymbol{x}$ 有可能是局部最优解. 不难发现，只有当 $\nabla f(\boldsymbol{x})$ 和 $\nabla c_1(\boldsymbol{x})$ 共线 (即存在 λ_1，使得 $\nabla f(\boldsymbol{x})=\lambda_1\nabla c_1(\boldsymbol{x})$) 时，才会无法在点 $\boldsymbol{x}$ 处找到同时满足式(8.4)和式(8.5)的迭代方向. 如果 $\nabla c_1(\boldsymbol{x})$ 和 $\nabla f(\boldsymbol{x})$ 不共线，总可以找到某个迭代方向 $\boldsymbol{d}$ 同时满足式(8.4)和式(8.5)，例如，取 $\boldsymbol{d}=\left[\dfrac{\nabla c_1(\boldsymbol{x})\nabla c_1(\boldsymbol{x})^\top}{\|c_1(\boldsymbol{x})\|^2}-\boldsymbol{I}\right]\nabla f(\boldsymbol{x})$.

为此，引入 Lagrange 函数 $\mathcal{L}(\boldsymbol{x},\lambda_1)=f(\boldsymbol{x})-\lambda_1c_1(\boldsymbol{x})$，其中 λ_1 称为 c_1 的 Lagrange 乘子. 由于 $\nabla_{\boldsymbol{x}}\mathcal{L}(\boldsymbol{x},\lambda_1)=\nabla f(\boldsymbol{x})-\lambda_1\nabla c_1(\boldsymbol{x})$，因此，条件式(8.3)等价于

$$\nabla_{\boldsymbol{x}}\mathcal{L}(\boldsymbol{x}^*,\lambda_1^*)=0 \tag{8.6}$$

式(8.6)表明可以通过寻找 Lagrange 函数的稳定点来求解等式约束优化问题.

需要注意的是，由于在极大点 $\boldsymbol{x}=(\sqrt{3}/2,1/2)^\top$ 处条件式(8.6)亦成立，故式(8.6)或式(8.3)只是 $\boldsymbol{x}^*$ 为等式约束最优化问题 (8.2) 局部最优解的必要条件，而非充分条件.

接下来，考虑只有一个不等式约束的最优化问题.

▶ 例 8.4

$$\begin{aligned} \min \quad & \sqrt{3}x_1 + x_2 \\ \text{s.t.} \quad & 1 - x_1^2 - x_2^2 \geqslant 0 \end{aligned} \tag{8.7}$$

问题 (8.7) 在几个可行点处的目标函数梯度和约束函数梯度见图8.4.

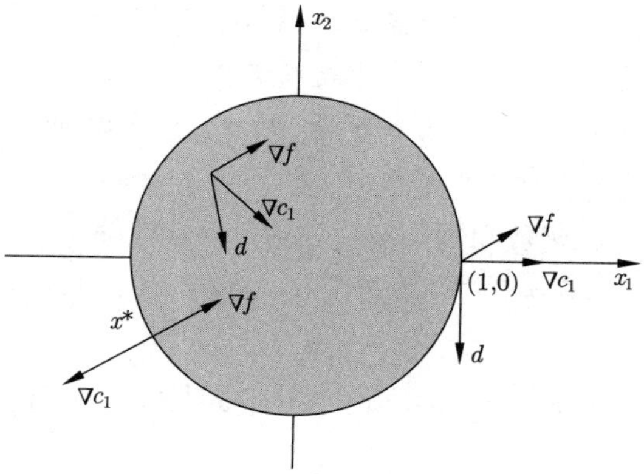

图 8.4　问题 (8.7) 在几个可行点处的目标函数梯度和约束函数梯度

该问题的可行域为单位圆圆周及圆内. 最优解依然是 $\boldsymbol{x}^* = (-\sqrt{3}/2, -1/2)^{\mathsf{T}}$，且式(8.3)亦成立，其中 $\lambda_1 = 1/2$. 与等式约束最优化问题 (8.2) 不同的是，Lagrange 乘子 λ_1 的符号在这里起重要作用.

类似于例8.3的分析，如果在可行点 $\boldsymbol{x}$ 处存在迭代方向 $\boldsymbol{d}$，可以使下一个迭代点依然在可行域内，并且目标函数值有所下降，那么 $\boldsymbol{x}$ 一定不是局部最优解. 显然，当 $\nabla f(\boldsymbol{x})^{\mathsf{T}}\boldsymbol{d} < 0$ 时，目标函数值会有所下降. 与等式约束最优化问题的不同之处在于保证迭代点为可行点的条件. 具体地，当

$$c_1(\boldsymbol{x}+\boldsymbol{d}) \approx c_1(\boldsymbol{x}) + \nabla c_1(\boldsymbol{x})^{\mathsf{T}}\boldsymbol{d} \geqslant 0 \tag{8.8}$$

时，$\boldsymbol{x}+\boldsymbol{d}$ 依然为可行点，因此条件式(8.4)变为

$$c_1(\boldsymbol{x}) + \nabla c_1(\boldsymbol{x})^{\mathsf{T}}\boldsymbol{d} \geqslant 0 \tag{8.9}$$

考虑以下两种情形:

- 情形 1：点 $\boldsymbol{x}$ 位于可行域内部，此时 $c_1(\boldsymbol{x}) > 0$. 在这种情况下，只要 $\boldsymbol{d}$ 足够小，就可以保证 $c_1(\boldsymbol{x}+\boldsymbol{d}) \geqslant 0$. 只要 $\nabla f(\boldsymbol{x}) \neq 0$，令 $\boldsymbol{d} = -\nabla f(\boldsymbol{x})$，则 $\boldsymbol{d}$ 同时满足条件式(8.5)和式(8.9)，若 $\nabla f(\boldsymbol{x}) = \boldsymbol{0}$，则不存在满足条件的迭代方向 $\boldsymbol{d}$.
- 情形 2：点 $\boldsymbol{x}$ 位于可行域边界，此时 $c_1(\boldsymbol{x}) = 0$. 于是条件式(8.5)和式(8.9)变为

$$\nabla f(\boldsymbol{x})^{\mathsf{T}}\boldsymbol{d} < 0, \quad \nabla c_1(\boldsymbol{x})^{\mathsf{T}}\boldsymbol{d} \geqslant 0 \tag{8.10}$$

如图8.5所示，式(8.10)的两个不等式分别确定了半个平面. 只有当 $\nabla f(\boldsymbol{x})$ 和 $\nabla c_1(\boldsymbol{x})$ 同向时，即

$$\nabla f\left(\boldsymbol{x}^*\right) = \lambda_1^* \nabla c_1\left(\boldsymbol{x}^*\right), \quad \lambda_1 \geqslant 0 \tag{8.11}$$

两个半平面的交集才为空集，从而点 $\boldsymbol{x}$ 处不存在同时满足条件式(8.5)和(8.9)的迭代方向. 需要特别注意的是，式(8.11)要求 $\lambda_1 \geqslant 0$. 如果 $\lambda_1 < 0$，则由图8.5可知，半平面内的迭代方向均可同时满足条件式(8.5)和式(8.9).

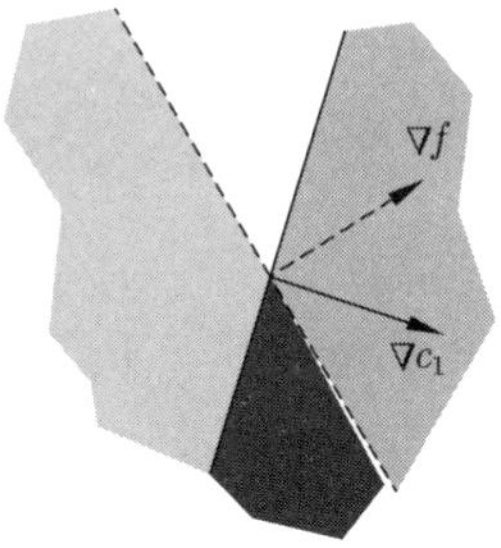

图 8.5　满足条件式 (8.10) 的迭代方向在两个半平面的相交区域内

下面，我们用 Lagrange 函数总结上述两种情况下的一阶最优性条件. 若在点 $\boldsymbol{x}^*$ 处不存在迭代方向，使得下一个迭代点依然在可行域内且目标函数值有所下降，则有

$$\nabla_{\boldsymbol{x}} \mathcal{L}(\boldsymbol{x}^*, \lambda_1^*) = 0,\ \lambda_1^* \geqslant 0 \tag{8.12}$$

$$\lambda_1^* c_1(\boldsymbol{x}^*) = 0 \tag{8.13}$$

式(8.13)称为互补条件 (complementary condition). 该条件表明只有当约束 c_1 在点 $\boldsymbol{x}^*$ 处起作用时，λ_1^* 才可能大于 0. 在情形 1 下，$c_1(\boldsymbol{x}^*) > 0$，由式(8.13)可得 $\lambda_1^* = 0$，于是式(8.12)退化为 $\nabla f(\boldsymbol{x}^*) = \boldsymbol{0}$，即 $\boldsymbol{x}^*$ 需要也是无约束条件下目标函数 f 的局部最优解. 在情形 2 下，由于 $c_1(\boldsymbol{x}^*) = 0$，故条件式(8.13)自然满足，从而式(8.12)等价于式(8.11).

最后，考虑包含两个不等式约束的最优化问题.

▶ 例 8.5

$$\begin{aligned} \min\quad & \sqrt{3}x_1 + x_2 \\ \text{s.t.}\quad & 1 - x_1^2 - x_2^2 \geqslant 0 \\ & x_2 \geqslant 0 \end{aligned} \tag{8.14}$$

问题 (8.14) 在几个可行点处的目标函数梯度和约束函数梯度见图8.6.

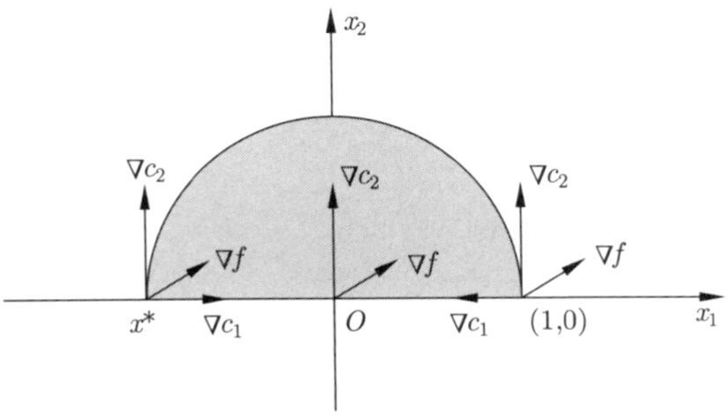

图 8.6　问题 (8.14) 在几个可行点处的目标函数梯度和约束函数梯度

该问题的可行域为上半圆，最优解为 $\boldsymbol{x}^* = (-1,0)^\top$，且两个约束在点 $\boldsymbol{x}^*$ 处均起作用. 类似于例8.4的分析过程，若在点 $\boldsymbol{x}$ 处存在迭代方向 $\boldsymbol{d}$ 满足

$$\begin{aligned}&\nabla c_i(\boldsymbol{x})^\top \boldsymbol{d} \geqslant 0, \quad i \in \mathcal{I} = \{1,2\}\\ &\nabla f(\boldsymbol{x})^\top \boldsymbol{d} < 0\end{aligned} \tag{8.15}$$

则点 $\boldsymbol{x}$ 一定不是该问题的局部最优解. 显然，在点 $\boldsymbol{x}^*$ 处不存在满足上述条件的迭代方向.

对于该问题，定义如下 Lagrange 函数

$$\mathcal{L}(\boldsymbol{x},\boldsymbol{\lambda}) = f(\boldsymbol{x}) - \lambda_1 c_1(\boldsymbol{x}) - \lambda_2 c_2(\boldsymbol{x})$$

其中，$\boldsymbol{\lambda} = (\lambda_1,\lambda_2)^\top$ 为 Lagrange 乘子. 于是，条件式(8.12)推广为

$$\nabla_{\boldsymbol{x}} \mathcal{L}(\boldsymbol{x}^*,\boldsymbol{\lambda}^*) = 0, \quad \boldsymbol{\lambda}^* > \mathbf{0} \tag{8.16}$$

关于两个不等式约束的互补条件为

$$\lambda_1^* c_1(\boldsymbol{x}^*) = 0, \quad \lambda_2^* c_2(\boldsymbol{x}^*) = 0 \tag{8.17}$$

式(8.16)和式(8.17)构成了该不等式约束最优化问题的一阶最优性条件.

下面对该一阶最优化条件进行验证. 首先，在最优解 $\boldsymbol{x}^* = (-1,0)^\top$ 处，

$$\nabla f(\boldsymbol{x}^*) = (\sqrt{3},1)^\top, \quad \nabla c_1(\boldsymbol{x}^*) = (2,0)^\top, \quad \nabla c_2(\boldsymbol{x}^*) = (0,1)^\top$$

因此，令 $\boldsymbol{\lambda}^* = (\sqrt{3}/2,1)^\top$ 即可使 $\nabla_{\boldsymbol{x}} \mathcal{L}(\boldsymbol{x}^*,\boldsymbol{\lambda}^*) = 0$. 又因为 $\boldsymbol{\lambda}^* > 0$，故式(8.17)自然满足.

最后，考虑除点 $\boldsymbol{x}^*$ 外的几个可行点，看它们是否满足一阶最优性条件.

- 在点 $\boldsymbol{x} = (1,0)^\top$ 处，两个约束均起作用. 不难验证，迭代方向 $\boldsymbol{d} = (-2,0)^\top$ 满足条件式(8.15). 对于该点，只有令 $\boldsymbol{\lambda} = (-\sqrt{3}/2,1)^\top$，条件 $\nabla_{\boldsymbol{x}} \mathcal{L}(\boldsymbol{x},\boldsymbol{\lambda}) = 0$ 才会成立. 然而，因为 $\lambda_1 < 0$，故条件式(8.16)无法得到满足.
- 在点 $\boldsymbol{x} = (0,0)^\top$ 处，只有约束 c_2 起作用. 由于从该点出发移动任意一小步 $\boldsymbol{d}$ 均可使 $c_1(\boldsymbol{x}+\boldsymbol{d}) > 0$，故在确定某迭代方向是否可行时只需考虑约束 c_2 和目标函数 f. 于是，条件式(8.15) 简化为

$$\nabla c_2(\boldsymbol{x})^\top \boldsymbol{d} \geqslant 0, \quad \nabla f(\boldsymbol{x})^\top \boldsymbol{d} < 0 \tag{8.18}$$

  不难发现，方向 $\boldsymbol{d} = (-1,0)^\top$ 即满足条件式(8.18). 然后考虑一阶最优性条件. 由互补条件式(8.17)知，$\lambda_1 = 0$. 于是，条件式(8.16)等价于 $\nabla f(\boldsymbol{x}) - \lambda_2 \nabla c_2(\boldsymbol{x}) = 0$. 显然，不存在 λ_2 使得该等式成立，因此，该点无法满足一阶最优性条件.

由此可见，上述两个非最优解的可行点都不满足一阶最优性条件式(8.16)和式(8.17).

8.2.2 可行方向和约束规范条件

在 8.2.1 节的三个例子中，我们通过对目标函数和约束函数进行一阶泰勒展式近似，得到了一阶最优性条件. 但只有当线性化近似能够刻画出当前点 $\boldsymbol{x}$ 附近的可行域的几何特征时，该方法才有意义，从而推出的一阶最优性条件才可能正确. 因此，我们需要对在点 $\boldsymbol{x}$

处起作用的约束做必要的假设，使得在点 $\boldsymbol{x}$ 处的线性化近似与可行域一致，这样的假设称为约束规范条件. 为了定义约束规范条件，我们先介绍与其相关的两类可行方向，并简要介绍它们之间的关系.

定义 8.6　可行方向

设 $\boldsymbol{x}$ 为问题(8.1)的可行点，若存在可行点序列 $\{\boldsymbol{x}_k\}$，$\lim\limits_{k\to\infty}\boldsymbol{x}_k=\boldsymbol{x}$ 和序列 $\{t_k\}>0$，$\lim\limits_{k\to\infty}t_k=0$，使得

$$\lim_{k\to\infty}\frac{\boldsymbol{x}_k-\boldsymbol{x}}{t_k}=\boldsymbol{d}$$

则称 $\boldsymbol{d}$ 为点 $\boldsymbol{x}$ 处的序列可行方向，简称可行方向. 点 $\boldsymbol{x}$ 处所有可行方向的集合记为 $F=F(\boldsymbol{x})$. ♣

根据可行方向的定义，不难发现，任给 $\alpha>0$，对于任意的一个可行方向 $\boldsymbol{d}$，其对应的序列为 $\{\boldsymbol{x}_k\}$ 和 $\{t_k\}$，把 t_k 换为 t_k/α，则有 $\alpha\boldsymbol{d}\in F(\boldsymbol{x})$.

接下来给出线性化可行方向的定义.

定义 8.7　线性化可行方向

设 $\boldsymbol{x}$ 为问题(8.1)的可行点，起作用集为 $\mathcal{A}(\boldsymbol{x})$. 如果

$$\begin{aligned}\boldsymbol{d}^{\mathrm{T}}\nabla c_i(\boldsymbol{x})&=0,\quad \forall i\in\mathcal{E}\\ \boldsymbol{d}^{\mathrm{T}}\nabla c_i(\boldsymbol{x})&\geqslant 0,\quad \forall i\in\mathcal{A}(\boldsymbol{x})\cap\mathcal{I}\end{aligned}$$

则称 $\boldsymbol{d}$ 为点 $\boldsymbol{x}$ 处的线性化可行方向. 点 $\boldsymbol{x}$ 处所有线性化可行方向的集合记为 $\mathcal{F}=\mathcal{F}(\boldsymbol{x})$. ♣

从定义 8.7 可以看出，可行方向并不依赖于可行域的定义形式，而线性化可行方向则依赖于约束函数的具体定义. 下面通过例8.6介绍可行方向和线性化可行方向的关系.

▶ **例 8.6**　考虑问题(8.2)在点 $\boldsymbol{x}=(1,0)$ 处的可行方向和线性化可行方向.

问题(8.2)的可行域为中心在原点、半径为 1 的圆周. 令 $\boldsymbol{x}_k=\left(\sqrt{1-1/k^2},1/k\right)^{\mathrm{T}}$，$t_k=\|\boldsymbol{x}_k-\boldsymbol{x}\|$，易知 $\boldsymbol{x}_k$ 是可行点，且 $\lim\limits_{k\to\infty}\boldsymbol{x}_k=\boldsymbol{x}$，$\lim\limits_{k\to\infty}t_k=0$. 进一步，有

$$\begin{aligned}\lim_{k\to\infty}\frac{\boldsymbol{x}_k-\boldsymbol{x}}{t_k}&=\lim_{k\to\infty}\frac{\left(\sqrt{1-\dfrac{1}{k^2}}-1,\dfrac{1}{k}\right)^{\mathrm{T}}}{\sqrt{2-2\sqrt{1-\dfrac{1}{k^2}}}}\\ &=(0,-1)^{\mathrm{T}}\end{aligned}$$

故 $\boldsymbol{d}=(0,-1)^{\mathrm{T}}$ 为点 $\boldsymbol{x}$ 处的可行方向. 沿着可行方向 d，目标函数值可以继续下降，因此可行点 $\boldsymbol{x}=(1,0)^{\mathrm{T}}$ 一定不是最优解.

同样，从相反方向可得点 $\boldsymbol{x}=(1,0)^{\mathrm{T}}$ 的可行序列 $\boldsymbol{x}_k=\left(-\sqrt{1-1/k^2},1/k\right)^{\mathrm{T}}$，令 $t_k=$

$\|\boldsymbol{x}_k-\boldsymbol{x}\|$，则可知 $\boldsymbol{d}=(0,1)^{\mathsf T}$ 为可行方向. 再利用可行方向的性质，可知在点 $\boldsymbol{x}=(1,0)^{\mathsf T}$ 处的可行方向集合为 $F(\boldsymbol{x})=\left\{(0,d_2)^{\mathsf T}\mid d_2\in\mathbb{R}\right\}$.

由定义 8.7 可知，当迭代方向 $\boldsymbol{d}$ 满足

$$0=\nabla c_1(\boldsymbol{x})^{\mathsf T}\boldsymbol{d}=(2x_1,2x_2)\,(d_1,d_2)^{\mathsf T}=2d_1$$

时，$\boldsymbol{d}$ 为线性化可行方向. 故点 $\boldsymbol{x}$ 处的线性化可行方向集合为 $\mathcal{F}(\boldsymbol{x})=\left\{(0,d_2)^{\mathsf T}\mid d_2\in\mathbb{R}\right\}$. 在这个例子中，$F(\boldsymbol{x})=\mathcal{F}(\boldsymbol{x})$.

需要注意的是，并非所有问题都有 $F(\boldsymbol{x})=\mathcal{F}(\boldsymbol{x})$. 例如，再次考虑问题(8.2)，我们将其等式约束条件改写为

$$c_1(\boldsymbol{x})=(x_1^2+x_2^2-1)^2=0$$

注意到，可行域 Ω 并未改变，故点 $\boldsymbol{x}=(1,0)^{\mathsf T}$ 处的可行方向集合 $F(\boldsymbol{x})$ 没有变化. 由于

$$0=\nabla c_1(\boldsymbol{x})^{\mathsf T}\boldsymbol{d}=(4(x_1^2+x_2^2-1)x_1,4(x_1^2+x_2^2-1)x_2)(d_1,d_2)^{\mathsf T}=(0,0)(d_1,d_2)^{\mathsf T}$$

恒成立，故点 $\boldsymbol{x}$ 处的线性化可行方向集合 $\mathcal{F}(\boldsymbol{x})=\mathbb{R}^2$，从而在点 $\boldsymbol{x}$ 处，$F(\boldsymbol{x})\subset\mathcal{F}(\boldsymbol{x})$ 且 $F(\boldsymbol{x})\neq\mathcal{F}(\boldsymbol{x})$.

定理 8.2 表明 $F(\boldsymbol{x})\subset\mathcal{F}(\boldsymbol{x})$ 是恒成立的.

定理 8.2

可行点 $\boldsymbol{x}$ 处的可行方向集合 $F(\boldsymbol{x})$ 和线性化可行方向集合 $\mathcal{F}(\boldsymbol{x})$ 有如下关系：

$$F(\boldsymbol{x})\subset\mathcal{F}(\boldsymbol{x})$$

♡

证明 设 $\boldsymbol{d}\in F(\boldsymbol{x})$，$\{\boldsymbol{x}_k\},\{t_k\}$ 是满足定义8.6的序列，即

$$\lim_{k\to\infty}\frac{\boldsymbol{x}_k-\boldsymbol{x}}{t_k}=\boldsymbol{d}$$

从而可得

$$\boldsymbol{x}_k=\boldsymbol{x}+t_k\boldsymbol{d}+o(t_k) \tag{8.19}$$

下面证明 $\boldsymbol{d}\in\mathcal{F}(\boldsymbol{x})$. 对任意 $\boldsymbol{i}\in\mathcal{E}$，由泰勒定理有

$$\begin{aligned}0&=\frac{c_i(\boldsymbol{x}_k)}{t_k}\\&=\frac{1}{t_k}[c_i(\boldsymbol{x})+t_k\nabla c_i(\boldsymbol{x})^{\mathsf T}\boldsymbol{d}+o(t_k)]\\&=\nabla c_i(\boldsymbol{x})^{\mathsf T}\boldsymbol{d}+\frac{o(t_k)}{t_k}\end{aligned}$$

令 $k\to\infty$，则最后一个等式右边第二项趋于 0，从而可得，$\nabla c_i(\boldsymbol{x})^{\mathsf T}\boldsymbol{d}=0$. 对任意 $i\in\mathcal{A}(\boldsymbol{x})\cap\mathcal{I}$，有

$$\begin{aligned}0&\leqslant\frac{c_i(\boldsymbol{x}_k)}{t_k}\\&=\frac{1}{t_k}[c_i(\boldsymbol{x})+t_k\nabla c_i(\boldsymbol{x})^{\mathsf T}\boldsymbol{d}+o(\alpha_k)]\end{aligned}$$

$$= \nabla c_i(\boldsymbol{x})^\mathsf{T}\boldsymbol{d} + \frac{o(t_k)}{t_k}$$

令 $k \to \infty$，则有 $\dfrac{o(t_k)}{t_k} \to 0$，从而可得 $\nabla c_i(\boldsymbol{x})^\mathsf{T}\boldsymbol{d} \geqslant 0$. 因此，$\boldsymbol{d} \in \mathcal{F}(\boldsymbol{x})$.

从前面讨论可知，$\mathcal{F}(\boldsymbol{x}) \subset F(\boldsymbol{x})$ 不一定成立.

引入可行方向和线性化可行方向的目的是建立约束规范条件，从而建立最优性条件. 约束规范条件有很多种，常用的一种为 KT(Kuhn-Tucker) 约束规范条件: $F = \mathcal{F}$. 但 KT 约束规范条件不容易验证. 因此，我们给出如下容易验证的线性无关约束规范 (LICQ) 条件.

定义 8.8 LICQ

给定点 $\boldsymbol{x}$ 和起作用集 $\mathcal{A}(\boldsymbol{x})$，如果 $\{\nabla c_i(\boldsymbol{x}),\ i \in \mathcal{A}\}$ 线性无关，则称在点 $\boldsymbol{x}$ 处 LICQ 条件成立. ♣

可以证明，LICQ 条件成立可以确保 KT 条件成立.

定理 8.3

若在可行点 $\boldsymbol{x}$ 处 LICQ 条件成立，则有 $F(\boldsymbol{x}) = \mathcal{F}(\boldsymbol{x})$. ♡

定理的证明过程略，感兴趣的读者可以参阅相关文献[14].

根据可行方向的概念，我们可以建立如下最优性的必要条件.

定理 8.4

设 $\boldsymbol{x}^*$ 是问题(8.1)的局部最优解，则

$$\nabla f(\boldsymbol{x}^*)^\mathsf{T}\boldsymbol{d} \geqslant 0, \quad \forall \boldsymbol{d} \in F(\boldsymbol{x}^*)$$

♡

证明 采用反证法. 假设存在一个可行方向 $\boldsymbol{d}$ 使得 $\nabla f(\boldsymbol{x}^*)^\mathsf{T}\boldsymbol{d} < 0$. 设 $\{\boldsymbol{x}_k\}$ 和 $\{t_k\}$ 是方向 d 满足定义8.6的序列. 由式(8.19)和泰勒定理可知，对充分大的 k 有

$$f(\boldsymbol{x}_k) = f(\boldsymbol{x}^*) + t_k \nabla f(\boldsymbol{x}^*)^\mathsf{T}\boldsymbol{d} + o(t_k)$$

由于 $\nabla f(\boldsymbol{x}^*)^\mathsf{T}\boldsymbol{d} < 0$，故当 $k \to +\infty$，有

$$f(\boldsymbol{x}_k) < f(\boldsymbol{x}^*) + \frac{1}{2} t_k \nabla f(\boldsymbol{x}^*)^\mathsf{T}\boldsymbol{d} < f(\boldsymbol{x}^*)$$

因此，给定任意以 $\boldsymbol{x}^*$ 为中心的邻域，都可选取充分大的 k 使得 $\boldsymbol{x}_k$ 在此邻域内，且 $f(\boldsymbol{x}_k) < f(\boldsymbol{x}^*)$，这与 $\boldsymbol{x}^*$ 是问题(8.1)的局部最优解矛盾.

定理 8.4 表明，在局部最优解处没有可行的下降方向. 然而，该命题的逆命题不一定成立，也就是说，即使对所有任意可行方向 $\boldsymbol{d} \in F(\boldsymbol{x}^*)$，都有 $\nabla f(\boldsymbol{x}^*)^\mathsf{T}\boldsymbol{d} \geqslant 0$，$\boldsymbol{x}^*$ 也可能不是局部最优解. 例如，考虑如下约束最优化问题

$$\begin{aligned} \min \quad & x_1 \\ \text{s.t.} \quad & x_1 \geqslant -x_2^2 \end{aligned} \tag{8.20}$$

该问题的最优值为 $-\infty$. 对于原点 $\bar{\boldsymbol{x}} = (0,0)^\mathsf{T}$，不难发现，该点处的任何可行方向 $\boldsymbol{d} = (d_1, d_2)^\mathsf{T}$ 都必须满足 $d_1 \geqslant 0$，故 $\nabla f(\bar{\boldsymbol{x}}) = d_1 \geqslant 0$. 由于任取 $a > 0$，点 $(-a^2, a)^\mathsf{T}$ 处的目标函数值均小于 $\bar{\boldsymbol{x}}$ 的目标函数值，因此 $\bar{\boldsymbol{x}}$ 不是局部最优解.

8.2.3 一阶最优性条件

下面给出约束最优化问题解的一阶必要条件.

定理 8.5 一阶必要条件

设 $\boldsymbol{x}^*$ 为问题(8.1)的局部最优解，问题(8.1)中的目标函数和约束函数均连续可微，且在点 $\boldsymbol{x}^*$ 处 LICQ 条件成立，则存在 Lagrange 乘子 $\boldsymbol{\lambda}^*$，使得 $(\boldsymbol{x}^*, \boldsymbol{\lambda}^*)$ 满足

$$\nabla_{\boldsymbol{x}} \mathcal{L}(\boldsymbol{x}^*, \boldsymbol{\lambda}^*) = 0 \tag{8.21}$$

$$c_i(\boldsymbol{x}^*) = 0, \quad \forall i \in \mathcal{E} \tag{8.22}$$

$$c_i(\boldsymbol{x}^*) \geqslant 0, \quad \forall i \in \mathcal{I} \tag{8.23}$$

$$\lambda_i^* \geqslant 0, \quad \forall i \in \mathcal{I} \tag{8.24}$$

$$\lambda_i^* c_i(\boldsymbol{x}^*) = 0, \quad \forall i \in \mathcal{E} \cup \mathcal{I} \tag{8.25}$$

其中，$\mathcal{L}(\boldsymbol{x}, \boldsymbol{\lambda}) = f(\boldsymbol{x}) - \sum\limits_{i \in \mathcal{E} \cup \mathcal{I}} \lambda_i c_i(\boldsymbol{x})$ 为 Lagrange 函数. ♡

定理 8.5 是由 Kuhn 和 Tucker 给出的. 由于 Karush 也提出了类似的最优性条件，故该定理常被称为 Karush-Kuhn-Tucker 定理，简称 KKT 定理. 条件式(8.21)至式(8.25)称为 KKT 条件. 满足 KKT 条件的点 $\boldsymbol{x}^*$ 称为 KKT 点，相应的 $\boldsymbol{\lambda}^*$ 称为 Lagrange 乘子，$(\boldsymbol{x}^*, \boldsymbol{\lambda}^*)$ 称为 KKT 对.

条件式(8.25)称为互补条件. 该条件意味着 λ_i 和 c_i 不可能同时非 0. 由此可知，不起作用约束对应的 Lagrange 乘子必为 0，故可将式(8.21)改写为

$$\nabla_{\boldsymbol{x}} \mathcal{L}(\boldsymbol{x}^*, \boldsymbol{\lambda}^*) = \nabla f(\boldsymbol{x}) - \sum_{i \in \mathcal{A}(\boldsymbol{x}^*)} \lambda_i^* \nabla c_i(\boldsymbol{x}^*) = 0$$

当 $\lambda_i^* > 0\ (i \in \mathcal{I} \cap \mathcal{A}(\boldsymbol{x}^*))$ 时，条件式(8.25)称为严格互补条件. 满足严格互补条件通常可以使优化方法更快收敛到最优解 $\boldsymbol{x}^*$.

对于问题(8.1)和最优解 $\boldsymbol{x}^*$，可能有很多 $\boldsymbol{\lambda}^*$ 满足条件式(8.21)至式(8.25). 然而，可以证明，当 LICQ 条件成立时，$\boldsymbol{\lambda}^*$ 是唯一的，证明留作习题.

Lagrange 乘子 $\boldsymbol{\lambda}^*$ 是 KKT 条件中不可缺少的元素之一，为了对其在约束最优化问题中的重要性有更深刻的理解，我们对其进行进一步分析.

对于局部最优解 $\boldsymbol{x}^*$ 和给定的一个约束 c_i，下面就 c_i 的两种情况进行讨论.

- 该约束不起作用，即 $c_i(\boldsymbol{x}^*) > 0$. 不难发现，$\boldsymbol{x}^*$ 和 $f(\boldsymbol{x}^*)$ 对这个约束存在与否并不敏感，即如果对该约束进行一个微小扰动，该约束仍不起作用，$\boldsymbol{x}^*$ 也仍是问题的局部最优解. 由互补条件式(8.25)知，$\lambda_i^* = 0$，由此可见该 Lagrange 乘子表明约束 c_i 对

于该问题的最优解和最优值并不重要.

- 该约束起作用，即 $c_i(\boldsymbol{x}^*) = 0$. 对该约束增加一个小扰动，例如把约束修改为 $c_i(\boldsymbol{x}^*) \geqslant -\epsilon\|\nabla c_i(\boldsymbol{x}^*)\|$. 假设 ϵ 充分小，使得扰动后的最优解 $\boldsymbol{x}^*(\epsilon)$ 的起作用集及 Lagrange 乘子都不发生变化. 于是，可得

$$-\epsilon\|\nabla c_i(\boldsymbol{x}^*)\| = c_i(\boldsymbol{x}^*(\epsilon)) - c_i(\boldsymbol{x}^*) \approx [\boldsymbol{x}^*(\epsilon) - \boldsymbol{x}^*]^{\mathsf{T}}\nabla c_i(\boldsymbol{x}^*)$$

$$0 = c_j(\boldsymbol{x}^*(\epsilon)) - c_j(\boldsymbol{x}^*) \approx [\boldsymbol{x}^*(\epsilon) - \boldsymbol{x}^*]^{\mathsf{T}}\nabla c_j(\boldsymbol{x}^*), \quad \forall j \in \mathcal{A}(\boldsymbol{x}^*); j \neq i$$

从而由式(8.21)有

$$\begin{aligned} f(\boldsymbol{x}^*(\epsilon)) - f(\boldsymbol{x}^*) &\approx [\boldsymbol{x}^*(\epsilon) - \boldsymbol{x}^*]^{\mathsf{T}}\nabla f(\boldsymbol{x}^*) \\ &= \sum_{j\in\mathcal{A}(\boldsymbol{x}^*)} \lambda_j^*[\boldsymbol{x}^*(\epsilon) - \boldsymbol{x}^*]^{\mathsf{T}}\nabla c_j(\boldsymbol{x}^*) \\ &\approx -\epsilon\lambda_i^*\|\nabla c_i(\boldsymbol{x}^*)\| \end{aligned}$$

令 $\epsilon \to 0$，可得

$$\frac{\mathrm{d}f(\boldsymbol{x}^*(\epsilon))}{\mathrm{d}\epsilon} = -\lambda_i^*\|\nabla c_i(\boldsymbol{x}^*)\|$$

由此可见，$\lambda_i^*\|\nabla c_i(\boldsymbol{x}^*)\|$ 反映了最优值对于约束 c_i 的敏感程度，$\lambda_i^*\|\nabla c_i(\boldsymbol{x}^*)\|$ 的值越大，敏感程度越高. 如果某些起作用约束对应的 Lagrange 乘子 $\lambda_i^* = 0$，则对这些约束进行微小扰动并不会改变最优值. 于是，这样的约束称为弱起作用约束，而 Lagrange 乘子非零的起作用约束称为强起作用约束.

为了证明 KKT 定理，我们需要 Farkas 引理.

引理 8.1　Farkas 引理

设 $\boldsymbol{g}$ 和 $\{\boldsymbol{a}_i\}_{i=1}^m$ 为 n 维向量，则集合

$$\mathcal{S} = \{\boldsymbol{d} \in \mathbb{R}^n | \boldsymbol{g}^{\mathsf{T}}\boldsymbol{d} < 0, \boldsymbol{a}_i^{\mathsf{T}}\boldsymbol{d} \geqslant 0, i = 1, 2, \cdots, m\}$$

为空集的充要条件是，存在 $\lambda_i \geqslant 0\,(i = 1, 2, \cdots, m)$，使得

$$\boldsymbol{g} = \sum_{i=1}^m \lambda_i \boldsymbol{a}_i$$

♡

引理的证明略，感兴趣的读者请参阅相关文献 [19].

令 $\boldsymbol{g} = \nabla f(\boldsymbol{x})$，$\boldsymbol{a}_i = \nabla c_i(\boldsymbol{x})\,(i = 1, 2, \cdots, m)$，则 Farkas 引理中的 $\mathcal{S}$ 是不等式约束最优化问题的线性化可行下降方向集合. 引理 8.2 将这个集合推广到一般约束最优化问题的线性化可行下降方向集合.

引理 8.2　Farkas 引理的推论

设 $\boldsymbol{g}$ 和 $\{\boldsymbol{a}_i\}_{i=1}^m$ 为 n 维向量，则集合

$$\mathcal{S} = \{\boldsymbol{d} \in \mathbb{R}^n | \boldsymbol{g}^{\mathsf{T}}\boldsymbol{d} < 0, \boldsymbol{a}_i^{\mathsf{T}}\boldsymbol{d} = 0, i \in \mathcal{E}; \boldsymbol{a}_i^{\mathsf{T}}\boldsymbol{d} \geqslant 0, i \in \mathcal{A}(\boldsymbol{x}) \cap \mathcal{I}\}$$

为空集的充要条件是，存在 λ_i，$i \in \mathcal{A}(\boldsymbol{x})$，使得

$$\boldsymbol{g} = \sum_{i \in \mathcal{A}(\boldsymbol{x})} \lambda_i \boldsymbol{a}_i, \quad \lambda_i \geqslant 0; i \in \mathcal{A}(\boldsymbol{x}) \cap \mathcal{I}$$

♡

证明 由于 $\boldsymbol{a}_i^\mathsf{T}\boldsymbol{d} = 0\,(i \in \mathcal{E})$ 等价于

$$\boldsymbol{a}_i^\mathsf{T}\boldsymbol{d} \geqslant 0, \quad -\boldsymbol{a}_i^\mathsf{T}\boldsymbol{d} \geqslant 0, \quad i \in \mathcal{E}$$

故由 Farkas 引理可知，存在 $\lambda_i^+ \geqslant 0$，$\lambda_i^- \geqslant 0\,(i \in \mathcal{E})$，$\lambda_i \geqslant 0\,(i \in \mathcal{A}(\boldsymbol{x}) \cap \mathcal{I})$，使得

$$\begin{aligned}\boldsymbol{g} &= \sum_{i \in \mathcal{E}} \lambda_i^+ \boldsymbol{a}_i - \sum_{i \in \mathcal{E}} \lambda_i^- \boldsymbol{a}_i + \sum_{i \in \mathcal{A}(\boldsymbol{x}) \cap \mathcal{I}} \lambda_i \boldsymbol{a}_i \\ &= \sum_{i \in \mathcal{E}} (\lambda_i^+ - \lambda_i^-) \boldsymbol{a}_i + \sum_{i \in \mathcal{A}(\boldsymbol{x}) \cap \mathcal{I}} \lambda_i \boldsymbol{a}_i \\ &= \sum_{i \in \mathcal{A}(\boldsymbol{x})} \lambda_i \boldsymbol{a}_i\end{aligned}$$

其中，$\lambda_i = \lambda_i^+ - \lambda_i^-(i \in \mathcal{E})$.

有了上述准备，我们现在来证明定理8.5.

证明 由于 $\boldsymbol{x}^*$ 是问题(8.1)的局部最优解，故 $\boldsymbol{x}^*$ 为可行点，从而式(8.22)和式(8.23)成立.

由定理8.4可知，$\nabla f(\boldsymbol{x}^*)^\mathsf{T}\boldsymbol{d} \geqslant 0$, $\forall \boldsymbol{d} \in F(\boldsymbol{x})$. 由于 LICQ 条件成立，故 $F(\boldsymbol{x}^*) = \mathcal{F}(\boldsymbol{x}^*)$，从而 $\nabla f(\boldsymbol{x}^*)^\mathsf{T}\boldsymbol{d} \geqslant 0$, $\forall \boldsymbol{d} \in \mathcal{F}(\boldsymbol{x})$. 由线性化可行方向的定义可知，集合 $\mathcal{S} = \{\boldsymbol{d} \in \mathbb{R}^n | \nabla f(\boldsymbol{x}^*)^\mathsf{T}\boldsymbol{d} < 0, \nabla c_i(\boldsymbol{x})^\mathsf{T}\boldsymbol{d} = 0, i \in \mathcal{E}; \nabla c_i(\boldsymbol{x})^\mathsf{T}\boldsymbol{d} \geqslant 0, i \in \mathcal{A}(\boldsymbol{x}) \cap \mathcal{I}\}$ 是空集.

由引理8.2可知，存在 $\lambda_i^* \in \mathbb{R}\,(i \in \mathcal{E})$ 和 $\lambda_i^* \geqslant 0\,(i \in \mathcal{A}(\boldsymbol{x}) \cap \mathcal{I})$，使得

$$\nabla f(\boldsymbol{x}^*) = \sum_{i \in \mathcal{A}(\boldsymbol{x}^*)} \lambda_i^* \nabla c_i(\boldsymbol{x}^*)$$

再令 $\lambda_i^* = 0$，$\forall i \notin \mathcal{I} \setminus \mathcal{A}(\boldsymbol{x}^*)$，可得

$$\nabla f(\boldsymbol{x}^*) = \sum_{i \in \mathcal{E} \cup \mathcal{I}} \lambda_i^* \nabla c_i(\boldsymbol{x}^*)$$

$$\lambda_i c_i(\boldsymbol{x}^*) = 0$$

从而式(8.21)、式(8.24)和式(8.25)成立.

▶ **例 8.7** 计算约束最优化问题(8.14)的所有 KKT 点.

解：该问题的 Lagrange 函数为

$$\mathcal{L}(\boldsymbol{x}, \boldsymbol{\lambda}) = \sqrt{3}x_1 + x_2 - \lambda_1(1 - x_1^2 - x_2^2) + \lambda_2 x_2$$

KKT 条件为

$$2\lambda_1 x_1 + \sqrt{3} = 0, \quad 2\lambda_2 x_2 + 1 - \lambda_2 = 0 \tag{8.26}$$

$$1 - x_1^2 - x_2^2 \geqslant 0, \quad x_2 \geqslant 0 \tag{8.27}$$

$$\lambda_1 \geqslant 0, \quad \lambda_2 \geqslant 0 \tag{8.28}$$

$$\lambda_1(1-x_1^2-x_2^2)=0, \quad \lambda_2 x_2 = 0 \tag{8.29}$$

当 $\lambda_1 = 0$ 或 $\lambda_2 = 0$ 时，式(8.26)无法成立，故可知 $\lambda_1 > 0$，$\lambda_2 > 0$. 由互补条件式(8.29)可知

$$1-x_1^2-x_2^2=0, \quad x_2=0$$

故 $x_1 = 1$ 或 -1，将其代入式(8.26)，考虑到 $\lambda_1 > 0$，最终可求得

$$x_1=-1, \quad x_2=0, \quad \lambda_1=\frac{\sqrt{3}}{2}, \lambda_2 = 1$$

从前面的分析可知，问题(8.14)的 KKT 点 $(-1,0)^{\mathrm{T}}$ 就是该问题的最优解. 然而，需要注意的是，并非所有约束最优化问题都会得到这样的结果. 例如，对于问题 (8.2)，不难发现 $(x_1,x_2)=(-\sqrt{3}/2,-1/2), \lambda_1=-1$ 和 $(x_1,x_2)=(\sqrt{3}/2,1/2), \lambda_1=1$ 均为其 KKT 点，其中第一个点为局部最优解，而第二个点为极大点. 由此可见，KKT 条件仅是一般约束最优化问题局部最优解的必要非充分条件.

最后给出约束最优化问题解的一阶充分条件.

定理 8.6　一阶充分条件

设 $\boldsymbol{x}^*$ 是问题(8.1)的可行点，目标函数和约束函数均连续可微，且有

$$\nabla f(\boldsymbol{x}^*)^{\mathrm{T}}\boldsymbol{d} > 0, \quad \forall \boldsymbol{d} \in F(\boldsymbol{x}^*) \tag{8.30}$$

则 $\boldsymbol{x}^*$ 是问题(8.1)的严格局部最优解.

证明　采用反证法. 假设 $\boldsymbol{x}^*$ 不是问题(8.1)的严格局部最优解，则存在一个可行点序列 $\{\boldsymbol{x}_k\}$，其中 $\boldsymbol{x}_k \in \Omega$，使得

$$\lim_{k\to\infty} \boldsymbol{x_k} = \boldsymbol{x}^*, \quad \boldsymbol{x}_k \neq \boldsymbol{x}^*(k=1,2,\cdots)$$

$$f(\boldsymbol{x}_k) \leqslant f(\boldsymbol{x}^*)$$

定义

$$\boldsymbol{d}_k = \frac{\boldsymbol{x}_k - \boldsymbol{x}^*}{\|\boldsymbol{x}_k - \boldsymbol{x}^*\|}$$

由于 $\boldsymbol{d}_k$ 有界，故 $\{\boldsymbol{d}_k\}$ 有收敛子列. 为了简便，不妨设该子列为 $\{\boldsymbol{d}_k\}$，且 $\lim\limits_{k\to\infty}\boldsymbol{d}_k = \boldsymbol{d}$. 由可行方向的定义知 $\boldsymbol{d} \in F(\boldsymbol{x}^*)$. 此外，由泰勒定理有

$$f(\boldsymbol{x}_k) - f(\boldsymbol{x}^*) = \nabla f(\boldsymbol{x}^*)^{\mathrm{T}}(\boldsymbol{x}_k - \boldsymbol{x}^*) + o(\|\boldsymbol{x}_k - \boldsymbol{x}^*\|) \leqslant 0$$

从而

$$\nabla f(\boldsymbol{x}^*)^{\mathrm{T}}\boldsymbol{d}_k + o(1) \leqslant 0$$

令 $k \to \infty$，得 $\nabla f(\boldsymbol{x}^*)^{\mathrm{T}}\boldsymbol{d} \leqslant 0$，与式(8.30)矛盾. 定理得证.

由定理8.2可知，把式(8.30)中的 $F(\boldsymbol{x}^*)$ 换成 $\mathcal{F}(\boldsymbol{x}^*)$，上述定理的结论依然成立.

8.3 约束最优化问题的二阶最优性条件

约束最优化问题的一阶最优性条件，即 KKT 条件，刻画了在局部最优解 $\boldsymbol{x}^*$ 处，目标函数 f 梯度和约束函数 c_i 梯度之间的关系. 由线性化可行方向的定义可知，当 KKT 条件满足时，从 $\boldsymbol{x}^*$ 出发，沿任意线性化可行方向 $\boldsymbol{d}$ 迭代，会使目标函数值的一阶近似增加，即 $\nabla f(\boldsymbol{x}^*)^\mathsf{T}\boldsymbol{d} > 0$，或保持不变，即 $\nabla f(\boldsymbol{x}^*)^\mathsf{T}\boldsymbol{d} = 0$. 对于第二种情况，我们无法判断目标函数值是会增大还是减小，进而无法判断 $\boldsymbol{x}^*$ 是否为局部最优解. 二阶最优化条件通过 f 和 c_i 的二阶信息来解决该问题. 由于涉及二阶信息，本节假设 f 和 c_i，$i \in \mathcal{E} \cup \mathcal{I}$ 均为二阶连续可微函数.

首先，对于给定的线性化可行方向集 $\mathcal{F}(\boldsymbol{x}^*)$ 和满足 KKT 条件的 Lagrange 乘子 $\boldsymbol{\lambda}^*$，定义线性化可行方向集的子集 $\mathcal{F}_1(\boldsymbol{x}^*, \boldsymbol{\lambda}^*)$.

定义 8.9

在点 $\boldsymbol{x}^*$ 处，线性化可行方向集合 $\mathcal{F}(\boldsymbol{x}^*)$ 的子集 $\mathcal{F}_1(\boldsymbol{x}^*, \boldsymbol{\lambda}^*)$ 定义为

$$\mathcal{F}_1(\boldsymbol{x}^*, \boldsymbol{\lambda}^*) = \{\boldsymbol{d} \in \mathcal{F}(\boldsymbol{x}^*) | \nabla c_i(\boldsymbol{x}^*)^\mathsf{T}\boldsymbol{d} = 0, \forall i \in \mathcal{A}(\boldsymbol{x}^*) \cap \mathcal{I} \text{且} \lambda_i^* > 0\}$$

♣

$\mathcal{F}_1(\boldsymbol{x}^*, \boldsymbol{\lambda}^*)$ 也称为线性化零约束集合.

不难发现，$\boldsymbol{d} \in \mathcal{F}_1(\boldsymbol{x}^*, \lambda^*)$ 等价于

$$\begin{cases} \nabla c_i(\boldsymbol{x}^*)^\mathsf{T}\boldsymbol{d} = 0, & \forall i \in \mathcal{E} \\ \nabla c_i(\boldsymbol{x}^*)^\mathsf{T}\boldsymbol{d} = 0, & \forall i \in \mathcal{A}(\boldsymbol{x}^*) \cap \mathcal{I}; \lambda_i^* > 0 \\ \nabla c_i(\boldsymbol{x}^*)^\mathsf{T}\boldsymbol{d} \geqslant 0, & \forall i \in \mathcal{A}(\boldsymbol{x}^*) \cap \mathcal{I}; \lambda_i^* = 0 \end{cases}$$

由互补条件可知，对于所有的不起作用约束有

$$\lambda_i^* = 0, \quad i \in \mathcal{I} \backslash \mathcal{A}(\boldsymbol{x}^*)$$

从而由 KKT 条件得

$$\nabla f(\boldsymbol{x}^*)^\mathsf{T}\boldsymbol{d} = \sum_{i \in \mathcal{E} \cup \mathcal{I}} \lambda_i^* \nabla c_i(\boldsymbol{x}^*)^\mathsf{T}\boldsymbol{d} = 0, \quad \boldsymbol{d} \in \mathcal{F}_1(\boldsymbol{x}^*)$$

接下来给出约束最优化问题解的二阶必要条件.

定理 8.7 二阶必要条件

设 $\boldsymbol{x}^*$ 为问题(8.1)的局部最优解，且在 $\boldsymbol{x}^*$ 处 LICQ 条件成立，$\boldsymbol{\lambda}^*$ 为相应的 Lagrange 乘子，则

$$\boldsymbol{d}^\mathsf{T}\nabla^2_{\boldsymbol{xx}}\mathcal{L}(x^*, \boldsymbol{\lambda}^*)\boldsymbol{d} \geqslant 0, \quad \forall \boldsymbol{d} \in \mathcal{F}_1(\boldsymbol{x}^*, \boldsymbol{\lambda}^*)$$

♡

证明 由于 $\boldsymbol{d} \in \mathcal{F}_1(\boldsymbol{x}^*, \boldsymbol{\lambda}^*) \subset \mathcal{F}(\boldsymbol{x}^*)$，故由定义8.6可知存在可行点序列 $\{\boldsymbol{x}_k\}$，$\lim\limits_{k\to\infty} \boldsymbol{x}_k = \boldsymbol{x}$ 和序列 $\{t_k\} > 0$，$\lim\limits_{k\to\infty} t_k = 0$，使得

$$\lim_{k\to\infty}\frac{\boldsymbol{x}_k-\boldsymbol{x}^*}{t_k}=\boldsymbol{d}$$

上式可改写为

$$\boldsymbol{x}_k=\boldsymbol{x}^*+t_k\boldsymbol{d}+o(t_k) \tag{8.31}$$

从而有

$$c_i(\boldsymbol{x}_k)=t_k\nabla c_i(\boldsymbol{x}^*)^{\mathsf{T}}\boldsymbol{d},\quad \forall i\in\mathcal{A}(\boldsymbol{x}^*)$$

结合 $\mathcal{F}_1$ 的定义，可知

$$\begin{aligned}\mathcal{L}(\boldsymbol{x}_k,\boldsymbol{\lambda}^*)&=f(\boldsymbol{x}_k)-\sum_{i\in\mathcal{A}(\boldsymbol{x}^*)}\lambda_i^*c_i(\boldsymbol{x}_k)\\&=f(\boldsymbol{x}_k)-t_k\sum_{i\in\mathcal{A}(\boldsymbol{x}^*)}\lambda_i^*\nabla c_i(\boldsymbol{x}_k)^{\mathsf{T}}\boldsymbol{d}\\&=f(\boldsymbol{x}_k)\end{aligned} \tag{8.32}$$

另外，通过对 $\mathcal{L}(\boldsymbol{x}_k,\boldsymbol{\lambda}^*)$ 进行二阶泰勒展开，可得

$$\begin{aligned}\mathcal{L}(\boldsymbol{x}_k,\boldsymbol{\lambda}^*)=&\mathcal{L}(\boldsymbol{x}^*,\boldsymbol{\lambda}^*)+(\boldsymbol{x}_k-\boldsymbol{x}^*)\nabla_{\boldsymbol{x}}\mathcal{L}(\boldsymbol{x}^*,\boldsymbol{\lambda}^*)\\&+\frac{1}{2}(\boldsymbol{x}_k-\boldsymbol{x}^*)^{\mathsf{T}}\nabla^2_{\boldsymbol{xx}}\mathcal{L}(\boldsymbol{x}^*,\boldsymbol{\lambda}^*)(\boldsymbol{x}_k-\boldsymbol{x}^*)+o(\|\boldsymbol{x}_k-\boldsymbol{x}^*\|^2)\end{aligned}$$

由互补条件可知 $\mathcal{L}(\boldsymbol{x}^*,\boldsymbol{\lambda}^*)=f(\boldsymbol{x}^*)$，由式(8.21)知等式右端第二项为 0. 因此，利用式(8.31)可得

$$\mathcal{L}(\boldsymbol{x}_k,\boldsymbol{\lambda}^*)=f(\boldsymbol{x}^*)+\frac{1}{2}t_k^2\boldsymbol{d}^{\mathsf{T}}\nabla^2_{\boldsymbol{xx}}\mathcal{L}(\boldsymbol{x}^*,\boldsymbol{\lambda}^*)\boldsymbol{d}+o(t_k^2) \tag{8.33}$$

结合式(8.32)，可得

$$f(\boldsymbol{x}_k)=f(\boldsymbol{x}^*)+\frac{1}{2}t_k^2\boldsymbol{d}^{\mathsf{T}}\nabla^2_{\boldsymbol{xx}}\mathcal{L}(\boldsymbol{x}^*,\boldsymbol{\lambda}^*)\boldsymbol{d}+o(t_k^2)$$

由于 $\boldsymbol{x}^*$ 是局部最优解，故当 k 充分大时，有 $f(\boldsymbol{x}_k)\geqslant f(\boldsymbol{x}^*)$. 令 $k\to\infty$，得

$$\boldsymbol{d}^{\mathsf{T}}\nabla^2_{\boldsymbol{xx}}\mathcal{L}(\boldsymbol{x}^*,\boldsymbol{\lambda}^*)\boldsymbol{d}\geqslant 0$$

二阶必要条件表明: 如果 $\boldsymbol{x}^*$ 是局部最优解，那么沿着不确定方向 $\boldsymbol{d}$，即 $\boldsymbol{d}\in\mathcal{F}_1(\boldsymbol{x}^*,\boldsymbol{\lambda}^*)$，Lagrange 函数的 Hesse 矩阵有非负曲率.

下面给出约束最优化问题解的二阶充分条件.

定理 8.8　二阶充分条件

设 $\boldsymbol{x}^*$ 是问题(8.1)是 KKT 点，$\boldsymbol{\lambda}^*$ 是相应的 Lagrange 乘子，若有

$$\boldsymbol{d}^{\mathsf{T}}\nabla^2_{\boldsymbol{xx}}\mathcal{L}(\boldsymbol{x}^*,\boldsymbol{\lambda}^*)\boldsymbol{d}>0,\quad \forall\boldsymbol{d}\in\mathcal{F}_1(\boldsymbol{x}^*,\boldsymbol{\lambda}^*);\boldsymbol{d}\neq\boldsymbol{0} \tag{8.34}$$

则 $\boldsymbol{x}^*$ 是问题(8.1)的严格局部最优解. ♡

证明　采用反证法. 假设 $\boldsymbol{x}^*$ 不是问题(8.1)的严格局部最优解，则存在一个可行点序列 $\{\boldsymbol{x}_k\}$，其中 $\boldsymbol{x}_k\in\Omega$，使得

$$\lim_{k\to\infty} \boldsymbol{x_k} = \boldsymbol{x}^*, \quad \boldsymbol{x}_k \neq \boldsymbol{x}^*(k=1,2,\cdots)$$

$$f(\boldsymbol{x}_k) \leqslant f(\boldsymbol{x}^*)$$

定义

$$\boldsymbol{d}_k = \frac{\boldsymbol{x}_k - \boldsymbol{x}^*}{\|\boldsymbol{x}_k - \boldsymbol{x}^*\|}$$

由于 $\boldsymbol{d}_k$ 有界，故 $\{\boldsymbol{d}_k\}$ 有收敛子列. 为了简便，不妨设该子列为 $\{\boldsymbol{d}_k\}$，且 $\lim\limits_{k\to\infty} \boldsymbol{d}_k = \boldsymbol{d}$. 由可行方向的定义知 $\boldsymbol{d} \in F(\boldsymbol{x}^*)$. 此外，由泰勒定理有

$$f(\boldsymbol{x}_k) - f(\boldsymbol{x}^*) = \nabla f(\boldsymbol{x}^*)^\mathsf{T}(\boldsymbol{x}_k - \boldsymbol{x}^*) + o(\|\boldsymbol{x}_k - \boldsymbol{x}^*\|) \leqslant 0$$

从而

$$\nabla f(\boldsymbol{x}^*)^\mathsf{T}\boldsymbol{d}_k + o(1) \leqslant 0$$

令 $k\to\infty$，得

$$\nabla f(\boldsymbol{x}^*)^\mathsf{T}\boldsymbol{d} \leqslant 0 \tag{8.35}$$

下面就 $\boldsymbol{d}$ 的两种情况进行讨论.

(1) 若 $\boldsymbol{d} \notin \mathcal{F}_1(\boldsymbol{x}^*, \boldsymbol{\lambda}^*)$，则存在 $i \in \mathcal{A}(\boldsymbol{x}^*) \cap \mathcal{I}$，使得

$$\lambda_i^* \nabla c_i(\boldsymbol{x}^*)^\mathsf{T}\boldsymbol{d} > 0$$

而对于其他 $i \in \mathcal{A}(\boldsymbol{x}^*)$，有

$$\lambda_i^* \nabla c_i(\boldsymbol{x}^*)^\mathsf{T}\boldsymbol{d} \geqslant 0$$

因此，可得

$$\nabla f(\boldsymbol{x})^\mathsf{T}\boldsymbol{d} = \sum_{i\in\mathcal{A}(\boldsymbol{x}^*)} \lambda_i^* \nabla c_i(\boldsymbol{x}^*)^\mathsf{T}\boldsymbol{d} > 0 \tag{8.36}$$

这与式(8.35)矛盾.

(2) 若 $\boldsymbol{d} \in \mathcal{F}_1(\boldsymbol{x}^*, \boldsymbol{\lambda}^*)$，则由 $\boldsymbol{x}_k$ 是可行点得

$$\begin{aligned}\mathcal{L}(\boldsymbol{x}_k, \boldsymbol{\lambda}^*) &= f(\boldsymbol{x}_k) - \sum_{i\in\mathcal{A}(\boldsymbol{x}^*)} \lambda_i c_i(\boldsymbol{x}_k) \\ &\leqslant f(\boldsymbol{x}_k)\end{aligned} \tag{8.37}$$

令 $t_k = \|\boldsymbol{x}_k - \boldsymbol{x}\|$. 由 KKT 条件有

$$\begin{aligned}\mathcal{L}(\boldsymbol{x}_k, \boldsymbol{\lambda}^*) &= \mathcal{L}(\boldsymbol{x}^*, \boldsymbol{\lambda}^*) + t_k \nabla_x \mathcal{L}(\boldsymbol{x}^*, \boldsymbol{\lambda}^*)^\mathsf{T}\boldsymbol{d}_k + \frac{1}{2}t_k^2 \boldsymbol{d}_k^\mathsf{T} \nabla^2_{\boldsymbol{xx}} \mathcal{L}(\boldsymbol{x}^*, \boldsymbol{\lambda}^*)\boldsymbol{d}_k + o(t_k^2) \\ &= f(\boldsymbol{x}^*) + \frac{1}{2}t_k^2 \boldsymbol{d}_k^\mathsf{T} \nabla^2_{\boldsymbol{xx}} \mathcal{L}(\boldsymbol{x}^*, \boldsymbol{\lambda}^*)\boldsymbol{d}_k + o(t_k^2)\end{aligned}$$

因为 $f(\boldsymbol{x}_k) \leqslant f(\boldsymbol{x}^*)$，故由式(8.37)可知 $\mathcal{L}(\boldsymbol{x}_k, \boldsymbol{\lambda}^*) \leqslant f(\boldsymbol{x}^*)$. 于是，令 $k\to\infty$，可得

$$\boldsymbol{d}^\mathsf{T} \nabla^2_{\boldsymbol{xx}} \mathcal{L}(\boldsymbol{x}^*, \boldsymbol{\lambda}^*)\boldsymbol{d} \leqslant 0$$

这与式(8.34)矛盾.

综上，$\boldsymbol{x}^*$ 是问题(8.1)的严格局部最优解.

定理 8.8 表明当 $\mathcal{F}_1(\boldsymbol{x}^*, \boldsymbol{\lambda}^*) = \varnothing$ 时，KKT 点 $\boldsymbol{x}^*$ 就是问题(8.1)的局部最优解.

最后，我们利用最优性理论求以下约束最优化问题的最优解.

▶ **例 8.8** 求约束最优化问题

$$\begin{aligned} \min \quad & -(x_1x_2 + x_2x_3 + x_1x_3) \\ \text{s.t.} \quad & x_1 + x_2 + x_3 - 3 = 0 \end{aligned}$$

的 KKT 点，并判断其是否为最优解.

解 该问题的 Lagrange 函数为

$$\mathcal{L}(\boldsymbol{x}, \lambda) = -(x_1x_2 + x_2x_3 + x_1x_3) - \lambda(x_1 + x_2 + x_3 - 3)$$

KKT 条件为

$$\begin{aligned} -x_2 - x_3 - \lambda &= 0 \\ -x_1 - x_3 - \lambda &= 0 \\ -x_2 - x_1 - \lambda &= 0 \\ x_1 + x_2 + x_3 - 3 &= 0 \end{aligned}$$

解此线性方程组，得 KKT 点为 $\boldsymbol{x}^* = (1,1,1)^{\mathsf{T}}$，$\lambda^* = -2$.

现在验证 $\boldsymbol{x}^*$ 是否满足二阶条件. 由 $\nabla c_1(\boldsymbol{x}^*) = (1,1,1)^{\mathsf{T}}$，可得

$$\mathcal{F}_1(\boldsymbol{x}^*, \lambda^*) = \{\boldsymbol{d} = (d_1, d_2, d_3) | d_1 + d_2 + d_3 = 0, \boldsymbol{d} \neq \boldsymbol{0}\}$$

从而得

$$\begin{aligned} \boldsymbol{d}^{\mathsf{T}} \nabla_{\boldsymbol{xx}} \mathcal{L}(\boldsymbol{x}^*, \lambda^*) \boldsymbol{d} &= \begin{pmatrix} d_1 & d_2 & d_3 \end{pmatrix} \begin{pmatrix} 0 & -1 & -1 \\ -1 & 0 & -1 \\ -1 & -1 & 0 \end{pmatrix} \begin{pmatrix} d_1 \\ d_2 \\ d_3 \end{pmatrix} \\ &= d_1^2 + d_2^2 + d_3^2 > 0, \ \forall \boldsymbol{d} \in \mathcal{F}_1(\boldsymbol{x}^*, \lambda^*) \end{aligned}$$

因此，$\boldsymbol{x}^*$ 满足二阶充分条件，从而是该问题的严格局部最优解.

▶ **例 8.9** 求约束最优化问题

$$\begin{aligned} \min \quad & (x_1 - 1)^2 + x_2 \\ \text{s.t.} \quad & x_2 - x_1 - 1 = 0 \\ & 2 - x_1 - x_2 \geqslant 0 \end{aligned}$$

的 KKT 点，并判断其是否为最优解。

解 该问题的 Lagrange 函数为

$$\mathcal{L}(\boldsymbol{x}, \boldsymbol{\lambda}) = (x_1 - 1)^2 + x_2 - \lambda_1(x_2 - x_1 - 1) - \lambda_2(2 - x_1 - x_2)$$

KKT 条件为

$$\begin{aligned}
&2x_1 - 2 + \lambda_1 + \lambda_2 = 0\\
&1 - \lambda_1 + \lambda_2 = 0\\
&x_2 - x_1 - 1 = 0\\
&2 - x_1 - x_2 \geqslant 0\\
&\lambda_2 \geqslant 0\\
&\lambda_2(2 - x_1 - x_2) = 0
\end{aligned}$$

首先，假设 $\lambda_2 > 0$，此时有 $2 - x_1 - x_2 = 0$. 因此，KKT 条件等价为四元一次方程组

$$\begin{aligned}
&2x_1 - 2 + \lambda_1 + \lambda_2 = 0\\
&1 - \lambda_1 + \lambda_2 = 0\\
&x_2 - x_1 - 1 = 0\\
&2 - x_1 - x_2 = 0
\end{aligned}$$

求解该方程组，得

$$x_1 = \frac{1}{2}, \quad x_2 = \frac{3}{2}, \quad \lambda_1 = 1, \quad \lambda_2 = 0$$

与假设 $\lambda_2 > 0$ 矛盾，故这一组解不满足 KKT 条件.

接下来，假设 $\lambda_2 = 0$. 此时，KKT 条件等价为三元一次方程组

$$\begin{aligned}
&2x_1 - 2 + \lambda_1 = 0\\
&1 - \lambda_1 = 0\\
&x_2 - x_1 - 1 = 0
\end{aligned}$$

同时还需满足

$$2 - x_1 - x_2 \geqslant 0$$

求解该问题，可得

$$x_1 = \frac{1}{2}, \quad x_2 = \frac{3}{2}, \quad \lambda_1 = 1, \quad \lambda_2 = 0$$

由此可得，KKT 点为 $\boldsymbol{x}^* = (1/2, 3/2)^\mathsf{T}$，$\boldsymbol{\lambda}^* = (1, 0)^\mathsf{T}$.

现在验证 $\boldsymbol{x}^*$ 是否满足二阶条件. 由 $\nabla c_1(\boldsymbol{x}^*) = (-1, 1)^\mathsf{T}$ 和 $\nabla c_2(\boldsymbol{x}^*) = (-1, -1)^\mathsf{T}$ 可得

$$\mathcal{F}_1(\boldsymbol{x}^*, \lambda^*) = \{(d, d)^\mathsf{T} | d < 0\}$$

因此

$$\boldsymbol{d}^\mathsf{T} \nabla_{\boldsymbol{xx}} \mathcal{L}(\boldsymbol{x}^*, \lambda^*) \boldsymbol{d} = \begin{pmatrix} d & d \end{pmatrix} \begin{pmatrix} 2 & 0 \\ 0 & 0 \end{pmatrix} \begin{pmatrix} d & d \end{pmatrix} = 2d^2 > 0$$

所以，$\boldsymbol{x}^*$ 满足二阶充分条件，从而是该问题的一个严格局部最优解.

8.4 约束最优化的对偶问题

本节将介绍有关约束最优化问题的对偶理论. 对每一个约束最优化问题, 都可以构造一个与之密切相关的约束最优化问题. 前者称为原问题, 后者称为对偶问题. 在某些情况下, 对偶问题比原问题更容易求解. 此外, 对偶理论在优化方法的设计中也起着重要作用, 例如第 12 章介绍的交替方向乘子方法.

8.4.1 对偶问题

本节介绍仅含不等式约束的凸优化问题

$$\begin{aligned} \min \quad & f(\boldsymbol{x}) \\ \text{s.t.} \quad & c_i(\boldsymbol{x}) \geqslant 0, \quad i=1,2,\cdots,m \end{aligned} \tag{8.38}$$

其中, 目标函数 f 为凸函数, 所有约束函数 c_i 为凹函数. 该问题的 Lagrange 函数为

$$\mathcal{L}(\boldsymbol{x},\boldsymbol{\lambda}) = f(\boldsymbol{x}) - \boldsymbol{\lambda}^{\mathsf{T}}\boldsymbol{c}(\boldsymbol{x})$$

其中, $c(\boldsymbol{x}) = (c_1(\boldsymbol{x}), c_2(\boldsymbol{x}), \cdots, c_m(\boldsymbol{x}))^{\mathsf{T}}$, $\boldsymbol{\lambda} = (\lambda_1, \lambda_2, \cdots, \lambda_m)^{\mathsf{T}}$.

下面给出对偶函数及其定义域.

定义 8.10

对偶函数的一般形式为

$$q(\boldsymbol{\lambda}) = \inf_{\boldsymbol{x}} \mathcal{L}(\boldsymbol{x},\boldsymbol{\lambda}) \tag{8.39}$$

该函数的定义域为

$$\mathcal{D} = \{\boldsymbol{\lambda} | q(\boldsymbol{\lambda}) > 0\} \tag{8.40}$$

♣

求解式(8.39)相当于求解给定 $\boldsymbol{\lambda}$ 下 Lagrange 函数 $\mathcal{L}(\cdot,\boldsymbol{\lambda})$ 的全局最优解, 在实际应用中可能很难求得, 但如果 f_i 和 $-c_i$ 均为凸函数, 且 $\boldsymbol{\lambda} \geqslant \mathbf{0}$, 则 $\mathcal{L}(\cdot,\boldsymbol{\lambda})$ 也是凸函数, 此时的局部最优解就是全局最优解.

原问题(8.38)的对偶问题定义为

$$\begin{aligned} \max \quad & q(\boldsymbol{\lambda}) \\ \text{s.t.} \quad & \boldsymbol{\lambda} \geqslant \mathbf{0} \end{aligned} \tag{8.41}$$

为此, Lagrange 乘子 $\boldsymbol{\lambda}$ 也称为对偶变量. 为了便于计算, 可将问题(8.41)改写成以下形式

$$\begin{aligned} \max \quad & \mathcal{L}(\boldsymbol{x},\boldsymbol{\lambda}) \\ \text{s.t.} \quad & \nabla_{\boldsymbol{x}}\mathcal{L}(\boldsymbol{x},\boldsymbol{\lambda}) = \mathbf{0} \\ & \boldsymbol{\lambda} \geqslant \mathbf{0} \end{aligned} \tag{8.42}$$

该问题称为 Wolfe 对偶问题，$\nabla_{\boldsymbol{x}}\mathcal{L}(\boldsymbol{x},\boldsymbol{\lambda})=0$ 和 $\boldsymbol{\lambda}$ 也称为对偶可行条件.

▶ **例 8.10** 求约束最优化问题

$$\begin{aligned}\min\quad & x_1^2+x_2^2\\ \text{s.t.}\quad & x_2-1\geqslant 0\end{aligned}$$

的对偶问题.

解 该问题的 Lagrange 函数为

$$\mathcal{L}(x_1,x_2,\lambda_1)=x_1^2+x_2^2-\lambda_1(x_2-1)$$

给定 $\lambda_1\geqslant 0$ 时，该函数是一个关于 $(x_1,x_2)^{\mathsf{T}}$ 的凸函数，故分别对 x_1,x_2 求偏导数并令其等于零，即可得函数的极小点

$$x_1=0,\quad 2x_2-\lambda_1=0$$

将上述结果代入 Lagrange 函数，可得对偶函数 $q(\lambda_1)$

$$q(\lambda_1)=-\frac{\lambda_1^2}{4}+\lambda_1$$

于是，该问题的对偶问题为

$$\begin{aligned}\max\quad & -\frac{\lambda_1^2}{4}+\lambda_1\\ \text{s.t.}\quad & \lambda_1\geqslant 0\end{aligned}$$

对偶问题的解为 $\lambda_1=2$.

定理 8.9 刻画了对偶函数 $q(\boldsymbol{\lambda})$ 的性质.

定理 8.9

对偶函数 $q(\boldsymbol{\lambda})$ 是凹函数，其定义域是凸集. ♡

证明 由于 $\mathcal{L}(\cdot,\boldsymbol{\lambda})$ 是 $\boldsymbol{\lambda}$ 的线性函数，故对任意的 $\boldsymbol{\lambda}^0,\boldsymbol{\lambda}^1\in\mathbb{R}^m$，$\boldsymbol{x}\in\mathbb{R}^n,\alpha\in[0,1]$，有

$$\mathcal{L}(\boldsymbol{x},(1-\alpha)\boldsymbol{\lambda}^0+\alpha\boldsymbol{\lambda}^1)=(1-\alpha)\mathcal{L}(\boldsymbol{x},\boldsymbol{\lambda}^0)+\alpha\mathcal{L}(\boldsymbol{x},\boldsymbol{\lambda}^1)$$

上式两端同时求最小值，可得

$$q((1-\alpha)\boldsymbol{\lambda}^0+\alpha\boldsymbol{\lambda}^1)\geqslant(1-\alpha)q(\boldsymbol{\lambda}^0)+\alpha q(\boldsymbol{\lambda}^1)\tag{8.43}$$

因此，对偶函数 q 是凹函数.

任取 $\boldsymbol{\lambda}^0,\boldsymbol{\lambda}^1\in\mathcal{D}$，由式(8.43)可得

$$q((1-\alpha)\boldsymbol{\lambda}^0+\alpha\boldsymbol{\lambda}^1)>0$$

于是，$(1-\alpha)\boldsymbol{\lambda}^0+\alpha\boldsymbol{\lambda}^1\in\mathcal{D}$，因此集合 $\mathcal{D}$ 是一个凸集.

8.4.2 对偶定理

对偶定理描述了原问题目标函数最优解和对偶问题目标函数最优解之间的关系.

定理 8.10　弱对偶定理

设 $\bar{\boldsymbol{x}}$ 和 $\bar{\boldsymbol{\lambda}}$ 分别是原问题(8.38)和对偶问题(8.41)的可行解，则

$$q(\bar{\boldsymbol{\lambda}}) \leqslant f(\bar{\boldsymbol{x}})$$

证明　由 $q(\bar{\boldsymbol{\lambda}})$ 的定义可知

$$q(\bar{\boldsymbol{\lambda}}) = \inf_{\boldsymbol{x}} \left(f(\boldsymbol{x}) - \bar{\boldsymbol{\lambda}}^{\mathsf{T}} c(\boldsymbol{x}) \right) \leqslant f(\bar{\boldsymbol{x}}) - \bar{\boldsymbol{\lambda}}^{\mathsf{T}} c(\bar{\boldsymbol{x}}) \leqslant f(\bar{\boldsymbol{x}})$$

最后一个不等式成立是因为 $\bar{\boldsymbol{\lambda}} \geqslant 0, c(\bar{\boldsymbol{x}}) \geqslant 0$.

弱对偶定理表明，对偶问题的最优解给出了原问题最优解的一个下界.

问题(8.38)的 KKT 条件为

$$\begin{aligned} &\nabla f(\boldsymbol{x}) - \boldsymbol{\lambda}^{\mathsf{T}} \nabla c(\boldsymbol{x}) = 0 \\ &c(\boldsymbol{x}) \geqslant 0 \\ &\boldsymbol{\lambda} \geqslant \boldsymbol{0} \\ &\lambda_i c_i(\boldsymbol{x}) = 0, \quad i = 1, 2, \cdots, m \end{aligned} \tag{8.44}$$

定理 8.11 表明，原问题(8.38)的最优解对应的 Lagrange 乘子就是对偶问题(8.41)的最优解.

定理 8.11

设 $\bar{\boldsymbol{x}}$ 是问题(8.38)的最优解，f 和 $-c_i\,(i = 1, 2, \cdots, m)$ 是凸函数且在 $\bar{\boldsymbol{x}}$ 处可微，则任意满足 KKT 条件的 Lagrange 乘子 $\bar{\boldsymbol{\lambda}}$ 是对偶问题(8.41)的最优解.

证明　假设 $(\bar{\boldsymbol{x}}, \bar{\boldsymbol{\lambda}})$ 满足 KKT 条件式(8.44). 由 $\bar{\boldsymbol{\lambda}} \geqslant 0$ 知 $\mathcal{L}(\cdot, \bar{\boldsymbol{\lambda}})$ 是一个可微凸函数，因此，对任意 $\boldsymbol{x}$ 有

$$\mathcal{L}(\boldsymbol{x}, \bar{\boldsymbol{\lambda}}) \geqslant \mathcal{L}(\bar{\boldsymbol{x}}, \bar{\boldsymbol{\lambda}}) + \nabla_{\boldsymbol{x}} \mathcal{L}(\bar{\boldsymbol{x}}, \bar{\boldsymbol{\lambda}})^{\mathsf{T}} (\boldsymbol{x} - \bar{\boldsymbol{x}}) = \mathcal{L}(\bar{\boldsymbol{x}}, \bar{\boldsymbol{\lambda}})$$

因此

$$q(\bar{\boldsymbol{\lambda}}) = \inf_{\boldsymbol{x}} \mathcal{L}(\boldsymbol{x}, \bar{\boldsymbol{\lambda}}) = \mathcal{L}(\bar{\boldsymbol{x}}, \bar{\boldsymbol{\lambda}}) = f(\bar{\boldsymbol{x}}) - \bar{\boldsymbol{\lambda}}^{\mathsf{T}} c(\bar{\boldsymbol{x}}) = f(\bar{\boldsymbol{x}})$$

由定理8.10可知，对所有 $\boldsymbol{\lambda} \geqslant \boldsymbol{0}$，有 $q(\boldsymbol{\lambda}) \leqslant f(\bar{\boldsymbol{x}})$，故从 $q(\bar{\boldsymbol{\lambda}}) = f(\bar{\boldsymbol{x}})$ 可得 $\bar{\boldsymbol{\lambda}}$ 是对偶问题(8.41)的最优解.

在定理8.11的基础上，可以证明，在一定条件下，可从对偶问题(8.41)的最优解推出原问题(8.38)的最优解.

定理 8.12

设 f 和 $-c_i\,(i = 1, 2, \cdots, m)$ 是可微凸函数，$\bar{\boldsymbol{x}}$ 是问题(8.38)的最优解且在该点 LICQ 条件成立，$\hat{\boldsymbol{\lambda}}$ 是对偶问题(8.42)的最优解，$\mathcal{L}(\boldsymbol{x}, \hat{\boldsymbol{\lambda}})$ 在 $\hat{\boldsymbol{x}}$ 处达到最小值，且 $\mathcal{L}(\cdot, \hat{\boldsymbol{\lambda}})$ 是严格凸函数，则 $\bar{\boldsymbol{x}} = \hat{\boldsymbol{x}}$ 且 $f(\bar{\boldsymbol{x}}) = \mathcal{L}(\hat{\boldsymbol{x}}, \hat{\boldsymbol{\lambda}})$.

证明 采用反证法. 假设 $\bar{\boldsymbol{x}} \neq \hat{\boldsymbol{x}}$. 由于 LICQ 条件成立, 故存在 $\bar{\boldsymbol{\lambda}}$ 满足 KKT 条件式(8.44). 由定理8.11可知, $\bar{\boldsymbol{\lambda}}$ 也是对偶问题(8.41)的最优解, 于是有

$$\mathcal{L}(\bar{\boldsymbol{x}}, \bar{\boldsymbol{\lambda}}) = q(\bar{\boldsymbol{\lambda}}) = q(\hat{\boldsymbol{\lambda}}) = \mathcal{L}(\hat{\boldsymbol{x}}, \hat{\boldsymbol{\lambda}})$$

因为 $\hat{\boldsymbol{x}} = \arg\min_{\boldsymbol{x}} \mathcal{L}(\boldsymbol{x}, \hat{\boldsymbol{\lambda}})$, 故 $\nabla_{\boldsymbol{x}} \mathcal{L}(\hat{\boldsymbol{x}}, \hat{\boldsymbol{\lambda}}) = 0$. 又由 $\mathcal{L}(\cdot, \hat{\boldsymbol{\lambda}})$ 的严格凸性, 可得

$$\mathcal{L}(\bar{\boldsymbol{x}}, \hat{\boldsymbol{\lambda}}) - \mathcal{L}(\hat{\boldsymbol{x}}, \hat{\boldsymbol{\lambda}}) > \nabla_{\boldsymbol{x}} \mathcal{L}(\hat{\boldsymbol{x}}, \hat{\boldsymbol{\lambda}})^{\mathsf{T}} (\bar{\boldsymbol{x}} - \hat{\boldsymbol{x}}) = 0$$

因此

$$\mathcal{L}(\bar{\boldsymbol{x}}, \hat{\boldsymbol{\lambda}}) > \mathcal{L}(\hat{\boldsymbol{x}}, \hat{\boldsymbol{\lambda}}) = \mathcal{L}(\bar{\boldsymbol{x}}, \bar{\boldsymbol{\lambda}})$$

由于 $(\bar{\boldsymbol{x}}, \bar{\boldsymbol{\lambda}})$ 满足互补条件, 故

$$-\hat{\boldsymbol{\lambda}}^{\mathsf{T}} c(\bar{\boldsymbol{x}}) > -\bar{\boldsymbol{\lambda}}^{\mathsf{T}} c(\bar{\boldsymbol{x}}) = 0$$

因为 $\hat{\boldsymbol{\lambda}} \geqslant 0$ 且 $c(\bar{\boldsymbol{x}}) \geqslant 0$, 故推出矛盾. 由此可得 $\bar{\boldsymbol{x}} = \hat{\boldsymbol{x}}$.

定理 8.12 要求 $\mathcal{L}(\cdot, \hat{\boldsymbol{\lambda}})$ 是严格凸函数, 事实上, 当 f 是严格凸或者某个 c_i 是严格凸且 $\hat{\lambda}_i > 0$ 时, 该条件就可以得到满足.

第 8 章习题

1. 考虑约束最优化问题

$$\begin{aligned} \min \quad & (x_2 + 100)^2 + 0.01 x_1^2 \\ \text{s.t.} \quad & x_2 - \cos x_1 \geqslant 0 \end{aligned}$$

该问题有有限个局部解还是无穷个局部解? 用一阶必要条件 (KKT 条件) 证明你的结论.

2. 证明: 对于可行点列 $\left\{\boldsymbol{z}_k = \left(-\sqrt{2 - 1/k^2}, -1/k\right)^{\mathsf{T}}\right\}$, 目标函数 $f(\boldsymbol{x}) = x_1 + x_2$ 有 $f(\boldsymbol{z}_{k+1}) > f(\boldsymbol{z}_k)\,(k = 2, 3, \cdots)$. (提示: 考虑 $\boldsymbol{z}(s) = \left(-\sqrt{2 - 1/s^2}, -1/s\right)^{\mathsf{T}}$, 证明函数 $h(s) = f(\boldsymbol{z}(s))$ 的导数 $h'(s) > 0\,(s \geqslant 2)$.)

3. 考虑 $\mathbb{R}^2$ 上的可行域 $\Omega = \{\boldsymbol{x} \mid x_2 \geqslant 0, x_2 \leqslant x_1^2\}$.

(1) 对于 $\boldsymbol{x}^* = (0, 0)^{\mathsf{T}}$, 写出可行方向集 $F(\boldsymbol{x}^*)$ 和线性化可行方向集 $\mathcal{F}(\boldsymbol{x}^*)$.

(2) 在点 $\boldsymbol{x}^*$ 处, LICQ 条件是否成立?

(3) 如果目标函数为 $f(\boldsymbol{x}) = -x_2$, 验证 KKT 条件在点 $\boldsymbol{x}^*$ 处是否成立.

(4) 试找出逼近 $\boldsymbol{x}^*$ 的可行点列 $\{\boldsymbol{z}_k\}$, 满足对所有 $k \geqslant 0$, 有 $f(\boldsymbol{z}_k) \leqslant f(\boldsymbol{x}^*)$.

4. 求约束最优化问题

$$\begin{aligned}\min\quad & (x_1+x_2)^2+2x_1+x_2^2\\ \text{s.t.}\quad & x_1+3x_2\leqslant 4\\ & 2x_1+x_2\leqslant 3\\ & x_1\geqslant 0\\ & x_2\geqslant 0\end{aligned}$$

的 KKT 点，并判断这些 KKT 点是否为问题的最优解.

5. 考虑约束最优化问题

$$\begin{aligned}\min\quad & \left(x_1-\frac{3}{2}\right)^2+(x_2-t)^4\\ \text{s.t.}\quad & 1-x_1-x_2\geqslant 0\\ & 1-x_1+x_2\geqslant 0\\ & 1+x_1-x_2\geqslant 0\\ & 1+x_1+x_2\geqslant 0\end{aligned}$$

(1) 当 t 取何值时，KKT 条件在最优解 $\boldsymbol{x}^*$ 处成立?

(2) 当 $t=1$ 时，证明只有第一个不等式约束在最优解处起作用，并给出该问题的最优解.

6. 对于不等式约束最优化问题，分别在什么条件下，KKT 条件是充分条件、必要条件和充分必要条件? 请举例说明.

7. 设在点 $\boldsymbol{x}^*$ 处 KKT 条件成立，且 $\{c_i(\boldsymbol{x}^*), i\in\mathcal{A}\}$ 线性无关. 证明 $\boldsymbol{x}^*$ 对应的 Lagrange 乘子 $\boldsymbol{\lambda}^*$ 唯一.

8. 考虑约束最优化问题

$$\begin{aligned}\min\quad & -2x_1+x_2\\ \text{s.t.}\quad & (1-x_1)^3-x_2\geqslant 0\\ & x_2+0.25x_1^2-1\geqslant 0\end{aligned}$$

其最优解为 $\boldsymbol{x}^*=(0,1)^{\mathsf{T}}$，在最优解处两个不等式约束均起作用.

(1) 在最优解处，LICQ 条件是否成立?

(2) KKT 条件是否满足?

(3) 写出线性化可行方向集 $\mathcal{F}(\boldsymbol{x}^*)$ 和线性化可行方向子集 $\mathcal{F}_1(\boldsymbol{x}^*,\boldsymbol{\lambda}^*)$.

(4) 二阶必要条件是否满足? 二阶充分条件是否满足?

9. 对于问题(8.1)，如果 $c_i\,(i\in\mathcal{E})$ 是线性函数，$-c_i\,(i\in\mathcal{I})$ 是凸函数，证明该问题的可行域 Ω 为凸集.

10. 写出线性规划问题

$$\begin{aligned} \min \quad & \boldsymbol{c}^{\mathsf{T}}\boldsymbol{x} \\ \text{s.t.} \quad & \boldsymbol{A}\boldsymbol{x}-\boldsymbol{b}\geqslant \boldsymbol{0} \end{aligned}$$

的对偶问题，其中 $\boldsymbol{x}\in\mathbb{R}^n$.

11. 写出正定二次问题

$$\begin{aligned} \min \quad & \frac{1}{2}\boldsymbol{x}^{\mathsf{T}}\boldsymbol{Q}\boldsymbol{x}+\boldsymbol{c}^{\mathsf{T}}\boldsymbol{x} \\ \text{s.t.} \quad & \boldsymbol{A}\boldsymbol{x}-\boldsymbol{b}\geqslant \boldsymbol{0} \end{aligned}$$

的对偶问题，其中 $\boldsymbol{x}\in\mathbb{R}^n$，$\boldsymbol{Q}$ 为 $n\times n$ 对称正定矩阵.

第9章 罚函数方法

本章导读

罚函数方法是求解约束最优化问题的一类重要方法，其基本思想是以罚函数形式将约束添加到目标函数中，从而将约束最优化问题转化为一系列无约束最优化问题，进而通过无约束优化方法求解. 本章将介绍三种常用的罚函数方法：二次罚函数方法、障碍函数方法和增广 Lagrange 函数方法.

9.1 二次罚函数方法

罚函数方法通过对不可行点施加惩罚，并随着迭代的进行不断增大惩罚力度，从而迫使迭代点逐渐靠近可行域. 一旦迭代点成为一个可行点，这个迭代点就是所求的约束最优化问题的解. 二次罚函数是最简单也是最常用的罚函数，其中惩罚项是约束函数的平方.

首先，考虑等式约束最优化问题

$$\begin{aligned} \min \quad & f(x) \\ \text{s.t.} \quad & c_i(\boldsymbol{x}) = 0, \quad i \in \mathcal{E} \end{aligned} \tag{9.1}$$

该问题的二次罚函数$\mathcal{Q}(\boldsymbol{x};\mu)$ 定义为

$$\mathcal{Q}(\boldsymbol{x};\mu) \equiv f(\boldsymbol{x}) + \frac{\mu}{2}\sum_{i\in\mathcal{E}} c_i^2(\boldsymbol{x}) \tag{9.2}$$

其中，$\mu > 0$ 是惩罚参数. 当 $\mu \to \infty$，如果约束不满足，即 $c_i(\boldsymbol{x}) \neq 0\,(i \in \mathcal{E})$，则该约束的惩罚项会增大，从而迫使迭代点不断靠近可行域. 我们将证明，对于惩罚参数序列 $\{\mu_k\}$，当 $\mu_k \to \infty$ 时，二次罚函数 $\mathcal{Q}(\boldsymbol{x};\mu_k)$ 的极小点 $\boldsymbol{x}_k$ 会收敛到原问题的最优解. 由于式(9.2)中的惩罚项是光滑函数，故可以使用无约束优化方法求解罚函数的极小点 $\boldsymbol{x}_k$.

▶ **例 9.1**　考虑等式约束最优化问题

$$\begin{aligned} \min \quad & \frac{1}{2}x_1^2+\frac{1}{6}x_2^2 \\ \text{s.t.} \quad & x_1+x_2-1=0 \end{aligned} \tag{9.3}$$

该问题的最优解为 $(1/4,3/4)^{\mathrm{T}}$，二次罚函数为

$$\mathcal{Q}(\boldsymbol{x};\mu)=\frac{1}{2}x_1^2+\frac{1}{6}x_2^2+\frac{\mu}{2}(x_1+x_2-1)^2 \tag{9.4}$$

由 $\dfrac{\partial \mathcal{Q}(\boldsymbol{x};\mu)}{\partial x_1}=\dfrac{\partial \mathcal{Q}(\boldsymbol{x};\mu)}{\partial x_2}=0$ 得

$$\begin{cases} x_1+\mu(x_1+x_2-1)=0 \\ \dfrac{1}{3}x_2+\mu(x_1+x_2-1)=0 \end{cases}$$

求解这个方程组，得

$$x_1(\mu)=\frac{\mu}{1+4\mu}, \quad x_2(\mu)=\frac{3\mu}{1+4\mu}$$

于是，有

$$\lim_{\mu\to\infty} x_1(\mu)=\frac{1}{4}, \ \lim_{\mu\to\infty} x_2(\mu)=\frac{3}{4}$$

图9.1给出了二次罚函数 $\mathcal{Q}(\boldsymbol{x};\mu)$ 式(9.4)在不同 μ 下的等高线，其中三角形表示问题(9.3)

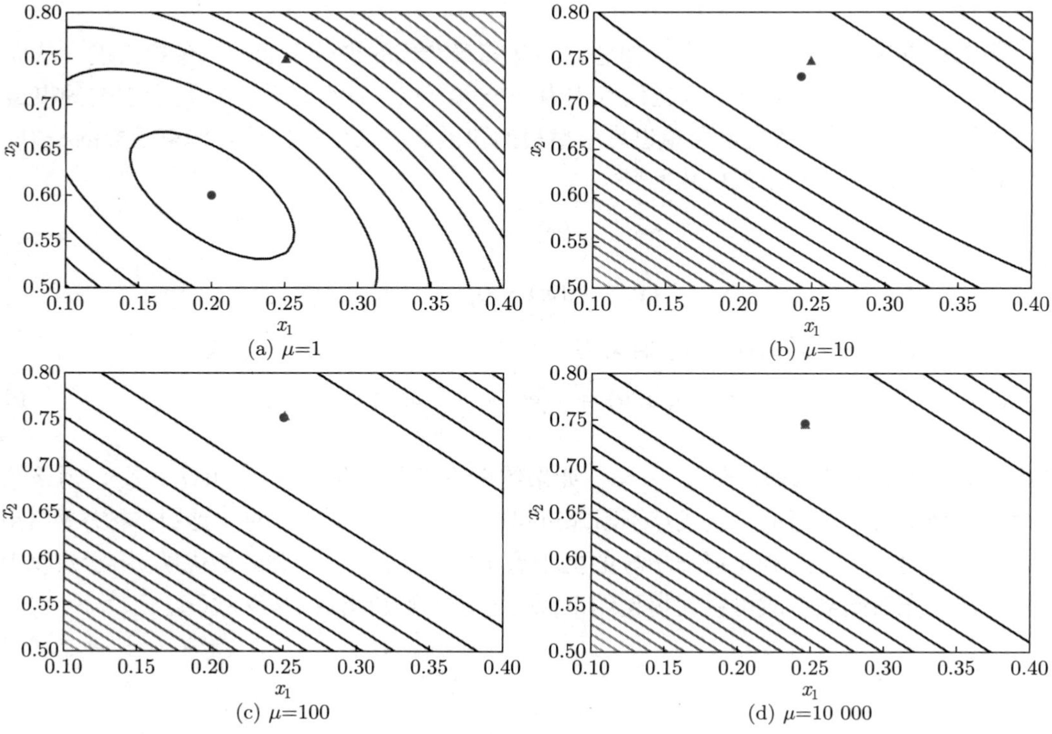

图 9.1　$\mathcal{Q}(\boldsymbol{x};\mu)$ **随** μ **改变的等高线与约束最优化问题的最优解**

的最优解，实心点表示 $Q(\boldsymbol{x};\mu)$ 的极小点，μ 的取值分别为 1, 10, 100, 10 000. 从图 9.1 中可以看出随着 μ 的增大，$Q(\boldsymbol{x};\mu)$ 的极小点会趋于原问题的最优解 $(1/4,3/4)^{\mathsf{T}}$.

对于一般的约束最优化问题

$$
\begin{aligned}
\min \quad & f(\boldsymbol{x}) \\
\text{s.t.} \quad & c_i(\boldsymbol{x}) = 0, \quad i \in \mathcal{E} \\
& c_i(\boldsymbol{x}) \geqslant 0, \quad i \in \mathcal{I}
\end{aligned}
$$

二次罚函数 $Q(\boldsymbol{x};\mu)$ 定义为

$$
Q(\boldsymbol{x};\mu) = f(\boldsymbol{x}) + \frac{\mu}{2}\sum_{i\in\mathcal{E}} c_i^2(\boldsymbol{x}) + \frac{\mu}{2}\sum_{i\in\mathcal{I}} \tilde{c}_i^2(\boldsymbol{x})
$$

其中 $\tilde{c}_i(\boldsymbol{x}) = \min\{c_i(\boldsymbol{x}),0\}$.

用二次罚函数方法求解约束最优化问题的计算步骤如下：

算法 9.1　二次罚函数方法的计算步骤

1. 给定初始点 $\boldsymbol{x}_0^s, \mu_0 > 0, \varepsilon > 0$，$\tau > 0$，$k := 0$.
2. 以 $\boldsymbol{x}_k^s$ 为初始点，极小化 $Q(\boldsymbol{x};\mu_k)$，当 $\|\nabla_{\boldsymbol{x}} Q(\boldsymbol{x}_k;\mu_k)\| \leqslant \tau$ 时，则停止迭代，得近似极小点 $\boldsymbol{x}_k$.
3. 若 $\sum\limits_{i\in\mathcal{E}} c_i^2(\boldsymbol{x}_k) \leqslant \varepsilon^2$，则停止迭代，得近似解 $\boldsymbol{x}_k$；否则，选择新的惩罚参数 $\mu_{k+1} > \mu_k$.
4. $\boldsymbol{x}_{k+1}^s := \boldsymbol{x}_k$，$k := k+1$，转至步骤 2.

关于上述计算步骤，做出以下三点说明：

(1) 算法 9.1 的第 2 步为内层子迭代，可选用某一合适的无约束优化方法求解 $Q(\boldsymbol{x};\mu_k)$ 的极小点，为了加快算法收敛，用上一轮的解 $\boldsymbol{x}_{k-1}$ 作为这一轮子迭代的初始点.

(2) 可以根据每一轮内层子迭代中极小化二次罚函数的困难程度自适应选择惩罚参数 μ_k. 当极小化 $Q(\boldsymbol{x};\mu_k)$ 的计算量很大时，可以选择让 μ_{k+1} 略大于 μ_k，例如 $\mu_{k+1} = 1.5\mu_k$，若极小化 $Q(\boldsymbol{x};\mu_k)$ 较为容易，可以让 μ_k 快速增加，例如 $\mu_{k+1} = 10\mu_k$.

(3) 在第 2 步中，若 $Q(\boldsymbol{x};\mu_k)$ 不存在局部极小点，则增大惩罚参数 μ_k 后重新求解.

接下来讨论二次罚函数方法的收敛性. 这里只考虑等式约束最优化问题(9.1)，其二次罚函数为式(9.2).

定理 9.1

假设每个 $\boldsymbol{x}_k$ 都是二次罚函数 $Q(\boldsymbol{x};\mu_k)$ 的全局极小点，且 $\lim\limits_{k\to\infty} \mu_k = \infty$，则迭代序列 $\{\boldsymbol{x}_k\}$ 的任何极限点 $\boldsymbol{x}^*$ 都是问题(9.1)的全局最优解.

证明　设 $\bar{\boldsymbol{x}}$ 是问题(9.1)的全局最优解，则对于所有满足 $c_i(\boldsymbol{x}) = 0(i \in \mathcal{E})$ 的 $\boldsymbol{x}$，有

$$
f(\bar{\boldsymbol{x}}) \leqslant f(\boldsymbol{x})
$$

因为 $\boldsymbol{x}_k$ 是 $Q(\boldsymbol{x};\mu_k)$ 的全局极小点，则有 $Q(\boldsymbol{x}_k;\mu_k) \leqslant Q(\bar{\boldsymbol{x}};\mu_k)$，从而有

$$f(\boldsymbol{x}_k)+\frac{\mu_k}{2}\sum_{i\in\mathcal{E}}c_i^2(\boldsymbol{x}_k)\leqslant f(\bar{\boldsymbol{x}})+\frac{\mu_k}{2}\sum_{i\in\mathcal{E}}c_i^2(\bar{\boldsymbol{x}})=f(\bar{\boldsymbol{x}}) \tag{9.5}$$

整理上式，得

$$\sum_{i\in\mathcal{E}}c_i^2(\boldsymbol{x}_k)\leqslant\frac{2}{\mu_k}[f(\bar{\boldsymbol{x}})-f(\boldsymbol{x}_k)] \tag{9.6}$$

假设 $\boldsymbol{x}^*$ 是 $\{\boldsymbol{x}_k\}$ 的一个极限点，则存在一个无限子序列 $\{\boldsymbol{x}_k\}_{k\in\mathcal{K}}$ 满足

$$\lim_{k\to\infty,k\in\mathcal{K}}\boldsymbol{x}_k=\boldsymbol{x}^*$$

对式(9.6)两边取极限，令 $k\to\infty$，$k\in\mathcal{K}$，可得

$$\sum_{i\in\mathcal{E}}c_i^2(\boldsymbol{x}^*)\leqslant\lim_{k\to\infty,k\in\mathcal{K}}\frac{2}{\mu_k}[f(\bar{\boldsymbol{x}})-f(\boldsymbol{x}_k)]=0$$

最后的等式由 $\mu_k\to\infty$ 得到. 因此有 $c_i(\boldsymbol{x}^*)=0(i\in\mathcal{E})$，故 $\boldsymbol{x}^*$ 是问题(9.1)的可行点. 进一步，对式(9.5)两边取极限，令 $k\to\infty$，$k\in\mathcal{K}$，由 μ_k 和 $c_i^2(\boldsymbol{x}_k)$ 的非负性，可得

$$f(\boldsymbol{x}^*)\leqslant f(\boldsymbol{x}^*)+\lim_{k\to\infty,k\in\mathcal{K}}\frac{\mu_k}{2}\sum_{i\in\mathcal{E}}c_i^2(\boldsymbol{x}_k)\leqslant f(\bar{\boldsymbol{x}})$$

由 $\boldsymbol{x}^*$ 是问题 (9.1) 的可行点和 $\bar{\boldsymbol{x}}$ 是问题(9.1)的全局最优解可知 $\boldsymbol{x}^*$ 也是问题(9.1)的全局最优解.

定理9.1要求找到二次罚函数 $Q(\boldsymbol{x};\mu_k)$ 的全局极小点，在很多情况下这是非常困难的. 定理 9.2 给出了如果每一步都求 $Q(\boldsymbol{x};\mu_k)$ 的局部近似极小点，则在一定条件下，序列 $\{\boldsymbol{x}_k\}$ 的任何极限点收敛到问题(9.1)的 KKT 点.

定理 9.2

在算法 9.1 中，若在第 2 步有 $\|\nabla_{\boldsymbol{x}}Q(\boldsymbol{x}_k;\mu_k)\|\leqslant\tau_k$，且 $\lim\limits_{k\to\infty}\tau_k=0$，$\lim\limits_{k\to\infty}\mu_k=\infty$，对 $\{\boldsymbol{x}_k\}$ 的任何极限点 $\boldsymbol{x}^*$，$\nabla c_i(\boldsymbol{x}^*)$ 线性无关，则 $\boldsymbol{x}^*$ 是等式约束最优化问题(9.1)的 KKT 点，且

$$\lim_{k\to\infty}-\mu_k c_i(\boldsymbol{x}_k)=\lambda_i^*,\quad i\in\mathcal{E} \tag{9.7}$$

其中，λ_i^* 是 $\boldsymbol{x}^*$ 对应的 Lagrange 乘子.

证明 对 $Q(\boldsymbol{x};\mu_k)$ 求导，得

$$\nabla_{\boldsymbol{x}}Q(\boldsymbol{x}_k;\mu_k)=\nabla f(\boldsymbol{x}_k)+\sum_{i\in\mathcal{E}}\mu_k c_i(\boldsymbol{x}_k)\nabla c_i(\boldsymbol{x}_k) \tag{9.8}$$

由算法 9.1 第 2 步中的极小化 $Q(\boldsymbol{x};\mu_k)$ 终止准则，有

$$\|\nabla f(\boldsymbol{x}_k)+\sum_{i\in\mathcal{E}}\mu_k c_i(\boldsymbol{x}_k)\nabla c_i(\boldsymbol{x}_k)\|\leqslant\tau_k \tag{9.9}$$

利用不等式 $\|a\|-\|b\|\leqslant\|a+b\|$，整理上式，可得

$$\|\sum_{i\in\mathcal{E}}c_i(\boldsymbol{x}_k)\nabla c_i(\boldsymbol{x}_k)\|\leqslant\frac{1}{\mu_k}[\tau_k+\|\nabla f(\boldsymbol{x}_k)\|]$$

对上式两边取极限，令 $k \to \infty$，由于 $\lim_{k\to\infty} \mu_k = \infty$，可得

$$\sum_{i\in\mathcal{E}} c_i(\boldsymbol{x}^*)\nabla c_i(\boldsymbol{x}^*) = 0$$

因为 $\nabla c_i(\boldsymbol{x}^*)$ 线性无关，故

$$c_i(\boldsymbol{x}^*) = 0, \quad i \in \mathcal{E}$$

因此，$\boldsymbol{x}^*$ 是问题(9.1)的可行点.

下面证明 $\boldsymbol{x}^*$ 是问题(9.1)的 KKT 点. 令 $\boldsymbol{\lambda}_k = -\mu_k[c_i(\boldsymbol{x}_k)]_{i\in\mathcal{E}}^\top$

$$\boldsymbol{A}(\boldsymbol{x}) = [\nabla c_i(\boldsymbol{x})]_{i\in\mathcal{E}} \tag{9.10}$$

则式(9.8)可以写成

$$\boldsymbol{A}(\boldsymbol{x}_k)\boldsymbol{\lambda}_k = \nabla f(\boldsymbol{x}_k) - \nabla_{\boldsymbol{x}}\mathcal{Q}(\boldsymbol{x}_k;\mu_k) \tag{9.11}$$

当 k 充分大时，矩阵 $\boldsymbol{A}(\boldsymbol{x}_k)$ 列满秩，故 $\boldsymbol{A}(\boldsymbol{x}_k)^\top\boldsymbol{A}(\boldsymbol{x}_k)$ 非奇异. 式(9.11)两边左乘 $\boldsymbol{A}(\boldsymbol{x}_k)^\top$，整理可得

$$\boldsymbol{\lambda}_k = [\boldsymbol{A}(\boldsymbol{x}_k)^\top\boldsymbol{A}(\boldsymbol{x}_k)]^{-1}\boldsymbol{A}(\boldsymbol{x}_k)^\top[\nabla f(\boldsymbol{x}_k) - \nabla_{\boldsymbol{x}}\mathcal{Q}(\boldsymbol{x}_k;\mu_k)]$$

由于 $\|\nabla_{\boldsymbol{x}}\mathcal{Q}(\boldsymbol{x}_k;\mu_k)\| \leqslant \tau_k$，且 $\lim_{k\to\infty}\tau_k = 0$，故

$$\lim_{k\to\infty}\boldsymbol{\lambda}_k = \boldsymbol{\lambda}^* = [\boldsymbol{A}(\boldsymbol{x}^*)^\top\boldsymbol{A}(\boldsymbol{x}^*)]^{-1}\boldsymbol{A}(\boldsymbol{x}^*)^\top\nabla f(\boldsymbol{x}^*)$$

令 $k \to \infty$，由式(9.11)可得

$$\nabla f(\boldsymbol{x}^*) - \boldsymbol{A}(\boldsymbol{x}^*)\boldsymbol{\lambda}^* = 0$$

因此，$\boldsymbol{x}^*$ 是问题(9.1)的 KKT 点，$\boldsymbol{\lambda}^*$ 是对应的 Lagrange 乘子.

算法的数值困难

从二次罚函数方法的收敛性分析可以看出，惩罚参数序列 μ_k 一定要满足 $\lim_{k\to\infty}\mu_k = \infty$，但这将导致算法 9.1 中第 2 步对无约束最优化问题的求解变得越来越困难. 原因在于随着 μ_k 的增大，Hesse 矩阵 $\nabla_{\boldsymbol{xx}}^2\mathcal{Q}(\boldsymbol{x};\mu_k)$ 会越来越病态. 下面进行具体分析.

由式(9.10)可得

$$\nabla_{\boldsymbol{xx}}^2\mathcal{Q}(\boldsymbol{x};\mu_k) = \nabla^2 f(\boldsymbol{x}) + \sum_{i\in\mathcal{E}}\mu_k c_i(\boldsymbol{x})\nabla^2 c_i(\boldsymbol{x}) + \mu_k\boldsymbol{A}(\boldsymbol{x})\boldsymbol{A}(\boldsymbol{x})^\top$$

若 $\boldsymbol{x}$ 充分接近 $\mathcal{Q}(\boldsymbol{x};\mu_k)$ 的极小点且定理9.2的条件满足，则有

$$\nabla_{\boldsymbol{xx}}^2\mathcal{Q}(\boldsymbol{x};\mu_k) \approx \nabla_{\boldsymbol{xx}}^2\mathcal{L}(\boldsymbol{x},\boldsymbol{\lambda}^*) + \mu_k\boldsymbol{A}(\boldsymbol{x})\boldsymbol{A}(\boldsymbol{x})^\top$$

矩阵 $\boldsymbol{A}(\boldsymbol{x})\boldsymbol{A}(\boldsymbol{x})^\top$ 的秩为 m，这里假定 $m < n$. 当 $\mu_k \to \infty$，矩阵 $\nabla_{\boldsymbol{xx}}^2\mathcal{Q}(\boldsymbol{x};\mu_k)$ 有 m 个特征值趋于无穷大，而其余 $n-m$ 个特征值保持有界，因此 $\nabla_{\boldsymbol{xx}}^2\mathcal{Q}(\boldsymbol{x};\mu_k)$ 的条件数会趋于无穷大，矩阵 $\nabla_{\boldsymbol{xx}}^2\mathcal{Q}(\boldsymbol{x};\mu_k)$ 变得越来越病态，这将为极小化 $\mathcal{Q}(\boldsymbol{x};\mu_k)$ 带来极大困难. 例如，利用牛顿方法求解 $\mathcal{Q}(\boldsymbol{x};\mu_k)$ 的极小点，迭代方向满足下面的等式

$$\nabla_{\boldsymbol{xx}}^2\mathcal{Q}(\boldsymbol{x};\mu_k)\boldsymbol{d} = -\nabla_{\boldsymbol{x}}\mathcal{Q}(\boldsymbol{x};\mu_k)$$

矩阵 $\nabla_{\boldsymbol{xx}}^2\mathcal{Q}(\boldsymbol{x};\mu_k)$ 的病态会导致计算出来的迭代方向 $\boldsymbol{d}$ 非常不准确.

9.2 障碍函数方法

本节介绍另一种罚函数——障碍函数方法. 与 9.1 节的二次罚函数方法的不同之处在于, 障碍函数方法将迭代点序列限制在可行域范围内, 因此, 该方法适宜求解不等式约束最优化问题.

考虑不等式约束最优化问题

$$\begin{aligned} \min \quad & f(\boldsymbol{x}) \\ \text{s.t.} \quad & c_i(\boldsymbol{x}) \geqslant 0, \quad i \in \mathcal{I} \end{aligned} \tag{9.12}$$

该问题的对数障碍函数定义为

$$\mathcal{B}(\boldsymbol{x};\mu) = f(\boldsymbol{x}) - \mu \sum_{i\in\mathcal{I}} \log c_i(\boldsymbol{x})$$

倒数障碍函数定义为

$$\mathcal{B}(\boldsymbol{x};\mu) = f(\boldsymbol{x}) + \mu \sum_{i\in\mathcal{I}} c_i^{-1}(\boldsymbol{x})$$

其中, $\mu > 0$ 是障碍参数, $\log(\cdot)$ 是自然对数. 我们将对数障碍函数和倒数障碍函数统称为障碍函数, 其特点如下:

- 由于障碍函数的极小点序列始终在可行域内, 因此障碍函数也称为内点罚函数.
- 当 $\boldsymbol{x}$ 在可行域内远离可行域边界时, 障碍项数值较小; 当 $\boldsymbol{x}$ 从可行域内部接近可行域边界时, 至少某个约束接近于起作用, 此时障碍项会无限增大, 以防止迭代点跃出可行域.
- 由于问题(9.12)的解可能落在边界上, 为了使障碍函数的极小点序列能够接近可行域边界, 允许 $\mu \to 0$, 以减小障碍项的数值.

▶ **例 9.2** 考虑不等式约束最优化问题

$$\begin{aligned} \min \quad & x_1^2 + x_2^2 \\ \text{s.t.} \quad & x_1 \geqslant 0 \end{aligned}$$

该问题的最优解为 $\boldsymbol{x}^* = (0,0)^\mathsf{T}$, 对数障碍函数为 $\mathcal{B}(\boldsymbol{x};\mu) = x_1^2 + x_2^2 - \mu \log x_1$. 图9.2给出了 $\mathcal{B}(\boldsymbol{x};\mu)$ 在不同 μ 下的等高线, 从图 9.2 中可以看出随着 μ 的减小, $\mathcal{B}(\boldsymbol{x};\mu)$ 的极小值会越来越接近最优解 $(0,0)^\mathsf{T}$.

用障碍函数方法求解不等式约束最优化问题(9.12)的计算步骤如下:

算法 9.2　障碍函数方法的计算步骤

1. 给定初始内点 $\boldsymbol{x}_0^s$, 满足 $c_i(\boldsymbol{x}_0^s) \geqslant 0$, $i \in \mathcal{I}$, $\mu_0 > 0, \varepsilon > 0$, $k := 0$.
2. 以 $\boldsymbol{x}_k^s$ 为初始点, 极小化 $\mathcal{B}(\cdot;\mu_k)$, 当 $\|\nabla_{\boldsymbol{x}}\mathcal{B}(\boldsymbol{x}_k;\mu_k)\| \leqslant \tau$ 时停止, 得近似极小点 $\boldsymbol{x}_k$.
3. 若满足收敛准则, 则停止迭代, 得近似解 $\boldsymbol{x}_k$; 否则选择新的障碍参数 $\mu_{k+1} < \mu_k$.
4. $\boldsymbol{x}_{k+1}^s := \boldsymbol{x}_k$, $k := k + 1$, 转至步骤 2.

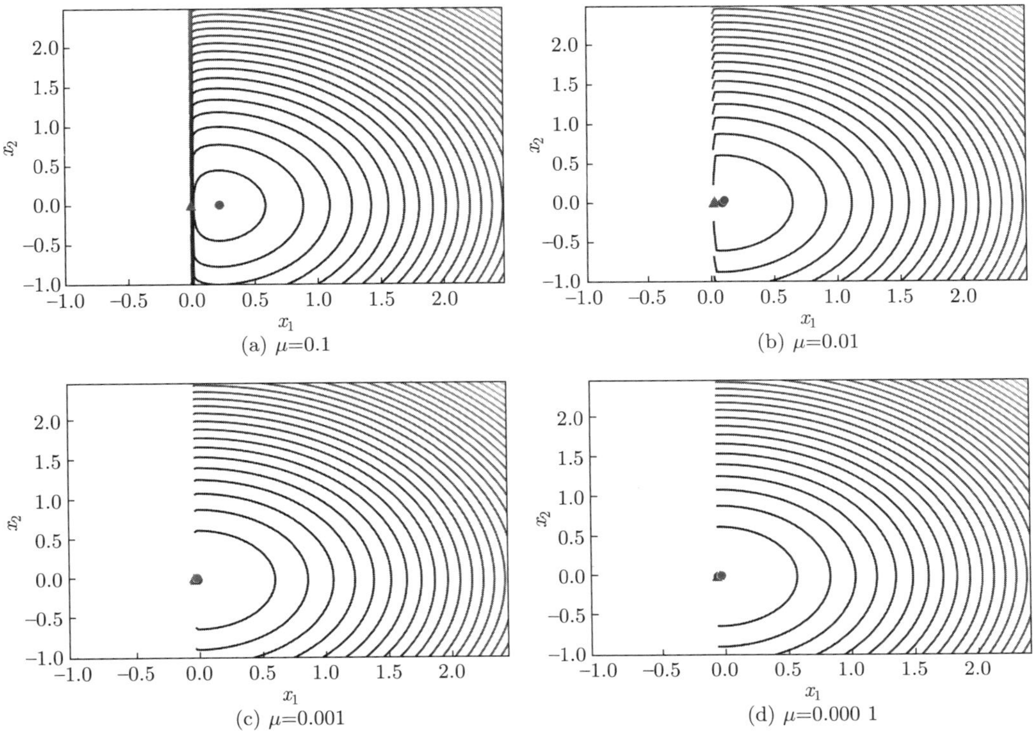

(a) μ=0.1 (b) μ=0.01 (c) μ=0.001 (d) μ=0.000 1

图 9.2 $\mathcal{B}(x;\mu)$ **随** μ **变化的等高线和约束最优化问题的最优解**

算法 9.2 的第 3 步中，对于倒数障碍函数，其收敛准则为 $\mu_k \sum\limits_{i\in\mathcal{I}} c_i^{-1}(\boldsymbol{x}_k) \leqslant \varepsilon$；对于对数障碍函数，其收敛准则为 $\mu_k \sum\limits_{i\in\mathcal{I}} \log c_i(\boldsymbol{x}_k) \leqslant \varepsilon$，其中 $\varepsilon > 0$ 为给定的阈值. 类似于二次罚函数方法，可按如下方法选择新的障碍参数 μ_{k+1}：如果求 $\mathcal{B}(\boldsymbol{x};\mu_k)$ 的极小点较为困难，则让 μ_{k+1} 略小于 μ_k，例如 $\mu_{k+1} = 0.8\mu_k$；否则，可以让 μ_k 快速减小，例如 $\mu_{k+1} = 0.1\mu_k$.

定理 9.3 给出了对数障碍函数方法的收敛性.

定理 9.3

假设严格可行内点区域 $\mathcal{F}^0 = \{\boldsymbol{x} \in \mathbb{R}^n | c_i(\boldsymbol{x}) > 0, \forall i \in \mathcal{I}\}$ 非空，$\boldsymbol{x}^*$ 是问题(9.12)的局部极小点，对应的 Lagrange 乘子 $\boldsymbol{\lambda}^*$ 满足 KKT 条件，且 LICQ 条件、严格互补条件和二阶充分最优化性条件在点 $(\boldsymbol{x}^*, \boldsymbol{\lambda}^*)$ 处成立，则有以下结论：

(1) 对充分小的 μ，如果 $\boldsymbol{x}(\mu)$ 是 $\boldsymbol{x}^*$ 邻域内 $\mathcal{B}(\boldsymbol{x},\mu)$ 的局部极小点，则存在连续可微的向量函数 $\boldsymbol{x}(\mu)$，使得

$$\lim_{\mu\to 0^+} \boldsymbol{x}(\mu) = \boldsymbol{x}^*$$

(2) 对 (1) 中定义的函数 $\boldsymbol{x}(\mu)$，当 $\mu \to 0^+$ 时，对应的 Lagrange 乘子估计 $\lambda_i(\mu) = \dfrac{\mu}{c_i(\boldsymbol{x}(\mu))}$ 收敛到 λ_i^*，其中 $\boldsymbol{\lambda}^* = [\lambda_i]_{i\in\mathcal{I}}$.

(3) 对充分小的 μ, $\mathcal{B}(\boldsymbol{x},\mu)$ 的 Hesse 矩阵 $\nabla_{xx}^2\mathcal{B}(\boldsymbol{x},\mu)$ 是正定的. ♡

定理的证明略，感兴趣的读者请参阅相关文献[21].

算法的数值困难

类似于二次罚函数方法，当 $\mu_k \to 0$ 时，障碍函数方法中的无约束最优化问题的求解会变得越来越困难. 以对数障碍函数为例，$\mathcal{B}(\boldsymbol{x},\mu)$ 在点 $(\boldsymbol{x},\mu_k)$ 处的 Hesse 矩阵 $\nabla_{xx}^2\mathcal{B}(\boldsymbol{x},\mu_k)$ 为

$$\nabla_{\boldsymbol{xx}}^2\mathcal{B}(\boldsymbol{x};\mu_k)=\nabla^2 f(\boldsymbol{x})-\mu_k\sum_{i\in\mathcal{I}}\frac{\nabla^2 c_i(\boldsymbol{x})}{c_i(\boldsymbol{x})}+\mu_k\sum_{i\in\mathcal{I}}\frac{\nabla c_i(\boldsymbol{x})\nabla c_i(\boldsymbol{x})^\mathsf{T}}{c_i^2(\boldsymbol{x})}$$

令 $\lambda_i^{(k)}=\dfrac{\mu_k}{c_i(\boldsymbol{x})}$，由 Lagrange 函数的定义，有

$$\nabla_{\boldsymbol{xx}}^2\mathcal{B}(\boldsymbol{x};\mu_k)=\nabla_{\boldsymbol{xx}}^2\mathcal{L}(\boldsymbol{x};\lambda_k)+\sum_{i\in\mathcal{I}}\frac{1}{\mu_k}(\lambda_i^{(k)})^2\nabla c_i(\boldsymbol{x})\nabla c_i(\boldsymbol{x})^\mathsf{T}$$

因此，当 $\mu_k\to 0$ 时，矩阵 $\nabla_{\boldsymbol{xx}}^2\mathcal{B}(\boldsymbol{x};\mu_k)$ 越来越病态.

9.3 增广 Lagrange 函数方法

本节介绍增广 Lagrange 函数方法，其基本思想是在 Lagrange 函数的基础上增加惩罚项，以克服罚函数方法中的无约束最优化问题随着迭代的进行越来越难以求解的缺点.

9.3.1 增广 Lagrange 函数方法的思想

二次罚函数方法的主要问题在于 $\mu_k\to\infty$ 时引起无约束最优化问题的病态性. 如果能构造某种函数，使得在大小适中的 μ_k 下，该函数的极小点就是原问题的最优解，则可以避免病态问题.

如何构造这种函数呢? 由于这种函数是无约束最优化问题的目标函数，因此可以根据无约束最优化问题的最优性条件去构造. 具体地，考虑等式约束最优化问题(9.1). 设想要构造的函数为 $\Phi(\boldsymbol{x};\mu)$，其中 $\mu>0$ 是给定的参数. 我们希望通过求解无约束最优化问题

$$\min_{\boldsymbol{x}}\Phi(\boldsymbol{x};\mu)$$

得到原问题的最优解 $\boldsymbol{x}^*$. 在 $\boldsymbol{x}^*$ 处，$\Phi(\boldsymbol{x};\mu)$ 应满足无约束最优化问题的一阶充分条件

$$\nabla_{\boldsymbol{x}}\Phi(\boldsymbol{x}^*;\mu)=0 \tag{9.13}$$

和二阶充分条件

$$\boldsymbol{d}^\mathsf{T}\nabla_{\boldsymbol{xx}}^2\Phi(\boldsymbol{x}^*;\mu)\boldsymbol{d}>0,\quad \forall\boldsymbol{d}\in\mathbb{R}^n\setminus\{\boldsymbol{0}\} \tag{9.14}$$

接下来看目前已知的函数是否满足这两个条件，若不满足，考虑对其改造，使之满足

这两个条件.

首先是二次罚函数 $\mathcal{Q}(\boldsymbol{x};\mu)$，因为 $\boldsymbol{x}^*$ 是可行点，故

$$\nabla \mathcal{Q}(\boldsymbol{x}^*;\mu) = \nabla f(\boldsymbol{x}^*) + \mu \sum_{i\in\mathcal{E}} c_i(\boldsymbol{x}^*)\nabla c_i(\boldsymbol{x}^*) = \nabla f(\boldsymbol{x}^*)$$

对于约束强起作用的情形，$\nabla f(\boldsymbol{x}^*) \neq \mathbf{0}$，故 $\boldsymbol{x}^*$ 不是无约束最优化问题的解. 这一结果表明在惩罚参数给定的情形下，一般不可能通过求罚函数的极小点得到原问题的最优解.

再来看 Lagrange 函数 $\mathcal{L}(\boldsymbol{x},\boldsymbol{\lambda})$. 如果点 $\boldsymbol{x}^*$ 是它的 KKT 点，对应的 Lagrange 乘子为 $\boldsymbol{\lambda}^*$，则在点 $\boldsymbol{x}^*$ 处条件式(9.13)自然满足.

关于条件式(9.14)，以仅含一个等式约束的最优化问题为例. 一般情况下，在点 $\boldsymbol{x}^*$ 处，仅约束 $c(\boldsymbol{x})=0$ 的切线方向 $\boldsymbol{d}$(即线性化可行方向) 满足条件 $\boldsymbol{d}^\mathsf{T}\nabla^2_{\boldsymbol{xx}}\mathcal{L}(\boldsymbol{x}^*,\boldsymbol{\lambda}^*)\boldsymbol{d} > 0$，其他方向则无法满足该条件. 为此，我们对 Lagrange 函数进行改造，使其在点 $\boldsymbol{x}^*$ 附近，沿线性化可行方向 $\boldsymbol{d}$ 的函数值保持不变，沿其他方向的函数值变大，使改造后的函数在点 $\boldsymbol{x}^*$ 处的 Hesse 矩阵对任意非零方向 $\boldsymbol{d}$ 均满足条件式(9.14). 为了实现这一目标，当变量不满足约束时，加大 $\mathcal{L}(\boldsymbol{x},\boldsymbol{\lambda}^*)$ 的函数值，而这正是构造罚函数的思想. 根据这种思想，我们建立下面的增广 Lagrange 函数.

9.3.2　等式约束最优化问题的增广 Lagrange 函数方法

考虑等式约束最优化问题(9.1)，该问题的增广 Lagrange 函数定义为

$$\mathcal{L}(\boldsymbol{x},\boldsymbol{\lambda};\mu) = f(\boldsymbol{x}) - \sum_{i\in\mathcal{E}} \lambda_i c_i(\boldsymbol{x}) + \frac{\mu}{2}\sum_{i\in\mathcal{E}} c_i^2(\boldsymbol{x})$$

该函数可以视为在标准的 Lagrange 函数的基础上增加了二次罚函数，故又称为乘子罚函数.

▶ **例 9.3**　考虑等式约束最优化问题(9.3)，它的增广 Lagrange 函数为

$$\mathcal{L}(\boldsymbol{x},\lambda;\mu) = \frac{1}{2}x_1^2 + \frac{1}{6}x_2^2 - \lambda(x_1+x_2-1) + \frac{\mu}{2}(x_1+x_2-1)^2$$

该问题的全局最优解为 $\boldsymbol{x}^* = (1/4,3/4)^\mathsf{T}$，对应的 Lagrange 乘子为 $\lambda^* = 1/4$. 假设在第 k 步迭代有 $\mu_k = 1$，当前的 Lagrange 乘子估计值为 $\lambda^k = 0.1$. 图9.3给出了增广 Lagrange 函数 $\mathcal{L}(\boldsymbol{x},0.1;1)$ 的等高线，与图9.1(a) 所示的二次罚函数 $\mathcal{Q}(\boldsymbol{x};1)$ 相比，$\mathcal{L}(\boldsymbol{x},0.1;1)$ 的极小点更接近原问题的最优解 $(1/4,3/4)^\mathsf{T}$.

例 9.3 表明，在 Lagrange 函数而非目标函数中增加二次惩罚项效果更优.

接下来设计迭代方法. 设在第 k 步，$\mu=\mu_k>0$，$\boldsymbol{\lambda}=\boldsymbol{\lambda}^k$，求增广 Lagrange 函数关于 $\boldsymbol{x}$ 的极小点

$$\boldsymbol{x}_k = \arg\min_{\boldsymbol{x}} \mathcal{L}(\boldsymbol{x},\boldsymbol{\lambda}^k;\mu_k)$$

由无约束最优化问题的一阶最优性条件，可得

$$\mathbf{0} = \nabla_{\boldsymbol{x}}\mathcal{L}(\boldsymbol{x}_k,\boldsymbol{\lambda}_k;\mu_k) = \nabla f(\boldsymbol{x}_k) - \sum_{i\in\mathcal{E}}[\lambda_i^k - \mu_k c_i(\boldsymbol{x}_k)]\nabla c_i(\boldsymbol{x}_k) \tag{9.15}$$

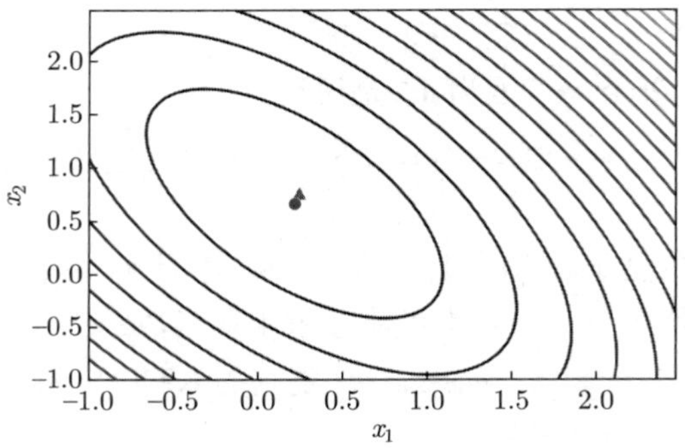

图 9.3 增广 Lagrange 函数 $\mathcal{L}(\boldsymbol{x}, \lambda; \mu)$ 在 $\lambda = 0.1, \mu = 1$ 处的等高线

比较式(9.15)和问题(9.4)的 KKT 条件

$$\nabla f(\boldsymbol{x}^*) - \sum_{i\in\mathcal{E}} \lambda_i^* \nabla c_i(\boldsymbol{x}^*) = \boldsymbol{0}$$

可推出

$$\lambda_i^* \approx \lambda_i^k - \mu_k c_i(\boldsymbol{x}_k), \quad \forall i \in \mathcal{E} \tag{9.16}$$

由此，得到 λ_i^k 的迭代公式

$$\lambda_i^{k+1} = \lambda_i^k - \mu_k c_i(\boldsymbol{x}_k), \quad \forall i \in \mathcal{E} \tag{9.17}$$

比较二次罚函数和增广 Lagrange 函数的乘子关系式(9.7)和式(9.16)，可以看出二次罚函数方法和增广 Lagrange 函数方法的差别. 当 k 充分大时，由式(9.7)可得二次罚函数方法的约束函数与乘子满足如下关系：

$$c_i(\boldsymbol{x}_k) \approx -\frac{1}{\mu_k}\lambda_i^*, \quad \forall i \in \mathcal{E}$$

而由式(9.16)可得，增广 Lagrange 函数方法的约束函数和乘子满足如下关系：

$$c_i(\boldsymbol{x}_k) \approx -\frac{1}{\mu_k}(\lambda_i^* - \lambda_i^k), \quad \forall i \in \mathcal{E}$$

比较这两个式子可以发现，当 $\boldsymbol{\lambda}_k$ 充分接近 $\boldsymbol{\lambda}^*$ 时，增广 Lagrange 函数得到的迭代点 $\boldsymbol{x}_k$ 比二次罚函数得到的迭代点 $\boldsymbol{x}_k$ 更接近可行点.

用增广 Lagrange 函数方法求解等式约束最优化问题的计算步骤如下：

算法 9.3 增广 Lagrange 函数方法的计算步骤

1. 给定初始点 $\boldsymbol{x}_0^s, \boldsymbol{\lambda}^0, \mu_0 > 0, \tau > 0, \varepsilon > 0$，$k := 0$.
2. 以 $\boldsymbol{x}_k^s$ 为初始点，极小化 $\mathcal{L}(\cdot, \boldsymbol{\lambda}^k; \mu_k)$，当 $\|\nabla_{\boldsymbol{x}}\mathcal{L}(\boldsymbol{x}_k, \boldsymbol{\lambda}^k; \mu_k)\| \leqslant \tau$ 时停止，得近似极小点 $\boldsymbol{x}_k$.
3. 若 $\sum\limits_{i\in\mathcal{E}} c_i^2(\boldsymbol{x}_k) \leqslant \varepsilon^2$，则停止迭代，得近似解 $\boldsymbol{x}_k$；否则更新 λ_i^k

$$\lambda_i^{k+1} = \lambda_i^k - \mu_k c_i(\boldsymbol{x}_k), \quad i \in \mathcal{E}$$

选择新的惩罚参数 $\mu_{k+1} > \mu_k$.

4. $\boldsymbol{x}_{k+1} := \boldsymbol{x}_k^s$，$k := k + 1$，转至步骤 2.

接下来讨论增广 Lagrange 函数方法的理论性质. 定理 9.4 表明当 $\boldsymbol{\lambda}^*$ 已知时, 只要 μ 充分大, 等式约束最优化问题(9.1)的局部最优解 $\boldsymbol{x}^*$ 就是增广 Lagrange 函数 $\mathcal{L}(\boldsymbol{x},\boldsymbol{\lambda}^*;\mu)$ 的严格局部极小点, 反之亦然. 定理 9.4 给出了用增广 Lagrange 函数方法求解等式约束最优化问题(9.1)的充分条件和必要条件, 该定理表明, 在 $\boldsymbol{\lambda}^*$ 满足一定条件时, 即使 μ 不是特别大, 也可以通过最小化 $\mathcal{L}_A(\boldsymbol{x},\boldsymbol{\lambda}^*;\mu)$ 得到 $\boldsymbol{x}^*$ 的一个优良估计.

定理 9.4

设 $\boldsymbol{x}^*$ 是问题(9.1)的局部最优解, 且在点 $\boldsymbol{x}^*$ 处, LICQ 条件成立, $\boldsymbol{\lambda}^*$ 是对应的 Lagrange 乘子, 在 $(\boldsymbol{x}^*,\boldsymbol{\lambda}^*)$ 处, 二阶充分条件式(8.34)成立, 则存在 $\bar{\mu}\geqslant 0$, 对任意 $\mu\geqslant\bar{\mu}$, $\boldsymbol{x}^*$ 是增广 Lagrange 函数 $\mathcal{L}_A(\boldsymbol{x},\boldsymbol{\lambda}^*;\mu)$ 的严格局部极小点; 反之, 若 $c_i(\boldsymbol{x}^*)=0(i\in\mathcal{E})$, $\boldsymbol{x}^*$ 是 $\mathcal{L}(\boldsymbol{x},\boldsymbol{\lambda}^*;\mu)$ 的局部极小点, 则 $\boldsymbol{x}^*$ 是等式约束最优化问题(9.1)的局部最优解. ♡

证明 我们通过证明当 μ 充分大时, 在点 $\boldsymbol{x}^*$ 处满足无约束最优化问题的二阶充分条件

$$\nabla_{\boldsymbol{x}}\mathcal{L}(\boldsymbol{x}^*,\boldsymbol{\lambda}^*;\mu)=\boldsymbol{0} \tag{9.18}$$

$$\boldsymbol{d}^{\mathrm{T}}\nabla^2_{\boldsymbol{xx}}\mathcal{L}(\boldsymbol{x}^*,\boldsymbol{\lambda}^*;\mu)\boldsymbol{d},\ \forall\boldsymbol{d}\in\mathbb{R}^n\setminus\{\boldsymbol{0}\} \tag{9.19}$$

来推出 $\boldsymbol{x}^*$ 是增广 Lagrange 函数 $\mathcal{L}(\boldsymbol{x},\boldsymbol{\lambda}^*;\mu)$ 的严格局部极小点.

由于 $\boldsymbol{x}^*$ 是问题(9.1)的局部最优解, 由 KKT 条件及 $\boldsymbol{x}^*$ 是可行点可知

$$\begin{aligned}\nabla_{\boldsymbol{x}}\mathcal{L}(\boldsymbol{x}^*,\boldsymbol{\lambda}^*)&=\boldsymbol{0}\\ c_i(\boldsymbol{x})=0,&\quad\forall i\in\mathcal{E}\end{aligned}$$

因此, 有

$$\begin{aligned}\nabla_{\boldsymbol{x}}\mathcal{L}(\boldsymbol{x}^*,\boldsymbol{\lambda}^*;\mu)&=\nabla f(\boldsymbol{x}^*)-\sum_{i\in\mathcal{E}}(\lambda_i^*-\mu c_i(\boldsymbol{x}^*))\nabla c_i(\boldsymbol{x}^*)\\&=\nabla f(\boldsymbol{x}^*)-\sum_{i\in\mathcal{E}}\lambda_i^*\nabla c_i(\boldsymbol{x}^*)=\nabla_{\boldsymbol{x}}\mathcal{L}(\boldsymbol{x}^*,\boldsymbol{\lambda}^*)\\&=\boldsymbol{0}\end{aligned}$$

说明式(9.18)成立, 以及

$$\begin{aligned}\nabla^2_{\boldsymbol{xx}}\mathcal{L}(\boldsymbol{x}^*,\boldsymbol{\lambda}^*;\mu)&=\nabla^2 f(\boldsymbol{x}^*)-\sum_{i\in\mathcal{E}}\{[\lambda_i^*+\mu c_i(\boldsymbol{x}^*)]\nabla^2 c_i(\boldsymbol{x}^*)+\mu\nabla c_i(\boldsymbol{x}^*)\nabla c_i(\boldsymbol{x}^*)^{\mathrm{T}}\}\\&=\nabla^2 f(\boldsymbol{x}^*)-\sum_{i\in\mathcal{E}}\lambda_i^*\nabla c_i(\boldsymbol{x}^*)+\mu\sum_{i\in\mathcal{E}}\nabla c_i(\boldsymbol{x}^*)\nabla c_i(\boldsymbol{x}^*)^{\mathrm{T}}\\&=\nabla^2_{\boldsymbol{xx}}\mathcal{L}(\boldsymbol{x}^*,\boldsymbol{\lambda}^*)+\mu\boldsymbol{A}\boldsymbol{A}^{\mathrm{T}}\end{aligned}$$

其中, $\boldsymbol{A}$ 为约束函数在点 $\boldsymbol{x}^*$ 处的梯度矩阵, 即 $\boldsymbol{A}=[\nabla c_i(\boldsymbol{x})]_{i\in\mathcal{E}}$.

若式(9.19)不成立, 则对任意的正整数 $k\geqslant 1$, 存在 $\boldsymbol{w}_k$, $\|\boldsymbol{w}_k\|=1$, 使得

$$0\geqslant\boldsymbol{w}_k^{\mathrm{T}}\nabla^2_{\boldsymbol{xx}}\mathcal{L}(\boldsymbol{x}^*,\boldsymbol{\lambda}^*;k)\boldsymbol{w}_k=\boldsymbol{w}_k^{\mathrm{T}}\nabla^2_{\boldsymbol{xx}}\mathcal{L}(\boldsymbol{x}^*,\boldsymbol{\lambda}^*)\boldsymbol{w}_k+k\|\boldsymbol{A}^{\mathrm{T}}\boldsymbol{w}_k\|^2 \tag{9.20}$$

于是, 可得

$$\|\boldsymbol{A}^{\mathrm{T}}\boldsymbol{w}_k\|^2\leqslant-\frac{1}{k}\boldsymbol{w}_k^{\mathrm{T}}\nabla^2_{\boldsymbol{xx}}\mathcal{L}(\boldsymbol{x}^*,\boldsymbol{\lambda}^*)\boldsymbol{w}_k\to 0,\quad k\to\infty \tag{9.21}$$

由于向量 $\{\boldsymbol{w}_k\}$ 在单位圆圆周上，故一定存在极限点 $\boldsymbol{w}$. 式(9.21)表明 $\boldsymbol{A}^\top\boldsymbol{w}=0$. 又由式(9.20)，可得

$$\boldsymbol{w}_k^\top\nabla_{\boldsymbol{xx}}^2\mathcal{L}(\boldsymbol{x}^*,\boldsymbol{\lambda}^*)\boldsymbol{w}_k\leqslant -k\|\boldsymbol{A}^\top\boldsymbol{w}_k\|^2\leqslant 0$$

令 $k\to\infty$ 得

$$\boldsymbol{w}^\top\nabla_{\boldsymbol{xx}}^2\mathcal{L}(\boldsymbol{x}^*,\boldsymbol{\lambda}^*)\boldsymbol{w}\leqslant 0$$

而这与二阶充分条件式(8.34)相矛盾，因此，当 μ 充分大时，式(9.19)成立.

反之，已知 $\boldsymbol{x}^*$ 是可行点，对任意的可行点 $\boldsymbol{x}$，设其充分接近 $\boldsymbol{x}^*$，则有

$$\mathcal{L}(\boldsymbol{x}^*,\boldsymbol{\lambda}^*;\mu)\leqslant\mathcal{L}(\boldsymbol{x},\boldsymbol{\lambda}^*;\mu)$$

由于 $\boldsymbol{x}^*$ 和 $\boldsymbol{x}$ 是可行点，可知

$$\mathcal{L}(\boldsymbol{x}^*,\boldsymbol{\lambda}^*;\mu)=f(\boldsymbol{x}^*)$$

$$\mathcal{L}(\boldsymbol{x},\boldsymbol{\lambda}^*;\mu)=f(\boldsymbol{x})$$

则对与 $\boldsymbol{x}^*$ 充分接近的可行点 $\boldsymbol{x}$，有

$$f(\boldsymbol{x}^*)\leqslant f(\boldsymbol{x})$$

从而 $\boldsymbol{x}^*$ 是问题(9.1)的局部最优解.

虽然在实际应用中，我们通常并不知道 $\boldsymbol{\lambda}^*$ 的精确值，但上述定理及其证明过程表明只要 $\boldsymbol{\lambda}$ 是 $\boldsymbol{\lambda}^*$ 的一个好的估计，即使 μ 不太大，$\mathcal{L}(\boldsymbol{x},\boldsymbol{\lambda};\mu)$ 关于 $\boldsymbol{x}$ 的极小点也是原问题局部最优解 $\boldsymbol{x}^*$ 的一个好的估计.

9.3.3 一般的约束最优化问题的增广 Lagrange 函数方法

对于一般的约束最优化问题(9.1)，我们可以通过引入松弛变量，将不等式约束转化为等式约束，再用求解等式约束最优化问题的增广 Lagrange 函数方法求解.

引入松弛变量 s_i，则问题(9.1)变为如下松弛问题

$$\begin{aligned}\min\quad & f(\boldsymbol{x})\\ \text{s.t.}\quad & c_i(\boldsymbol{x})=0,\quad i\in\mathcal{E}\\ & c_i(\boldsymbol{x})-s_i=0,\quad i\in\mathcal{I}\\ & s_i\geqslant 0,\quad i\in\mathcal{I}\end{aligned}\tag{9.22}$$

若先不考虑松弛变量的非负约束，式(9.22)就是等式约束最优化问题，其增广 Lagrange 函数为

$$\bar{\mathcal{L}}(\boldsymbol{x},\boldsymbol{s},\boldsymbol{\lambda};\mu)=f(\boldsymbol{x})-\sum_{i\in\mathcal{E}}\lambda_ic_i(\boldsymbol{x})+\frac{\mu}{2}\sum_{i\in\mathcal{E}}c_i^2(\boldsymbol{x})+\sum_{i\in\mathcal{I}}\psi_i$$

其中

$$\psi_i=-\lambda_i[c_i(\boldsymbol{x})-s_i]+\frac{\mu}{2}[c_i(\boldsymbol{x})-s_i]^2$$

因此，带松弛变量非负约束的增广 Lagrange 函数的最优化问题为

$$\begin{aligned}\min_{\boldsymbol{x},\boldsymbol{s}} \quad & \bar{\mathcal{L}}(\boldsymbol{x},\boldsymbol{s},\boldsymbol{\lambda};\mu)\\ \text{s.t.} \quad & s_i \geqslant 0, \quad i\in\mathcal{I}\end{aligned}$$

该问题等价于

$$\begin{aligned}\min_{\boldsymbol{x}}\min_{\boldsymbol{s}} \quad & \bar{\mathcal{L}}(\boldsymbol{x},\boldsymbol{s},\boldsymbol{\lambda};\mu)\\ \text{s.t.} \quad & s_i \geqslant 0, \quad i\in\mathcal{I}\end{aligned} \tag{9.23}$$

如果可以从问题

$$\begin{aligned}\min_{\boldsymbol{s}} \quad & \bar{\mathcal{L}}(\boldsymbol{x},\boldsymbol{s},\boldsymbol{\lambda};\mu)\\ \text{s.t.} \quad & s_i \geqslant 0, \quad i\in\mathcal{I}\end{aligned} \tag{9.24}$$

中解析求出 $\boldsymbol{s}(\boldsymbol{x})$，将其代入 $\bar{\mathcal{L}}_A$，就可以消去 $\boldsymbol{s}$，得到

$$\mathcal{L}(\boldsymbol{x},\boldsymbol{\lambda};\mu)=\bar{\mathcal{L}}(\boldsymbol{x},\boldsymbol{s}(\boldsymbol{x}),\boldsymbol{\lambda};\mu)$$

这样问题(9.23)就可以化简为

$$\min_{\boldsymbol{x}} \mathcal{L}(\boldsymbol{x},\boldsymbol{\lambda};\mu) \tag{9.25}$$

下面来求解问题(9.24). 由于 $\bar{\mathcal{L}}(\boldsymbol{x},\boldsymbol{s},\boldsymbol{\lambda};\mu)$ 是关于 $\boldsymbol{s}$ 的凸函数，故 $\bar{\mathcal{L}}(\cdot;\mu)$ 关于 $\boldsymbol{s}$ 的稳定点就是极小点. 令 $\nabla_{\boldsymbol{s}}\bar{\mathcal{L}}(\boldsymbol{x},\boldsymbol{s},\boldsymbol{\lambda};\mu)=\boldsymbol{0}$，即

$$\frac{\partial\psi_i}{\partial s_i}=\lambda_i-\mu c_i(\boldsymbol{x})+\mu s_i=0, \quad i\in\mathcal{I}$$

解得

$$s_i=c_i(\boldsymbol{x})-\frac{\lambda_i}{\mu}$$

考虑到松弛变量非负，则问题(9.24)的解为

$$s_i=\max\{c_i(\boldsymbol{x})-\frac{\lambda_i}{\mu},0\}, \quad i\in\mathcal{I}$$

从而

$$c_i(\boldsymbol{x})-s_i=\begin{cases}\dfrac{\lambda_i}{\mu}, & c_i(\boldsymbol{x})-\dfrac{\lambda_i}{\mu}\geqslant 0\\[2ex] c_i(\boldsymbol{x}), & c_i(\boldsymbol{x})-\dfrac{\lambda_i}{\mu}<0\end{cases} \tag{9.26}$$

或

$$c_i(\boldsymbol{x})-s_i=\min\left\{c_i(\boldsymbol{x}),\frac{\lambda_i}{\mu}\right\} \tag{9.27}$$

将式(9.26)代入 ψ_i，消去 s_i 得

$$\psi_i = \begin{cases} -\dfrac{\lambda_i^2}{2\mu}, & c_i(\boldsymbol{x}) - \dfrac{\lambda_i}{\mu} \geqslant 0 \\ -\lambda_i c_i(\boldsymbol{x}) + \dfrac{\mu}{2} c_i^2(\boldsymbol{x}), & c_i(\boldsymbol{x}) - \dfrac{\lambda_i}{\mu} < 0 \end{cases} \tag{9.28}$$

由此得到化简后的增广 Lagrange 函数

$$\mathcal{L}(\boldsymbol{x}, \boldsymbol{\lambda}; \mu) = f(\boldsymbol{x}) - \sum_{i \in \mathcal{E}} \lambda_i c_i(\boldsymbol{x}) + \frac{\mu}{2} \sum_{i \in \mathcal{E}} c_i^2(\boldsymbol{x}) + \sum_{i \in \mathcal{I}} \psi_i(\boldsymbol{x}, \boldsymbol{\lambda}, \mu) \tag{9.29}$$

其中，ψ_i 由式(9.28)给出.

最后给出 Lagrange 乘子 λ_i 的迭代公式和方法停止准则. 由等式约束最优化问题的乘子迭代公式(9.17)，有

$$\begin{aligned} \lambda_i^{k+1} &= \lambda_i^k - \mu_k c_i(\boldsymbol{x}_k), \quad i \in \mathcal{E} \\ \lambda_i^{k+1} &= \lambda_i^k - \mu_k [c_i(\boldsymbol{x}_k) - s_i^k], \quad i \in \mathcal{I} \end{aligned} \tag{9.30}$$

由式(9.26)和式(9.27)知，式(9.30)为

$$\lambda_i^{k+1} = \begin{cases} 0, & c_i(\boldsymbol{x}_k) - \dfrac{\lambda_i^k}{\mu_k} \geqslant 0 \\ \lambda_i^k - \mu_k c_i(\boldsymbol{x}_k), & c_i(\boldsymbol{x}_k) - \dfrac{\lambda_i^k}{\mu_k} < 0 \end{cases}$$

或

$$\lambda_i^{k+1} = -\mu_k \min\left\{ c_i(\boldsymbol{x}_k) - \frac{\lambda_i^k}{\mu_k} \right\}$$

由等式约束最优化问题的终止准则，有

$$\sum_{i \in \mathcal{E}} c_i^2(\boldsymbol{x}_k) + \sum_{i \in \mathcal{I}} [c_i(\boldsymbol{x}_k) - s_i^k]^2 \leqslant \varepsilon^2$$

根据式(9.27)，消去 s_i，得到化简后的终止准则

$$\sum_{i \in \mathcal{E}} c_i^2(\boldsymbol{x}_k) + \sum_{i \in \mathcal{I}} \min\left\{ c_i(\boldsymbol{x}_k), \frac{\lambda_i^k}{\mu_k} \right\}^2 \leqslant \varepsilon^2$$

9.4 数值实验

在本节中，我们通过数值实验比较不同的罚函数方法与增广 Lagrange 函数方法的有效性，其中内层迭代均采用 BFGS 方法求解和 Wolfe 准则非精确线搜索，阈值 $\varepsilon = \tau = 10^{-6}$.

问题 1

$$\begin{aligned} \min \quad & f(\boldsymbol{x}) \equiv 1\,000 - x_1^2 - 2x_2^2 - x_3^2 - x_1 x_2 - x_1 x_3 \\ \text{s.t.} \quad & 8x_1 + 14x_2 + 7x_3 - 56 = 0 \\ & x_1^2 + x_2^2 + x_3^2 - 25 = 0 \\ & x_i \geqslant 0, \quad i = 1, 2, 3 \end{aligned}$$

该问题的最优解为 $\boldsymbol{x}^* = (3.512\,1, 0.217\,0, 3.552\,2)^{\mathsf{T}}$，$f(\boldsymbol{x}^*) = 961.715\,2$. 初始点取为 $\boldsymbol{x}_0 = (2,2,2)^{\mathsf{T}}, f(\boldsymbol{x}_0) = 976$.

问题 2

$$\begin{aligned} \min \quad & f(\boldsymbol{x}) \equiv x_2^2 - 3x_1 \\ \text{s.t.} \quad & x_1 + x_2 = 1 \\ & x_1 - x_2 = 0 \end{aligned}$$

该问题的最优解为 $\boldsymbol{x}^* = (0.5, 0.5)^{\mathsf{T}}$，$f(\boldsymbol{x}^*) = -1.25$. 初始点取为 $\boldsymbol{x}_0 = (0,0)^{\mathsf{T}}, f(\boldsymbol{x}_0) = 0$.

问题 3

$$\begin{aligned} \min \quad & f(\boldsymbol{x}) \equiv (x_1 - 2)^2 + (x_2 - 1)^2 \\ \text{s.t.} \quad & -x_1 - x_2 + 2 \geqslant 0 \\ & -x_1^2 + x_2 \geqslant 0 \end{aligned}$$

该问题的最优解为 $\boldsymbol{x}^* = (1,1)^{\mathsf{T}}$，$f(\boldsymbol{x}^*) = 1$. 初始点取为 $\boldsymbol{x}_0 = (2,2)^{\mathsf{T}}, f(\boldsymbol{x}_0) = 1$.

表 9.1 给出了用不同的罚函数方法和增广 Lagrange 函数方法求解这三个问题所需的外迭代次数、函数调用次数、算法终止时的惩罚参数 μ_k 以及 $\|\boldsymbol{x}_k - \boldsymbol{x}^*\|_\infty$. 二次罚函数方法对于问题 1 失效，迭代过程中出现矩阵病态的情形，导致迭代失败. 从表 9.1 中可以发现，用增广 Lagrange 函数方法得到的解的绝对误差不低于二次罚函数方法或障碍函数方法得到的解的绝对误差. 对于问题 2，增广 Lagrange 函数方法迭代终止时的惩罚参数 μ_k 远小于二次罚函数方法迭代终止时的惩罚参数. 对于问题 3，增广 Lagrange 函数方法迭代终止时的惩罚参数 μ_k 远大于障碍函数方法迭代终止时的惩罚参数.

表 9.1　罚函数方法与增广 Lagrange 函数方法的数值结果

问题	方法	外迭代次数	函数调用次数	μ_k	$\|\boldsymbol{x}_k - \boldsymbol{x}^*\|_\infty$
问题 1	二次罚函数方法	—	—	—	—
	增广 Lagrange 函数方法	4	45	2	2.8982e-06
问题 2	二次罚函数方法	22	44	2.0972e+06	7.1526e-07
	增广 Lagrange 函数方法	16	57	1.6384e+04	4.1069e-07
问题 3	障碍函数方法	9	31	1.0030e-06	2.0007e-08
	增广 Lagrange 函数方法	8	74	1.3122e+04	2.3850e-09

第 9 章习题

1. 考虑约束最优化问题

$$\begin{aligned} \min \quad & x_2^2 - 3x_1 \\ \text{s.t.} \quad & x_1 + x_2 = 0 \\ & x_1 - x_2 = 0 \end{aligned}$$

应用二次罚函数方法，写出 $\boldsymbol{x}(\mu)$ 的表达式. 当 $\mu \to \infty$ 时，求出该问题的最优解和相应的 Lagrange 乘子.

2. 考虑约束最优化问题

$$\begin{aligned} \min \quad & 2x_1 + 3x_2 \\ \text{s.t.} \quad & 1 - 2x_1^2 - x_2^2 \geqslant 0 \end{aligned}$$

应用对数障碍函数方法，写出 $\boldsymbol{x}(\mu)$ 的表达式. 当 $\mu \to 0$ 时，求出该问题的最优解和相应的 Lagrange 乘子.

3. 考虑约束最优化问题

$$\begin{aligned} \min \quad & x_1 - 2x_2 \\ \text{s.t.} \quad & 1 + x_1 - x_2^2 \geqslant 0 \\ & x_2 \geqslant 0 \end{aligned}$$

应用对数障碍函数方法. 当 $\mu \to 0$ 时，求出该问题的最优解和相应的 Lagrange 乘子.

4. 考虑约束最优化问题

$$\begin{aligned} \min \quad & \frac{1}{1+x^2} \\ \text{s.t.} \quad & x \geqslant 1 \end{aligned}$$

应用障碍函数方法. 证明: 对任何 $\mu > 0$，倒数障碍函数和对数障碍函数均无下界.

5. 对于倒数障碍函数 $\mathcal{B}(\boldsymbol{x};\mu)$，证明：在 $\boldsymbol{x}_k$ 处，Lagrange 乘子估计为 $\lambda_i^k = \dfrac{\mu_k}{\left(c_i^k\right)^2}, i \in \mathcal{I}$，从而证明对 $\boldsymbol{x}_k \to \boldsymbol{x}^*, \boldsymbol{\lambda_k} \to \boldsymbol{\lambda}^*$，若 $i \notin \mathcal{I}^*$ ($\mathcal{I}^*$ 为在 $\boldsymbol{x}^*$ 处起作用的不等式约束集合)，则 $\lambda_i^k \to 0$，且 $\boldsymbol{x}^*, \boldsymbol{\lambda}^*$ 为 KKT 对.

6. 考虑约束最优化问题

$$\begin{aligned} \min \quad & f(\boldsymbol{x}) \\ \text{s.t.} \quad & c(\boldsymbol{x}) \geqslant 0 \end{aligned}$$

其对应的松弛问题为

$$\begin{aligned} \min \quad & f(\boldsymbol{x}) \\ \text{s.t.} \quad & c(\boldsymbol{x}) - s^2 = 0 \end{aligned}$$

其中，$c(\boldsymbol{x}) : \mathbb{R}^n \to \mathbb{R}$. 证明: 如果 $\boldsymbol{x}^*, s^*$ 是松弛问题的解，λ^* 为相应的乘子，则 $\boldsymbol{x}^*$ 和 λ^* 满足原最优化问题解的一阶必要条件.

7. 假设约束函数均二阶连续可微，讨论一般约束最优化问题的增广 Lagrange 函数是否二阶连续可微.

8. 增广 Lagrange 函数方法的一个缺点是增广 Lagrange 函数可能不存在全局极小点. 例

如，考虑等式约束最优化问题

$$\begin{aligned} \min \quad & -x^4 \\ \text{s.t.} \quad & c(x) \equiv x = 0 \end{aligned}$$

该问题具有唯一的全局极小点 $x^* = 0$. 证明：对任意 λ_k 和 μ_k，其增广 Lagrange 函数

$$\mathcal{L}_A(x, \lambda_k; \mu_k) = -x^4 + \lambda_k x + \frac{\mu_k}{2}x^2$$

不存在全局极小点. 为了解决这个问题，可以考虑用惩罚项 $\frac{\mu}{2}c^2(x) + c^\rho(x)$ 代替 $\frac{\mu}{2}c^2(x)$，其中 $\rho > 4$. 证明: 对于任意 λ_k 和 μ_k，新的增广 Lagrange 函数 $\tilde{\mathcal{L}}_A(x, \lambda_k; \mu_k)$ 有全局极小点.

第10章 近端方法

本章导读

近端方法 (proximal algorithms)[22] 是求解凸优化问题的一类重要方法，具有以下几个优点：首先，近端方法适用范围很广，包括目标函数是非光滑和取值无穷的情况；其次，对于一些难以求解的最优化问题，可以利用简单的近端算子解决；再次，近端方法很容易并行化，可用来解决大规模最优化问题；最后，近端方法易于理解、推导和实现. 近端方法的核心在于计算函数的近端算子，相当于求解一个小规模的凸优化子问题. 这个子问题通常有解析解或者可通过标准的无约束优化方法得到高精度数值解. 为此，本章先介绍近端算子，然后介绍三种常用的近端方法.

10.1 近端算子

10.1.1 定义

设 $f:\mathbb{R}^n \to \mathbb{R}\cup\{+\infty\}$ 是一个正常闭凸函数 (凸函数的定义见附录 A.3)，则它的上图

$$\mathrm{epi} f = \{(\boldsymbol{x}, t) \in \mathbb{R}^n \times \mathbb{R} | f(\boldsymbol{x}) \leqslant t\}$$

为非空闭凸集.

定义 10.1 近端算子

正常闭凸函数 f 的近端算子 (proximal operator) $\mathrm{prox}_f : \mathbb{R}^n \to \mathbb{R}^n$ 定义为

$$\mathrm{prox}_f(\boldsymbol{v}) = \arg\min_{\boldsymbol{x}} \left(f(\boldsymbol{x}) + \frac{1}{2}\|\boldsymbol{x} - \boldsymbol{v}\|^2 \right) \tag{10.1}$$

♣

式(10.1)右边极小化的函数为强凸函数，且不是处处取无穷大，因此对任意 $\boldsymbol{v} \in \mathbb{R}^n$，该函数均有唯一极小点.

在实际应用中，我们经常会遇到函数 αf，其中，$\alpha > 0$，其近端算子可写为

$$\mathrm{prox}_{\alpha f}(\boldsymbol{v}) = \arg\min_{\boldsymbol{x}} \left(f(\boldsymbol{x}) + \frac{1}{2\alpha}\|\boldsymbol{x} - \boldsymbol{v}\|^2 \right)$$

也常被称为带参数 α 的函数 f 的近端算子.

图10.1展示了近端算子是如何工作的. 细线为凸函数 f 的等高线，粗线为函数的定义域边界. 在浅灰色点处，近端算子将其映射到深灰色点. 位于 f 定义域内的三个浅灰色点映射后依然在定义域内，且向 f 的极小点移动，另外两个定义域外的浅灰色点移动到定义域边界且朝向 f 的极小点. 参数 α 控制近端算子映射后的点向 f 极小点移动的程度，α 越大，映射后的点越接近 f 的极小点，反之，则向极小点移动的距离越小. 由此可见，$\mathrm{prox}_f(\boldsymbol{v})$ 是 f 极小点和 $\boldsymbol{v}$ 附近点的一个折中，因此，$\mathrm{prox}_f(\boldsymbol{v})$ 有时被称为点 $\boldsymbol{v}$ 关于 f 的近端点. 在 $\mathrm{prox}_{\alpha f}(\boldsymbol{v})$ 中，参数 α 是调节这两项重要性的权重.

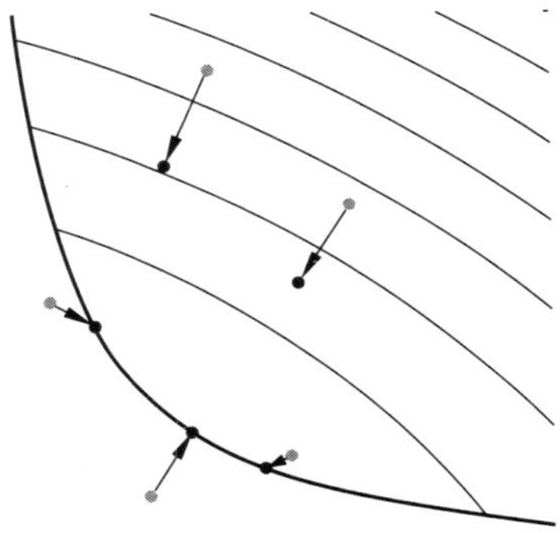

图 10.1　不同点上的近端算子[22]

10.1.2　解释

为了更好地理解近端算子，下面从三个不同的角度解释近端算子.

10.1.2.1　广义投影

f 是如下示性函数

$$I_C(\boldsymbol{x}) = \begin{cases} 0, & \boldsymbol{x} \in C \\ +\infty, & \boldsymbol{x} \notin C \end{cases}$$

其中，C 是一个非空闭集，f 的近端算子就是集合 C 上的欧氏投影，其定义如下:

$$\Pi_C(\boldsymbol{v}) = \arg\min_{\boldsymbol{x} \in C} \|\boldsymbol{x} - \boldsymbol{v}\|$$

由此可将近端算子视为一个广义投影.

10.1.2.2 次微分算子的分解

对于凸函数 f，其次梯度和次微分算子的定义如下：

定义 10.2 次梯度和次微分算子

设 $f:\mathbb{R}^n \to \mathbb{R}$ 是凸函数，若在点 $\boldsymbol{x} \in \mathbb{R}^n$ 处，有

$$f(\boldsymbol{y}) \geqslant f(\boldsymbol{x}) + \boldsymbol{g}^{\mathrm{T}}(\boldsymbol{y}-\boldsymbol{x}), \quad \forall \boldsymbol{y} \in \mathbb{R}^n$$

则称 $\boldsymbol{g}$ 为 f 在点 $\boldsymbol{x}$ 处的次梯度，f 在点 $\boldsymbol{x}$ 处的次梯度集合记为 $\partial f(\boldsymbol{x})$，称 ∂f 为 f 的次微分算子. ♣

次微分算子 ∂f 将每个点 $\boldsymbol{x} \in \mathbb{R}^n$ 映射为一个集合 $\partial f(\boldsymbol{x})$. 不难证明，次梯度集合 $\partial f(\boldsymbol{x})$ 是一个闭凸集. 若 f 在点 $\boldsymbol{x}$ 处可微，则 $\partial f(\boldsymbol{x}) = \{\nabla f(\boldsymbol{x})\}$，由此称 ∇f 为从 $\boldsymbol{x} \in \mathbb{R}^n$ 到 $\nabla f(\boldsymbol{x})$ 的梯度映射. 不同于次微分算子，梯度映射为点到点的映射.

定义 10.3 次可微

若 $f:\mathbb{R}^n \to \mathbb{R}$ 在点 $\boldsymbol{x}_0$ 处有次梯度，则称 f 在点 $\boldsymbol{x}_0$ 处次可微. 进一步，若 f 在定义域内任意点 $\boldsymbol{x} \in \mathbb{R}^n$ 处都有次梯度，则称 f 为次可微函数. ♣

对于正常凸函数，可以通过次梯度判定某个点是否为其 (全局) 极小点.

命题 10.1

若 $f:\mathbb{R}^n \to \mathbb{R}$ 是正常凸函数，则 $\boldsymbol{x}^*$ 是 f 的 (全局) 极小点，当且仅当 $0 \in \partial f(\boldsymbol{x}^*)$. ♠

定理 10.1 给出了近端算子和次微分算子之间的关系.

定理 10.1

设 $f:\mathbb{R}^n \to \mathbb{R}$ 是正常闭凸函数，且在定义域内次可微，则有

$$\mathrm{prox}_{\alpha f} = (\boldsymbol{I} + \alpha\partial f)^{-1}$$

♡

证明 若 $\boldsymbol{z} \in (\boldsymbol{I} + \alpha\partial f)^{-1}(\boldsymbol{x})$，则由次微分算子的定义可知

$$\boldsymbol{x} \in (\boldsymbol{I} + \alpha\partial f)(\boldsymbol{z}) = \boldsymbol{z} + \alpha\partial f(\boldsymbol{z})$$

将 $\boldsymbol{x}$ 移到右边，两边同时除以 α，可得

$$0 \in \partial f(\boldsymbol{z}) + \frac{1}{\alpha}(\boldsymbol{z}-\boldsymbol{x})$$

上式等价于

$$0 \in \partial_{\boldsymbol{z}}\left(f(\boldsymbol{z}) + \frac{1}{2\alpha}\|\boldsymbol{z}-\boldsymbol{x}\|^2\right)$$

由于右侧括号内为强凸函数，故

$$\boldsymbol{z} = \arg\min_{\boldsymbol{u}} \left[f(\boldsymbol{u}) + \frac{1}{\alpha} \|\boldsymbol{u} - \boldsymbol{x}\|^2 \right]$$

上述推导过程反之亦成立，由此说明 $\boldsymbol{z} \in (\boldsymbol{I} + \alpha\partial f)^{-1}(\boldsymbol{x})$ 当且仅当 $\boldsymbol{z} = \text{prox}_{\alpha f}(\boldsymbol{x})$. 因为 $\text{prox}_{\alpha f}(\boldsymbol{x})$ 有唯一值，所以 $(\boldsymbol{I} + \alpha\partial f)^{-1}(\boldsymbol{x})$ 也有唯一值，从而等式 $\text{prox}_{\alpha f} = (\boldsymbol{I} + \alpha\partial f)^{-1}$ 成立.

我们称映射 $(\boldsymbol{I} + \alpha\partial f)^{-1}$ 为带参数 α 的次微分算子 ∂f 的分解. 定理 10.1 表明近端算子是次微分算子的分解. 需要指出的是，虽然 ∂f 是一个点到集合的映射，但次微分算子的分解是一个点到点的映射.

10.1.2.3　负梯度步

函数 f 的近端算子可以解释为极小化函数 f 或与 f 相关的某个函数的负梯度步，以下从三个不同的角度进行讨论.

Moreau 包络

定义 10.4　Moreau 包络

对于函数 f，其参数为 α 的 Moreau 包络 (Moreau envelope) 或 Moreau-Yosida 正则化定义为

$$M_{\alpha f}(\boldsymbol{v}) = \inf_{\boldsymbol{x}} \left[f(\boldsymbol{x}) + \frac{1}{2\alpha} \|\boldsymbol{x} - \boldsymbol{v}\|^2 \right]$$

♣

Moreau 包络 M_f 是函数 f 的一个光滑逼近函数：M_f 是定义在 $\mathbb{R}^n$ 上的光滑函数. 此外，由于 f 和 M_f 的极小点完全相同，故极小化 f 等价于极小化 M_f. 由于后者是光滑最优化问题，故在很多实际问题中，极小化 M_f 更加容易.

不难验证，函数 f 的近端算子和 Moreau 包络具有如下关系：

$$M_f(\boldsymbol{x}) = f(\text{prox}_f(\boldsymbol{x})) + \frac{1}{2}\|\boldsymbol{x} - \text{prox}_f(\boldsymbol{x})\|^2$$

由此可得

$$\nabla M_{\alpha f}(\boldsymbol{x}) = \frac{1}{\alpha}[\boldsymbol{x} - \text{prox}_{\alpha f}(\boldsymbol{x})]$$

故

$$\text{prox}_{\alpha f}(\boldsymbol{x}) = \boldsymbol{x} - \alpha\nabla M_{\alpha f}(\boldsymbol{x}) \tag{10.2}$$

式(10.2)表明 $\text{prox}_{\alpha f}$ 可以视为极小化 $M_{\alpha f}$ (与 f 的极小点相同) 的一个步长为 α 的负梯度步.

近似梯度步

若 f 在点 $\boldsymbol{x}$ 处二阶连续可微，且 Hesse 矩阵 $\nabla^2 f(\boldsymbol{x})$ 是正定的，则当 $\alpha \to 0$ 时，有

$$\text{prox}_{\alpha f}(\boldsymbol{x}) = (\boldsymbol{I} + \alpha\nabla f)^{-1}(\boldsymbol{x}) = \boldsymbol{x} - \alpha\nabla f(\boldsymbol{x}) + o(\alpha)$$

于是，当 α 较小时，$\text{prox}_{\alpha f}(\boldsymbol{x})$ 收敛到 f 的负梯度步，其步长为 α. 因此，对于较小的 α，近端算子可以近似认为是极小化 f 的一个负梯度步.

函数近似的近端算子

现在考虑函数 f 近似的近端算子，以及它们和极小化 f 的负梯度步之间的关系.

(1) 若 f 一阶连续可微，则由泰勒定理可知，f 在点 $\boldsymbol{v}$ 处的一阶近似为

$$\hat{f}_{\boldsymbol{v}}^{(1)}(\boldsymbol{x}) = f(\boldsymbol{v}) + \nabla f(\boldsymbol{v})^{\mathsf{T}}(\boldsymbol{x} - \boldsymbol{v})$$

于是，函数 f 一阶近似的近端算子为

$$\mathrm{prox}_{\alpha \hat{f}_{\boldsymbol{v}}^{1}}(\boldsymbol{v}) = \boldsymbol{v} - \alpha \nabla f(\boldsymbol{v})$$

这就是一个标准的步长为 α 的负梯度步.

(2) 若函数 f 是二阶连续可微，则 f 在点 $\boldsymbol{v}$ 处的二阶近似为

$$\hat{f}_{\boldsymbol{v}}^{(2)}(\boldsymbol{x}) = f(\boldsymbol{v}) + \nabla f(\boldsymbol{v})^{\mathsf{T}}(\boldsymbol{x} - \boldsymbol{v}) + \frac{1}{2}(\boldsymbol{x} - \boldsymbol{v})^{\mathsf{T}} \nabla^2 f(\boldsymbol{v})(\boldsymbol{x} - \boldsymbol{v})$$

于是，函数 f 二阶近似的近端算子为

$$\mathrm{prox}_{\alpha \hat{f}_{\boldsymbol{v}}^{2}}(\boldsymbol{v}) = \boldsymbol{v} - \left[\nabla^2 f(\boldsymbol{v}) + \frac{1}{\alpha}\boldsymbol{I}\right]^{-1} \nabla f(\boldsymbol{v})$$

上式右边就是基本牛顿方法的改进方法——LM 方法的迭代步.

综上，负梯度步和 LM 步分别可以视为函数 f 的一阶近似和二阶近似的近端算子.

10.1.3 性质

近端算子具有如下几个重要性质:

(1) 若 f 关于两个变量是可分的，即 $f(\boldsymbol{x}, \boldsymbol{y}) = \phi(\boldsymbol{x}) + \psi(\boldsymbol{y})$，则有

$$\mathrm{prox}_f(\boldsymbol{v}, \boldsymbol{w}) = (\mathrm{prox}_\phi(\boldsymbol{v}), \mathrm{prox}_\psi(\boldsymbol{w}))$$

若 f 是完全可分的，即 $f(\boldsymbol{x}) = \sum_{i=1}^{n} f_i(\boldsymbol{x}_i)$，则有

$$[\mathrm{prox}_f(\boldsymbol{v})]_i = \mathrm{prox}_{f_i}(\boldsymbol{v}_i)$$

(2) 若 $f(\boldsymbol{x}) = a\phi(\boldsymbol{x}) + b\,(a > 0)$，则有

$$\mathrm{prox}_{\alpha f}(\boldsymbol{v}) = \mathrm{prox}_{a\alpha\phi}(\boldsymbol{v})$$

(3) 若 $f(\boldsymbol{x}) = \phi(a\boldsymbol{x} + \boldsymbol{b})\,(a > 0)$，则有

$$\mathrm{prox}_{\alpha f}(\boldsymbol{v}) = \frac{1}{a}[\mathrm{prox}_{a^2\alpha\phi}(a\boldsymbol{v} + \boldsymbol{b}) - \boldsymbol{b}]$$

若 $f(\boldsymbol{x}) = \phi(\boldsymbol{Q}\boldsymbol{x})$，其中 $\boldsymbol{Q}$ 为正交矩阵，则有

$$\mathrm{prox}_{\alpha f}(\boldsymbol{v}) = \boldsymbol{Q}^{\mathsf{T}} \mathrm{prox}_{\alpha\phi}(\boldsymbol{Q}\boldsymbol{v})$$

(4) 若 $f(\boldsymbol{x}) = \phi(\boldsymbol{x}) + \boldsymbol{a}^{\mathsf{T}}\boldsymbol{x} + b$，则有

$$\mathrm{prox}_{\alpha f}(\boldsymbol{v}) = \mathrm{prox}_{\alpha\phi}(\boldsymbol{v} - \alpha\boldsymbol{a})$$

(5) 若 $f(\boldsymbol{x}) = \phi(\boldsymbol{x}) + (\rho/2)\|\boldsymbol{x} - \boldsymbol{a}\|^2$，则有

$$\mathrm{prox}_{\alpha f}(\boldsymbol{v}) = \mathrm{prox}_{\tilde{\alpha}\phi}\left(\frac{\tilde{\alpha}}{\alpha}\boldsymbol{v} + \rho\tilde{\alpha}\boldsymbol{a}\right)$$

其中，$\tilde{\alpha} = \alpha/(1 + \alpha\rho)$.

请读者自行验证以上五个性质. 性质 (1) 表明对于可分函数，通过计算每个标量函数的近端算子就可得到原函数的近端算子，该性质是近端方法并行化的关键，我们将在第 12 章进行简要介绍.

10.2 近端极小化方法

近端极小化 (proximal minimization) 方法与不动点定理有很紧密的联系，为此本节先介绍不动点定理.

定理 10.2　不动点定理

设 $f: \mathbb{R}^n \to \mathbb{R}$ 是正常闭凸函数，则点 $\boldsymbol{x}^*$ 是函数 f 的极小点当且仅当

$$\boldsymbol{x}^* = \mathrm{prox}_f(\boldsymbol{x}^*)$$

即 $\boldsymbol{x}^*$ 是 prox_f 的一个不动点. ♡

证明　首先证明若 $\boldsymbol{x}^*$ 是 f 的极小点，则有 $\boldsymbol{x}^* = \mathrm{prox}_f(\boldsymbol{x}^*)$. 为了叙述简便，假定 f 在定义域内次可微，对于非次可微函数，结论依然成立.

由于 $\boldsymbol{x}^*$ 是 f 的极小点，故对任意 $\boldsymbol{x}$，有 $f(\boldsymbol{x}) \geqslant f(\boldsymbol{x}^*)$，进而有

$$f(\boldsymbol{x}) + \frac{1}{2}\|\boldsymbol{x} - \boldsymbol{x}^*\|^2 \geqslant f(\boldsymbol{x}^*) = f(\boldsymbol{x}^*) + \frac{1}{2}\|\boldsymbol{x}^* - \boldsymbol{x}^*\|^2$$

由于上式对任意 $\boldsymbol{x}$ 均成立，故 $\boldsymbol{x}^*$ 是函数 $f(\boldsymbol{x}) + (1/2)\|\boldsymbol{x} - \boldsymbol{x}^*\|^2$ 的极小点，即 $\boldsymbol{x}^* = \mathrm{prox}_f(\boldsymbol{x}^*)$.

接下来证明若 $\boldsymbol{x}^* = \mathrm{prox}_f(\boldsymbol{x}^*)$，则 $\boldsymbol{x}^*$ 是 f 的极小点. 由于 $\boldsymbol{x}^*$ 极小化 $f(\boldsymbol{x}) + (1/2)\|\boldsymbol{x} - \boldsymbol{x}^*\|^2$，故

$$0 \in \partial f(\boldsymbol{x}^*) + \boldsymbol{x}^* - \boldsymbol{x}^*$$

其中，$\partial f(\boldsymbol{x}^*) \subset \mathbb{R}^n$ 是 f 在 $\boldsymbol{x}$ 处的次梯度集合. 由此得到 $0 \in \partial f(\boldsymbol{x}^*)$，故 $\boldsymbol{x}^*$ 是 f 的极小点.

根据不动点定理，很自然地推出了近端极小化方法，其计算步骤如下：

算法 10.1　近端极小化方法的计算步骤

1. 给定初始点 $\boldsymbol{x}_0 \in \mathbb{R}^n$，$\alpha > 0$，$k := 0$.
2. 若满足终止准则，则停止迭代.
3. 计算 $\boldsymbol{x}_{k+1} = \mathrm{prox}_{\alpha f}(\boldsymbol{x}_k)$.
4. $k := k + 1$，转至步骤 2.

若 f 存在极小值，那么 $\boldsymbol{x}_k$ 会收敛到 f 的某个极小点，$f(\boldsymbol{x_k})$ 会收敛到 f 的极小值. 近端极小化方法在每一步迭代中可以使用不同的参数 α_k，可以证明当 $\alpha_k > 0$ 且 $\sum\limits_{k=1}^{\infty} \alpha_k = \infty$ 时，方法是收敛的.

接下来，我们从正则最优化问题的角度理解近端极小化方法. 在第 k 步迭代中，近端极小化方法需求解如下正则最优化问题：

$$\min_{\boldsymbol{x}} \ f(\boldsymbol{x}) + \frac{1}{2\alpha}\|\boldsymbol{x} - \boldsymbol{x}_k\|^2$$

目标函数的第二项可以解释为以上一步迭代点 $\boldsymbol{x}_k$ 为中心的二次正则项，增加该项是为了避免下一个迭代点 $\boldsymbol{x}_{k+1}$ 与当前迭代点 $\boldsymbol{x}_k$ 相差太远. 随着迭代的进行，$\boldsymbol{x}_{k+1}$ 会越来越接近 $\boldsymbol{x}_k$，从而二次正则项会逐渐趋于 0，故二次正则项的作用会越来越小. 由此可见，近端最小化方法提供了一套通过在原目标函数的基础上增加二次正则项，以提高某些迭代方法的收敛性，且其最终结果不会受到正则项影响的方法框架.

最后，将近端极小化方法应用于极小化二次函数问题.

▶ **例 10.1** (极小化二次函数) 考虑无约束最优化问题

$$\min_{\boldsymbol{x}} \ f(\boldsymbol{x}) \equiv \boldsymbol{x}^\top \boldsymbol{A}\boldsymbol{x} - \boldsymbol{b}^\top \boldsymbol{x}$$

其中，$\boldsymbol{A}$ 为半正定矩阵.

应用近端极小化方法，第 k 步迭代公式为

$$\begin{aligned}
\boldsymbol{x}_{k+1} &= \operatorname{prox}_{\alpha f}(\boldsymbol{x}_k) \\
&= \left(\boldsymbol{A} + \frac{1}{\alpha}\boldsymbol{I}\right)^{-1}\left(\boldsymbol{b} + \frac{1}{\alpha}\boldsymbol{x}_k\right) \\
&= \boldsymbol{x}_k + \left(\boldsymbol{A} + \frac{1}{\alpha}\boldsymbol{I}\right)^{-1}(\boldsymbol{b} - \boldsymbol{A}\boldsymbol{x}_k)
\end{aligned}$$

只要 $\alpha > 0$，迭代点 $\boldsymbol{x}_{k+1}$ 最终就会收敛到线性方程组 $\boldsymbol{A}\boldsymbol{x} = \boldsymbol{b}$ 的解，即二次函数的极小点. 由于目标函数是二阶连续可微的，故由 10.1 节的讨论可知，上述迭代公式就是参数 $1/\alpha$ 下的 LM 方法迭代公式.

10.3 近端梯度方法

近端梯度 (proximal gradient) 方法是众多梯度下降方法中的一种，该方法尤其适合求解目标函数中存在不可微部分 (例如目标函数中有 1 范数) 的正则最优化问题. 由于正则最优化问题广泛出现在机器学习中，近端梯度方法现已成为机器学习领域的一种重要的优化方法.

近端梯度方法常用来解决如下最优化问题：

$$\min \ f(\boldsymbol{x}) + h(\boldsymbol{x}) \tag{10.3}$$

其中，$f : \mathbb{R}^n \to \mathbb{R}$ 和 $h : \mathbb{R}^n \to \mathbb{R} \cup \{\infty\}$ 都是正常闭凸函数，f 可微，h 不可微. 该问题的

目标函数拆分成两部分，其中一部分是可微的. 由于同一个目标函数的拆分方式可能不唯一，同一个问题可能存在近端梯度方法的多种实现方式.

对于最优化问题(10.3)，近端梯度方法的第 k 步迭代公式为

$$\boldsymbol{x}_{k+1} = \text{prox}_{\alpha_k h}[\boldsymbol{x}_k - \alpha_k \nabla f(\boldsymbol{x}_k)] \tag{10.4}$$

其中，$\text{prox}_{\alpha_k h}$ 为函数 h 的近端算子，$\alpha_k > 0$ 为步长. 当 $g = I_C$ 时，该方法退化为投影梯度方法；当 $f = 0$ 时，该方法退化为近端极小化方法；当 $h = 0$ 时，该方法退化为标准梯度下降方法.

根据近端算子的定义，可得

$$\begin{aligned}
\boldsymbol{x}_{k+1} &= \arg\min_{\boldsymbol{x}} \left\{ h(\boldsymbol{x}) + \frac{1}{2\alpha_k}\|\boldsymbol{x} - [\boldsymbol{x}_k - \alpha_k \nabla f(\boldsymbol{x}_k)]\|^2 \right\} \\
&= \arg\min_{\boldsymbol{x}} \left[h(\boldsymbol{x}) + \frac{\alpha_k}{2}\|\nabla f(\boldsymbol{x}_k)\|^2 + \nabla f(\boldsymbol{x}_k)^{\mathsf{T}}(\boldsymbol{x} - \boldsymbol{x}_k) + \frac{1}{2\alpha_k}\|\boldsymbol{x} - \boldsymbol{x}_k\|^2 \right] \\
&= \arg\min_{\boldsymbol{x}} \left[h(\boldsymbol{x}) + f(\boldsymbol{x}_k) + \nabla f(\boldsymbol{x}_k)^{\mathsf{T}}(\boldsymbol{x} - \boldsymbol{x}_k) + \frac{1}{2\alpha_k}\|\boldsymbol{x} - \boldsymbol{x}_k\|^2 \right] \\
&\approx \arg\min_{\boldsymbol{x}} [h(\boldsymbol{x}) + f(\boldsymbol{x})]
\end{aligned} \tag{10.5}$$

由于式 (10.5) 第二行中的 $(\alpha_k/2)\|\nabla f(\boldsymbol{x}_k)\|^2$ 和第三行中的 $f(\boldsymbol{x}_k)$ 均与优化变量 $\boldsymbol{x}$ 无关，故第三个等号成立. 从上述计算过程可以看出，近端梯度方法每次迭代都在求解目标函数近似函数的极小点.

当 f 为 L 光滑函数，即满足

$$\|\nabla f(\boldsymbol{x}) - \nabla f(\boldsymbol{y})\|_2 \leqslant L\|\boldsymbol{x} - \boldsymbol{y}\|_2, \quad \forall \boldsymbol{x}, \boldsymbol{y} \in \mathbb{R}^n \tag{10.6}$$

其中，L 为 Lipschitz 常数，且步长 $\alpha_k = \alpha \in (0, 1/L]$ 时，可以证明近端梯度方法收敛，其收敛速度为 $O(1/k)$. 事实上，只要步长 $\alpha_k < 2/L$，方法就是收敛的，感兴趣的读者参阅文献[23]. 如果 L 未知，则可以采用线搜索方法确定步长 α_k. 一种简单的带线搜索的近端梯度方法的计算步骤如下：

算法 10.2　带线搜索的近端梯度方法的计算步骤

1. 给定初始点 $\boldsymbol{x}_0 \in \mathbb{R}^n$，$\alpha_{-1}$，$\beta \in (0, 1)$，$k := 0$.
2. 若满足终止准则，则停止迭代.
3. 令 $\alpha = \alpha_{k-1}$.
4. 计算 $\boldsymbol{z} = \text{prox}_{\alpha h}(\boldsymbol{x}_k - \alpha \nabla f(\boldsymbol{x}_k))$.
5. 若 $f(\boldsymbol{z}) \geqslant f(\boldsymbol{x}_k) + \nabla f(\boldsymbol{x}_k)^{\mathsf{T}}(\boldsymbol{z} - \boldsymbol{x}_k) + (1/2\alpha)\|\boldsymbol{z} - \boldsymbol{x}_k\|^2$，则令 $\alpha := \beta\alpha$，转至步骤 4.
6. $\alpha_k := \alpha$，$\boldsymbol{x}_{k+1} := \boldsymbol{z}$，$k := k + 1$，转至步骤 2.

当 $\alpha \in (0, 1/L]$ 时，第 5 步中不等式右侧函数，参数 β 常取为 0.5，接下来，我们从两个不同的角度来理解近端梯度方法.

Majorization-minimization(MM)

majorization-minimization(MM) 是一类迭代优化方法，该方法利用函数的凸性来寻找它

的极小点. MM 本身并不是一种特定的优化方法，而是一种构造优化方法的框架. 近端梯度方法就是 MM 方法的一个特例，除此以外，前面介绍过的梯度下降方法和牛顿方法也都可由 MM 方法推出.

MM 方法的基本思想是不直接对目标函数求极小点，而是找到一个目标函数的替代函数，求这个替代函数的极小点，每迭代一次，根据得到的极小点构造下一次迭代的新替代函数，经过多次迭代，迭代点会越来越接近目标函数的极小点.

设极小化的目标函数为 $\phi : \mathbb{R}^n \to \mathbb{R}$，MM 方法的第 k 步迭代公式为

$$\boldsymbol{x}_{k+1} = \arg\min_{\boldsymbol{x}} \hat{\phi}(\boldsymbol{x}, \boldsymbol{x}_k)$$

其中，$\hat{\phi}(\cdot, \boldsymbol{x}_k)$ 是 ϕ 的替代函数，给定 $\boldsymbol{x}_k$，该函数是凸函数，且满足

$$\hat{\phi}(\boldsymbol{x}, \boldsymbol{x}_k) \geqslant \phi(\boldsymbol{x}),\ \hat{\phi}(\boldsymbol{x}, \boldsymbol{x}) = \phi(\boldsymbol{x}), \quad \forall \boldsymbol{x}$$

对于 L 光滑函数 f，考虑如下替代函数

$$\hat{f}_\alpha(\boldsymbol{x}, \boldsymbol{y}) = f(\boldsymbol{y}) + \nabla f(\boldsymbol{y})^\mathsf{T}(\boldsymbol{x} - \boldsymbol{y}) + \frac{1}{2\alpha}\|\boldsymbol{x} - \boldsymbol{y}\|^2$$

其中，$\alpha \in (0, 1/L]$. 给定 $\boldsymbol{y}$，该函数为 $\boldsymbol{x}$ 的凸函数，且满足 $\hat{f}_\alpha(\boldsymbol{x}, \boldsymbol{y}) \geqslant f(\boldsymbol{x})$ 和 $\hat{f}_\alpha(\boldsymbol{x}, \boldsymbol{x}) = f(\boldsymbol{x})$. 于是，按如下迭代公式：

$$\boldsymbol{x}_{k+1} = \arg\min_{\boldsymbol{x}} \hat{f}_\alpha(\boldsymbol{x}, \boldsymbol{x}_k)$$

更新变量的方法就是 MM 方法. 不难发现，此时 MM 方法就是标准梯度下降方法.

受此启发，对于最优化问题(10.3)中的目标函数 $f(\boldsymbol{x}) + h(\boldsymbol{x})$，考虑如下替代函数

$$q_\alpha(\boldsymbol{x}, \boldsymbol{y}) = \hat{f}_\alpha(\boldsymbol{x}, \boldsymbol{y}) + h(\boldsymbol{x})$$

其中，$\lambda \in (0, 1/L]$，L 为 ∇f 的 Lipschitz 常数. 此时，MM 方法的迭代公式为

$$\boldsymbol{x}_{k+1} = \arg\min_{\boldsymbol{x}} q_\alpha(\boldsymbol{x}, \boldsymbol{x}_k) \tag{10.7}$$

由式(10.5)可知，式(10.7)就是近端梯度方法的迭代公式. 由此可见，近端梯度方法就是 MM 方法的一个特例.

不动点

类似于近端极小化方法，近端梯度方法也可以用不动点理论解释.

定理 10.3

$\boldsymbol{x}^*$ 是问题(10.3)的极小点当且仅当

$$\boldsymbol{x}^* = \mathrm{prox}_{\alpha h}[\boldsymbol{x}^* - \alpha\nabla f(\boldsymbol{x}^*)]$$

♡

证明 为了叙述简便，假设 g 是次可微的，于是 $\boldsymbol{x}^*$ 极小化 $f(\boldsymbol{x}) + g(\boldsymbol{x})$，当且仅当

$$0 \in \nabla f(\boldsymbol{x}^*) + \partial h(\boldsymbol{x}^*)$$

对任意 $\alpha > 0$，上式成立当且仅当

$$0 \in \alpha\nabla f(\boldsymbol{x}^*) + \alpha\partial h(\boldsymbol{x}^*)$$

$$0 \in \alpha\nabla f(\boldsymbol{x}^*) - \boldsymbol{x}^* + \boldsymbol{x}^* + \alpha\partial h(\boldsymbol{x}^*)$$

$$(\boldsymbol{I} - \alpha\nabla f)(\boldsymbol{x}^*) \in (\boldsymbol{I} + \alpha\partial g)(\boldsymbol{x}^*)$$

由于近端算子是单值的，故有

$$\begin{aligned}\boldsymbol{x}^* &= (\boldsymbol{I} + \alpha\partial g)^{-1}(\boldsymbol{I} - \alpha\nabla f)(\boldsymbol{x}^*) \\ &= \operatorname{prox}_{\alpha h}[\boldsymbol{x}^* - \alpha\nabla f(\boldsymbol{x}^*)]\end{aligned} \tag{10.8}$$

式(10.8)表明 $\boldsymbol{x}^*$ 是 $f + h$ 的极小点，当且仅当 $\boldsymbol{x}^*$ 是算子

$$(\boldsymbol{I} + \alpha\partial h)^{-1}(\boldsymbol{I} - \alpha\nabla f)$$

的不动点，称该算子为前向后向算子. 近端梯度方法重复应用该算子以求出不动点，进而得到原最优化问题的极小点.

最后，将近端梯度方法应用于著名的 Lasso 问题.

▶ **例 10.2** 考虑 Lasso 问题

$$\min_{\boldsymbol{x}} \frac{1}{2}\|\boldsymbol{A}\boldsymbol{x} - \boldsymbol{b}\|^2 + \gamma\|\boldsymbol{x}\|_1 \tag{10.9}$$

其中，$\boldsymbol{x} \in \mathbb{R}^n$，$\boldsymbol{A} \in \mathbb{R}^{m\times n}$，正则化参数 $\gamma > 0$. Lasso 问题通过同时进行变量选择和模型拟合的方式，寻找线性回归问题的稀疏解.

为了应用近端梯度方法，首先将目标函数拆分为两个凸函数的和

$$f(\boldsymbol{x}) = \frac{1}{2}\|\boldsymbol{A}\boldsymbol{x} - \boldsymbol{b}\|^2,\ h(\boldsymbol{x}) = \gamma\|\boldsymbol{x}\|_1$$

其中，f 是可微的，g 是不可微的. 通过计算，可得 g 的近端算子为

$$\operatorname{prox}_h(\boldsymbol{x}) = S_\gamma(\boldsymbol{x})$$

其中，$S_\gamma(\cdot)$ 是软阈值函数，其定义为

$$[S_\gamma(\boldsymbol{x})]_i = \begin{cases} [\boldsymbol{x}]_i - \lambda, & [\boldsymbol{x}]_i > \gamma \\ 0, & |[\boldsymbol{x}]_i| \leqslant \gamma \\ [\boldsymbol{x}]_i + \lambda, & [\boldsymbol{x}]_i < -\gamma \end{cases} \tag{10.10}$$

其中，$[\boldsymbol{a}]_i$ 表示向量 $\boldsymbol{a}$ 的第 i 个分量.

由于 $\nabla f(\boldsymbol{x}) = \boldsymbol{A}^\mathsf{T}(\boldsymbol{A}\boldsymbol{x} - \boldsymbol{b})$，根据近端梯度方法的迭代公式(10.4)可以推出该问题第 k 步的迭代公式为

$$\begin{aligned}\boldsymbol{x}_{k+1} &= S_{\alpha_k\gamma}[\boldsymbol{x}_k - \alpha_k\nabla f(\boldsymbol{x}_k)] \\ &= S_{\alpha_k\gamma}\left[\boldsymbol{x}_k - \alpha_k\boldsymbol{A}^\mathsf{T}(\boldsymbol{A}\boldsymbol{x}_k - \boldsymbol{b})\right]\end{aligned} \tag{10.11}$$

按照式(10.11)更新变量的方法也称为迭代软阈值算法 (iteratvie soft-thresholding algorithm，ISTA).

10.4 加速近端梯度方法

类似于 Nesterov 加速梯度方法，加速近端梯度方法在近端梯度方法的基础上增加了一个动量项，生成辅助变量 $\boldsymbol{v}_k$，然后在点 $\boldsymbol{v}_k$ 处执行一步近端梯度迭代. 加速近端梯度方法第 k 步的迭代公式如下：

$$\boldsymbol{v}_{k+1} = \boldsymbol{x}_k + \omega_k(\boldsymbol{x}_k - \boldsymbol{x}_{k-1})$$

$$\boldsymbol{x}_{k+1} = \text{prox}_{\alpha_k h}[\boldsymbol{v}_{k+1} - \alpha_k \nabla f(\boldsymbol{v}_{k+1})]$$

其中，$\omega_k \in [0,1)$，α_k 为步长. 需要注意这些参数的值必须满足一定的条件才能达到加速收敛的目的. 一个简单的选择是令

$$\omega_k = \frac{k}{k+3}$$

当 f 是 L 光滑函数时，固定步长 $\alpha_k = \alpha \in (0, 1/L]$，可以证明加速近端梯度方法以速度 $O(1/k^2)$ 收敛. 当 L 未知时，可通过线搜索方法确定步长 α_k. 一种简单的线搜索方式——带线搜索的加速近端梯度方法的计算步骤如下：

算法 10.3 带线搜索的加速近端梯度方法的计算步骤

1. 给定初始点 $\boldsymbol{x}_0 = \boldsymbol{x}_{-1} \in \mathbb{R}^n$，$\alpha_{-1}$，参数 $\beta \in (0,1)$，$k := 0$.
2. 若终止准则满足，则停止迭代.
3. 计算 $\boldsymbol{v}_k = \boldsymbol{x}_k + \omega_k(\boldsymbol{x}_k - \boldsymbol{x}_{k-1})$.
4. 令 $\alpha = \alpha_{k-1}$.
5. 计算 $\boldsymbol{z} = \text{prox}_{\alpha h}(\boldsymbol{v}_k - \alpha \nabla f(\boldsymbol{v}_k))$.
6. 若 $f(\boldsymbol{z}) \geqslant f(\boldsymbol{v}_k) + \nabla f(\boldsymbol{v}_k)^\mathsf{T}(\boldsymbol{z} - \boldsymbol{v}_k) + (1/2\alpha)\|\boldsymbol{z} - \boldsymbol{v}_k\|^2$，则令 $\alpha := \beta\alpha$，转至步骤 4.
7. $\alpha_k := \alpha$，$\boldsymbol{x}_{k+1} := \boldsymbol{z}$，$k := k+1$，转至步骤 2.

最后，将加速近端梯度方法应用于 Lasso 问题(10.9). 对于该问题，加速近端梯度方法第 k 步的迭代公式为

$$\begin{aligned} \boldsymbol{v}_{k+1} &= \boldsymbol{x}_k + \omega_k(\boldsymbol{x}_k - \boldsymbol{x}_{k-1}) \\ \boldsymbol{x}_{k+1} &= S_{\alpha_k \gamma}\left[\boldsymbol{v}_{k+1} - \alpha_k \boldsymbol{A}^\mathsf{T}(\boldsymbol{A}\boldsymbol{x}_{k+1} - \boldsymbol{b})\right] \end{aligned} \tag{10.12}$$

按式(10.12)更新变量的方法也称为快速迭代软阈值算法 (fast iterative soft-thresholding algorithm，FISTA).

第 11 章

坐标下降方法

本章导读

坐标下降 (coordinate descent，CD) 方法是一种非梯度优化方法[24]，其基本思想是通过解决一系列简单的子问题来达到最终优化目标函数的目的. 该方法在每次迭代中，在当前迭代点处沿一个坐标轴方向进行一维搜索，以求得目标函数在该方向的局部极小点. 这样每个子问题都是一个一维最优化问题，比原问题易于解决. 该方法广泛应用于机器学习领域. 本章先针对一般的无约束最优化问题，介绍三种常用的坐标下降方法——随机坐标下降方法、加速随机坐标下降方法和循环坐标下降方法，然后介绍随机坐标下降方法在可分正则最优化问题中的应用.

本章前三节考虑如下无约束最优化问题

$$\min\ f(\boldsymbol{x}) \tag{11.1}$$

其中，目标函数 $f:\mathbb{R}^n\to\mathbb{R}$ 为 L 光滑凸函数. 在一些情况下，还要求函数具有 σ 强凸性，即存在常数 $\sigma>0$，使得

$$f(\boldsymbol{y})\geqslant f(\boldsymbol{x})+\nabla f(\boldsymbol{x})^{\mathsf{T}}(\boldsymbol{y}-\boldsymbol{x})+\frac{\sigma}{2}\|\boldsymbol{y}-\boldsymbol{x}\|^2,\quad \forall \boldsymbol{x},\boldsymbol{y} \tag{11.2}$$

基于方法的收敛性分析的需要，定义以下几种 Lipschitz 常数.

定义 11.1　分量 Lipschitz 常数 L_i

设 $L_i>0$，$i=\{1,2,\cdots,n\}$，若对于任意 $\boldsymbol{x}\in\mathbb{R}^n$ 和 $t\in\mathbb{R}$，有

$$|[\nabla f(\boldsymbol{x}+t\boldsymbol{e}_i)]_i-[\nabla f(\boldsymbol{x})]_i|\leqslant L_i|t|,\quad i\in\{1,2,\cdots,n\} \tag{11.3}$$

则称 $L_i(i\in\{1,2,\cdots,n\})$ 为目标函数 f 的分量 Lipschitz 常数. ♣

定义 11.2　坐标 Lipschitz 常数 $L_{\max}$

设 $L_i>0, i\in\{1,2,\cdots,n\}$ 为函数 f 的分量 Lipschitz 常数，

$$L_{\max}=\max_{i\in\{1,2,\cdots,n\}} L_i \tag{11.4}$$

则称 $L_{\max}$ 为函数 f 的坐标 Lipschitz 常数. ♣

标准的 Lipschitz 常数 L 满足如下不等式

$$\|\nabla f(\boldsymbol{x}+\boldsymbol{d})-\nabla f(\boldsymbol{x})\| \leqslant L\|\boldsymbol{d}\|, \quad \forall \boldsymbol{x} \in \mathbb{R}^n; \boldsymbol{d} \in \mathbb{R}^n$$

根据对称矩阵范数和迹的关系，可以得到 $1 \leqslant L/L_{\max} \leqslant n$.

最后，给出一个假设，该假设在本章后面会用到.

假设 1 f 为 Lipschitz 连续可微的凸函数，且在集合 $\mathcal{S}$ 上可以取得极小值 f^*. 存在有限值 R_0，使得由 $\boldsymbol{x}^0$ 定义的 f 的水平集是有界的，即

$$\max_{\boldsymbol{x}^* \in \mathcal{S}} \max_{\boldsymbol{x}} \{\|\boldsymbol{x}-\boldsymbol{x}^*\| | f(\boldsymbol{x}) \leqslant f(\boldsymbol{x}^0)\} \leqslant R_0 \tag{11.5}$$

11.1 随机坐标下降方法

随机坐标下降 (randomized CD) 方法在每步迭代中随机选择 $\boldsymbol{x}$ 的一个分量 $[\boldsymbol{x}]_{i_k}$ 进行更新. 考虑一种最简单情形，即 i_k 是从 $\{1,2,\cdots,n\}$ 中等概率随机抽取的，且每一步的抽取结果与上一步无关. 随机坐标下降方法求解问题(11.1)的计算步骤如下：

算法 11.1 随机坐标下降方法的计算步骤

1. 给定初始点 $\boldsymbol{x}_0 \in \mathbb{R}^n$，$k := 0$.
2. 若满足终止准则，则停止迭代.
3. 从 $\{1,2,\cdots,n\}$ 中等概率随机抽取下标 i_k.
4. 计算 $\boldsymbol{x}_{k+1} = \boldsymbol{x}_k - \alpha_k [\nabla f(\boldsymbol{x}_k)]_{i_k} \boldsymbol{e}_{i_k}$.
5. $k := k+1$，转至步骤 2.

关于步长 α_k，既可以沿着第 i_k 个坐标轴方向最小化 f 得到精确步长，也可以选择一个满足非精确线搜索准则的步长，或者基于目标函数 f 性质的先验信息提前设定步长.

接下来讨论随机坐标下降方法的收敛性. 用 $E_{i_k}(\cdot)$ 表示关于随机下标 i_k 取期望，用 $E(\cdot)$ 表示关于所有随机下标 $i_0, i_1, i_2, \cdots$ 取期望.

定理 11.1

假定假设 1 成立，问题(11.1)中的 $f:\mathbb{R}^n \to \mathbb{R}$ 是 L 光滑凸函数，最优值为 f^*，算法 11.1 中的步长 $\alpha_k = 1/L_{\max}$，则对任意 $k>0$，有

$$Ef(\boldsymbol{x}_k) - f^* \leqslant \frac{2nL_{\max}R_0^2}{k} \tag{11.6}$$

进一步，若目标函数 f 还是 σ 强凸函数，则对任意 $k>0$，有

$$Ef(\boldsymbol{x}_k) - f^* \leqslant (1-\frac{\sigma}{nL_{\max}})^k [f(\boldsymbol{x}_0) - f^*] \tag{11.7}$$

♡

证明 由引理 4.1 可得

$$\begin{aligned}f(\boldsymbol{x}_{k+1})&=f(\boldsymbol{x}_k-\alpha_k[\nabla f(\boldsymbol{x}_k)]_{i_k}\boldsymbol{e}_{i_k})\\&\leqslant f(\boldsymbol{x}_k)-\alpha_k[\nabla f(\boldsymbol{x}_k)]_{i_k}^2+\frac{1}{2}\alpha_k^2L_{i_k}[\nabla f(\boldsymbol{x}_k)]_{i_k}^2\\&\leqslant f(\boldsymbol{x}_k)-\alpha_k(1-\frac{L_{\max}}{2}\alpha_k)[\nabla f(\boldsymbol{x}_k)]_{i_k}^2\\&=f(\boldsymbol{x}_k)-\frac{1}{2L_{\max}}[\nabla f(\boldsymbol{x}_k)]_{i_k}^2\end{aligned}$$

上式两边关于随机下标 i_k 取期望，可得

$$\begin{aligned}E_{i_k}f(\boldsymbol{x}_{k+1})&\leqslant f(\boldsymbol{x}_k)-\frac{1}{2L_{\max}}\frac{1}{n}\sum_{i=1}^{n}[\nabla f(\boldsymbol{x}_k)]_i^2\\&=f(\boldsymbol{x}_k)-\frac{1}{2nL_{\max}}\|\nabla f(\boldsymbol{x}_k)\|^2\end{aligned}$$

上式两边同时减去 f^*，然后关于随机下标 $i_0,i_1,\cdots,i_{k-1}$ 取期望，可得

$$Ef(\boldsymbol{x}_{k+1})-f^*\leqslant Ef(\boldsymbol{x}_k)-f^*-\frac{1}{2nL_{\max}}E(\|\nabla f(\boldsymbol{x}_k)\|^2) \tag{11.8}$$

令 $\phi_k=Ef(\boldsymbol{x}_k)-f^*$，结合 Cauchy-Schwarz 不等式，可得

$$\phi_{k+1}\leqslant\phi_k-\frac{1}{2nL_{\max}}E^2(\|\nabla f(\boldsymbol{x}^k)\|) \tag{11.9}$$

由于 f 为凸函数，故对于任意 $\boldsymbol{x}^*\in\mathcal{S}$ 有

$$f(\boldsymbol{x}_k)-f^*\leqslant\nabla f(\boldsymbol{x}_k)^{\mathsf{T}}(\boldsymbol{x}_k-\boldsymbol{x}^*)\leqslant\|\nabla f(\boldsymbol{x}_k)\|\|\boldsymbol{x}_k-\boldsymbol{x}^*\|\leqslant R_0\|\nabla f(\boldsymbol{x}_k)\| \tag{11.10}$$

最后一个不等式成立是因为 $f(\boldsymbol{x}_k)\leqslant f(\boldsymbol{x}_0)$，故 $\boldsymbol{x}_k$ 属于式 (11.5) 定义的集合. 式(11.10)两边关于所有随机下标取期望，有

$$E(\|\nabla f(\boldsymbol{x}_k)\|)\geqslant\frac{1}{R_0}\phi_k$$

将上式代入式 (11.9)，整理得

$$\phi_k-\phi_{k+1}\geqslant\frac{1}{2nL_{\max}}\frac{1}{R_0^2}\phi_k^2$$

因此

$$\frac{1}{\phi_{k+1}}-\frac{1}{\phi_k}=\frac{\phi_k-\phi_{k+1}}{\phi_k\phi_{k+1}}\geqslant\frac{\phi_k-\phi_{k+1}}{\phi_k^2}\geqslant\frac{1}{2nL_{\max}R_0^2}$$

上式两边关于 k 求和，可得

$$\frac{1}{\phi_k}\geqslant\frac{1}{\phi_0}+\frac{k}{2nL_{\max}R_0^2}\geqslant\frac{k}{2nL_{\max}R_0^2}$$

从而式(11.6)成立.

若 f 是 σ 强凸函数，将式(11.2)两边关于 $\boldsymbol{y}$ 取极小值，令 $\boldsymbol{x}=\boldsymbol{x}_k$，可得

$$f^*\geqslant f(\boldsymbol{x}_k)-\frac{1}{2\sigma}\|\nabla f(\boldsymbol{x}_k)\|^2$$

两边关于所有随机下标取期望，然后代入式(11.8)，可得

$$\phi_{k+1} \leqslant \phi_k - \frac{\sigma}{nL_{\max}}\phi_k = \left(1 - \frac{\sigma}{nL_{\max}}\right)\phi_k$$

由此得到

$$Ef(\boldsymbol{x}_k) - f^* \leqslant \left(1 - \frac{\sigma}{nL_{\max}}\right)^k [f(\boldsymbol{x}_0) - f^*]$$

对于更精细的步长 α_k，通过对证明过程稍作修改，亦可得到相同的收敛结果. 例如，当步长 $\alpha_k = 1/L_{i_k}$，或步长 α_k 为 f 沿坐标方向的精确极小点时，定理11.1的结论同样成立.

最后，我们对随机坐标下降方法和负梯度方法进行比较. 设 f 是 L 光滑凸函数，负梯度方法的步长为 $\alpha_k = 1/L$，其中 L 为目标函数 f 的 Lipschitz 常数，负梯度方法第 k 步的迭代公式为

$$\boldsymbol{x}_{k+1} = \boldsymbol{x}_k - \frac{1}{L}\nabla f(\boldsymbol{x}_k)$$

由推论 4.1 可知，负梯度方法的收敛速度为

$$f(\boldsymbol{x}_k) - f^* \leqslant \frac{2LR_0^2}{k} \tag{11.11}$$

由于 $1 \leqslant L/L_{\max} \leqslant n$，因此一般情况下，随机坐标下降方法的收敛速度慢于负梯度方法，只有当不等式上界成立时，两种方法的收敛速度才相同. 不等式 (11.6) 右边项中的 n 表明只使用梯度 $\nabla f(\boldsymbol{x}_k)$ 的一个分量而非整个梯度 $\nabla f(\boldsymbol{x}_k)$ 进行更新，会导致迭代方法的收敛速度变慢.

上述随机坐标下降方法中的下标 i_k 是从集合 $\{1, 2, \cdots, n\}$ 中有放回抽取得到的. 另一种实现方法是采用无放回抽取. 具体地，将 n 次连续迭代视为一期 (epoch)，在每期开始前，将集合 $\{1, 2, \cdots, n\}$ 中的元素随机重排，从重排后的集合中依次对每个元素 i_k 对应的分量 $[\boldsymbol{x}]_{i_k}$ 进行更新. 在实际应用中，无放回随机坐标下降方法的表现要优于有放回随机坐标下降方法，有关这一现象的理论解释还较为匮乏.

11.2 加速随机坐标下降方法

加速随机坐标下降 (accelerated randomized CD) 方法由 Nesterov 提出，其思想与 Nesterov 加速梯度方法非常类似. 该方法假设已知目标函数的强凸常数 σ ($\sigma \geqslant 0$) 和分量 Lipschitz 常数 L_i 的估计值. 用加速随机坐标下降方法求解问题(11.1)的计算步骤如下：

算法 11.2　加速随机坐标下降方法的计算步骤

1. 给定初始点 $\boldsymbol{x}_0 \in \mathbb{R}^n$，$\boldsymbol{v}_0 = \boldsymbol{x}_0$，$\gamma_{-1} = 0$，$k := 0$.
2. 若满足终止准则，则停止迭代.
3. 求解二次方程 $\gamma_k^2 - \dfrac{\gamma_k}{n} = \left(1 - \dfrac{\gamma_k\sigma}{n}\right)\gamma_{k-1}^2$，$\gamma_k$ 为该方程的最大根，令 $\alpha_k = \dfrac{n - \gamma_k\sigma}{\gamma_k(n^2 - \sigma)}$，$\beta_k = 1 - \dfrac{\gamma_k\sigma}{n}$.

算法 11.2　(续)

4. 计算 $\boldsymbol{y}_k = \alpha_k \boldsymbol{v}_k + (1-\alpha_k)\boldsymbol{x}_k$.
5. 从 $\{1,2,\cdots,n\}$ 中等概率随机抽取 i_k，令 $\boldsymbol{d}_k = [\nabla f(\boldsymbol{y}_k)]_{i_k}\boldsymbol{e}_{i_k}$.
6. 计算 $\boldsymbol{x}_{k+1} = \boldsymbol{y}_k - \dfrac{1}{L_{i_k}}\boldsymbol{d}_k$.
7. 计算 $\boldsymbol{v}_{k+1} = \beta_k \boldsymbol{v}_k + (1-\beta_k)\boldsymbol{y}_k - (\gamma_k/L_{i_k})\boldsymbol{d}_k$.
8. $k := k+1$，转至步骤 2.

加速随机坐标下降方法的迭代方向结合了新梯度信息和历史迭代方向. 如果将上述算法中的 L_{i_k} 全部替换为 $L_{\max}$，则算法依然有效.

定理 11.2 给出了加速随机坐标下降方法的收敛结果.

定理 11.2

假定假设 1 成立，问题(11.1)中的 $f:\mathbb{R}^n \to \mathbb{R}$ 是 L 光滑、σ 强凸函数，令

$$S_0 = \sup_{\boldsymbol{x}^* \in S} L_{\max}\|\boldsymbol{x}_0 - \boldsymbol{x}^*\|^2 + (f(\boldsymbol{x}_0) - f^*)/n^2$$

则对任意 $k \geqslant 0$，有

$$Ef(\boldsymbol{x}_k) - f^* \leqslant S_0 \frac{\sigma}{L_{\max}}\left[\left(1+\frac{\sqrt{\sigma/L_{\max}}}{2n}\right)^{k+1} - \left(1-\frac{\sqrt{\sigma/L_{\max}}}{2n}\right)^{k+1}\right]^{-2} \tag{11.12}$$

$$\leqslant S_0\left(\frac{n}{k+1}\right)^2 \tag{11.13}$$

♡

定理的证明过程略，感兴趣的读者请参阅相关文献[25].

当函数 f 具有 σ 强凸性时，随着迭代次数 k 的增加，不等式(11.12)右边方括号中的第一项 $(1+\sqrt{\sigma/L_{\max}}/(2n))^{k+1}$ 逐渐占据主导地位，因此，相比随机坐标下降方法的收敛速度式(11.7)，加速随机坐标下降方法的收敛速度明显更快. 式(11.13)对一般凸函数 f 也成立. 对比随机坐标下降方法，式(11.6)中的 $1/k$ 变为 $1/k^2$，表明为了找到一个 ε 精度的近似最优解，加速随机梯度下降方法所需的迭代次数由 $O(1/\varepsilon)$ 减少到 $O(1/\sqrt{\varepsilon})$.

11.3 循环坐标下降方法

随机坐标下降方法中每次迭代的下标 i_k 是从集合 $\{1,2,\cdots,n\}$ 中等概率随机抽取产生的，另一种常用方式是按顺序循环产生，例如

$$i_0 = 1$$

$$i_{k+1} = [i_k \mod n] + 1, \quad k = 0,1,2,\cdots \tag{11.14}$$

将循环次数记为 T，例如，$T=1$ 表示迭代了 n 次，$T=2$ 表示迭代了 $2n$ 次，用 $\boldsymbol{x}_T^k$ 表示第 T 次循环下的第 k 个迭代点 $(k=0,1,\cdots,n)$. 用循环坐标下降方法求解问题(11.1)的计算步骤如下:

算法 11.3 循环坐标下降方法的计算步骤

1. 给定初始点 $\boldsymbol{x}_0 \in \mathbb{R}^n$，$T := 0$.
2. 若满足终止准则，则停止迭代.
3. 令 $\boldsymbol{x}_T^0 := \boldsymbol{x}_T$.
4. 按照式 (11.14) 生成 i_k.
5. 计算 $\boldsymbol{x}_T^{k+1} = \boldsymbol{x}_T^k - \alpha_k[\nabla f(\boldsymbol{x}_T^k)]_{i_k}\boldsymbol{e}_{i_k}$，$k = 0, 1, \cdots, n-1$.
6. 令 $\boldsymbol{x}_{T+1} := \boldsymbol{x}_T^n$.
7. $T := T+1$，转至步骤 2.

下面讨论循环坐标下降方法的收敛性. 为此，先来证明几个引理.

引理 11.1

设问题(11.1)中的 $f:\mathbb{R}^n \to \mathbb{R}$ 是 L 光滑函数，算法 11.3 中的步长 $\alpha_k = 1/L_{\max}$，则对任意 $T \geqslant 0$，有

$$f(\boldsymbol{x}_T) - f(\boldsymbol{x}_{T+1}) \geqslant \frac{1}{4L_{\max}(1 + nL^2/L_{\max}^2)}\|\nabla f(\boldsymbol{x}_T)\|^2 \tag{11.15}$$

♡

证明 由 f 的光滑性和 $L_{\max} \geqslant L_{i_k}\ (k = 1, 2, \cdots, n)$ 可知，对任意 $1 \leqslant k \leqslant n$，有

$$f(\boldsymbol{x}_T^k) \leqslant f(\boldsymbol{x}_T^{k-1}) + \nabla f(\boldsymbol{x}_T^{k-1})^\top(\boldsymbol{x}_T^k - \boldsymbol{x}_T^{k-1}) + \frac{L_{\max}}{2}\|\boldsymbol{x}_T^k - \boldsymbol{x}_T^{k-1}\|^2$$

于是

$$f(\boldsymbol{x}_T^{k-1}) - f(\boldsymbol{x}_T^k) \geqslant \frac{1}{2L_{\max}}[\nabla f(\boldsymbol{x}_T^{k-1})]_{i_{k-1}}^2 \tag{11.16}$$

对式(11.16)两边关于 k 从 1 到 n 求和，可得

$$f(\boldsymbol{x}_T) - f(\boldsymbol{x}_{T+1}) \geqslant \frac{1}{2L_{\max}}\sum_{k=1}^{n}[\nabla f(\boldsymbol{x}_T^{k-1})]_{i_{k-1}}^2 \tag{11.17}$$

由于 $\boldsymbol{x}_T^0 = \boldsymbol{x}_T$，故对任意 $1 \leqslant k \leqslant n$，有

$$\boldsymbol{x}_T = \boldsymbol{x}_T^k + \sum_{j=1}^{k}\frac{1}{L_{\max}}[\nabla f(\boldsymbol{x}_T^{j-1})]_{i_{j-1}}\boldsymbol{e}_{i_{j-1}}$$

从而

$$\begin{aligned}\|\nabla f(\boldsymbol{x}_T) - \nabla f(\boldsymbol{x}_T^k)\|^2 &\leqslant L^2\|\boldsymbol{x}_T - \boldsymbol{x}_T^k\|^2 \\ &= L^2\left\|\sum_{j=1}^{k}\frac{1}{L_{\max}}[\nabla f(\boldsymbol{x}_T^{j-1})]_{i_{j-1}}\boldsymbol{e}_{i_{j-1}}\right\|^2 \\ &= \frac{L^2}{L_{\max}^2}\sum_{j=1}^{k}[\nabla f(\boldsymbol{x}_T^{j-1})]_{i_{j-1}}^2\end{aligned}$$

因此，对任意 $1 \leqslant k \leqslant n$，有

$$
\begin{aligned}
[\nabla f(\boldsymbol{x}_T)]_{i_k}^2 &= [([\nabla f(\boldsymbol{x}_T)]_{i_k} - [\nabla f(\boldsymbol{x}_T^k)]_{i_k}) + [\nabla f(\boldsymbol{x}_T^k)]_{i_k}]^2 \\
&\leqslant 2([\nabla f(\boldsymbol{x}_T)]_{i_k} - [\nabla f(\boldsymbol{x}_T^k)]_{i_k})^2 + 2[\nabla f(\boldsymbol{x}_T^k)]_{i_k}^2 \\
&\leqslant 2\|\nabla f(\boldsymbol{x}_T) - \nabla f(\boldsymbol{x}_T^k)\|^2 + 2[\nabla f(\boldsymbol{x}_T^k)]_{i_k}^2 \\
&\leqslant 2[\nabla f(\boldsymbol{x}_T^k)]_{i_k}^2 + 2\frac{L^2}{L_{\max}^2}\sum_{j=1}^{k}[\nabla f(\boldsymbol{x}_T^{j-1})]_{i_{j-1}}^2
\end{aligned}
$$

对最后一个不等式两边关于 k 从 1 到 n 求和，可得

$$
\begin{aligned}
\sum_{k=1}^{n}[\nabla f(\boldsymbol{x}_T)]_{i_k}^2 &\leqslant 2\sum_{k=1}^{n}(1+(n-k)\frac{L^2}{L_{\max}^2})[\nabla f(\boldsymbol{x}_T^{k-1})]_{i_{k-1}}^2 \\
&\leqslant 2(1+n\frac{L^2}{L_{\max}^2})\sum_{k=1}^{n}[\nabla f(\boldsymbol{x}_T^{k-1})]_{i_{k-1}}^2
\end{aligned}
$$

将上式代入式 (11.17)，即可得到式(11.15).

引理 11.2

假定假设 1 成立，问题(11.1)中的 $f:\mathbb{R}^n \to \mathbb{R}$ 是凸函数，算法 10.3 中的步长 $\alpha_k = 1/L_{\max}$，则对任意 $T \geqslant 0$，有

$$
f(\boldsymbol{x}_T) - f(\boldsymbol{x}_{T+1}) \geqslant \frac{1}{4L_{\max}(1+nL^2/L_{\max}^2)R_0^2}[f(\boldsymbol{x}_T) - f^*]^2 \tag{11.18}
$$

♡

证明　由 f 的凸性可知，对任意 $\boldsymbol{x}^* \in \mathcal{S}$，有

$$
f(\boldsymbol{x}_T) - f(\boldsymbol{x}^*) \leqslant \nabla f(\boldsymbol{x}_T)^{\mathsf{T}}(\boldsymbol{x}_T - \boldsymbol{x}^*)
$$

于是，由 Cauchy-Schwarz 不等式可得

$$
f(\boldsymbol{x}_T) - f(\boldsymbol{x}^*) \leqslant \|\nabla f(\boldsymbol{x}_T)\|\|\boldsymbol{x}_T - \boldsymbol{x}^*\| \leqslant R_0^2\|\nabla f(\boldsymbol{x}_T)\|,\ T = 1,2,\cdots
$$

整理得到

$$
\|\nabla f(\boldsymbol{x}_T)\| \geqslant \frac{1}{R_0^2}[f(\boldsymbol{x}_T) - f(\boldsymbol{x}^*)]
$$

将上式代入式(11.15)，便可得到式(11.18).

引理 11.3

设 $\{A_T\}_{T\geqslant 0}$ 为非负实值序列，且对于某些正数 γ 和 m，有

$$
\begin{aligned}
&A_0 \leqslant \frac{1}{m\gamma} \\
&A_T - A_{T+1} \geqslant \gamma A_T^2,\ T \geqslant 1
\end{aligned}
$$

则对任意 $T \geqslant 1$，有

$$
A_T \leqslant \frac{1}{\gamma}\frac{1}{T+m}
$$

♡

证明 对任意 $T \geqslant 1$，有

$$\frac{1}{A_T} - \frac{1}{A_{T-1}} = \frac{A_{T-1} - A_T}{A_{T-1}A_T} \geqslant \gamma \frac{A_{T-1}^2}{A_{T-1}A_T} = \gamma \frac{A_{T-1}}{A_T} \geqslant \gamma$$

最后一个不等号成立是因为 $\{A_T\}$ 是单调非增序列. 由此可得

$$\frac{1}{A_T} \geqslant \frac{1}{A_0} + \gamma T \geqslant \gamma(T+m)$$

有了上述准备，接下来给出循环坐标下降方法的收敛速度.

定理 11.3

假定假设 1 成立，问题(11.1)中的 $f: \mathbb{R}^n \to \mathbb{R}$ 是 L 光滑凸函数，算法 11.3 的步长 $\alpha_k = 1/L_{\max}$，则对任意 $T > 0$，有

$$f(\boldsymbol{x}_T) - f^* \leqslant \frac{4L_{\max}(1 + nL^2/L_{\max}^2)R_0^2}{T + 8/n} \tag{11.19}$$

进一步，若 f 还是 σ 强凸函数，则对任意 $T > 0$，有

$$f(\boldsymbol{x}_T) - f^* \leqslant \left[1 - \frac{\sigma}{2L_{\max}(1 + nL^2/L_{\max}^2)}\right]^T [f(\boldsymbol{x}_0) - f^*] \tag{11.20}$$

♡

证明 由 f 的光滑性，有

$$f(\boldsymbol{x}_0) - f^* \leqslant \frac{L}{2}\|\boldsymbol{x}_0 - \boldsymbol{x}^*\|^2 \leqslant \frac{L}{2}R_0^2$$

因为 $L \leqslant nL_{\max}$，故由上式可得

$$f(\boldsymbol{x}_0) - f^* \leqslant \frac{nL_{\max}}{2}R_0^2 \leqslant \frac{n}{8}[4L_{\max}(1 + nL^2/L_{\max}^2)R_0^2]$$

又由引理11.2，可知

$$f(\boldsymbol{x}_T) - f(\boldsymbol{x}_{T+1}) \geqslant \frac{1}{4L_{\max}(1 + nL^2/L_{\max}^2)R_0^2}[f(\boldsymbol{x}_T) - f^*]^2, \quad T \geqslant 0$$

令 $\gamma = \dfrac{1}{4L_{\max}(1 + nL^2/L_{\max}^2)R_0^2}$，$m = 8/n$，则由引理11.3可得到式(11.19).

若 f 是 σ 强凸函数，将式(11.2)两边关于 $\boldsymbol{y}$ 取极小值，可得

$$f(\boldsymbol{x}) - f^* \leqslant \frac{1}{2\sigma}\|\nabla f(\boldsymbol{x})\|^2, \quad \forall \boldsymbol{x} \in \mathbb{R}^n \tag{11.21}$$

结合式(11.21)和引理 11.1，可得

$$\begin{aligned}
[f(\boldsymbol{x}_{T-1}) - f^*] - [f(\boldsymbol{x}_T) - f^*] &= f(\boldsymbol{x}_{T-1}) - f(\boldsymbol{x}_T) \\
&\geqslant \frac{1}{4L_{\max}(1 + nL^2/L_{\max}^2)}\|\nabla f(\boldsymbol{x}_{T-1})\|^2 \\
&\geqslant \frac{\sigma}{2L_{\max}(1 + nL^2/L_{\max}^2)}[f(\boldsymbol{x}_{T-1}) - f^*]
\end{aligned}$$

从而

$$f(\boldsymbol{x}_T) - f^* \leqslant \left(1 - \frac{\sigma}{2L_{\max}(1 + nL^2/L_{\max}^2)}\right)[f(\boldsymbol{x}_{T-1}) - f^*]$$

由此得到式(11.20).

在实际应用中，$L_{\max}$ 可以被替换为其他取值更大的量，只需其满足条件式 (11.3) 和式 (11.4) 即可. $L_{\max}$ 的值变大导致步长 $\alpha_k = 1/L_{\max}$ 变小，从而产生不同的收敛速度. 例如，当 $L_{\max} = L$ 时，式(11.19)的上界为

$$\frac{4(1+n)LR_0^2}{T + 8/n}$$

对于负梯度方法，其迭代次数 $k = Tn$，故此时循环坐标下降方法的上界约为负梯度方法上界式 (11.11) 的 $2n^2$ 倍. 当 $L_{\max} = \sqrt{n}L$ 时，式 (11.19) 的上界变为

$$\frac{8\sqrt{n}LR_0^2}{T + 8/n}$$

此时，循环坐标下降方法的上界约为负梯度方法上界的 $4n^{3/2}$ 倍.

11.4　求解可分正则最优化问题的随机坐标下降方法

本节考虑如下最优化问题:

$$\min_{\boldsymbol{x}}\ S(\boldsymbol{x}) \equiv f(\boldsymbol{x}) + \gamma h(\boldsymbol{x}) \tag{11.22}$$

其中，f 是 L 光滑、σ 强凸函数，h 是正则函数、凸函数，可能是非光滑的，γ 为正则化参数. 假设 h 是可分的，即

$$h(\boldsymbol{x}) = \sum_{i=1}^{n} h_i([x]_i) \tag{11.23}$$

其中，$h_i : \mathbb{R} \to \mathbb{R}, i = 1, 2, \cdots, n$. 常见的可分正则函数包括 l_1 范数：$h(\boldsymbol{x}) = \|\boldsymbol{x}\|_1$，其中 $h_i([x]_i) = |[x]_i|$，有界约束：$h_i([x]_i) = I_{[l_i,u_i]}([x]_i)$，其中 $I_{[l_i,u_i]}(\cdot)$ 为区间 $[l_i, u_i]$ 的示性函数.

应用随机坐标下降方法求解可分正则最优化问题(11.22)，其计算步骤如下:

算法 11.4　求解可分正则最优化问题 (11.22) 的随机坐标下降方法的计算步骤

1. 给定初始点 $\boldsymbol{x}_0 \in \mathbb{R}^n$，$k := 0$.
2. 若满足终止准则，则停止迭代.
3. 从 $\{1, 2, \cdots, n\}$ 中等概率随机抽取下标 i_k.
4. 计算 $[\boldsymbol{z}_k]_{i_k} = \arg\min\limits_{x} \left[(x - [\boldsymbol{x}_k]_{i_k})[\nabla f(\boldsymbol{x}_k)]_{i_k} + \dfrac{1}{2\alpha_k}(x - [\boldsymbol{x}_k]_{i_k})^2 + \gamma h_{i_k}(x)\right]$.
5. 计算 $\boldsymbol{x}_{k+1} = \boldsymbol{x}_k + ([\boldsymbol{z}_k]_{i_k} - [\boldsymbol{x}_k]_{i_k})\boldsymbol{e}_{i_k}$.
6. $k := k + 1$，转至步骤 2.

在第 k 步迭代中，步骤 4 中的子问题是这样形成的：在当前迭代点 $\boldsymbol{x}_k$ 处沿第 i_k 个坐标轴方向对目标函数 f 进行线性近似，并增加一个权重为 $1/\alpha_k$ 的二次项 (其中 α_k 相当于

步长) 以及正则项 h_{i_k}. 该子问题等价于

$$\arg\min_{x}\left\{\frac{1}{2\gamma\alpha_k}[x-([\boldsymbol{x}_k]_{i_k}-\alpha_k[\nabla f(\boldsymbol{x}_k)]_{i_k})]^2+h_{i_k}(x)\right\}$$

由第 10 章介绍的近端算子可知，步骤 4 的计算可以简写为

$$[\boldsymbol{z}_k]_{i_k}=\mathrm{prox}_{\gamma\alpha_k h_{i_k}}([\boldsymbol{x}_k]_{i_k}-\alpha_k[\nabla f(\boldsymbol{x}_k)]_{i_k})$$

不难发现，当没有正则项 h_{i_k} 时，步骤 4 与标准随机坐标下降方法 (算法 11.1) 中的步骤 4 完全相同. 对于某些正则项 h_i，例如 $h_i(\cdot)=|\cdot|$，可以求出其子问题的解析解.

定理 11.4 给出了算法 11.4 的收敛速度.

定理 11.4

对于可分正则最优化问题(11.22)，设 $f:\mathbb{R}^n\to\mathbb{R}$ 是 L 光滑、σ 强凸函数，h 为可分凸函数，且目标函数 S 只在 $\boldsymbol{x}^*$ 处达到最小值 h^*，算法 11.4 中 $\alpha_k=1/L_{\max}$，则对任意 $k\geqslant 0$，有

$$E(S(\boldsymbol{x}_k))-S^*\leqslant\left(1-\frac{\sigma}{nL_{\max}}\right)^k[S(\boldsymbol{x}_0)-S^*] \tag{11.24}$$

♡

证明 由于 f 是 σ 强凸函数，h 是可分凸函数，故 S 是凸函数，且满足

$$S(\alpha\boldsymbol{x}+(1-\alpha)\boldsymbol{y})\leqslant\alpha S(\boldsymbol{x})+(1-\alpha)S(\boldsymbol{y})-\frac{\sigma\alpha(1-\alpha)}{2}\|\boldsymbol{x}-\boldsymbol{y}\|^2 \tag{11.25}$$

定义函数

$$H(\boldsymbol{x}_k,\boldsymbol{z})=f(\boldsymbol{x}_k)+\nabla f(\boldsymbol{x}_k)^{\mathrm{T}}(\boldsymbol{z}-\boldsymbol{x}_k)+\frac{L_{\max}}{2}\|\boldsymbol{z}-\boldsymbol{x}_k\|^2+\gamma h(\boldsymbol{z})$$

函数 $H(\boldsymbol{x}_k,\boldsymbol{z})$ 关于 $\boldsymbol{z}$ 是可分的，且在点 $\boldsymbol{z}_k$ 处达到极小，其中 $[\boldsymbol{z}_k]_{i_k}$ 是算法 11.4 中第 4 步中子问题的解. 由式(11.2)，有

$$\begin{aligned}H(\boldsymbol{x}_k,\boldsymbol{z})&\leqslant f(\boldsymbol{z})-\frac{\sigma}{2}\|\boldsymbol{z}-\boldsymbol{x}_k\|^2+\frac{L_{\max}}{2}\|\boldsymbol{z}-\boldsymbol{x}_k\|^2+\gamma h(\boldsymbol{z})\\&=h(\boldsymbol{z})+\frac{L_{\max}-\sigma}{2}\|\boldsymbol{z}-\boldsymbol{x}_k\|^2\end{aligned}$$

两边关于 $\boldsymbol{z}$ 取极小值，可得

$$\begin{aligned}H(\boldsymbol{x}_k,\boldsymbol{z}_k)&=\min_{\boldsymbol{z}}H(\boldsymbol{x}_k,\boldsymbol{z})\\&\leqslant\min_{\boldsymbol{z}}S(\boldsymbol{z})+\frac{L_{\max}-\sigma}{2}\|\boldsymbol{z}-\boldsymbol{x}_k\|^2\\&\leqslant\min_{\alpha\in[0,1]}\left[S(\alpha\boldsymbol{x}^*+(1-\alpha)\boldsymbol{x}_k)+\frac{L_{\max}-\sigma}{2}\alpha^2\|\boldsymbol{x}_k-\boldsymbol{x}^*\|^2\right]\\&\leqslant\min_{\alpha\in[0,1]}\left[\alpha S^*+(1-\alpha)S(\boldsymbol{x}_k)+\frac{1}{2}[(L_{\max}-\sigma)\alpha^2-\sigma\alpha(1-\alpha)]\|\boldsymbol{x}_k-\boldsymbol{x}^*\|^2\right]\\&\leqslant\frac{\sigma}{L_{\max}}S^*+\left(1-\frac{\sigma}{L_{\max}}\right)S(\boldsymbol{x}_k)\end{aligned} \tag{11.26}$$

其中第三个不等式由式(11.25)得到，令 $\alpha=\sigma/L_{\max}$，便得到最后一个不等式.

由 S 的定义和算法 11.4 的迭代过程，可得

$$\begin{aligned}S(\boldsymbol{x}_{k+1})&=f(\boldsymbol{x}_{k+1})+\gamma h(\boldsymbol{x}_{k+1})\\&=f(\boldsymbol{x}_k+([\boldsymbol{z}_k]_{i_k}-[\boldsymbol{x}_k]_{i_k})\boldsymbol{e}_{i_k})+\gamma h_{i_k}([\boldsymbol{z}_k]_{i_k})+\gamma\sum_{j\neq i_k}h_j([\boldsymbol{x}_k]_j)\end{aligned}$$

等式两边关于下标 i_k 取期望，可得

$$\begin{aligned}E_{i_k}S(\boldsymbol{x}_{k+1})&=\frac{1}{n}\sum_{i=1}^{n}\left[f(\boldsymbol{x}_k+([\boldsymbol{z}_k]_i-[\boldsymbol{x}_k]_i)\boldsymbol{e}_i)+\gamma h_i([\boldsymbol{z}_k]_i)+\gamma\sum_{j\neq i}h_j([\boldsymbol{x}_k]_j)\right]\\&\leqslant\frac{1}{n}\sum_{i=1}^{n}\left[f(\boldsymbol{x}_k)+[\nabla f(\boldsymbol{x}_k)]_i([\boldsymbol{z}_k]_i-[\boldsymbol{x}_k]_i)+\frac{L_{\max}}{2}([\boldsymbol{z}_k]_i-[\boldsymbol{x}_k]_i)^2\right.\\&\quad\left.+\gamma h_i([\boldsymbol{z}_k]_i)+\gamma\sum_{j\neq i}h_j([\boldsymbol{x}_k]_j)\right]\\&=\frac{n-1}{n}S(\boldsymbol{x}_k)+\frac{1}{n}\left[f(\boldsymbol{x}_k)+\nabla f(\boldsymbol{x}_k)^\top(\boldsymbol{z}_k-\boldsymbol{x}_k)+\frac{L_{\max}}{2}\|\boldsymbol{z}_k-\boldsymbol{x}_k\|^2\right.\\&\quad\left.\cdot\gamma h(\boldsymbol{z}_k)\right]\\&=\frac{n-1}{n}S(\boldsymbol{x}_k)+\frac{1}{n}H(\boldsymbol{x}_k,\boldsymbol{z}_k)\end{aligned}$$

上式两边同时减去 S^*，并结合式(11.26)，有

$$\begin{aligned}E_{i_k}S(\boldsymbol{x}_{k+1})-S^*&\leqslant\frac{n-1}{n}S(\boldsymbol{x}_k)+\frac{1}{n}H(\boldsymbol{x}_k,\boldsymbol{z}_k)-S^*\\&\leqslant\frac{n-1}{n}S(\boldsymbol{x}_k)+\frac{1}{n}\left[\frac{\sigma}{L_{\max}}S^*+\left(1-\frac{\sigma}{L_{\max}}\right)S(\boldsymbol{x}_k)\right]-S^*\\&=\left(1-\frac{\sigma}{nL_{\max}}\right)[S(\boldsymbol{x}_k)-S^*]\end{aligned}$$

两边关于随机下标 $i_0,i_1,\cdots,i_{k-1}$ 取期望，可得

$$ES(\boldsymbol{x}_{k+1})-S^*\leqslant\left(1-\frac{\sigma}{nL_{\max}}\right)[ES(\boldsymbol{x}_k)-S^*]$$

由此推出式(11.24).

当 f 是凸但非强凸函数时，可得到类似于式(11.6)的结论，感兴趣的读者请参阅相关文献[26].

最后，将随机坐标下降方法应用于 Lasso 问题.

▶ **例 11.1**　考虑如下 Lasso 问题

$$\min_{\boldsymbol{x}}\frac{1}{2}\|\boldsymbol{A}\boldsymbol{x}-\boldsymbol{b}\|^2+\gamma\|\boldsymbol{x}\|_1\tag{11.27}$$

其中，$\boldsymbol{x}\in\mathbb{R}^n$，$\boldsymbol{A}=(\boldsymbol{A}_1,\boldsymbol{A}_2,\cdots,\boldsymbol{A}_n)\in\mathbb{R}^{m\times n}$，$\boldsymbol{A}_j\in\mathbb{R}^m$，正则化参数 $\gamma>0$.

应用随机坐标下降方法，设第 k 步抽到下标 j，求解关于分量 $[\boldsymbol{x}]_j$ 的极小化问题.

$$\min_{[\boldsymbol{x}]_j \in \mathbb{R}} [\nabla f(\boldsymbol{x}_k)]_j([\boldsymbol{x}]_j - [\boldsymbol{x}_k]_j) + \frac{1}{2}[\nabla^2 f(\boldsymbol{x}_k)]_{jj}([\boldsymbol{x}]_j - [\boldsymbol{x}_k]_j)^2 + \gamma|[\boldsymbol{x}]_j|$$

其中，$f(\boldsymbol{x}) = (1/2)\|\boldsymbol{A}\boldsymbol{x} - \boldsymbol{b}\|^2$，$[\nabla f(\boldsymbol{x}_k)]_j = \boldsymbol{A}_j^\top(\boldsymbol{A}\boldsymbol{x}_k - \boldsymbol{b})$，$[\nabla^2 f(\boldsymbol{x}_k)]_{jj} = \boldsymbol{A}_j^\top \boldsymbol{A}_j$. 经整理，可得 $[\boldsymbol{x}]_j$ 的迭代公式

$$\begin{aligned}
[\boldsymbol{x}_{k+1}]_j &= \text{prox}_{\gamma|\cdot|}\left([\boldsymbol{x}_k]_j - [\nabla f(\boldsymbol{x}_k)]_j/[\nabla^2 f(\boldsymbol{x}_k)]_{jj}\right) \\
&= \text{prox}_{\gamma|\cdot|}\left([\boldsymbol{x}_k]_j - \boldsymbol{A}_j^\top(\boldsymbol{A}\boldsymbol{x}_k - \boldsymbol{b})/\boldsymbol{A}_j^\top \boldsymbol{A}_j\right) \\
&= S_\gamma\left([\boldsymbol{x}_k]_j - \boldsymbol{A}_j^\top(\boldsymbol{A}\boldsymbol{x}_k - \boldsymbol{b})/\boldsymbol{A}_j^\top \boldsymbol{A}_j\right)
\end{aligned}$$

其中，$S_\gamma(\cdot)$ 是软阈值函数.

第12章
交替方向乘子方法

本章导读

交替方向乘子方法 (alternative direction method of multipliers，ADMM) 是一种求解可分凸优化问题的重要方法[27]. 它将原问题分解成若干个可求解的子问题，并行求解每一个子问题，从而得到原问题的解，因此可用来求解大规模机器学习问题. ADMM 方法成功地将对偶上升方法的可分解性与乘子方法 (method of multipliers) 良好的收敛性相结合. 为此，本章先简要介绍两种基本的优化方法——对偶上升方法和乘子方法，然后给出 ADMM 方法的一般形式和理论性质，最后以两类最优化问题为例展示如何基于 ADMM 方法进行分布式优化.

12.1 方法基础

本节简要介绍与 ADMM 方法有关的两个基础优化方法. 考虑等式约束的凸优化问题

$$\begin{aligned} \min_{\boldsymbol{x}} \quad & f(\boldsymbol{x}) \\ \text{s.t.} \quad & \boldsymbol{A}\boldsymbol{x} = \boldsymbol{b} \end{aligned} \tag{12.1}$$

其中，$\boldsymbol{x} \in \mathbb{R}^n$，$\boldsymbol{A} \in \mathbb{R}^{m\times n}$，$f : \mathbb{R}^n \to \mathbb{R}$ 是凸函数.

12.1.1 对偶上升方法

问题(12.1)的 Lagrange 函数为

$$\mathcal{L}(\boldsymbol{x}, \boldsymbol{\lambda}) = f(\boldsymbol{x}) - \boldsymbol{\lambda}^{\mathsf{T}}(\boldsymbol{A}\boldsymbol{x} - \boldsymbol{b})$$

对偶函数为

$$q(\boldsymbol{\lambda}) = \inf_{\boldsymbol{x}} \mathcal{L}(\boldsymbol{x}, \boldsymbol{\lambda})$$

其中，$\boldsymbol{\lambda} \in \mathbb{R}^m$ 是 Lagrange 乘子或对偶变量. 于是，原问题(12.1)的对偶问题为

$$\max \ q(\boldsymbol{\lambda}) \tag{12.2}$$

由定理8.12可知，当 f 是严格凸函数，原问题(12.1)的最优解等于对偶问题(12.2)的最优解，因此能从对偶问题的最优解 $\boldsymbol{\lambda}^*$ 推出原问题的最优解 $\boldsymbol{x}^*$，即

$$\boldsymbol{x}^* = \arg\min_{\boldsymbol{x}} \mathcal{L}(\boldsymbol{x}, \boldsymbol{\lambda}^*)$$

其中，$\boldsymbol{\lambda}^* = \arg\max\ q(\boldsymbol{\lambda})$.

对偶上升方法通过梯度上升求解对偶问题，进而得到原问题的最优解. 设对偶函数 $q(\boldsymbol{\lambda})$ 是可微的，定义 $\boldsymbol{x}^+ = \arg\min_{\boldsymbol{x}} \mathcal{L}(\boldsymbol{x}, \boldsymbol{\lambda})$，可得 $\nabla q = -\boldsymbol{A}\boldsymbol{x}^+ + \boldsymbol{b}$，由此推出对偶上升方法的第 k 步迭代公式

$$\boldsymbol{x}_{k+1} = \arg\min_{\boldsymbol{x}} \mathcal{L}(\boldsymbol{x}, \boldsymbol{\lambda}_k) \tag{12.3}$$

$$\boldsymbol{\lambda}_{k+1} = \boldsymbol{\lambda}_k - \alpha_k(\boldsymbol{A}\boldsymbol{x}_{k+1} - \boldsymbol{b}) \tag{12.4}$$

其中，α_k 为步长. 式(12.3)是 $\boldsymbol{x}$ 极小化步，式(12.4)是对偶变量的更新步. 由于在合适的步长 α_k 下，对偶函数会随着迭代的进行而逐渐增加，即 $q(\boldsymbol{\lambda}_{k+1}) > q(\boldsymbol{\lambda}_k)$，故该方法被称为对偶上升.

如果步长选择合适，可以证明，在一定条件下，$\boldsymbol{x}_k$ 和 $\boldsymbol{\lambda}_k$ 分别收敛到原问题和对偶问题的最优解，但在实际应用中这些条件往往难以满足，因此对偶上升方法经常无法使用. 例如，当 f 是 $\boldsymbol{x}$ 的仿射函数时，对于绝大多数 $\boldsymbol{\lambda}$，Lagrange 函数 $\mathcal{L}(\boldsymbol{x}, \boldsymbol{\lambda})$ 关于 $\boldsymbol{x}$ 无下界，从而导致 $\boldsymbol{x}$ 极小化步式(12.3)失效.

对偶分解

若目标函数 f 是可分的，则对偶上升方法可以很容易实现并行化，这也是该方法的主要优势所在. 设目标函数 f 是可分的，即

$$f(\boldsymbol{x}) = \sum_{i=1}^{N} f_i(\boldsymbol{x}^i)$$

其中，$\boldsymbol{x} = ((\boldsymbol{x}^1)^\top, (\boldsymbol{x}^2)^\top, \cdots, (\boldsymbol{x}^N)^\top)^\top$，$\boldsymbol{x}^i \in \mathbb{R}^{n_i}$ 为 $\boldsymbol{x}$ 的子向量. 相应地，将矩阵 $\boldsymbol{A}$ 按列划分为 N 个子矩阵

$$\boldsymbol{A} = (\boldsymbol{A}^1, \boldsymbol{A}^2, \cdots, \boldsymbol{A}^N)$$

其中，$\boldsymbol{A}^i \in \mathbb{R}^{m \times n_i}$. 于是，$\boldsymbol{A}\boldsymbol{x} = \sum_{i=1}^{N} \boldsymbol{A}^i \boldsymbol{x}^i$，Lagrange 函数为

$$\mathcal{L}(\boldsymbol{x}, \boldsymbol{\lambda}) = \sum_{i=1}^{N} \mathcal{L}_i(\boldsymbol{x}^i, \boldsymbol{\lambda}) = \sum_{i=1}^{N} [f_i(\boldsymbol{x}^i) - \boldsymbol{\lambda}^\top \boldsymbol{A}^i \boldsymbol{x}^i - \frac{1}{N}\boldsymbol{\lambda}^\top \boldsymbol{b}]$$

由此可见，Lagrange 函数关于 $\boldsymbol{x}$ 同样是可分的. 这意味着对偶上升方法中的极小化 $\boldsymbol{x}$ 问题 (12.3) 可以分解为 N 个独立的子问题，予以并行求解，其迭代公式如下：

$$\boldsymbol{x}_{k+1}^i = \arg\min_{\boldsymbol{x}^i} \mathcal{L}_i(\boldsymbol{x}^i, \boldsymbol{\lambda}_k), \quad i = 1, 2, \cdots, N \tag{12.5}$$

$$\boldsymbol{\Lambda}_{k+1} = \boldsymbol{\lambda}_k - \alpha_k(\boldsymbol{A}\boldsymbol{x}_{k+1} - \boldsymbol{b}) \tag{12.6}$$

上述对偶上升方法也称为对偶分解 (dual decomposition) 方法. 一般, 对偶分解方法的一次迭代包括 "广播" 和 "收集" 两个步骤. 在式 (12.5) 中, 将 $\boldsymbol{\lambda}_k$ 分配 (广播) 给 N 个节点, 分别执行 $\boldsymbol{x}^i$ 的极小化步式(12.5), 并将更新后的 $\boldsymbol{x}_{k+1}^i$ 上传到中央服务器. 中央服务器通过收集到的 $\boldsymbol{A}^i\boldsymbol{x}_{k+1}^i\ (i=1,2,\cdots,N)$ 计算残差 $\boldsymbol{A}\boldsymbol{x}_{k+1}-\boldsymbol{b}$, 进而得到新的对偶变量 $\boldsymbol{\lambda}_{k+1}$.

12.1.2　增广 Lagrange 函数和乘子方法

问题(12.1)的增广 Lagrange 函数为

$$\mathcal{L}(\boldsymbol{x},\boldsymbol{\lambda};\mu)=f(\boldsymbol{x})-\boldsymbol{\lambda}^{\mathsf{T}}(\boldsymbol{A}\boldsymbol{x}-\boldsymbol{b})+\frac{\mu}{2}\|\boldsymbol{A}\boldsymbol{x}-\boldsymbol{b}\|^2 \tag{12.7}$$

其中, $\mu>0$ 为惩罚参数. $\mathcal{L}(\boldsymbol{x},\boldsymbol{\lambda};0)$ 即为标准的 Lagrange 函数. 事实上, 增广 Lagrange 函数可以视为如下最优化问题:

$$\begin{aligned}\min_{\boldsymbol{x}}\quad & f(\boldsymbol{x})+\frac{\mu}{2}\|\boldsymbol{A}\boldsymbol{x}-\boldsymbol{b}\|^2\\ \text{s.t.}\quad & \boldsymbol{A}\boldsymbol{x}=\boldsymbol{b}\end{aligned} \tag{12.8}$$

的 Lagrange 函数. 由于任意可行解 $\bar{\boldsymbol{x}}$ 都满足 $\boldsymbol{A}\bar{\boldsymbol{x}}-\boldsymbol{b}=\boldsymbol{0}$, 故该问题等价于原问题(12.1).

该问题的对偶函数为

$$q(\boldsymbol{\lambda};\mu)=\inf_{\boldsymbol{x}}\mathcal{L}(\boldsymbol{x},\boldsymbol{\lambda};\mu)$$

称为增广对偶函数.

在 Lagrange 函数的基础上增加二次惩罚项的一大好处是对于非常一般的最优化问题(12.1), 增广对偶函数 $q_{\cdot;\mu}$ 都是可微的. 对问题(12.8)应用对偶上升方法, 得到如下迭代公式:

$$\boldsymbol{x}_{k+1}=\arg\min_{\boldsymbol{x}}\mathcal{L}(\boldsymbol{x},\boldsymbol{\lambda}_k;\mu) \tag{12.9}$$

$$\boldsymbol{\lambda}_{k+1}=\boldsymbol{\lambda}_k-\mu(\boldsymbol{A}\boldsymbol{x}_{k+1}-\boldsymbol{b}) \tag{12.10}$$

该方法被称为乘子方法. 与标准的对偶上升方法相比, 乘子方法有两个不同之处: 首先, 在 $\boldsymbol{x}$ 极小化步式(12.9)中使用的是增广 Lagrange 函数; 其次, 在对偶变量更新步式(12.10)中用惩罚参数 μ 替代步长 α_k. 不同于本书前面介绍的增广 Lagrange 方法, 这里的惩罚参数 μ 不再随迭代的进行逐渐增大, 而是取为固定值. 相比对偶上升方法, 乘子方法的收敛条件更加一般, 例如, 目标函数 f 可以取值正无穷或非严格凸等.

下面对乘子方法步长的选择给出一个直观解释. 假设 f 是可微函数, 由 KKT 条件可知, 问题(12.1)的最优解 $\boldsymbol{x}^*$ 需满足以下两个等式:

$$\nabla f(\boldsymbol{x}^*)-\boldsymbol{A}^{\mathsf{T}}\boldsymbol{\lambda}^*=\boldsymbol{0},\quad \boldsymbol{A}\boldsymbol{x}^*-\boldsymbol{b}=\boldsymbol{0}$$

其中, $\boldsymbol{\lambda}^*$ 为对应的 Lagrange 乘子. 由于 $\boldsymbol{x}_{k+1}$ 极小化 $\mathcal{L}(\boldsymbol{x},\boldsymbol{\lambda}_k;\mu)$, 于是有

$$\begin{aligned}\boldsymbol{0}&=\nabla_{\boldsymbol{x}}\mathcal{L}(\boldsymbol{x}_{k+1},\boldsymbol{\lambda}_k;\mu)\\ &=\nabla f(\boldsymbol{x}_{k+1})-\boldsymbol{A}^{\mathsf{T}}\left[\boldsymbol{\lambda}_k-\mu(\boldsymbol{A}\boldsymbol{x}_{k+1}-\boldsymbol{b})\right]\\ &=\nabla f(\boldsymbol{x}_{k+1})-\boldsymbol{A}^{\mathsf{T}}\boldsymbol{\lambda}_{k+1}\end{aligned}$$

由此可见，对偶更新步中以 μ 为步长可使迭代点 $(\boldsymbol{x}_{k+1},\boldsymbol{\lambda}_{k+1})$ 始终满足 KKT 条件的第一个等式，即 $\nabla_{\boldsymbol{x}}\mathcal{L}(\boldsymbol{x}_{k+1},\boldsymbol{\lambda}_{k+1})=\mathbf{0}$. 随着迭代的进行，残余 $\boldsymbol{A}\boldsymbol{x}_{k+1}-\boldsymbol{b}$ 逐渐趋于 $\mathbf{0}$，从而满足等式约束，进而得到问题(12.1)的最优解.

相比标准的对偶上升方法，虽然乘子方法的收敛性得到极大改善，但二次惩罚项的引入，使得对于可分的目标函数 f，增广 Lagrange 函数 $\mathcal{L}(\cdot;\mu)$ 也不再可分，从而导致 $\boldsymbol{x}$ 极小化步式(12.9)难以并行化，说明乘子方法无法分解，由此引出 12.2 节要介绍的 ADMM 方法.

12.2 ADMM 方法的一般形式和理论性质

12.2.1 迭代公式

ADMM 方法解决的是如下形式的凸优化问题：

$$\begin{aligned}\min_{\boldsymbol{x},\boldsymbol{z}}\quad & f(\boldsymbol{x})+h(\boldsymbol{z})\\ \text{s.t.}\quad & \boldsymbol{A}\boldsymbol{x}+\boldsymbol{B}\boldsymbol{z}=\boldsymbol{c}\end{aligned}\tag{12.11}$$

其中，$\boldsymbol{x}\in\mathbb{R}^n$，$\boldsymbol{z}\in\mathbb{R}^m$ 均为优化变量，$\boldsymbol{A}\in\mathbb{R}^{p\times n}$，$\boldsymbol{B}\in\mathbb{R}^{p\times m}$，$\boldsymbol{c}\in\mathbb{R}^p$，$f$ 和 h 均为凸函数. 与一般的等式约束最优化问题(12.1)的不同之处在于，优化变量 $\boldsymbol{x}$ 拆分成两部分——$\boldsymbol{x}$ 和 $\boldsymbol{z}$，目标函数也相应拆分为两部分——$f(\boldsymbol{x})$ 和 $h(\boldsymbol{z})$.

该问题的增广 Lagrange 函数为

$$\mathcal{L}(\boldsymbol{x},\boldsymbol{z},\boldsymbol{y};\mu)=f(\boldsymbol{x})+h(\boldsymbol{z})-\boldsymbol{\lambda}^{\mathsf{T}}(\boldsymbol{A}\boldsymbol{x}+\boldsymbol{B}\boldsymbol{z}-\boldsymbol{c})+\frac{\mu}{2}\|\boldsymbol{A}\boldsymbol{x}+\boldsymbol{B}\boldsymbol{z}-\boldsymbol{c}\|^2\tag{12.12}$$

由此得到乘子方法的迭代公式

$$\begin{aligned}(\boldsymbol{x}_{k+1},\boldsymbol{z}_{k+1})&=\arg\min_{\boldsymbol{x},\boldsymbol{z}}\mathcal{L}(\boldsymbol{x},\boldsymbol{z},\boldsymbol{\lambda}_k;\mu)\\ \boldsymbol{\lambda}_{k+1}&=\boldsymbol{\lambda}_k-\mu(\boldsymbol{A}\boldsymbol{x}_{k+1}+\boldsymbol{B}\boldsymbol{z}_{k+1}-\boldsymbol{c})\end{aligned}$$

ADMM 方法则在乘子方法的基础上，将变量 $(\boldsymbol{x},\boldsymbol{z})$ 的联合优化改成交替优化，其迭代公式为

$$\boldsymbol{x}_{k+1}=\arg\min_{\boldsymbol{x}}\mathcal{L}(\boldsymbol{x},\boldsymbol{z}_k,\boldsymbol{\lambda}_k;\mu)\tag{12.13}$$

$$\boldsymbol{z}_{k+1}=\arg\min_{\boldsymbol{z}}\mathcal{L}(\boldsymbol{x}_{k+1},\boldsymbol{z},\boldsymbol{\lambda}_k;\mu)\tag{12.14}$$

$$\boldsymbol{\lambda}_{k+1}=\boldsymbol{\lambda}_k-\mu(\boldsymbol{A}\boldsymbol{x}_{k+1}+\boldsymbol{B}\boldsymbol{z}_{k+1}-\boldsymbol{c})\tag{12.15}$$

类似于对偶上升方法，ADMM 方法的迭代公式由三部分组成：$\boldsymbol{x}$ 极小化步式(12.13)、$\boldsymbol{z}$ 极小化步式(12.14)和对偶变量更新步式(12.15).

定义原始残差 $\boldsymbol{r}=\boldsymbol{A}\boldsymbol{x}+\boldsymbol{B}\boldsymbol{z}-\boldsymbol{c}$，令 $\boldsymbol{u}=-\boldsymbol{\lambda}/\mu$，增广 Lagrange 函数式 (12.12) 可改写为

$$\begin{aligned}\mathcal{L}(\boldsymbol{x},\boldsymbol{z},\boldsymbol{\lambda};\mu)&=f(\boldsymbol{x})+h(\boldsymbol{z})-\boldsymbol{\lambda}^{\top}\boldsymbol{r}+\frac{\mu}{2}\|\boldsymbol{r}\|^2\\&=f(\boldsymbol{x})+h(\boldsymbol{z})+\frac{\mu}{2}\|\boldsymbol{r}+\boldsymbol{u}\|^2-\frac{\mu}{2}\|\boldsymbol{u}\|^2\end{aligned}$$

于是，ADMM 迭代公式(12.13)至公式(12.15)成为

$$\boldsymbol{x}_{k+1}=\arg\min_{\boldsymbol{x}}\left[f(\boldsymbol{x})+\frac{\mu}{2}\|\boldsymbol{A}\boldsymbol{x}+\boldsymbol{B}\boldsymbol{z}_k-\boldsymbol{c}+\boldsymbol{u}_k\|^2\right] \tag{12.16}$$

$$\boldsymbol{z}_{k+1}=\arg\min_{\boldsymbol{z}}\left[h(\boldsymbol{z})+\frac{\mu}{2}\|\boldsymbol{A}\boldsymbol{x}_{k+1}+\boldsymbol{B}\boldsymbol{z}-\boldsymbol{c}+\boldsymbol{u}_k\|^2\right] \tag{12.17}$$

$$\boldsymbol{u}_{k+1}=\boldsymbol{u}_k+\boldsymbol{A}\boldsymbol{x}_{k+1}+\boldsymbol{B}\boldsymbol{z}_{k+1}-\boldsymbol{c} \tag{12.18}$$

式(12.16)至式(12.18)称为 ADMM(迭代公式) 的标准化形式，式(12.13)至式(12.15)为 ADMM(迭代公式) 的未标准化形式. 两种形式在数学上是等价的，但标准化形式的表达更为简洁.

▶ **例 12.1** 考虑 Lasso 问题(10.9). 为了应用 ADMM 方法，首先将 Lasso 问题改写成如下约束最优化问题：

$$\begin{aligned}\min_{\boldsymbol{x},\boldsymbol{z}}\quad & f(\boldsymbol{x})+h(\boldsymbol{z})\\ \text{s.t.}\quad & \boldsymbol{x}-\boldsymbol{z}=\boldsymbol{0}\end{aligned} \tag{12.19}$$

其中，$f(\boldsymbol{x})=(1/2)\|\boldsymbol{A}\boldsymbol{x}-\boldsymbol{b}\|^2$，$h(\boldsymbol{z})=\gamma\|\boldsymbol{z}\|_1$. 应用 ADMM 方法，由式(12.16)至式(12.18)可得如下迭代公式：

$$\begin{aligned}\boldsymbol{x}_{k+1}&=(\boldsymbol{A}^{\top}\boldsymbol{A}+\mu\boldsymbol{I})^{-1}[\boldsymbol{A}^{\top}\boldsymbol{b}+\mu(\boldsymbol{z}_k-\boldsymbol{u}_k)]\\ \boldsymbol{z}_{k+1}&=S_{\gamma/\mu}(\boldsymbol{x}_{k+1}+\boldsymbol{u}_k)\\ \boldsymbol{u}_{k+1}&=\boldsymbol{u}_k+\boldsymbol{x}_{k+1}-\boldsymbol{z}_{k+1}\end{aligned}$$

如果 $n<p$，则可利用 Sherman-Morrison-Woodbury 公式

$$(\boldsymbol{B}+\boldsymbol{A}^{\top}\boldsymbol{A})^{-1}=\boldsymbol{B}^{-1}-\boldsymbol{B}^{-1}\boldsymbol{A}^{\top}(\boldsymbol{I}+\boldsymbol{A}\boldsymbol{B}^{-1}\boldsymbol{A}^{\top})^{-1}\boldsymbol{A}\boldsymbol{B}^{-1}$$

计算 $(\boldsymbol{A}^{\top}\boldsymbol{A}+\mu\boldsymbol{I})^{-1}$.

12.2.2 收敛性分析

在分析 ADMM 方法的收敛性前，先做出如下两个假设：

假设 1 $f:\mathbb{R}^n\to\mathbb{R}\cup\{\infty\}$ 和 $h:\mathbb{R}^m\to\mathbb{R}\cup\{\infty\}$ 都是正常闭凸函数.

假设 2 Lagrange 函数 $\mathcal{L}(\cdot;0)$ 至少有一个鞍点.

假设 1 成立的充要条件是 f 和 h 的上图

$$\operatorname{epi}f=\{(\boldsymbol{x},t)\in\mathbb{R}^n\times\mathbb{R}|f(\boldsymbol{x})\leqslant t\},\ \operatorname{epi}h=\{(\boldsymbol{z},s)\in\mathbb{R}^m\times\mathbb{R}|h(\boldsymbol{z})\leqslant s\}$$

均为非空闭凸集. 该假设成立意味着 $\boldsymbol{x}$ 更新步式 (12.16) 和 $\boldsymbol{z}$ 更新步式 (12.17) 中的两个极小化问题都是可解的. 注意，假设 1 允许函数 f 或 g 是不可微的，且可以取值 ∞.

若假设 2 成立，则存在 $(\boldsymbol{x}^*, \boldsymbol{z}^*, \boldsymbol{\lambda}^*)$，使得

$$\mathcal{L}(\boldsymbol{x}^*, \boldsymbol{z}^*, \boldsymbol{\lambda}; 0) \leqslant \mathcal{L}(\boldsymbol{x}^*, \boldsymbol{z}^*, \boldsymbol{\lambda}^*; 0) \leqslant \mathcal{L}(\boldsymbol{x}, \boldsymbol{z}, \boldsymbol{\lambda}^*; 0), \quad \forall \boldsymbol{x}, \boldsymbol{z}, \boldsymbol{y}$$

由此可知，$(\boldsymbol{x}^*, \boldsymbol{z}^*)$ 是原问题(12.11)的解，$\boldsymbol{\lambda}^*$ 是对偶问题的最优解，且原问题和对偶问题的最优解相等. 注意，这里并没有对 $\boldsymbol{A}$，$\boldsymbol{B}$，$\boldsymbol{c}$ 做任何额外假设，意味着 $\boldsymbol{A}$ 或 $\boldsymbol{B}$ 可以是非满秩矩阵.

定理 12.1 给出了 ADMM 方法的收敛结果.

定理 12.1

假定假设 1 和假设 2 成立，则 ADMM 方法具有如下收敛结果：

- 残差收敛. $\lim\limits_{k\to\infty} \boldsymbol{r}_k = \boldsymbol{0}$，其中 $\boldsymbol{r}_k = \boldsymbol{A}\boldsymbol{x}_k + \boldsymbol{B}\boldsymbol{z}_k - \boldsymbol{c}$.
- 目标函数值收敛. $\lim\limits_{k\to\infty} p_k = p^*$，其中 $p_k = f(\boldsymbol{x}_k) + h(\boldsymbol{z}_k)$，$p^*$ 表示最优化问题(12.11)的最优值.
- 对偶变量收敛. $\lim\limits_{k\to\infty} \boldsymbol{\lambda}_k = \boldsymbol{\lambda}^*$.

♡

定理 12.1 证明的关键在于证明三个不等式. 为此，先给出三个引理，分别证明三个不等式，然后推出定理结论.

引理 12.1

假定假设 1 和假设 2 成立，设 $(\boldsymbol{x}^*, \boldsymbol{z}^*, \boldsymbol{\lambda}^*)$ 为 $\mathcal{L}(\cdot; 0)$ 的一个鞍点，则有

$$p^* - p_{k+1} \leqslant -(\boldsymbol{\lambda}^*)^\mathsf{T} \boldsymbol{r}_{k+1} \tag{12.20}$$

♡

证明 由于 $(\boldsymbol{x}^*, \boldsymbol{z}^*, \boldsymbol{\lambda}^*)$ 是 $\mathcal{L}(\cdot; 0)$ 的一个鞍点，可得

$$\mathcal{L}(\boldsymbol{x}^*, \boldsymbol{z}^*, \boldsymbol{\lambda}^*; 0) \leqslant \mathcal{L}(\boldsymbol{x}_{k+1}, \boldsymbol{z}_{k+1}, \boldsymbol{\lambda}^*; 0)$$

由假设 1 可知 $\mathcal{L}(\boldsymbol{x}^*, \boldsymbol{z}^*, \boldsymbol{\lambda}^*; 0)$ 取有限值，由此可推出 $\boldsymbol{A}\boldsymbol{x}^* + \boldsymbol{B}\boldsymbol{z}^* = \boldsymbol{c}$（否则 $\mathcal{L}(\boldsymbol{x}^*, \boldsymbol{z}^*, \boldsymbol{\lambda}^*; 0) = -\infty$）. 于是，$\mathcal{L}(\boldsymbol{x}^*, \boldsymbol{z}^*, \boldsymbol{\lambda}^*; 0) = f(\boldsymbol{x}^*) + h(\boldsymbol{z}^*) = p^*$. 又因为 $p_{k+1} = f(\boldsymbol{x}_{k+1}) + h(\boldsymbol{z}_{k+1})$，故 $\mathcal{L}(\boldsymbol{x}_{k+1}, \boldsymbol{z}_{k+1}, \boldsymbol{\lambda}^*; 0) = p_{k+1} - (\boldsymbol{\lambda}^*)^\mathsf{T} \boldsymbol{r}_{k+1}$. 综上可得

$$p^* \leqslant p_{k+1} - (\boldsymbol{\lambda}^*)^\mathsf{T} \boldsymbol{r}_{k+1}$$

引理 12.2

假定假设 1 成立，则有

$$p_{k+1} - p^* \leqslant \boldsymbol{\lambda}_{k+1}^\mathsf{T} \boldsymbol{r}_{k+1} - \mu[\boldsymbol{B}(\boldsymbol{z}_{k+1} - \boldsymbol{z}_k)]^\mathsf{T}[-\boldsymbol{r}_{k+1} + \boldsymbol{B}(\boldsymbol{z}_{k+1} - \boldsymbol{z}^*)] \tag{12.21}$$

♡

证明 由 ADMM 方法的迭代公式可知，$\boldsymbol{x}_{k+1}$ 是 $\mathcal{L}(\boldsymbol{x}, \boldsymbol{z}_k, \boldsymbol{\lambda}_k; \mu)$ 的极小点. 因为 f 和 $\mathcal{L}(\cdot; \mu)$ 都是正常闭凸函数，故 $\boldsymbol{x}_{k+1}$ 是 $\mathcal{L}(\boldsymbol{x}, \boldsymbol{z}_k, \boldsymbol{\lambda}_k; \mu)$ 的极小点的充要条件是

$$0 \in \partial_{\boldsymbol{x}} \mathcal{L}(\boldsymbol{x}_{k+1}, \boldsymbol{z}_k, \boldsymbol{\lambda}_k; \mu) = \partial f(\boldsymbol{x}_{k+1}) - \boldsymbol{A}^\mathsf{T} \boldsymbol{\lambda}_k + \mu \boldsymbol{A}^\mathsf{T}(\boldsymbol{A}\boldsymbol{x}_{k+1} + \boldsymbol{B}\boldsymbol{z}_k - \boldsymbol{c})$$

由于 $\boldsymbol{\lambda}_{k+1} = \boldsymbol{\lambda}_k - \mu \boldsymbol{r}_{k+1}$，将 $\boldsymbol{\lambda}_k = \boldsymbol{\lambda}_{k+1} + \mu \boldsymbol{r}_{k+1}$ 代入上式，整理得

$$0 \in \partial f(\boldsymbol{x}_{k+1}) - \boldsymbol{A}^\mathsf{T}[\boldsymbol{\lambda}_{k+1} + \mu \boldsymbol{B}(\boldsymbol{z}_{k+1} - \boldsymbol{z}_k)]$$

由此可知 $\boldsymbol{x}_{k+1}$ 是

$$f(\boldsymbol{x}) - [\boldsymbol{\lambda}_{k+1} + \mu \boldsymbol{B}(\boldsymbol{z}_{k+1} - \boldsymbol{z}_k)]^\top \boldsymbol{A}\boldsymbol{x}$$

的极小点. 于是,

$$f(\boldsymbol{x}_{k+1}) - [\boldsymbol{\lambda}_{k+1} + \mu \boldsymbol{B}(\boldsymbol{z}_{k+1} - \boldsymbol{z}_k)]^\top \boldsymbol{A}\boldsymbol{x}_{k+1} \leqslant f(\boldsymbol{x}^*) - [\boldsymbol{\lambda}_{k+1} + \mu \boldsymbol{B}(\boldsymbol{z}_{k+1} - \boldsymbol{z}_k)]^\top \boldsymbol{A}\boldsymbol{x}^* \tag{12.22}$$

同理，有

$$0 \in \partial_{\boldsymbol{z}} \mathcal{L}(\boldsymbol{x}_{k+1}, \boldsymbol{z}_{k+1}, \boldsymbol{\lambda}_k; \mu) = \partial h(\boldsymbol{z}_{k+1}) - \boldsymbol{B}^\top \boldsymbol{\lambda}_k + \mu \boldsymbol{B}^\top (\boldsymbol{A}\boldsymbol{x}_{k+1} + \boldsymbol{B}\boldsymbol{z}_{k+1} - \boldsymbol{c})$$

将 $\boldsymbol{\lambda}_k = \boldsymbol{\lambda}_{k+1} + \mu \boldsymbol{r}^{k+1}$ 代入上式，整理可得

$$0 \in \partial h(\boldsymbol{z}_{k+1}) - \boldsymbol{B}^\top \boldsymbol{\lambda}_{k+1}$$

说明 $\boldsymbol{z}_{k+1}$ 是 $h(\boldsymbol{z}) - \boldsymbol{\lambda}_{k+1}^\top \boldsymbol{B}\boldsymbol{z}$ 的极小点，由此得到

$$h(\boldsymbol{z}_{k+1}) - \boldsymbol{\lambda}_{k+1}^\top \boldsymbol{B}\boldsymbol{z}_{k+1} \leqslant h(\boldsymbol{z}^*) - \boldsymbol{\lambda}_{k+1}^\top \boldsymbol{B}\boldsymbol{z}^* \tag{12.23}$$

将式(12.22)和式(12.23)相加，利用 $\boldsymbol{A}\boldsymbol{x}^* + \boldsymbol{B}\boldsymbol{z}^* = \boldsymbol{c}$，整理化简后便可得到式(12.21).

引理 12.3

假定假设 1 和假定 2 成立，定义李雅普诺夫函数 (Lyapunov function)

$$V_k = \frac{1}{\mu}\|\boldsymbol{\lambda}_k - \boldsymbol{\lambda}^*\|^2 + \mu \|\boldsymbol{B}(\boldsymbol{z}_k - \boldsymbol{z}^*)\|^2$$

则有

$$V_{k+1} \leqslant V_k - \mu \|\boldsymbol{r}_{k+1}\|^2 - \mu \|\boldsymbol{B}(\boldsymbol{z}_{k+1} - \boldsymbol{z}_k)\|^2 \tag{12.24}$$

♡

证明　将式(12.20)和式(12.21)相加，然后将得到的不等式两边同乘以 2，整理得

$$2(\boldsymbol{\lambda}^* - \boldsymbol{\lambda}_{k+1})^\top \boldsymbol{r}_{k+1} - 2\mu [\boldsymbol{B}(\boldsymbol{z}_{k+1} - \boldsymbol{z}_k)]^\top \boldsymbol{r}_{k+1} + 2\mu [\boldsymbol{B}(\boldsymbol{z}_{k+1} - \boldsymbol{z}_k)]^\top \boldsymbol{B}(\boldsymbol{z}_{k+1} - \boldsymbol{z}^*) \leqslant 0 \tag{12.25}$$

式(12.24)可由式(12.25)改写得到.

首先改写式 (12.25) 的左边第一项. 利用 $\boldsymbol{\lambda}_{k+1} = \boldsymbol{\lambda}_k - \mu \boldsymbol{r}_{k+1}$，该项可改写为

$$2(\boldsymbol{\lambda}^* - \boldsymbol{\lambda}_k)^\top \boldsymbol{r}_{k+1} + \mu \|\boldsymbol{r}_{k+1}\|^2 + \mu \|\boldsymbol{r}_{k+1}\|^2$$

将 $\boldsymbol{r}_{k+1} = (\boldsymbol{\lambda}_k - \boldsymbol{\lambda}_{k+1})/\mu$ 代入前两项，可得

$$\frac{2}{\mu}(\boldsymbol{\lambda}_k - \boldsymbol{\lambda}^*)^\top (\boldsymbol{\lambda}_{k+1} - \boldsymbol{\lambda}_k) + \frac{1}{\mu}\|\boldsymbol{\lambda}_{k+1} - \boldsymbol{\lambda}_k\|^2 + \mu \|\boldsymbol{r}_{k+1}\|^2$$

整理后得

$$\frac{1}{\mu}(\|\boldsymbol{\lambda}_{k+1} - \boldsymbol{\lambda}^*\|^2 - \|\boldsymbol{\lambda}_k - \boldsymbol{\lambda}^*\|^2) + \mu \|\boldsymbol{r}_{k+1}\|^2 \tag{12.26}$$

接下来改写式(12.25)的剩余项，即

$$\mu \|\boldsymbol{r}_{k+1}\|^2 - 2\mu [\boldsymbol{B}(\boldsymbol{z}_{k+1} - \boldsymbol{z}_k)]^\top \boldsymbol{r}_{k+1} + 2\mu [\boldsymbol{B}(\boldsymbol{z}_{k+1} - \boldsymbol{z}_k)]^\top \boldsymbol{B}(\boldsymbol{z}_{k+1} - \boldsymbol{z}^*)$$

其中 $\mu\|\boldsymbol{r}_{k+1}\|^2$ 来自式 (12.26). 将 $\boldsymbol{z}_{k+1}-\boldsymbol{z}^*=(\boldsymbol{z}_{k+1}-\boldsymbol{z}_k)+(\boldsymbol{z}_k-\boldsymbol{z}^*)$ 代入最后一项，整理得

$$\mu\|\boldsymbol{r}_{k+1}-\boldsymbol{B}(\boldsymbol{z}_{k+1}-\boldsymbol{z}_k)\|^2+\mu\|\boldsymbol{B}(\boldsymbol{z}_{k+1}-\boldsymbol{z}_k)\|^2+2\mu(\boldsymbol{B}(\boldsymbol{z}_{k+1}-\boldsymbol{z}_k))^{\mathsf{T}}\boldsymbol{B}(\boldsymbol{z}_k-\boldsymbol{z}^*)$$

进而有

$$\mu\|\boldsymbol{r}_{k+1}-\boldsymbol{B}(\boldsymbol{z}_{k+1}-\boldsymbol{z}_k)\|^2+\mu(\|\boldsymbol{B}(\boldsymbol{z}_{k+1}-\boldsymbol{z}^*)\|^2-\|\boldsymbol{B}(\boldsymbol{z}_k-\boldsymbol{z}^*)\|^2)$$

将上式和式 (12.26) 应用到式 (12.25)，结合函数 V_k 的定义，可得

$$V_{k+1}\leqslant V_k-\mu\|\boldsymbol{r}_{k+1}-\boldsymbol{B}(\boldsymbol{z}_{k+1}-\boldsymbol{z}_k)\|^2 \tag{12.27}$$

为了证明式 (12.24) 成立，只需证明式(12.27)右边的交叉项 $2\mu\boldsymbol{r}_{k+1}^{\mathsf{T}}\boldsymbol{B}(\boldsymbol{z}_{k+1}-\boldsymbol{z}_k)$ 非正. 由引理 12.2 的证明过程可知，$\boldsymbol{z}_{k+1}$ 是 $h(\boldsymbol{z})-\boldsymbol{\lambda}_{k+1}^{\mathsf{T}}\boldsymbol{B}\boldsymbol{z}$ 的极小点，$\boldsymbol{z}_k$ 是 $h(\boldsymbol{z})-\boldsymbol{\lambda}_k^{\mathsf{T}}\boldsymbol{B}\boldsymbol{z}$ 的极小点，由此可得

$$h(\boldsymbol{z}_{k+1})-\boldsymbol{\lambda}_{k+1}^{\mathsf{T}}\boldsymbol{B}\boldsymbol{z}_{k+1}\leqslant h(\boldsymbol{z}_k)-\boldsymbol{\lambda}_{k+1}^{\mathsf{T}}\boldsymbol{B}\boldsymbol{z}_k$$

$$h(\boldsymbol{z}_k)-\boldsymbol{\lambda}_k^{\mathsf{T}}\boldsymbol{B}\boldsymbol{z}_k\leqslant h(\boldsymbol{z}_{k+1})-\boldsymbol{\lambda}_k^{\mathsf{T}}\boldsymbol{B}\boldsymbol{z}_{k+1}$$

将上述两个不等式相加，可得

$$(\boldsymbol{\lambda}_k-\boldsymbol{\lambda}_{k+1})^{\mathsf{T}}\boldsymbol{B}(\boldsymbol{z}_{k+1}-\boldsymbol{z}_k)\leqslant 0$$

将 $\boldsymbol{\lambda}_k-\boldsymbol{\lambda}_{k+1}=\mu\boldsymbol{r}_{k+1}$ 代入上式，得到 $\mu(\boldsymbol{r}_{k+1})^{\mathsf{T}}\boldsymbol{B}(\boldsymbol{z}_{k+1}-\boldsymbol{z}_k)\leqslant 0$，式(12.24)由此得证.

由上述三个引理，可以很容易地证明定理 12.1 的结论.

证明 由引理 12.3 可知，$\{V_k\}$ 序列单调递减，又因为 $V_k\leqslant V_0$，故序列 $\{\boldsymbol{\lambda}_k\}$ 和 $\{\boldsymbol{B}\boldsymbol{z}_k\}$ 均有界. 对式(12.24)两边关于 k 求和，有

$$\rho\sum_{k=0}^{\infty}(\|\boldsymbol{r}_{k+1}\|^2+\|\boldsymbol{B}(\boldsymbol{z}_{k+1}-\boldsymbol{z}_k)\|^2)\leqslant V_0$$

由此可得，$\lim\limits_{k\to\infty}\boldsymbol{r}_k=\boldsymbol{0}$，$\lim\limits_{k\to\infty}\boldsymbol{B}(\boldsymbol{z}_{k+1}-\boldsymbol{z}_k)=\boldsymbol{0}$，进一步有 $\lim\limits_{k\to\infty}\boldsymbol{\lambda}_k=\boldsymbol{\lambda}^*$.

由于 $\lim\limits_{k\to\infty}\boldsymbol{r}_{k+1}=\boldsymbol{0}$，$\lim\limits_{k\to\infty}\boldsymbol{B}(\boldsymbol{z}_{k+1}-\boldsymbol{z}_k)=\boldsymbol{0}$，故由引理 12.1 可知 $\lim\limits_{k\to\infty}p_k\geqslant p^*$，由引理 12.2 可知 $\lim\limits_{k\to\infty}p_k\leqslant p^*$，从而可得 $\lim\limits_{k\to\infty}p_k=p^*$.

注意：这里只证明目标函数值会收敛到最优值 p^*，并不意味着迭代点 $(\boldsymbol{x}_k,\boldsymbol{z}_k)$ 一定会收敛到最优解 $(\boldsymbol{x}^*,\boldsymbol{z}^*)$. 如果想让优化变量亦收敛，则需要做额外假设.

相比牛顿方法，ADMM 方法的收敛速度较慢. 但在大多数情况下，ADMM 方法可以以较快速度给出一个中等精度的解，故 ADMM 方法非常适合求解对精度要求不太高的大规模最优化问题. 幸运的是，机器学习中的很多最优化问题都属于这一类.

陈 (Chen) 等人[28] 举出了一个反例说明如果不对函数 f，g 或 $\boldsymbol{A}$ 做任何假设，那么 ADMM 方法中的 $\boldsymbol{x}$ 和 $\boldsymbol{z}$ 更新步中的极小化问题(12.13)和问题(12.14)可能无解，从而导致 ADMM 方法的收敛性分析是错误的. 出现这一现象的原因是无法保证所有子问题都是可解的. 为此，他们提出了几个并不严格的假设来保证所有子问题都可解，并重新讨论了 ADMM 方法的收敛性，感兴趣的读者请参阅相关文献.

12.2.3　最优性条件

由于约束最优化问题(12.11)是凸优化问题，故 $(\boldsymbol{x}^*, \boldsymbol{z}^*, \boldsymbol{\lambda}^*)$ 是该问题的极小点，当且仅当其满足如下一阶最优性条件，即 KKT 条件:

$$\boldsymbol{A}\boldsymbol{x}^* + \boldsymbol{B}\boldsymbol{z}^* - \boldsymbol{c} = \boldsymbol{0} \tag{12.28}$$

$$0 \in \partial f(\boldsymbol{x}^*) - \boldsymbol{A}^\top \boldsymbol{\lambda}^* \tag{12.29}$$

$$0 \in \partial h(\boldsymbol{z}^*) - \boldsymbol{B}^\top \boldsymbol{\lambda}^* \tag{12.30}$$

其中，式(12.28)表示原始 (问题) 可行条件，式(12.29)和式(12.30)表示对偶 (问题) 可行条件. 当 f 和 h 都是可微的时，次微分 ∂f 和 ∂h 可以替换为梯度 ∇f 和 ∇h，同时 $\in$ 替换为 $=$.

由于 $\boldsymbol{z}_{k+1}$ 是 $\mathcal{L}(\boldsymbol{x}_{k+1}, \boldsymbol{z}, \boldsymbol{\lambda}_k; \mu)$ 的极小点，故有

$$\begin{aligned}
0 &\in \partial h(\boldsymbol{z}_{k+1}) - \boldsymbol{B}^\top \boldsymbol{\lambda}_{\boldsymbol{k}} + \mu \boldsymbol{B}^\top (\boldsymbol{A}x_{k+1} + \boldsymbol{B}\boldsymbol{z}_{k+1} - \boldsymbol{c}) \\
&= \partial h(\boldsymbol{z}_{k+1}) - \boldsymbol{B}^\top \boldsymbol{\lambda}_k + \mu \boldsymbol{B}^\top \boldsymbol{r}_{k+1} \\
&= \partial h(\boldsymbol{z}_{k+1}) - \boldsymbol{B}^\top \boldsymbol{\lambda}_{k+1}
\end{aligned}$$

表明在迭代过程中，式(12.30)总是成立的. 由此，最优性条件简化为式(12.28)和式(12.29).

同理，由于 $\boldsymbol{x}_{k+1}$ 是 $\mathcal{L}(\boldsymbol{x}, \boldsymbol{z}_k, \boldsymbol{\lambda}_k; \mu)$ 的极小点，故有

$$\begin{aligned}
0 &\in \partial f(\boldsymbol{x}_{k+1}) - \boldsymbol{A}^\top \boldsymbol{\lambda}_k + \mu \boldsymbol{A}^\top (\boldsymbol{A}x_{k+1} + \boldsymbol{B}\boldsymbol{z}_k - \boldsymbol{c}) \\
&= \partial f(\boldsymbol{x}_{k+1}) - \boldsymbol{A}^\top [\boldsymbol{\lambda}_k - \mu \boldsymbol{r}_{k+1} - \mu \boldsymbol{B}(\boldsymbol{z}_k - \boldsymbol{z}_{k+1})] \\
&= \partial f(\boldsymbol{x}_{k+1}) - \boldsymbol{A}^\top \boldsymbol{\lambda}_{k+1} + \mu \boldsymbol{A}^\top \boldsymbol{B}(\boldsymbol{z}_k - \boldsymbol{z}_{k+1})
\end{aligned}$$

上式等价于

$$\mu \boldsymbol{A}^\top \boldsymbol{B}(\boldsymbol{z}_{k+1} - \boldsymbol{z}_k) \in \partial f(\boldsymbol{x}_{k+1}) - \boldsymbol{A}^\top \boldsymbol{\lambda}_{k+1}$$

因此，$\boldsymbol{s}_{k+1} = \mu \boldsymbol{A}^\top \boldsymbol{B}(\boldsymbol{z}_{k+1} - \boldsymbol{z}_k)$ 可以视为对偶条件式(12.29)的残差，称为对偶残差.

综上，问题(12.11)的最优性条件共有三个. ADMM 方法产生的迭代序列 $(\boldsymbol{x}_k, \boldsymbol{z}_k, \boldsymbol{\lambda}_k)$ 总满足最后一个条件，即式(12.30)，另外两个条件分别等价于随着迭代次数 $k \to \infty$，原始残差 $\boldsymbol{r}_{k+1}$ 和对偶残差 $\boldsymbol{s}_{k+1}$ 趋于 $\boldsymbol{0}$，而这两点均在定理 12.1 中得到证明.

12.2.4　终止准则

由最优性条件的分析，我们可以给出 ADMM 方法的一个终止准则

$$\|\boldsymbol{r}_k\| \leqslant \epsilon^{pri}, \quad \|\boldsymbol{s}_k\| \leqslant \epsilon^{dual}$$

即当原始残差和对偶残差都足够小时，ADMM 方法停止迭代，其中 $\epsilon^{pri} > 0$，$\epsilon^{dual} > 0$ 分别表示原始可行条件式 (12.28) 和对偶可行条件式 (12.29) 的阈值. 这两个阈值可以通过一

个绝对准则和相对准则来确定，例如

$$\epsilon^{pri} = \sqrt{p}\epsilon^{abs} + \epsilon^{rel}\max\{\|\boldsymbol{A}x_k\|, \|\boldsymbol{B}\boldsymbol{z}_k\|, \|\boldsymbol{c}\|\}$$

$$\epsilon^{dual} = \sqrt{n}\epsilon^{abs} + \epsilon^{rel}\|\boldsymbol{A}^\top\boldsymbol{\lambda}_k\|$$

其中，p 是约束个数，n 是优化变量 $\boldsymbol{x}$ 的维度. $\epsilon^{abs} > 0$ 和 $\epsilon^{rel} > 0$ 分别表示绝对和相对阈值，其中 ϵ^{rel} 可根据问题取为 10^{-3} 或 10^{-4}，而 ϵ^{abs} 的值则要取决于变量值的大小.

12.2.5 惩罚参数的选择

到目前为止，ADMM 方法中惩罚参数 μ 的取值是固定的. 在实际应用中，为了提高方法的收敛性，减少对惩罚参数取值的依赖性，通常会在每一步迭代时使用不同的惩罚参数 μ_k. 虽然这样做会导致 ADMM 方法收敛性的证明变得异常困难，但如果假定 μ 经有限步迭代后取值固定，那么前面给出的 μ 固定下的 ADMM 收敛性理论依然适用.

从 ADMM 迭代公式可以看出，当 μ 较大时，由于违反原始可行条件会带来较大惩罚，因而会产生较小的原始残差 $\boldsymbol{r}_k$. 然而，根据对偶残差 $\boldsymbol{s}_k$ 的定义，增大 μ 会导致对偶残差变大. 为了让两个残差 $\boldsymbol{r}_k$ 和 $\boldsymbol{s}_k$ 都能较快收敛到 $\boldsymbol{0}$，可以采用如下设置：

$$\mu_{k+1} = \begin{cases} \tau^{incr}\mu_k, & \|\boldsymbol{r}_k\| > \rho\|\boldsymbol{s}_k\| \\ \mu_k/\tau^{decr}, & \|\boldsymbol{s}_k\| > \rho\|\boldsymbol{r}_k\| \\ \mu_k, & \text{其他} \end{cases}$$

其中，$\rho > 1$，$\tau^{incr} > 1$ 和 $\tau^{decr} > 1$ 都是参数，常用取值为 $\rho = 10$，$\tau^{incr} = \tau^{decr} = 2$. 需要注意的是，如果使用 ADMM 标准化形式，当用可变惩罚参数时，标准化对偶变量 $\boldsymbol{u}_k = -\boldsymbol{\lambda}_k/\mu_k$ 在 μ_k 更新后需要再次进行标准化.

12.3 一致性问题

本节介绍的一致性问题和 12.4 节介绍的共享问题是两类非常一般且常见的最优化问题. 通过这两类问题，我们将展示如何基于 ADMM 方法进行分布式优化.

12.3.1 全局一致性问题

考虑以单一优化变量的若干个函数和为目标函数的最优化问题

$$\min_{\boldsymbol{x}} f(\boldsymbol{x}) = \sum_{i=1}^{N} f_i(\boldsymbol{x}) \tag{12.31}$$

其中，$\boldsymbol{x} \in \mathbb{R}^n$，$f_i : \mathbb{R}^n \to \mathbb{R} \cup \{\infty\}$ 为凸函数，称为局部损失函数. 该问题在机器学习领域十分常见，以模型拟合为例，$\boldsymbol{x}$ 表示模型参数，f_i 表示第 i 个数据 (集) 上的损失函数.

我们希望每个 f_i 能被单独一个计算节点处理，从而分布式求解该最优化问题. 为了达到这个目标，首先将无约束最优化问题(12.31)改写成如下约束最优化问题:

$$\begin{aligned}\min_{\{\boldsymbol{x}^i\}} \quad & \sum_{i=1}^{N} f_i(\boldsymbol{x}^i) \\ \text{s.t.} \quad & \boldsymbol{x}^i - \boldsymbol{z} = \boldsymbol{0}, \quad i = 1, 2, \cdots, N\end{aligned} \tag{12.32}$$

其中，$\boldsymbol{x}^i \in \mathbb{R}^n \, (i = 1, 2, \cdots, N)$ 为局部变量，$\boldsymbol{z} \in \mathbb{R}^n$ 为全局变量. 因为约束条件是所有局部变量都等于全局变量，故该问题称为全局一致性问题. 注意，这里并没有拆分优化变量 $\boldsymbol{x}$，而是将目标函数 $\sum\limits_{i=1}^{N} f_i(\boldsymbol{x})$ 拆分为 N 个独立子函数的和，即 $\sum\limits_{i=1}^{N} f_i(\boldsymbol{x}^i)$.

接下来，应用 ADMM 方法求解全局一致性问题(12.32). 由该问题的增广 Lagrange 函数

$$\mathcal{L}(\boldsymbol{x}^1, \boldsymbol{x}^2, \cdots, \boldsymbol{x}^N, \boldsymbol{z}, \boldsymbol{\lambda}; \mu) = \sum_{i=1}^{N} \left[f_i(\boldsymbol{x}^i) - (\boldsymbol{\lambda}^i)^\mathsf{T}(\boldsymbol{x}^i - \boldsymbol{z}) + \frac{\mu}{2}\|\boldsymbol{x}^i - \boldsymbol{z}\|^2 \right]$$

可推出如下 ADMM 迭代公式:

$$\boldsymbol{x}_{k+1}^i = \arg\min_{\boldsymbol{x}^i} \left[f_i(\boldsymbol{x}^i) - (\boldsymbol{\lambda}_k^i)^\mathsf{T}(\boldsymbol{x}^i - \boldsymbol{z}_k) + \frac{\mu}{2}\|\boldsymbol{x}_i - \boldsymbol{z}_k\|^2 \right] \tag{12.33}$$

$$\boldsymbol{z}_{k+1} = \frac{1}{N} \sum_{i=1}^{N} (\boldsymbol{x}_{k+1}^i - \frac{1}{\mu}\boldsymbol{\lambda}_k^i) \tag{12.34}$$

$$\boldsymbol{\lambda}_{k+1}^i = \boldsymbol{\lambda}_k^i - \mu(\boldsymbol{x}_{k+1}^i - \boldsymbol{z}_{k+1}) \tag{12.35}$$

令 $\bar{\boldsymbol{x}}_k = \sum\limits_{i=1}^{N} \boldsymbol{x}_k / N$，$\bar{\boldsymbol{z}}_k = \sum\limits_{i=1}^{N} \boldsymbol{z}_k / N$ 和 $\bar{\boldsymbol{\lambda}}_k = \sum\limits_{i=1}^{N} \boldsymbol{\lambda}_k / N$，则式(12.34)和式(12.35)可改写为

$$\boldsymbol{z}_{k+1} = \bar{\boldsymbol{x}}_{k+1} - \frac{1}{\mu}\bar{\boldsymbol{\lambda}}_k \tag{12.36}$$

$$\bar{\boldsymbol{\lambda}}_{k+1} = \bar{\boldsymbol{\lambda}}_k - \mu(\bar{\boldsymbol{x}}_{k+1} - \boldsymbol{z}_{k+1}) \tag{12.37}$$

将式(12.36)代入式(12.37)，得到 $\bar{\boldsymbol{\lambda}}^{k+1} = \boldsymbol{0}$，说明第一次迭代后，对偶变量的均值为 $\boldsymbol{0}$，进而有 $\boldsymbol{z}_k = \bar{\boldsymbol{x}}_k$. 由此，迭代公式(12.33)至公式(12.35)可以简化为

$$\boldsymbol{x}_{k+1}^i = \arg\min_{\boldsymbol{x}^i} [f_i(\boldsymbol{x}^i) - (\boldsymbol{\lambda}_k^i)^\mathsf{T}(\boldsymbol{x}^i - \bar{\boldsymbol{x}}_k) + \frac{\mu}{2}\|\boldsymbol{x}^i - \bar{\boldsymbol{x}}_k\|^2]$$

$$\boldsymbol{\lambda}_{k+1}^i = \boldsymbol{\lambda}_k^i - \mu(\boldsymbol{x}_{k+1}^i - \bar{\boldsymbol{x}}_{k+1})$$

根据上述迭代公式，很容易实现分布式计算. 每个节点 i 只需处理自己的目标函数和约束项，二次项有助于将局部变量拉向平均值，将更新后的 $\boldsymbol{x}^i$ 上传到中心服务器，得到 $\bar{\boldsymbol{x}}$. 然后，每个节点下载 $\bar{\boldsymbol{x}}$ 并更新对偶变量，使所有局部变量趋于一致.

带正则项的全局一致性问题

在问题(12.32)的目标函数的基础上增加一个正则项，就可得到全局一致性问题的重要变体，即带正则项的全局一致性问题，其定义如下：

$$\begin{aligned}\min_{\{\boldsymbol{x}^i\},\boldsymbol{z}} \quad & \sum_{i=1}^{N} f_i(\boldsymbol{x}^i) + h(\boldsymbol{z}) \\ \text{s.t.} \quad & \boldsymbol{x}^i - \boldsymbol{z} = \boldsymbol{0}, \quad i = 1, 2, \cdots, N\end{aligned} \tag{12.38}$$

ADMM 迭代公式为

$$\begin{aligned}\boldsymbol{x}_{k+1}^i &= \arg\min_{\boldsymbol{x}^i} \left[f_i(\boldsymbol{x}^i) - (\boldsymbol{\lambda}_k^i)^\top(\boldsymbol{x}^i - \boldsymbol{z}_k) + \frac{\mu}{2}\|\boldsymbol{x}^i - \boldsymbol{z}_k\|^2 \right] \\ \boldsymbol{z}_{k+1} &= \arg\min_{\boldsymbol{z}} \left\{ h(\boldsymbol{z}) + \sum_{i=1}^{N} \left[(\boldsymbol{\lambda}_i^k)^\top \boldsymbol{z} + \frac{\mu}{2}\|\boldsymbol{x}_i^{k+1} - \boldsymbol{z}\|^2 \right] \right\} \\ \boldsymbol{\lambda}_{k+1}^i &= \boldsymbol{\lambda}_k^i - \mu(\boldsymbol{x}_{k+1}^i - \boldsymbol{z}_{k+1})\end{aligned}$$

其标准化形式为

$$\boldsymbol{x}_{k+1}^i = \arg\min_{\boldsymbol{x}^i} \left[f_i(\boldsymbol{x}^i) + \frac{\mu}{2}\|\boldsymbol{x}^i - \boldsymbol{z}_k + \boldsymbol{u}_k^i\|^2 \right] \tag{12.39}$$

$$\boldsymbol{z}^{k+1} = \arg\min_{\boldsymbol{z}} \left[h(\boldsymbol{z}) + \frac{N\mu}{2}\|\boldsymbol{z} - \bar{\boldsymbol{x}}_{k+1} - \bar{\boldsymbol{u}}_k\|^2 \right] \tag{12.40}$$

$$\boldsymbol{u}_{k+1}^i = \boldsymbol{u}_k^i + \boldsymbol{x}_{k+1}^i - \boldsymbol{z}_{k+1} \tag{12.41}$$

在大多数情况下，相比非标准化形式，上述标准化形式要更加简洁.

由第 11 章介绍的近端算子可知，式(12.39)和式(12.40)等价于如下形式

$$\begin{aligned}\boldsymbol{x}_{k+1}^i &= \text{prox}_{f_i/\mu}(\boldsymbol{z}_k - \boldsymbol{u}_k^i) \\ \boldsymbol{z}_{k+1} &= \text{prox}_{h/(N\mu)}(\bar{\boldsymbol{x}}_{k+1} + \bar{\boldsymbol{u}}_k)\end{aligned}$$

► **例 12.2** 机器学习领域的很多问题都可归结为如下无约束最优化问题：

$$\min_{\boldsymbol{x}} \ l(\boldsymbol{A}\boldsymbol{x} - \boldsymbol{b}) + r(\boldsymbol{x}) \tag{12.42}$$

其中，变量 $\boldsymbol{x} \in \mathbb{R}^n$，$\boldsymbol{A} = (\boldsymbol{a}_1, \boldsymbol{a}_2, \cdots, \boldsymbol{a}_m)^\top \in \mathbb{R}^{m\times n}$ 为特征矩阵，$\boldsymbol{b} \in \mathbb{R}^m$ 为输出向量，$l: \mathbb{R}^m \to \mathbb{R}$ 为凸损失函数，r 为凸正则函数. 假设损失函数 l 是可加的，例如 $l(\boldsymbol{u}) = \|\boldsymbol{u}\|^2/2$，于是有

$$l(\boldsymbol{A}\boldsymbol{x} - \boldsymbol{b}) = \sum_{i=1}^{m} l_i(\boldsymbol{a}_i^\top \boldsymbol{x} - b_i)$$

其中，$l_i: \mathbb{R} \to \mathbb{R}$ 是第 i 个样本的损失函数，$\boldsymbol{a}_i \in \mathbb{R}^n$ 是第 i 个样本的特征向量，b_i 是第 i 个样本的输出向量. 通常假设正则函数 r 也是可加的，例如 $r(\boldsymbol{x}) = \lambda\|\boldsymbol{x}\|^2$，$r(\boldsymbol{x}) = \lambda\|\boldsymbol{x}\|_1$ 等.

对于样本量 m 远大于 p 的大样本低维数据，可以通过分割数据集并将分割后的子数据集分给多个节点进行分布式优化的方式，提高计算效率，节省计算时间.

具体地，将特征矩阵 $\boldsymbol{A}$ 和输出向量 $\boldsymbol{b}$ 按行划分为 N 份

$$\boldsymbol{A}=\begin{pmatrix}\boldsymbol{A}^1\\ \boldsymbol{A}^2\\ \vdots\\ \boldsymbol{A}^N\end{pmatrix},\qquad \boldsymbol{b}=\begin{pmatrix}\boldsymbol{b}^1\\ \boldsymbol{b}^2\\ \vdots\\ \boldsymbol{b}^N\end{pmatrix}$$

其中，$\boldsymbol{A}^i\in\mathbb{R}^{m_i\times n}$，$\boldsymbol{b}^i\in\mathbb{R}^{m_i}$，$(\boldsymbol{A}^i,\boldsymbol{b}^i)$ 表示第 i 个子数据集，$\sum\limits_{i=1}^{N}m_i=m$.

接下来，将问题(12.42)改写成如下一致性问题形式：

$$\begin{aligned}\min_{\{\boldsymbol{x}_i\},\boldsymbol{z}}\quad & \sum_{i=1}^{N}l_i(\boldsymbol{A}^i\boldsymbol{x}^i-\boldsymbol{b}^i)+r(\boldsymbol{z})\\ \text{s.t.}\quad & \boldsymbol{x}_i-\boldsymbol{z}=\boldsymbol{0},\quad i=1,2,\cdots,N\end{aligned}\tag{12.43}$$

其中，$\boldsymbol{x}^i\in\mathbb{R}^n$，$\boldsymbol{z}\in\mathbb{R}^n$. 由式(12.39)至式(12.41)可得到该问题的 ADMM 标准化迭代公式：

$$\begin{aligned}\boldsymbol{x}_{k+1}^i&=\arg\min_{\boldsymbol{x}^i}\left[l_i(\boldsymbol{A}^i\boldsymbol{x}^i-\boldsymbol{b}_i)+\frac{\mu}{2}\|\boldsymbol{x}^i-\boldsymbol{z}_k+\boldsymbol{u}_k^i\|^2\right]\\ \boldsymbol{z}_{k+1}&=\arg\min_{\boldsymbol{z}}\left[r(\boldsymbol{z})+\frac{N\mu}{2}\|\boldsymbol{z}-\bar{\boldsymbol{x}}_{k+1}-\bar{\boldsymbol{u}}_k\|^2\right]\\ \boldsymbol{u}_{k+1}^i&=\boldsymbol{u}_k^i+\boldsymbol{x}_{k+1}^i-\boldsymbol{z}_{k+1}\end{aligned}$$

$\boldsymbol{x}$ 更新步和 $\boldsymbol{u}$ 更新步均可在 N 个节点上并行完成，$\boldsymbol{z}$ 更新步则需要已知每个节点 i 的 $\boldsymbol{x}^i$ 和 $\boldsymbol{u}^i$.

当 $l_i(\boldsymbol{u})=\|\boldsymbol{u}\|^2/2$，$r(\boldsymbol{x})=\lambda\|\boldsymbol{x}\|_1$ 时，式(12.42)就是 Lasso 问题，此时 ADMM 标准化迭代公式为

$$\begin{aligned}\boldsymbol{x}_{k+1}^i&=(\boldsymbol{A}_i^\top\boldsymbol{A}_i+\mu\boldsymbol{I})^{-1}[\boldsymbol{A}_i^\top\boldsymbol{b}_i+\mu(\boldsymbol{z}_k-\boldsymbol{u}_k^i)]\\ \boldsymbol{z}_{k+1}&=S_{\lambda/\mu}(\bar{\boldsymbol{x}}_{k+1}+\bar{\boldsymbol{u}}_k)\\ \boldsymbol{u}_{k+1}^i&=\boldsymbol{u}_k^i+\boldsymbol{x}_{k+1}^i-\boldsymbol{z}_{k+1}\end{aligned}$$

12.3.2　一致性问题的一般形式

考虑一致性问题的一般形式

$$\min_{\boldsymbol{x}}\ f(\boldsymbol{x})=\sum_{i=1}^{N}f_i([\boldsymbol{x}]_{c_i})\tag{12.44}$$

其中，$\boldsymbol{x}\in\mathbb{R}^n$，$c_i\subseteq\{1,2,\cdots,n\}$，$\mathcal{N}(c_i)=n_i$ ($\mathcal{N}(\cdot)$ 为集合个数). 由于 c_i 间可能有重叠，故 $\{c_1,c_2,\cdots,c_N\}$ 是集合 $\{1,2,\cdots,n\}$ 的一个覆盖，而非分解. 如果 $c_i=\{1,2,\cdots,n\}(i=1,2,\cdots,N)$，则问题(12.44)退化为全局一致性问题. 为了简便，我们将 $[\boldsymbol{x}]_{c_i}$ 简写为 $\boldsymbol{x}^i$，称

为局部变量. 与全局一致性问题不同, 这里局部变量 $\boldsymbol{x}^i$ 的维度可能不再相同, 因此所有局部变量不再对应一个全局变量 $\boldsymbol{z}$, 而是每个局部变量对应全局变量 $\boldsymbol{z}$ 的一部分. 定义局部变量下标到全局变量下标的映射为 $\mathcal{G}(i,j):\{1,2,\cdots,N\}\times\{1,2,\cdots,n_i\}\to\{1,2,\cdots,n\}$. 于是, 局部变量与全局变量一致等价于

$$[\boldsymbol{x}^i]_j=[\boldsymbol{z}]_{\mathcal{G}(i,j)},\quad i=1,2,\cdots,N;\ j=1,2,\cdots,n_i$$

定义 $\tilde{\boldsymbol{z}}^i\in\mathbb{R}^{n_i}$, 满足 $[\tilde{\boldsymbol{z}}^i]_j=[\boldsymbol{z}]_{\mathcal{G}(i,j)}$, 则一致性问题(12.44)可改写为如下约束最优化问题:

$$\begin{aligned}\min_{\{\boldsymbol{x}^i,\boldsymbol{z}\}}\quad & \sum_{i=1}^N f_i(\boldsymbol{x}^i)\\ \text{s.t.}\quad & \boldsymbol{x}^i-\tilde{\boldsymbol{z}}^i=\boldsymbol{0},\quad i=1,2,\cdots,N\end{aligned}\tag{12.45}$$

该问题的增广 Lagrange 函数为

$$\mathcal{L}(\boldsymbol{x},\boldsymbol{z},\boldsymbol{\lambda};\mu)=\sum_{i=1}^N\left[f_i(\boldsymbol{x}^i)-(\boldsymbol{\lambda}^i)^\top(\boldsymbol{x}^i-\tilde{\boldsymbol{z}}^i)+\frac{\mu}{2}\|\boldsymbol{x}^i-\tilde{\boldsymbol{z}}^i\|^2\right]$$

由此推出 ADMM 迭代公式

$$\boldsymbol{x}_{k+1}^i=\arg\min_{\boldsymbol{x}^i}\left[f_i(\boldsymbol{x}^i)-(\boldsymbol{\lambda}_k^i)^\top\boldsymbol{x}^i+\frac{\mu}{2}\|\boldsymbol{x}^i-\tilde{\boldsymbol{z}}_k^i\|^2\right]\tag{12.46}$$

$$\boldsymbol{z}_{k+1}=\arg\min_{\boldsymbol{z}}\left\{\sum_{i=1}^N\left[(\boldsymbol{\lambda}_k^i)^\top\tilde{\boldsymbol{z}}^i+\frac{\mu}{2}\|\boldsymbol{x}_{k+1}^i-\tilde{\boldsymbol{z}}^i\|^2\right]\right\}\tag{12.47}$$

$$\boldsymbol{\lambda}_{k+1}^i=\boldsymbol{\lambda}_k^i-\mu(\boldsymbol{x}_{k+1}^i-\tilde{\boldsymbol{z}}_{k+1}^i)\tag{12.48}$$

由于式(12.47)的目标函数关于 $\boldsymbol{z}$ 是完全可分的, 故式(12.47)可改写为分量形式

$$[\boldsymbol{z}_{k+1}]_l=\frac{1}{k_l}\sum_{\mathcal{G}(i,j)=l}\left([\boldsymbol{x}_{k+1}^i]_j-\frac{1}{\mu}[\boldsymbol{\lambda}_k^i]_j\right),\quad l=1,2,\cdots,n\tag{12.49}$$

其中, $k_l=\sum_{\mathcal{G}(i,j)=l}1$, 即与 $[\boldsymbol{z}]_l$ 对应的局部变量数量. 全局变量 $\boldsymbol{z}$ 的第 l 项更新为所有与 $[\boldsymbol{z}]_l$ 对应的 $\boldsymbol{x}^i-\dfrac{1}{\mu}\boldsymbol{\lambda}^i$ 的平均值. 将式(12.49)代入式(12.48), 可得

$$\sum_{\mathcal{G}(i,j)=l}[\boldsymbol{\lambda}_{k+1}^i]_j=0$$

于是, 式(12.47)可以进一步简化为

$$[\boldsymbol{z}_{k+1}]_l=\frac{1}{k_l}\sum_{\mathcal{G}(i,j)=l}[\boldsymbol{x}_{k+1}^i]_j$$

由此可见, 式(12.47)是对全局变量的每个分量 $[\boldsymbol{z}]_l$ 进行局部平均, 而非全局平均.

带正则项的一致性问题

类似于全局一致性问题, 通过在问题(12.45)目标函数的基础上增加正则项, 便可得到

带正则项的一致性问题

$$\begin{aligned}\min \quad & \sum_{i=1}^{N} f_i(\boldsymbol{x}^i) + h(\boldsymbol{z}) \\ \text{s.t.} \quad & \boldsymbol{x}_i - \tilde{\boldsymbol{z}}_i = \boldsymbol{0}, \quad i = 1, 2, \cdots, N\end{aligned} \tag{12.50}$$

仿照带正则项的全局一致性问题，读者可自行推导出该问题的 ADMM 迭代公式.

12.4 共享问题

本节考虑另一类常见的无约束最优化问题——共享问题，其形式如下：

$$\min_{\{\boldsymbol{x}^i\}} \sum_{i=1}^{N} f_i(\boldsymbol{x}^i) + h\left(\sum_{i=1}^{N} \boldsymbol{x}^i\right) \tag{12.51}$$

其中，$\boldsymbol{x}^i \in \mathbb{R}^n$，$f_i$ 为局部损失函数，h 是 N 个优化变量和的函数，称为共享目标函数. 共享问题通过调整 $\boldsymbol{x}^i$ 的值极小化局部损失函数 $f_i(\boldsymbol{x}^i)$ 和共享目标函数 $h\left(\sum_{i=1}^{N} \boldsymbol{x}^i\right)$ 的和.

将问题(12.51)改写成约束最优化问题形式

$$\begin{aligned}\min_{\{\boldsymbol{x}^i\},\{\boldsymbol{z}^i\}} \quad & \sum_{i=1}^{N} f_i(\boldsymbol{x}^i) + h(\sum_{i=1}^{N} \boldsymbol{z}^i) \\ \text{s.t.} \quad & \boldsymbol{x}^i - \boldsymbol{z}^i = \boldsymbol{0}, \quad i = 1, 2, \cdots, N\end{aligned} \tag{12.52}$$

其中，$\boldsymbol{x}_i \in \mathbb{R}^n, \boldsymbol{z}_i \in \mathbb{R}^n$.

应用 ADMM 方法求解式(12.52)，其标准化迭代公式为

$$\boldsymbol{x}_{k+1}^i = \arg\min_{\boldsymbol{x}^i} \left[f_i(\boldsymbol{x}^i) + \frac{\mu}{2}\|\boldsymbol{x}^i - \boldsymbol{z}_k^i + \boldsymbol{u}_k^i\|_2^2\right] \tag{12.53}$$

$$\boldsymbol{z}_{k+1} = \arg\min_{\boldsymbol{z}} \left[h\Big(\sum_{i=1}^{N} \boldsymbol{z}^i\Big) + \frac{\mu}{2}\sum_{i=1}^{N} \|\boldsymbol{z}^i - \boldsymbol{x}_{k+1}^i - \boldsymbol{u}_k^i\|_2^2\right] \tag{12.54}$$

$$\boldsymbol{u}_{k+1}^i = \boldsymbol{u}_k^i + \boldsymbol{x}_{k+1}^i - \boldsymbol{z}_{k+1}^i \tag{12.55}$$

其中，$\boldsymbol{z} = ((\boldsymbol{z}^1)^\top, (\boldsymbol{z}^2)^\top, \cdots, (\boldsymbol{z}^N)^\top)^\top$. 式(12.53)和式(12.55)可以分配给 N 个节点进行并行计算. 令 $\boldsymbol{a}^i = \boldsymbol{x}_{k+1}^i + \boldsymbol{u}_k^i$，则式(12.54)等价于求解如下约束最优化问题：

$$\begin{aligned}\min_{\bar{\boldsymbol{z}},\{\boldsymbol{z}^i\}} \quad & h(N\bar{\boldsymbol{z}}) + \frac{\mu}{2}\sum_{i=1}^{N} \|\boldsymbol{z}^i - \boldsymbol{a}^i\|^2 \\ \text{s.t.} \quad & \bar{\boldsymbol{z}} = \frac{1}{N}\sum_{i=1}^{N} \boldsymbol{z}^i\end{aligned} \tag{12.56}$$

固定 $\bar{\boldsymbol{z}}$，关于 $\boldsymbol{z}^1, \boldsymbol{z}^2, \cdots, \boldsymbol{z}^N$ 极小化目标函数，可得

$$\boldsymbol{z}^i = \boldsymbol{a}^i + \bar{\boldsymbol{z}} - \bar{\boldsymbol{a}} \tag{12.57}$$

其中，$\bar{\boldsymbol{a}} = \dfrac{1}{N}\sum_{i=1}^{N}\boldsymbol{a}^i$. 于是，通过极小化 $\bar{\boldsymbol{z}}$ 的目标函数

$$h(N\bar{\boldsymbol{z}}) + \frac{\mu N}{2}\|\bar{\boldsymbol{z}} - \bar{\boldsymbol{a}}\|^2$$

就可以得到 $\boldsymbol{z}$ 的更新值. 将式(12.57)应用于 $\boldsymbol{z}_{k+1}^i$，代入式(12.55)，可得

$$\boldsymbol{u}_{k+1}^i = \bar{\boldsymbol{u}}_k + \bar{\boldsymbol{x}}_{k+1} - \bar{\boldsymbol{z}}_{k+1} \tag{12.58}$$

其中，$\bar{\boldsymbol{u}}_k = \dfrac{1}{N}\sum_{i=1}^{N}\boldsymbol{u}_k^i$，$\bar{\boldsymbol{x}}_{k+1} = \dfrac{1}{N}\sum_{i=1}^{N}\boldsymbol{x}_{k+1}^i$，$\bar{\boldsymbol{z}}_{k+1} = \dfrac{1}{N}\sum_{i=1}^{N}\boldsymbol{z}_{k+1}^i$. 式(12.58)表明对偶变量 $\boldsymbol{u}_{k+1}^i$，$i = 1, 2, \cdots, N$ 均相等，故可替换为统一变量 $\boldsymbol{u}_{k+1} \in \mathbb{R}^n$. 至此，得到 ADMM 方法的最终迭代公式

$$\boldsymbol{x}_{k+1}^i = \arg\min_{\boldsymbol{x}_i}\left[f_i(\boldsymbol{x}^i) + \frac{\mu}{2}\|\boldsymbol{x}^i - \boldsymbol{x}_k^i + \bar{\boldsymbol{x}}_k - \bar{\boldsymbol{z}}_k + \boldsymbol{u}_k\|^2\right] \tag{12.59}$$

$$\bar{\boldsymbol{z}}_{k+1} = \arg\min_{\bar{\boldsymbol{z}}}\left[h(N\bar{\boldsymbol{z}}) + \frac{\mu N}{2}\|\bar{\boldsymbol{z}} - \bar{\boldsymbol{x}}_{k+1} - \boldsymbol{u}_k\|^2\right] \tag{12.60}$$

$$\boldsymbol{u}_{k+1} = \boldsymbol{u}_k + \bar{\boldsymbol{x}}_{k+1} - \bar{\boldsymbol{z}}_{k+1} \tag{12.61}$$

在实际应用中，$\boldsymbol{x}$ 更新步式(12.59)可由 N 个节点并行执行，将更新后的 $\boldsymbol{x}_{k+1}^i$ 上传到中心服务器，由中心服务器计算得到 $\bar{\boldsymbol{x}}_{k+1}$、$\bar{\boldsymbol{z}}_{k+1}$ 和 $\boldsymbol{u}_{k+1}$，再将其传给 N 个节点.

▶ **例 12.3** 考虑最优化问题(12.42)，此时数据集具有特征维度 n 远大于样本量 m 的高维特性. 此类高维数据广泛存在于生物医学、自然语言处理、保险、金融等众多领域. 以生物医学为例，人类基因组包含 2 万 ~3 万个基因，在研究某种疾病时，受实验条件所限，获得的样本一般只有几千个甚至几百个，相比基因数量，是一个非常小的数值.

为了实现高维数据下问题(12.42)的分布式求解，可将 n 个特征分为 N 份，即 $\boldsymbol{x} = (\boldsymbol{x}^1, \boldsymbol{x}^2, \cdots, \boldsymbol{x}^N)^\mathsf{T}$，其中 $\boldsymbol{x}^i \in \mathbb{R}^{n_i}$，$\sum_{i=1}^{N} n_i = n$. 相应地，将特征矩阵 $\boldsymbol{A}$ 按列分为 N 个子矩阵，即 $\boldsymbol{A} = (\boldsymbol{A}^1, \boldsymbol{A}^2, \cdots, \boldsymbol{A}^N)$，其中 $\boldsymbol{A}^i \in \mathbb{R}^{m\times n_i}$，将正则函数改写为 N 个子函数的和，即 $r(\boldsymbol{x}) = \sum_{i=1}^{N} r_i(\boldsymbol{x}^i)$. 由于 $\boldsymbol{A}\boldsymbol{x} = \sum_{i=1}^{N}\boldsymbol{A}^i\boldsymbol{x}^i$，故问题(12.42)可改写为

$$\min_{\{\boldsymbol{x}^i\}}\ l\Big(\sum_{i=1}^{N}\boldsymbol{A}^i\boldsymbol{x}^i - \boldsymbol{b}\Big) + \sum_{i=1}^{N} r_i(\boldsymbol{x}^i)$$

令 $\boldsymbol{z}^i = \boldsymbol{A}^i\boldsymbol{x}^i$，则上述问题可转化为如下共享问题：

$$\begin{aligned}\min_{\{\boldsymbol{x}^i\},\{\boldsymbol{z}^i\}}\quad & l\Big(\sum_{i=1}^{N}\boldsymbol{z}^i - \boldsymbol{b}\Big) + \sum_{i=1}^{N} r_i(\boldsymbol{x}^i)\\ \text{s.t.}\quad & \boldsymbol{A}^i\boldsymbol{x}^i - \boldsymbol{z}^i = \boldsymbol{0},\quad i = 1, 2, \cdots, N\end{aligned} \tag{12.62}$$

由共享问题的 ADMM 标准化迭代公式(12.59)至公式(12.61)，可直接得到问题(12.62)的 ADMM 标准化迭代公式

$$
\begin{aligned}
\boldsymbol{x}_{k+1}^{i} &= \arg\min_{\boldsymbol{x}_i}\left[r_i(\boldsymbol{x}_i)+\frac{\mu}{2}\|\boldsymbol{A}^i\boldsymbol{x}^i-\boldsymbol{A}^i\boldsymbol{x}_k^i+\overline{\boldsymbol{A}\boldsymbol{x}_k}-\bar{\boldsymbol{z}}_k+\boldsymbol{u}_k\|^2\right]\\
\bar{\boldsymbol{z}}_{k+1} &= \arg\min_{\bar{\boldsymbol{z}}}\left[l(N\bar{\boldsymbol{z}}-\boldsymbol{b})+\frac{\mu N}{2}\|\bar{\boldsymbol{z}}-\overline{\boldsymbol{A}\boldsymbol{x}_{k+1}}-\boldsymbol{u}_k\|^2\right]\\
\boldsymbol{u}_{k+1} &= \boldsymbol{u}_k+\overline{\boldsymbol{A}\boldsymbol{x}_{k+1}}-\bar{\boldsymbol{z}}_{k+1}
\end{aligned}
$$

其中 $\overline{\boldsymbol{A}\boldsymbol{x}_k}=(1/N)\sum_{i=1}^{N}\boldsymbol{A}^i\boldsymbol{x}_k^i$. 在实际应用中，首先由 N 个节点分别更新 $\boldsymbol{x}_k^i\,(i=1,2,\cdots,N)$，将更新后的 $\boldsymbol{A}^i\boldsymbol{x}_{k+1}^i$ 上传到中心服务器. 然后，中心服务器求平均得到 $\overline{\boldsymbol{A}\boldsymbol{x}_{k+1}}$，以此更新 $\boldsymbol{z}_k$ 和 $\boldsymbol{u}_k$，并将更新后的 $\bar{\boldsymbol{z}}_{k+1}$ 和 $\boldsymbol{u}_{k+1}$ 传给 N 个节点.

注意，这里并不要求损失函数 l 是可分的. 类似地，不要求正则函数 r 是完全可分的，只需要其关于每个特征组 $\boldsymbol{x}^i$ 是可分的即可.

12.5 数值实验

本节以 Lasso 问题为例，比较近端梯度方法、加速近端梯度方法、随机坐标下降方法和 ADMM 方法的有效性.

下面通过模拟实验展示 ADMM 方法的迭代过程和收敛情况①. 考虑一个由 $m=1\,500$ 行，$n=5\,000$ 列构成的特征矩阵 $\boldsymbol{A}$，$\boldsymbol{A}_{ij}\sim N(0,1)$，特征矩阵的每一列都进行标准化处理，即 2 范数为 1. 真实解 $\boldsymbol{x}^{\text{true}}\in\mathbb{R}^n$ 有 100 个非零分量，每个非零分量都是从标准正态分布 $N(0,1)$ 中随机生成的. 响应变量 $\boldsymbol{b}$ 由线性回归模型生成：$\boldsymbol{b}=\boldsymbol{A}\times\boldsymbol{x}^{\text{true}}+\boldsymbol{\varepsilon}$，其中 $\boldsymbol{\varepsilon}\sim N(0,10^{-3}\boldsymbol{I})$. 设置参数 $\mu=1$，收敛阈值 $\epsilon^{abs}=10^{-4},\epsilon^{rel}=10^{-2}$，正则化参数 $\gamma=0.1\|\boldsymbol{A}\boldsymbol{b}\|_\infty$. 初始化变量 $\boldsymbol{u}_0=\boldsymbol{0}$ 和 $\boldsymbol{z}_0=\boldsymbol{0}$. 初始点为 $\boldsymbol{x}_0=\boldsymbol{0}$.

图12.1(a) 展示了迭代过程中原始残差和对偶残差的 2 范数变化情况，以及对应的终止准则界限 ϵ^{pri} 和 ϵ^{dual}. 经过 15 次迭代，ADMM 方法满足终止准则. 从图12.1(b) 中可以看出，此时 (p_k-p^*) 近似为 0，其中 $p_k=(1/2)\|\boldsymbol{A}\boldsymbol{x}_k-\boldsymbol{b}\|^2+\gamma\|\boldsymbol{x}_k\|_1$，方法迭代 1 000 次后得到 $p^*=17.45$.

接下来，我们通过模拟实验比较近端梯度方法、加速近端梯度方法和随机坐标下降方法的收敛速度. 考虑一个由 $m=500$ 行，$n=2\,500$ 列构成的特征矩阵 $\boldsymbol{A}$，其中矩阵的每个元素 $\boldsymbol{A}_{ij}$ 均从 $N(0,1)$ 中随机生成. 真实解 $\boldsymbol{x}^{\text{true}}\in\mathbb{R}^n$ 有 100 个非零分量，每个非零分量均从 $N(0,1)$ 中随机生成. 响应变量 $\boldsymbol{b}$ 由线性回归模型 $\boldsymbol{b}=\boldsymbol{A}\boldsymbol{x}^{\text{true}}+\boldsymbol{\varepsilon}$ 生成，其中

① Chen L, Sun D, Toh K C. A note on the convergence of ADMM for linearly constrained convex optimization problems. Computational Optimization and Applications, 2017(2): 327-343. www.stanford.edu/boyd/papers/admm_distr_stats.html.

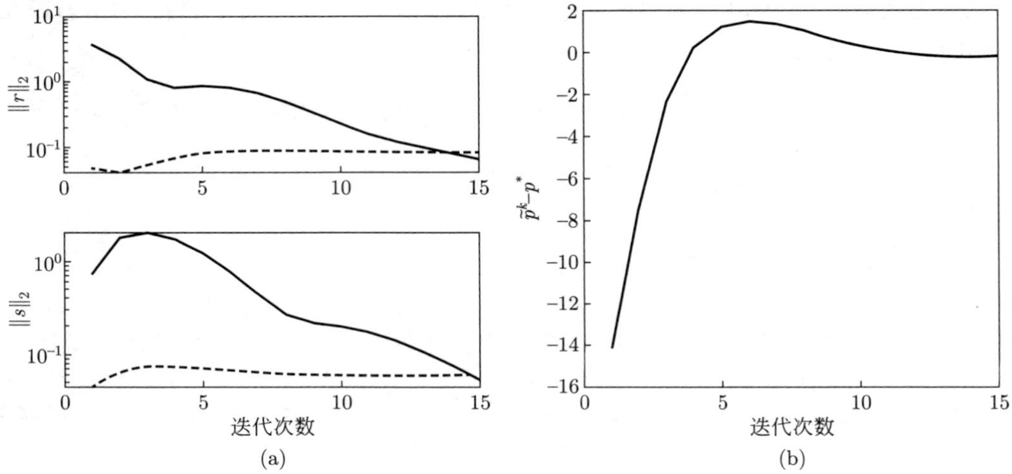

图 12.1　ADMM 方法的迭代过程

$\boldsymbol{\varepsilon} \sim N(\mathbf{0}, 10^{-3}\boldsymbol{I})$. 正则化参数 $\gamma = 0.1\|\boldsymbol{Ab}\|_\infty$. 步长 $\alpha_k = 1$, ADMM 方法的惩罚参数 $\mu = 1$, 收敛阈值 $\epsilon^{abs} = 10^{-4}$, $\epsilon^{rel} = 10^{-2}$. 初始化所有变量为 $\mathbf{0}$. 对于随机坐标下降方法，我们使用随机块坐标下降，即每次从 $n = 2\,500$ 个特征中随机抽取 200 个特征进行更新，步长设定为 0.01.

图12.2 展示了四种方法在迭代过程中目标函数值的变化，这里以 Matlab 凸优化工具箱 CVX 的估计结果为真实值. 可以看出近端梯度方法、加速近端梯度方法和 ADMM 方法在 100 步内能够收敛到真实值，而随机坐标下降方法由于每次只更新部分特征，其收敛速度相对较慢.

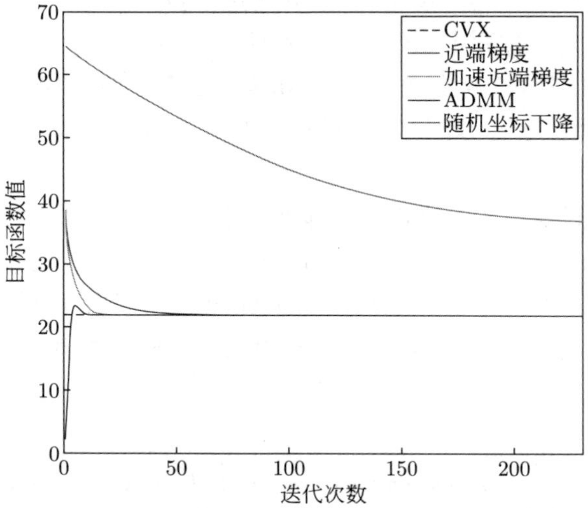

图 12.2　四种不同方法在迭代过程中目标函数估计值

最后，考虑一个真实数据集. 我们使用针对 Python 编程语言的机器学习库 scikit-learn[①] 中的糖尿病人数据集 diabetes，该数据集共有 442 个样本、10 个特征 (age, sex, bmi, bp, s1, s2, s3, s4, s5, s6)，响应变量 $\boldsymbol{b}$ 为一年后疾病发展情况的定量指标，取值范围为 [25, 346]. Lasso 问题为

$$\min \ \frac{1}{2\times 442}\|\boldsymbol{A}\boldsymbol{x}-\boldsymbol{b}\|^2+\gamma\|\boldsymbol{x}\|_1$$

其中，$\boldsymbol{A}\in\mathbb{R}^{442\times 10}$ 为特征矩阵. 我们应用随机坐标下降方法求解上述 Lasso 问题. 为展示正则化参数 γ 对特征系数 $\boldsymbol{x}$ 取值的影响，我们设置不同的 λ 值，结果如图12.3所示. 可以看出，当正则化参数 γ 较大时，所有系数均被压缩为 0；随着 γ 的减小，各个系数逐渐增大，并且根据各个特征对响应变量的重要性，10 个系数的绝对值增大的顺序不同. 在实际计算中，我们可以通过交叉验证方法确定一个合适的惩罚参数值.

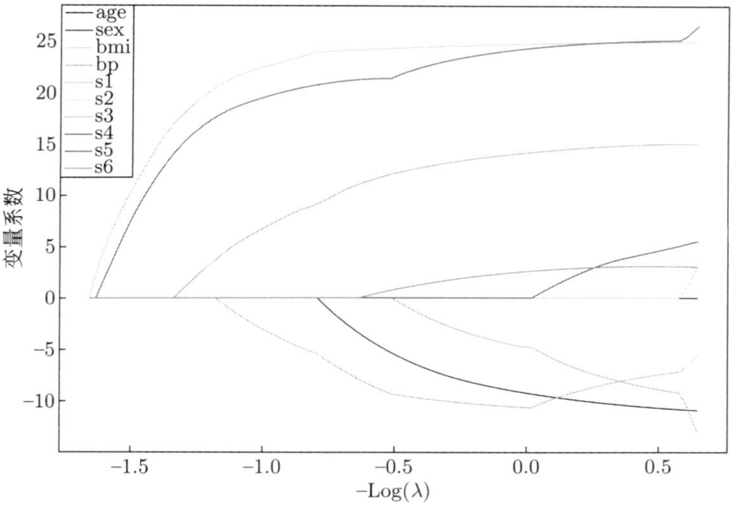

图 12.3　10 个特征系数的变化路径

① https://scikit-learn.org/stable/.

附录A

数学基础

A.1 线性代数

A.1.1 向量和矩阵

在本书中，我们考虑分量是实数的向量和矩阵. 用小写字母 $\boldsymbol{x}$, $\boldsymbol{y}$, $\cdots$ 表示向量，大写字母 $\boldsymbol{A}$, $\boldsymbol{B}$, $\cdots$ 表示矩阵.

如无特别说明，一般假定向量 $\boldsymbol{x}$ 为 n 维列向量，即

$$\boldsymbol{x} = \begin{pmatrix} x_1 \\ x_2 \\ \vdots \\ x_n \end{pmatrix}$$

其中，x_i 表示向量 $\boldsymbol{x}$ 的第 i 个分量，部分章节也用 $[\boldsymbol{x}]_i$ 表示向量 $\boldsymbol{x}$ 的第 i 个分量. n 维实向量构成的空间记为 $\mathbb{R}^n$. 向量 $\boldsymbol{x}$ 的转置为行向量，记为 $\boldsymbol{x}^\top = (x_1, x_2, \cdots, x_n)$.

m 行 n 列矩阵记为 $m \times n$ 矩阵，记为

$$\boldsymbol{A} = \begin{pmatrix} A_{11} & A_{12} & \cdots & A_{1n} \\ A_{21} & A_{22} & \cdots & A_{2n} \\ \vdots & \vdots & & \vdots \\ A_{m1} & A_{m2} & \cdots & A_{mn} \end{pmatrix}$$

其中，A_{ij} 表示矩阵 $\boldsymbol{A}$ 的第 i 行第 j 列元素，$A_{ii}\,(i = 1, 2, \cdots, \min(m, n))$ 表示矩阵 $\boldsymbol{A}$ 的对角线元素. $m \times n$ 矩阵构成的空间记为 $\mathbb{R}^{m\times n}$.

$\boldsymbol{A}^\top$ 表示矩阵 $\boldsymbol{A}$ 的转置，$\boldsymbol{A}^\top$ 为 $n \times m$ 矩阵，第 i 行第 j 列元素为 A_{ji}. 若对 $i < j$，有 $A_{ij} = 0$，则称 $\boldsymbol{A}$ 为下三角矩阵. 若对 $i > j$，有 $A_{ij} = 0$，则称 $\boldsymbol{A}$ 为上三角矩阵. 若对 $i \neq j$，

有 $A_{ij}=0$，则称 $\boldsymbol{A}$ 为对角矩阵. 若 $m=n$，则称 $\boldsymbol{A}$ 为方阵. 若 $\boldsymbol{A}=\boldsymbol{A}^\top$，则称 $\boldsymbol{A}$ 为对称矩阵. 若方阵 $\boldsymbol{A}$ 只有对角线元素为 1，其余元素均为 0，则称其为单位阵，记为 $\boldsymbol{I}$.

设 $\boldsymbol{A}\in\mathbb{R}^{n\times n}$，$\boldsymbol{A}$ 为对称矩阵，若对任意 $\boldsymbol{x}\in\mathbb{R}^n\setminus\{\boldsymbol{0}\}$，都有 $\boldsymbol{x}^\top\boldsymbol{A}\boldsymbol{x}>0$，则称 $\boldsymbol{A}$ 为正定矩阵；若对任意 $\boldsymbol{x}\in\mathbb{R}^n\setminus\{\boldsymbol{0}\}$，有 $\boldsymbol{x}^\top\boldsymbol{A}\boldsymbol{x}\geqslant 0$，则称 $\boldsymbol{A}$ 为半正定矩阵；若对任意 $\boldsymbol{x}\in\mathbb{R}^n\setminus\{\boldsymbol{0}\}$，有 $\boldsymbol{x}^\top\boldsymbol{A}\boldsymbol{x}<0$，则称 $\boldsymbol{A}$ 为负定矩阵.

设 $\boldsymbol{A}\in\mathbb{R}^{n\times n}$，若其行列式大于 0，即 $\det(\boldsymbol{A})>0$，则称 $\boldsymbol{A}$ 为非奇异矩阵或可逆矩阵. 对于可逆矩阵 $\boldsymbol{A}$，存在唯一 $n\times n$ 矩阵 $\boldsymbol{B}$，使得 $\boldsymbol{AB}=\boldsymbol{BA}=\boldsymbol{I}$，称矩阵 $\boldsymbol{B}$ 为矩阵 $\boldsymbol{A}$ 的逆矩阵，记为 $\boldsymbol{A}^{-1}$.

设 $\boldsymbol{A}\in\mathbb{R}^{n\times n}$，若 $\boldsymbol{A}\boldsymbol{A}^\top=\boldsymbol{A}^\top\boldsymbol{A}=\boldsymbol{I}$，则称矩阵 $\boldsymbol{A}$ 为正交矩阵.

A.1.2 特征值和特征向量

设 $\boldsymbol{A}\in\mathbb{R}^{n\times n}$，存在标量 λ(可能是复数) 和非零向量 $\boldsymbol{x}$ 满足 $\boldsymbol{A}\boldsymbol{x}=\lambda\boldsymbol{x}$，称 λ 为矩阵 $\boldsymbol{A}$ 的特征值，$\boldsymbol{x}$ 为矩阵 $\boldsymbol{A}$ 的特征向量. 若 $\boldsymbol{A}$ 的特征值全部非零，那么 $\boldsymbol{A}$ 是非奇异矩阵. $n\times n$ 对称矩阵的特征值均为实数，且 n 个特征向量相互正交.

通过特征值可以判定一个对称矩阵是否正定.

定理 A.1

对称矩阵 $\boldsymbol{A}$ 是正定 (半正定) 的，当且仅当 $\boldsymbol{A}$ 的所有特征值是正 (非负) 的. ♡

还可通过特征值计算矩阵的迹和行列式. 设 $\boldsymbol{A}\in\mathbb{R}^{n\times n}$，$\boldsymbol{A}$ 的迹定义为

$$\mathrm{tr}(\boldsymbol{A})=\sum_{i=1}^{n}A_{ii}$$

若 $\boldsymbol{A}$ 的特征值为 $\lambda_1,\lambda_2,\cdots,\lambda_n$，则

$$\mathrm{tr}(\boldsymbol{A})=\sum_{i=1}^{n}\lambda_i$$

矩阵 $\boldsymbol{A}$ 的行列式等于 n 个特征值的乘积，即

$$\det(\boldsymbol{A})=\prod_{i=1}^{n}\lambda_i$$

A.1.3 内积和范数

对于向量 $\boldsymbol{x}\in\mathbb{R}^n$，$\boldsymbol{y}\in\mathbb{R}^n$，定义 $\boldsymbol{x}$ 和 $\boldsymbol{y}$ 的内积为 $\langle\boldsymbol{x},\boldsymbol{y}\rangle=\boldsymbol{x}^\top\boldsymbol{y}=\sum_{i=1}^{n}x_iy_i$. 如果 $\langle\boldsymbol{x},\boldsymbol{y}\rangle=0$，则称 $\boldsymbol{x}$ 和 $\boldsymbol{y}$ 是正交的.

对于向量 $\boldsymbol{x} \in \mathbb{R}^n$，定义如下三种范数

$$\|\boldsymbol{x}\|_1 = \sum_{i=1}^{n} |x_i|$$

$$\|\boldsymbol{x}\|_2 = \sqrt{\sum_{i=1}^{n} x_i^2} = \sqrt{\boldsymbol{x}^\top \boldsymbol{x}}$$

$$\|\boldsymbol{x}\|_\infty = \max_{i \in \{1,2,\cdots,n\}} |x_i|$$

其中，$\|\cdot\|_1$ 称为 1 范数，$\|\cdot\|_2$ 称为 2 范数或者欧几里得范数，$\|\cdot\|_\infty$ 称为无穷范数. 这三种范数都可度量向量大小，且这三种范数在某种意义上是等价的. 具体地，对任意 $\boldsymbol{x} \in \mathbb{R}^n$，都有

$$\|\boldsymbol{x}\|_\infty \leqslant \|\boldsymbol{x}\|_2 \leqslant \sqrt{n}\|\boldsymbol{x}\|_\infty, \quad \|\boldsymbol{x}\|_\infty \leqslant \|\boldsymbol{x}\|_1 \leqslant n\|\boldsymbol{x}\|_\infty$$

向量 $\boldsymbol{x}$ 的范数 $\|\boldsymbol{x}\|$ 具有如下性质:

- 非负性: $\|\boldsymbol{x}\| \geqslant 0$，且 $\|\boldsymbol{x}\| = 0$ 当且仅当 $\boldsymbol{x} = \boldsymbol{0}$.
- 齐次性: $\|\alpha\boldsymbol{x}\| = |\alpha|\|\boldsymbol{x}\|$, $\alpha \in \mathbb{R}$.
- 三角不等式: $\|\boldsymbol{x} + \boldsymbol{z}\| \leqslant \|\boldsymbol{x}\| + \|\boldsymbol{z}\|$.

向量 2 范数 $\|\cdot\|_2$ 满足著名的 Cauchy-Schwarz 不等式.

定理 A.2 Cauchy-Schwarz 不等式

设 $\boldsymbol{x}$，$\boldsymbol{y} \in \mathbb{R}^n$，则有

$$|\langle \boldsymbol{x}, \boldsymbol{y} \rangle| \leqslant \|\boldsymbol{x}\|_2 \|\boldsymbol{y}\|_2$$

其中等号成立当且仅当存在 $c \neq 0$，使得 $\boldsymbol{x} = c\boldsymbol{y}$.

由于在很多问题中矩阵和向量同时出现，为了便于计算和推导，在定义矩阵范数时应与向量范数相关联. 为此，考虑一种特殊的矩阵范数，称为导出范数，定义为

$$\|\boldsymbol{A}\| = \sup_{\boldsymbol{x} \neq \boldsymbol{0}} \frac{\|\boldsymbol{A}\boldsymbol{x}\|}{\|\boldsymbol{x}\|}$$

当 $\|\cdot\|$ 为 $\|\cdot\|_1$、$\|\cdot\|_2$ 和 $\|\cdot\|_\infty$，导出的矩阵范数分别称为 1 范数、2 范数和无穷范数，具体定义如下:

$$\|\boldsymbol{A}\|_1 = \max_{i \in \{1,2,\cdots,n\}} \sum_{i=1}^{m} |A_{ij}|$$

$$\|\boldsymbol{A}\|_2 = \sqrt{\lambda_{\max}\left(\boldsymbol{A}^\top \boldsymbol{A}\right)}$$

$$\|\boldsymbol{A}\|_\infty = \max_{i \in \{1,2,\cdots,m\}} \sum_{j=1}^{n} |A_{ij}|$$

其中，$\lambda_{\max}(\cdot)$ 表示矩阵的最大特征值. 上述矩阵范数均满足

$$\|\boldsymbol{Ax}\| \leqslant \|\boldsymbol{A}\|\|\boldsymbol{x}\|$$

矩阵 $\boldsymbol{A}$ 的 Frobenius 范数 $\|\boldsymbol{A}\|_F$ 定义为

$$\begin{aligned}\|\boldsymbol{A}\|_F &= \sqrt{\sum_{i=1}^{m}\sum_{j=1}^{n} A_{ij}^2} \\ &= \sqrt{\operatorname{tr}(\boldsymbol{A}^\top\boldsymbol{A})}\end{aligned}$$

以上四种范数均满足

$$\|\boldsymbol{AB}\| \leqslant \|\boldsymbol{A}\|\|\boldsymbol{B}\|$$

非奇异矩阵 $\boldsymbol{A}$ 的条件数 r 定义为

$$r(\boldsymbol{A}) = \|\boldsymbol{A}\|\left\|\boldsymbol{A}^{-1}\right\|$$

条件数是判断矩阵是否病态的一种度量，条件数越大，矩阵越病态. 对矩阵的三种范数，相应地定义三种条件数：$r_1(\boldsymbol{A})$，$r_2(\boldsymbol{A})$，$r_\infty(\boldsymbol{A})$，其中 $r_2(\cdot) = \left|\dfrac{\lambda_{\max}(\boldsymbol{A})}{\lambda_{\min}(\boldsymbol{A})}\right|$.

A.2 微积分

A.2.1 序列和极限

对于序列 $\{\boldsymbol{x}_k\}\,(\boldsymbol{x}_k \in \mathbb{R}^n)$，若对任意 $\varepsilon > 0$，存在 $K > 0$，使得对所有 $k \geqslant K$，有

$$\|\boldsymbol{x}_k - \boldsymbol{x}\| \leqslant \varepsilon$$

则称序列 $\{\boldsymbol{x}_k\}$ 收敛到 $\boldsymbol{x}$，记作 $\lim\limits_{k\to\infty} \boldsymbol{x}_k = \boldsymbol{x}$.

设 $\mathcal{S} \subset \{1, 2, \cdots\}$，与 $\mathcal{S}$ 相对应的 $\{\boldsymbol{x}_k\}_{k\in\mathcal{S}}$ 称为 $\{\boldsymbol{x}_k\}$ 的一个子序列.

若存在无穷长子序列 $\boldsymbol{x}_{k_1}, \boldsymbol{x}_{k_2}, \cdots$，使得

$$\lim_{i\to\infty} \boldsymbol{x}_{k_i} = \hat{\boldsymbol{x}}$$

则称 $\hat{\boldsymbol{x}}$ 为序列 $\{\boldsymbol{x}_k\}$ 的一个极限点或聚点. 一个序列可以有多个极限点，例如，序列 $x_k = \sin k$，区间 $[-1, 1]$ 内每个点都是极限点. 序列 $\{\boldsymbol{x}_k\}$ 收敛当且仅当该序列只有一个极限点.

对于序列 $\{x_k\}\,(x_k \in \mathbb{R})$，若存在常数 u，使得对所有 k，都有 $x_k \leqslant u$，则称序列 $\{x_k\}$ 有上界. 类似地，若存在常数 v，使得对所有 k，都有 $x_k \geqslant v$，则称序列 $\{x_k\}$ 有下界. 若对所有 k，都有 $x_{k+1} \geqslant x_k$，则称序列 $\{x_k\}$ 单调不减. 类似地，若对所有 k，都有 $x_{k+1} \leqslant x_k$，则称序列 $\{x_k\}$ 单调不增. 若序列 $\{x_k\}$ 单调不减且有上界，那么该序列必收敛. 类似地，若序列 $\{x_k\}$ 单调不增且有下界，那么该序列必收敛.

对于两个序列 $\{\eta_k\}$ 和 $\{\nu_k\}$，若存在正数 C，使得对足够大的 k，有 $|\eta_k| \leqslant C\,|\nu_k|$，则记作 $\eta_k = O(\nu_k)$；若 $\lim\limits_{k\to\infty} \dfrac{\eta_k}{\nu_k} = 0$，则记作 $\eta_k = o(\nu_k)$.

A.2.2 欧式空间拓扑结构

设 $\mathcal{F} \in \mathbb{R}^n$，若存在实数 $M > 0$，使得对所有 $\boldsymbol{x} \in \mathcal{F}$，都有 $\|x\| \leqslant M$，则称集合 $\mathcal{F}$ 有界. 若对任意 $\boldsymbol{x} \in \mathcal{F}$，都可以找到正数 $\varepsilon > 0$，使得以 $\boldsymbol{x}$ 为球心、ε 为半径的球属于 $\mathcal{F}$，即 $\{\boldsymbol{y} \in \mathbb{R}^n \mid \|\boldsymbol{y} - \boldsymbol{x}\| \leqslant \varepsilon\} \subset \mathcal{F}$，则称集合 $\mathcal{F}$ 为开集. 若对 $\mathcal{F}$ 中所有序列 $\{x_k\}$，其极限点都属于 $\mathcal{F}$，则称 $\mathcal{F}$ 为闭集.

给定点 $\boldsymbol{x} \in \mathbb{R}^n$，若 $\mathcal{N} \in \mathbb{R}^n$ 是包含点 $\boldsymbol{x}$ 的开集，则称 $\mathcal{N}$ 为点 x 的邻域. 常见的邻域是以 $\boldsymbol{x}$ 为球心、ε 为半径的开球，记为 $\mathcal{B}(\boldsymbol{x}, \varepsilon)$

$$\mathcal{B}(\boldsymbol{x}, \varepsilon) = \{\boldsymbol{y} | \|\boldsymbol{y} - \boldsymbol{x}\| < \varepsilon\}$$

A.2.3 连续函数

设函数 f 在点 $\boldsymbol{x}_0$ 的某个邻域内有定义，若有 $\lim\limits_{\boldsymbol{x} \to \boldsymbol{x}_0} f(\boldsymbol{x}) = f(\boldsymbol{x}_0)$，则称函数 f 在点 $\boldsymbol{x}_0$ 处连续. 若函数 f 在定义域内的所有点处都连续，则称 f 为定义域内的连续函数.

定义 A.1 Lipschitz 连续函数

设 $f: \mathcal{D} \in \mathbb{R}^n \to \mathbb{R}$，若存在常数 $L > 0$，使得对任意 $\boldsymbol{x}_1$，$\boldsymbol{x}_0 \in \mathcal{D}$，有

$$|f(\boldsymbol{x}_1) - f(\boldsymbol{x}_0)| \leqslant L \|\boldsymbol{x}_1 - \boldsymbol{x}_0\|$$

则称 f 是 Lipschitz 连续函数，其中 L 称为 Lipschitz 常数. ♣

设 g，$f: \mathcal{D} \to \mathbb{R}$ 均为 Lipschitz 连续函数，其 Lipschitz 常数分别为 L_1 和 L_2，则 $g + f$ 也是 Lipschitz 连续函数，Lipschitz 常数为 $L_1 + L_2$.

A.2.4 导数与梯度

设函数 $f: \mathbb{R} \to \mathbb{R}$，若

$$\lim_{\varepsilon \to 0} \frac{f(x_0 + \varepsilon) - f(x_0)}{\varepsilon}$$

存在且有限，则称函数 f 在点 x_0 处一阶可导，上述极限为 f 在点 x_0 处的一阶导数，记作 $\left.\dfrac{\mathrm{d}f}{\mathrm{d}x}\right|_{x=x_0}$ 或 $f'(x_0)$.

类似地，若

$$\lim_{\varepsilon \to 0} \frac{f'(x_0 + \varepsilon) - f'(x_0)}{\varepsilon}$$

存在且有限，则称函数 f 在点 x_0 处二阶可导，上述极限为 f 在 x_0 处的二阶导数，记作 $\left.\dfrac{\mathrm{d}^2 f}{\mathrm{d}x^2}\right|_{x=x_0}$ 或 $f''(x_0)$.

考虑 n 元函数 $f:\mathbb{R}^n\to\mathbb{R}$，$f$ 在点 $\boldsymbol{x}=(x_1,x_2,\cdots,x_n)^{\top}$ 处的梯度定义为

$$\nabla f(\boldsymbol{x})=\begin{pmatrix}\dfrac{\partial f(\boldsymbol{x})}{\partial x_1}\\ \dfrac{\partial f(\boldsymbol{x})}{\partial x_2}\\ \vdots\\ \dfrac{\partial f(\boldsymbol{x})}{\partial x_n}\end{pmatrix},$$

其中，$\dfrac{\partial f(\boldsymbol{x})}{\partial x_i}$ 表示 f 在点 $\boldsymbol{x}$ 处对 x_i 的偏导数.

函数 f 的二阶偏导数矩阵称为 Hesse 矩阵，定义为

$$\nabla^2 f(\boldsymbol{x})=\begin{pmatrix}\dfrac{\partial^2 f(\boldsymbol{x})}{\partial x_1^2} & \dfrac{\partial^2 f(\boldsymbol{x})}{\partial x_1\partial x_2} & \cdots & \dfrac{\partial^2 f(\boldsymbol{x})}{\partial x_1\partial x_n}\\ \dfrac{\partial^2 f(\boldsymbol{x})}{\partial x_2\partial x_1} & \dfrac{\partial^2 f}{\partial x_2^2} & \cdots & \dfrac{\partial^2 f(\boldsymbol{x})}{\partial x_2\partial x_n}\\ \vdots & \vdots & & \vdots\\ \dfrac{\partial^2 f(\boldsymbol{x})}{\partial x_n\partial x_1} & \dfrac{\partial^2 f(\boldsymbol{x})}{\partial x_n\partial x_2} & \cdots & \dfrac{\partial^2 f(\boldsymbol{x})}{\partial x_n^2}\end{pmatrix}$$

若 f 的所有一阶偏导数都存在，则称 f 为可微函数，若这些偏导数还是 $\boldsymbol{x}$ 的连续函数，则称 f 为连续可微函数. 类似地，若 f 的所有二阶偏导数都存在，则称 f 为二阶可微函数，若这些二阶偏导数还是 $\boldsymbol{x}$ 的连续函数，则称 f 为二阶连续可微函数. 当 f 为二阶连续可微函数时，Hesse 矩阵是对称矩阵. 若 f 的任意阶偏导数都存在且连续，则称 f 为光滑函数.

定义 A.2

设可微函数 $f:\mathbb{R}^n\to\mathbb{R}$，若存在常数 $L>0$，使得对任意 $\boldsymbol{x}$，$\boldsymbol{y}\in\mathbb{R}^n$ 有

$$\|\nabla f(\boldsymbol{x})-\nabla f(\boldsymbol{y})\|\leqslant L\|\boldsymbol{x}-\boldsymbol{y}\|$$

则称函数 f 为 L 光滑函数. ♣

A.2.5 中值定理和泰勒定理

定理 A.3 中值定理 (一元函数)

设函数 $f:\mathbb{R}\to\mathbb{R}$ 在区间 $[a,b]$ 上连续，在 (a,b) 上可微，则存在 $\xi\in(a,b)$，使得

$$f(b)=f(a)+f'(\xi)(b-a)$$

♡

上述定理可推广到多元函数.

定理 A.4 中值定理 (多元函数)

设 $f:\mathbb{R}^n \to \mathbb{R}$ 为连续可微函数，则对任意点 $\boldsymbol{x}\in\mathbb{R}^n$ 和任意向量 $\boldsymbol{p}\in\mathbb{R}^n$，有

$$f(\boldsymbol{x}+\boldsymbol{p}) = f(\boldsymbol{x}) + \nabla f(\boldsymbol{x}+t\boldsymbol{p})^{\mathsf{T}}\boldsymbol{p}$$

其中 $t\in(0,1)$. ♡

定理 A.5 泰勒定理 (一元函数)

$f:\mathbb{R}\to\mathbb{R}$ 为二阶连续可微函数，则对任意 $x\in\mathbb{R}$，$p\in\mathbb{R}$，有

$$f(x+p) = f(x) + f'(x)p + \frac{1}{2}f''(x+tp)\,p^2$$

和

$$f(x+p) = f(x) + f'(x)p + \frac{1}{2}f''(x)\,p^2 + o(p^2)$$

其中 $t\in(0,1)$. ♡

上述定理也可推广到多元函数.

定理 A.6 泰勒定理 (多元函数)

$f:\mathbb{R}^n\to\mathbb{R}$ 为二阶连续可微函数，则对任意 $\boldsymbol{x}\in\mathbb{R}^n$，$\boldsymbol{p}\in\mathbb{R}^n$，有

$$f(\boldsymbol{x}+\boldsymbol{p}) = f(\boldsymbol{x}) + \nabla f(\boldsymbol{x})^{\mathsf{T}}\boldsymbol{p} + \frac{1}{2}\boldsymbol{p}^{\mathsf{T}}\nabla^2 f(\boldsymbol{x}+t\boldsymbol{p})\,\boldsymbol{p}$$

和

$$f(\boldsymbol{x}+\boldsymbol{p}) = f(\boldsymbol{x}) + \nabla f(\boldsymbol{x})^{\mathsf{T}}\boldsymbol{p} + \frac{1}{2}\boldsymbol{p}^{\mathsf{T}}\nabla^2 f(\boldsymbol{x})\,\boldsymbol{p} + o(\|\boldsymbol{p}\|^2)$$

其中 $t\in(0,1)$. ♡

A.3 凸分析

定义 A.3 凸集

设 $\mathcal{F}\subset\mathbb{R}^n$，若对任意 $\boldsymbol{x}$，$\boldsymbol{y}\in\mathcal{F}$，有

$$\theta\boldsymbol{x} + (1-\theta)\boldsymbol{y}\in\mathcal{F},\quad \forall 0\leqslant\theta\leqslant 1$$

即连接 $\boldsymbol{x}$ 与 $\boldsymbol{y}$ 的直线段上的所有点都在 $\mathcal{F}$ 内，则称 $\mathcal{F}$ 为凸集. ♣

凸集有下面一些基本性质：设 $\mathcal{F}_1,\mathcal{F}_2\subset\mathbb{R}^n$ 是凸集，则

- 两个凸集的交 $\mathcal{F}_1\cap\mathcal{F}_2 = \{\boldsymbol{x}|\boldsymbol{x}\in\mathcal{F}_1\cap\mathcal{F}_2\}$ 是凸集.
- 两个凸集的和 $\mathcal{F}_1+\mathcal{F}_2 = \{\boldsymbol{x}+\boldsymbol{y}|\boldsymbol{x}\in\mathcal{F}_1,\boldsymbol{y}\in\mathcal{F}_2\}$ 是凸集.
- 两个凸集的差 $\mathcal{F}_1-\mathcal{F}_2 = \{\boldsymbol{x}-\boldsymbol{y}|\boldsymbol{x}\in\mathcal{F}_1,\boldsymbol{y}\in\mathcal{F}_2\}$ 是凸集.
- 对任意常数 $\alpha\in\mathbb{R}$，$\alpha\mathcal{F}_1 = \{\alpha\boldsymbol{x}\mid\boldsymbol{x}\in\mathcal{F}_1\}$ 是凸集.

定义 A.4 凸函数

设函数 f 在凸集 $\mathcal{F} \subset \mathbb{R}^n$ 上有定义，若对任意 $\boldsymbol{x}$，$\boldsymbol{y} \in \mathcal{F}$ 和任意 $\lambda \in [0,1]$，有

$$f(\lambda \boldsymbol{x} + (1-\lambda)\boldsymbol{y}) \leqslant \lambda f(\boldsymbol{x}) + (1-\lambda) f(\boldsymbol{y})$$

则称 f 为 $\mathcal{F}$ 上的凸函数.

若对任意 $\boldsymbol{x}, \boldsymbol{y} \in \mathcal{F}$，$\boldsymbol{x} \neq \boldsymbol{y}$ 和任意 $\lambda \in (0,1)$，有

$$f(\lambda \boldsymbol{x} + (1-\lambda)\boldsymbol{y}) < \lambda f(\boldsymbol{x}) + (1-\lambda) f(\boldsymbol{y})$$

则称 f 为 $\mathcal{F}$ 上的严格凸函数. ♣

凸函数的定义表明，若 f 是凸集 $\mathcal{F}$ 上的凸函数，则对于凸集 $\mathcal{F}$ 上的任意两点 $\boldsymbol{x}, \boldsymbol{y}$，连结 $(\boldsymbol{x}, f(\boldsymbol{x}))$ 和 $(\boldsymbol{y}, f(\boldsymbol{y}))$ 的线段位于 $f(\theta \boldsymbol{x} + (1-\theta)\boldsymbol{y}), \theta \in [0,1]$ 这段曲线或曲面的上方.

与凸函数相对应的是凹函数，$f: \mathbb{R}^n \to \mathbb{R}$ 称为凸集 $\mathcal{F}$ 上的 (严格) 凹函数，若 $-f$ 是凸集 $\mathcal{F}$ 上的 (严格) 凸函数.

凸函数有下面一些基本性质：

- 若 f 是定义在凸集 $\mathcal{F}$ 上的凸函数，实数 $\lambda \geqslant 0$，则 αf 也是凸集 $\mathcal{F}$ 上的凸函数.
- 若 f_1，f_2 是定义在凸集 $\mathcal{F}$ 上的凸函数，则 $f_1 + f_2$ 也是凸集 $\mathcal{F}$ 上的凸函数.
- 若 $f_i(\boldsymbol{x})(i = 1, 2, \cdots, m)$ 是定义在凸集 $\mathcal{F}$ 上的凸函数，则 $f(\boldsymbol{x}) = \max\limits_{1 \leqslant i \leqslant m} f_i(\boldsymbol{x})$ 也是凸集 $\mathcal{F}$ 上的凸函数.
- 若 $f_i(\boldsymbol{x})(i = 1, 2, \cdots, m)$ 是定义在凸集 $\mathcal{F}$ 上的凸函数，则 $f(\boldsymbol{x}) = \sum\limits_{i=1}^{m} \alpha_i f_i(\boldsymbol{x})$ 也是凸集 $\mathcal{F}$ 上的凸函数，其中 $\alpha_i \geqslant 0\,(i = 1, 2, \cdots, m)$.

定理 A.7 Jensen 不等式

设 f 是定义在凸集 $\mathcal{F}$ 上的凸函数，则对任意 $\boldsymbol{x}_i \in \mathbb{R}^n$，有

$$f\left(\sum_{i=1}^{m} \alpha_i \boldsymbol{x}_i\right) \leqslant \sum_{i=1}^{m} \alpha_i f(\boldsymbol{x}_i)$$

其中 $\alpha_i \geqslant 0$，$\sum\limits_{i=1}^{m} \alpha_i = 1$. ♡

下面给出凸函数的判定条件.

定理 A.8 凸函数的一阶判定条件

设 f 是定义在非空开凸集 $\mathcal{F}$ 上的可微函数，则

(1) f 是 $\mathcal{F}$ 上的凸函数当且仅当对 $\forall x$，$y \in \mathcal{F}$，有

$$f(\boldsymbol{y}) \geqslant f(\boldsymbol{x}) + \nabla f(\boldsymbol{x})^{\mathsf{T}} (\boldsymbol{y} - \boldsymbol{x})$$

(2) f 是 $\mathcal{F}$ 上的严格凸函数当且仅当对 $\forall x$，$y \in \mathcal{F}$，$\boldsymbol{x} \neq \boldsymbol{y}$，有

$$f(\boldsymbol{y}) > f(\boldsymbol{x}) + \nabla f(\boldsymbol{x})^{\mathsf{T}} (\boldsymbol{y} - \boldsymbol{x})$$

♡

定理 A.9 凸函数的二阶判定条件

设 f 是定义在非空开凸集 $\mathcal{F}$ 上的二阶可微函数，则

(1) f 是 $\mathcal{F}$ 上的凸函数当且仅当 Hesse 矩阵 $\nabla^2 f(\boldsymbol{x})$ 在 $\mathcal{F}$ 上半正定.

(2) f 是 $\mathcal{F}$ 上的严格凸函数当且仅当 Hesse 矩阵 $\nabla^2 f(\boldsymbol{x})$ 在 $\mathcal{F}$ 上正定.

♡

设 $\mathcal{F}$ 为非空凸集，定义函数 $f:\mathcal{F}\to\mathbb{R}$ 的上图为

$$\text{epi}\, f=\{(\boldsymbol{x},t)\in\mathcal{F}\times\mathbb{R}\mid f(\boldsymbol{x})\leqslant t\}$$

由上图也可判定一个函数是否为凸函数.

定理 A.10

设 $\mathcal{F}$ 为非空凸集，f 为 $\mathcal{F}$ 上的凸函数当且仅当它的上图 epi$f$ 为凸集.

♡

在一些优化方法中，常要求目标函数是强凸函数，其定义如下：

定义 A.5 强凸函数

设函数 f 在凸集 $\mathcal{F}\subset\mathbb{R}^n$ 上有定义，若对任意 $\boldsymbol{x}$，$\boldsymbol{y}\in\mathcal{F}$ 和任意 $\lambda\in[0,1]$，有

$$f(\lambda\boldsymbol{x}+(1-\lambda)\boldsymbol{y})\leqslant\lambda f(\boldsymbol{x})+(1-\lambda)f(\boldsymbol{y})-\frac{\mu\lambda(1-\lambda)}{2}\|\boldsymbol{x}-\boldsymbol{y}\|^2$$

则称 $f(\boldsymbol{x})$ 为 $\mathcal{F}$ 上的强凸函数，μ 称为强凸系数，具有强凸系数 μ 的强凸函数简称 μ 强凸函数.

♣

下面给出强凸函数的判定条件.

定理 A.11 强凸函数的一阶判定条件

设 f 是定义在非空开凸集 $\mathcal{F}$ 上的可微函数，则 f 是 $\mathcal{F}$ 上的 μ 强凸函数当且仅当对 $\forall\boldsymbol{x}$，$\boldsymbol{y}\in\mathcal{F}$，有

$$f(\boldsymbol{y})\geqslant f(\boldsymbol{x})+\nabla f(\boldsymbol{x})^{\mathrm{T}}(\boldsymbol{y}-\boldsymbol{x})+\frac{\mu}{2}\|\boldsymbol{y}-\boldsymbol{x}\|^2$$

♡

定理 A.12 强凸函数的二阶判定条件

设 f 是定义在非空开凸集 $\mathcal{F}$ 上的二阶可微函数，则 $f(\boldsymbol{x})$ 为 $\mathcal{F}$ 上的强凸函数当且仅当 $\nabla^2 f(\boldsymbol{x})-\mu\boldsymbol{I}$ 在 $\mathcal{F}$ 上半正定.

♡

最后，给出闭函数和正常函数的定义.

定义 A.6 闭函数

设函数 $f:\mathbb{R}^n\to\mathbb{R}$，若它的上图 epi$f$ 是一个闭集，则称 f 为闭函数.

♣

定义 A.7 正常函数

设函数 $f:\mathbb{R}^n\to\mathbb{R}\cup\{\infty\}$，若其有效域非空，即

$$\{\boldsymbol{x}\in\mathbb{R}^n|f(\boldsymbol{x})<\infty\}\neq\varnothing$$

则称 f 为正常函数.

♣

附录B

符号说明

符号	含义
$\mathbb{R}^n$	n 维欧氏空间
$\boldsymbol{A}$	矩阵 $\boldsymbol{A}$
$\boldsymbol{A}=(\boldsymbol{a}_1,\boldsymbol{a}_2,\cdots,\boldsymbol{a}_m)^{\mathsf{T}}$	以向量 $\boldsymbol{a}_1,\boldsymbol{a}_2,\cdots,\boldsymbol{a}_m$ 为列的矩阵
$\boldsymbol{I}$	单位阵
$\boldsymbol{a}^{\mathsf{T}}$	向量 $\boldsymbol{a}$ 的转置
$\boldsymbol{A}^{\mathsf{T}}$	矩阵 $\boldsymbol{A}$ 的转置
$\boldsymbol{A}^{-1}$	矩阵 $\boldsymbol{A}$ 的逆
$\det(\boldsymbol{A})$	矩阵 $\boldsymbol{A}$ 的行列式
$\mathrm{tr}(\boldsymbol{A})$	矩阵 $\boldsymbol{A}$ 的迹
$\Vert\boldsymbol{a}\Vert_p$	向量 $\boldsymbol{a}$ 的 p 范数
$\Vert\boldsymbol{A}\Vert_p$	矩阵 $\boldsymbol{A}$ 的 p 范数
$r(\boldsymbol{A})$	矩阵 $\boldsymbol{A}$ 的条件数
$\boldsymbol{x}$	最优化问题的变量
$[\boldsymbol{x}]_i$	变量 $\boldsymbol{x}$ 的第 i 个分量
$\boldsymbol{x}\geqslant\boldsymbol{0}$	$[\boldsymbol{x}]_i\geqslant 0,\ i=1,2,\cdots,n$
$\boldsymbol{x}^*$	最优化问题的解
$\boldsymbol{x}_k$	第 k 次迭代的自变量
$\boldsymbol{d}_k$	第 k 次迭代的方向
α_k	第 k 次迭代的步长
$:=$	赋值符
$\equiv$	恒等于
f	目标函数
$\boldsymbol{g}(\boldsymbol{x})=\nabla f(\boldsymbol{x})$	目标函数在点 $\boldsymbol{x}$ 处的梯度
$\partial f(\boldsymbol{x})$	目标函数在点 $\boldsymbol{x}$ 处的次梯度集合
$\boldsymbol{G}(\boldsymbol{x})=\nabla^2 f(\boldsymbol{x})$	目标函数在点 $\boldsymbol{x}$ 处的 Hesse 矩阵
$\mathcal{E}$	等式约束集合
$\mathcal{I}$	不等式约束集合
Ω	可行域
$\mathcal{A}(\boldsymbol{x})$	点 $\boldsymbol{x}$ 处的起作用约束集
$F=F(\boldsymbol{x})$	点 $\boldsymbol{x}$ 处的所有可行方向的集合
$\mathcal{F}=\mathcal{F}(\boldsymbol{x})$	点 $\boldsymbol{x}$ 处的所有线性化可行方向的集合
$\mathcal{L}(\boldsymbol{x},\boldsymbol{\lambda})$	Lagrange 函数
$\boldsymbol{\lambda}$	Lagrange 乘子，对偶变量
$q(\boldsymbol{\lambda})$	对偶函数
μ	惩罚参数，障碍参数
γ	正则化参数
$\mathcal{Q}(\boldsymbol{x};\mu)$	二次罚函数
$\mathcal{B}(\boldsymbol{x};\mu)$	障碍函数
$\mathcal{L}(\boldsymbol{x},\boldsymbol{\lambda};\mu)$	增广 Lagrange 函数
prox_f	函数 f 的近端算子

参考文献

[1] Edwin K P Chong, Stanislaw H Zak. 最优化导论. 4 版. 孙志强, 白圣建, 郑永斌, 刘伟, 译. 北京: 电子工业出版社, 2015.

[2] 袁亚湘，孙文瑜. 最优化理论与方法. 北京: 科学出版社, 1997.

[3] Nesterov Y. Lectures on convex optimization. 2nd ed. Berlin: Springer, 2018.

[4] David G. L, Ye Y. Linear and nonlinear programming. 5th ed. Berlin: Springer, 2021.

[5] Ruder S. An overview of gradient descent optimization algorithms. ArXiv, 2016, abs/1609.04747.

[6] Robbins H, Monro S. A stochastic approximation method. Annals of Mathematical Statistics, 1951(3): 400-407.

[7] Dauphin Y, Pascanu R, Gulcehre C, et al. Identifying and attacking the saddle point problem in high-dimensional non-convex optimization. Advances in Neural Information Processing Systems, 2014(27): 2933-2941.

[8] Ochs P, Brox T, Pock T. iPiasco: Inertial proximal algorithm for strongly convex optimization. Journal of Mathematical Imaging and Vision, 2015(2): 171-181.

[9] Ghadimi E, Feyzmahdavian H R, Johansson M. Global convergence of the heavy-ball method for convex optimization. European Control Conference, 2015.

[10] Duchi J, Elad H, Yoram S. Adaptive subgradient methods for online learning and stochastic optimization. Journal of Machine Learning Research, 2011(12): 2121-2159.

[11] Dean J, Corrado G S, Monga R, et al. Large scale distributed deep networks. Advances in Neural Information Processing Systems, 2013: 1223-1231.

[12] Kingma D P, Ba J. Adam: a method for stochastic optimization. ICLR, 2015.

[13] Krizhevsky A. Learning multiple layers of features from tiny images. Technical Report. University of Toronto, 2009.

[14] Jorge N, Stephen J. W. Numerical optimization. New York: Springer, 2019.

[15] Fletcher R, Reeves C M. Function minimization by conjugate gradients. The Computer Journal, 1964(7): 149-154.

[16] Polak E, Gerard Ribière. Note sur la convergence de méthodes de directions conjuguées. Rev. Francaise Informat Recherche Operationelle, 1969(16): 35-43.

[17] Boris T. Polyak. The conjugate gradient method in extreme problems. USSR Comp Math and Math Phys, 1969(9): 94-112.

[18] Fletcher R. Practical methods of optimization. New York: John Wiley & Sons, Ltd., 1980.

[19] Yuhong Dai, Yaxiang Yuan. A nonlinear conjugate gradient method with a nice global convergence property. SIAM Journal on Optimization, 1999(10): 177-182.

[20] 高立. 数值最优化方法. 北京: 北京大学出版社, 2014.

[21] Fiacco A V, Mccormick G P. Nonlinear programming: sequential unconstrained minimization techniques. New York: Wiley, 1968.

[22] Parikh N, Boyd S. Proximal algorithms. Proximal Algorithms, 2014(3): 123-231.

[23] Combettes P, Pesquet J C. Proximal splitting methods in signal processing. Fixed-Point Algorithms for Inverse Problems in Science and Engineering, 2011: 185-212.

[24] Wright S J. Coordinate descent algorithms. Mathematical Programming, 2015(1): 3-34.

[25] Nesterov Y. Efficiency of coordinate descent methods on huge-scale optimization problems. SIAM J. Optim, 2012(22): 341-362.

[26] Richtárik P, Takáč M. Iteration complexity of randomized block-coordinate descent methods for minimizing a composite function. Mathematical Programming, 2014(144): 1-38.

[27] Boyd S, Parikh N, Chu E, et al. Distributed optimization and statistical learning via the alternating direction method of multipliers. Foundations and Trends in Machine Learning, 2010(1): 1-122.

[28] Chen L, Sun D, Toh K C. A note on the convergence of ADMM for linearly constrained convex optimization problems. Computational Optimization and Applications, 2017(2): 327-343.

图书在版编目(CIP)数据

数据科学优化方法 / 孙怡帆编著. -- 北京：中国人民大学出版社，2023. 10
（数据科学与大数据技术丛书）
ISBN 978-7-300-31670-3

Ⅰ. ①数… Ⅱ. ①孙… Ⅲ. ①数据处理－最优化算法
Ⅳ. ①TP274

中国国家版本馆 CIP 数据核字(2023)第 078414 号

数据科学与大数据技术丛书
数据科学优化方法
孙怡帆　编著
Shuju Kexue Youhua FangFa

出版发行	中国人民大学出版社		
社　　址	北京中关村大街 31 号	邮政编码	100080
电　　话	010-62511242（总编室）		010-62511770（质管部）
	010-82501766（邮购部）		010-62514148（门市部）
	010-62515195（发行公司）		010-62515275（盗版举报）
网　　址	http://www.crup.com.cn		
经　　销	新华书店		
印　　刷	北京昌联印刷有限公司		
开　　本	787mm×1092mm　1/16	版　　次	2023 年 10 月第 1 版
印　　张	14.75　插页 1	印　　次	2023 年 10 月第 1 次印刷
字　　数	338 000	定　　价	49.00 元

中国人民大学出版社　理工出版分社

教师教学服务说明

中国人民大学出版社理工出版分社以出版经典、高品质的统计学、数学、心理学、物理学、化学、计算机、电子信息、人工智能、环境科学与工程、生物工程、智能制造等领域的各层次教材为宗旨。

为了更好地为一线教师服务，理工出版分社着力建设了一批数字化、立体化的网络教学资源。教师可以通过以下方式获得免费下载教学资源的权限：

- 在中国人民大学出版社网站 www.crup.com.cn 进行注册，注册后进入“会员中心”，在左侧点击“我的教师认证”，填写相关信息，提交后等待审核。我们将在一个工作日内为您开通相关资源的下载权限。

- 如您急需教学资源或需要其他帮助，请加入教师 QQ 群或在工作时间与我们联络。

中国人民大学出版社　理工出版分社

教师 QQ 群： 229223561(统计2组) 982483700(数据科学) 361267775(统计1组)
教师群仅限教师加入，入群请备注（学校＋姓名）

联系电话： 010-62511967，62511076

电子邮箱： lgcbfs@crup.com.cn

通讯地址： 北京市海淀区中关村大街 31 号中国人民大学出版社 507 室（100080）